纺织服装高等教育“十二五”部委级规划教材

CorelDRAW 女装制图与制板

CorelDRAW Nüzhuang Zhitu yu Zhiban

马仲岭 陈自义 方新国 编著

東華大學出版社

内容提要

本书是一部以通用软件 CorelDRAW 为平台，以数字化手段为特色，探讨女装制板技术的服装设计专著。本书采用 CorelDRAW X3 软件，绘图方法简单实用。通过本书学习，能够对常用女装进行数字化平面比例制图和制板。为服装生产提供简单可行的计算机技术方法，为我国服装行业的发展、着装时装化贡献力量。

本书分别介绍了 CorelDRAW X3 的基本功能及与服装设计制图相关的工具与功能、常用女装的数字化制图制板方法等。本书特点是：平台软件通用化、设计手段数字化。本书可以作为服装专业人员的技术参考书，也可作为各类本专科服装院校的专业教材。

图书在版编目(CIP)数据

CorelDRAW 女装制图与制板/马仲岭，陈自义，方新国编著. --上海：东华大学出版社，2013. 1

ISBN 978-7-5669-0170-5

Ⅰ. ①C… Ⅱ. ①马…②陈…③方… Ⅲ. ①女服—服装设计—计算机辅助设计—图形软件 Ⅳ. ①TS941. 717-39

中国版本图书馆 CIP 数据核字(2012)第 254058 号

责任编辑： 谢 未
编辑助理： 李 静
封面设计： 黄 翠

CorelDRAW 女装制图与制板
马仲岭 陈自义 方新国 编著
东华大学出版社出版
上海市延安西路 1882 号
邮政编码：200051 电话：(021)62193056
新华书店上海发行所发行 句容市排印厂印刷
开本：889 mm×1194 mm 1/16 印张：15. 75 字数：554 千字
2013 年 1 月第 1 版 2013 年 1 月第 1 次印刷
印数：000 1—3 000
ISBN 978-7-5669-0170-5/TS · 357
定价：39. 00 元
本社网址：http://www. dhupress. net
淘宝书店：http://dhupress. taobao. com

前言

服装设计师就是通过市场调查，依据服装流行趋势，利用现有材料和工艺，或创造新的材料和工艺，设计出能够体现某种风格、表现某种思想、传达某种文化的服装样式的服装设计人员。这些服装样式需要通过某种方式加以表达，如口头表达、文字表达、绘图表达等，通用的表达方式是绘图表达。传统的绘图表达是手工绘制，目前这种方式是主要绘图方式之一，采用这种方式绘制服装样式的人，就是传统意义上的服装制板设计师。数字化设计师就是利用现代计算机技术手段，进行服装设计制板的服装设计人员。

数字化女装制板设计，可以使用专业软件，也可以使用非专业软件。目前用于服装款式设计的非专业软件主要是 AutoCAD 和 CorelDRAW 等。AutoCAD 是机械设计专业软件，在服装设计绘图上存在不足，相比之下 CorelDRAW 在绘图和效果处理等方面，具有相对优势。因此本书专门讨论如何使用 CorelDRAW X3 设计软件进行女装制板设计。

本书共 8 章，各章内容简要介绍如下。

第 1 章介绍了 CorelDRAW X3 的界面、菜单栏、常用工具栏、交互式工具栏、工具箱、调色板、常用对话框、文件的输出等，目的是使初学读者对该软件有一个全面、系统的了解，在以后的学习操作中能够顺利地找到需要使用的工具；

第 2 章介绍服装制图基础知识；

第 3 章介绍服装原型和部件的数字化制图方法；

第 4 章至第 8 章分别讲述了数字化短裙制图、裤子制图、上衣制图、大衣、风衣、连衣裙制图和服装制板、推板和排料。

服装制板是一个不断实践学习的过程。因此，一个成功的设计师总是要认真积累和总结自己的设计资料，而存取方便的电脑就是他们最好的助手。

运用 CorelDRAW 软件不仅大大提高了设计师表现设计构思的速度，也为设计者对设计作品的修改、交流以及设计资料的积累提供了方便，因而受到广大现代服装设计者的欢迎。为了使更多服装设计者能更快地掌握 CorelDRAW 软件，本书结合市面上常见的服装款式介绍了 CorelDRAW 软件在女装制板中的基本方法，希望立志学习 CorelDRAW 软件的服装设计者能通过对本书的阅读有所收获。

需要特别强调的是，尽管 CorelDRAW 软件能为服装设计者提供很好的帮助，但它仍然只是一个工具。要想成为一名优秀的制板师，设计者的文化和审美修养以及对市场和服装流行的把握始终是十分重要的！

编　者

2012 年 10 月于广东佛山科学技术学院

目录

前言

CONTENTS

第 1 章　CorelDRAW X3 简介

CorelDRAW 是世界范围内使用最广泛的平面设计软件之一，使用该软件能够完成艺术设计领域的设计任务，同样可以完成服装设计的全部任务。CorelDRAW 软件具有界面友好、操作视图化、成本低廉、通用性高等优势。因此，数字化服装设计师使用该软件，是明智的选择。

CorelDRAW X3 的功能十分强大，服装制板设计只会用到其中部分功能。本章只是对数字化服装制板设计经常涉及的软件界面、菜单栏、常用工具栏、互动式属性栏、工具箱、调色板、常用对话框等进行简单的介绍，具体的使用方法将在后面的章节中见到。这里只要求读者通过本章的学习，能够对 CorelDRAW X3 有一个基本了解，掌握常用命令和工具的功能，能够熟练地找到你需要的命令和工具。

1.1　CorelDRAW X3 的界面

通过商店购买或通过网络下载 CorelDRAW X3 软件后，在 windows 操作平台上，按说明安装软件。安装完成后，通过单击【开始】→【程序】→【CorelDRAW Graphics Suite X3】→【CorelDRAW X3】或双击快捷图标 CorelDRAW X3，即可打开 CorelDRAW X3 应用程序(图 1 - 1)。

鼠标单击新图纸图标 新建，即可打开一张新的图纸(图 1 - 2)。

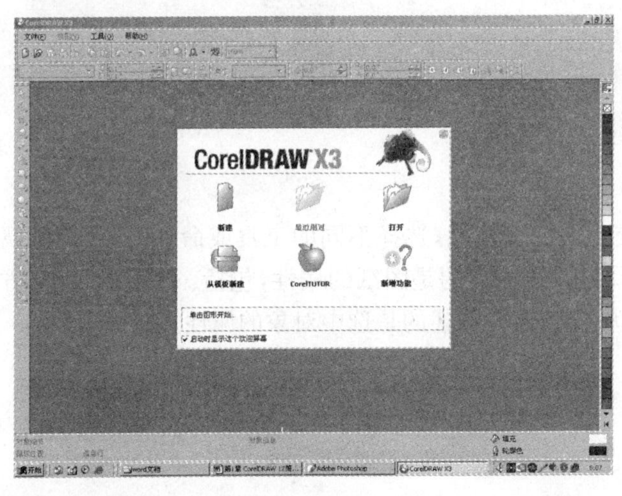

图 1 - 1

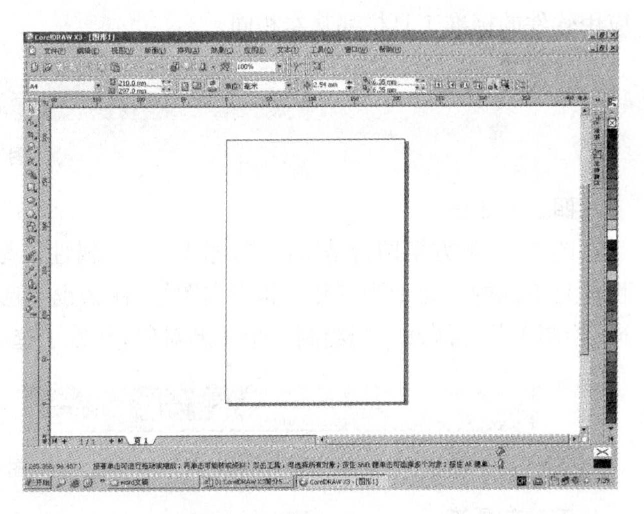

图 1 - 2

CorelDRAW X3 的界面，默认状态下的常用项目包括标题栏、菜单栏、标准工具栏、属性栏、工具箱、调色板、图纸、工作区、原点与标尺、状态栏(图 1 - 3)。

一、标题栏

图 1 - 3 最上方的标志是标题栏 CorelDRAW X3 - [图形 1]。表示现在打开的界面是 CorelDRAW X3 应用程序，并且打开了一张空白图纸，其名称是[图形 1]。

二、菜单栏

图 1 - 3 上方第二行是菜单栏(图 1 - 4)。菜单栏中的所有栏目都是可以展开的下拉菜单，包括：文件、编

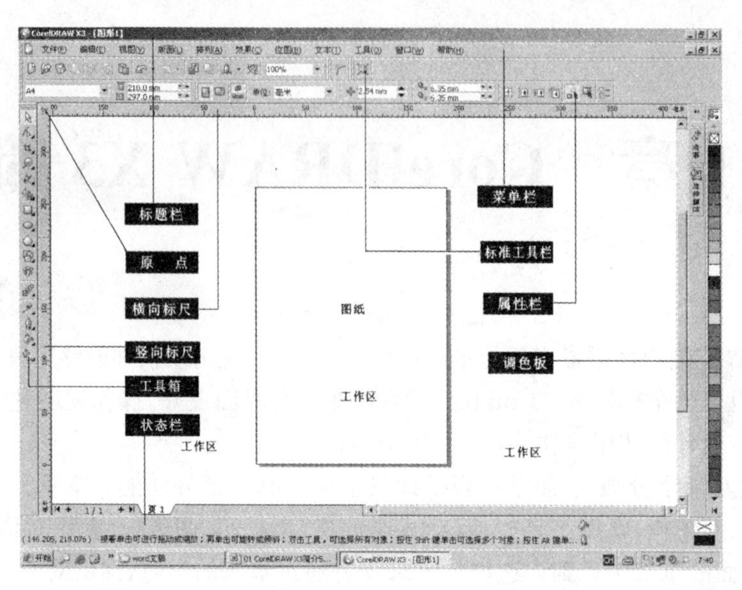

图 1－3

辑、视图、版面、排列、效果、位图、文本、工具、窗口、帮助等项。通过展开下拉菜单，可以找到我们绘图需要的大部分工具和命令。

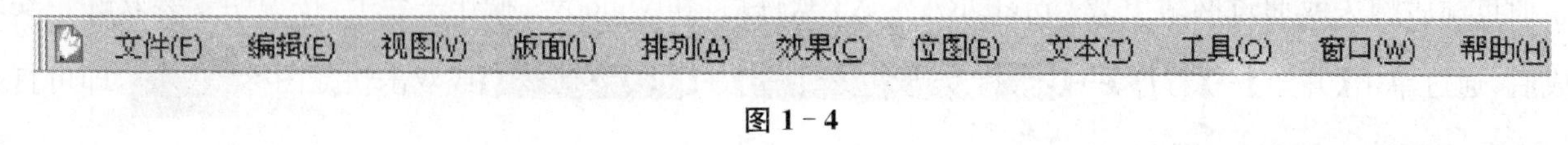

图 1－4

三、标准工具栏

图 1－3 上方第三行是标准工具栏(图 1－5)。标准工具栏是一般应用程序都具有的栏目，包括：新建、打开、保存、打印、剪切、复制、粘贴、撤销、重做、导入、导出、显示比例等工具，这些是我们经常用到的工具，大部分应用软件的标准工具栏都基本相同。

图 1－5

四、属性栏

图 1－3 上方第四行是属性栏(图 1－6)。属性栏是交互式的属性栏，选择不同的工具或命令时，展现的属性栏是不同的。比如当打开一张空白图纸，什么也不选泽时，该栏描述的是图纸的属性，包括：图纸的大小、方向、绘图单位等属性。当绘制一个图形对象，并处于选中状态时，该栏描述的是选中对象的属性等。

图 1－6

五、工具箱

图 1－3 左侧竖向摆放的项目是工具箱，为了排版方便将其横向摆放(图 1－7)。工具箱中的图标是绘图常用的 16 类工具，包括挑选工具、形状工具、剪切工具、缩放工具、智能填充工具、手绘工具、矩形工具、椭圆工具、多边形工具、基本形状工具、文本工具、交互式工具、滴管工具、轮廓工具、填充工具以及交互式填充工具等。其中右下方带有黑色三角的图标，包含二级展开菜单，二级菜单中的工具是该类工具的细化工具。

图 1－7

六、调色板

图 1－3 右侧竖向摆放的项目是调色盘，为了排版方便将其竖向摆放（图 1－8）。默认状态下显示的是常用颜色，鼠标按下调色板滚动按钮▼，调色板会向上滚动，显示更多颜色。鼠标按下调色板展开按钮，可以展开整个调色板，显示所有颜色。

图 1－8

七、图纸和工作区

图 1－3 中，程序界面中间的白色区域是工作区，工作区内有一张图纸，默认状态下，按 A4 图纸的宽度、高度显示。可以通过缩放工具或常用工具栏的显示比例，改变为按图纸的宽度显示，或任意比例显示。可以显示全部图形，也可以显示部分选中的图形等。我们今后的绘图工作即是在工作区内的图纸上进行的。

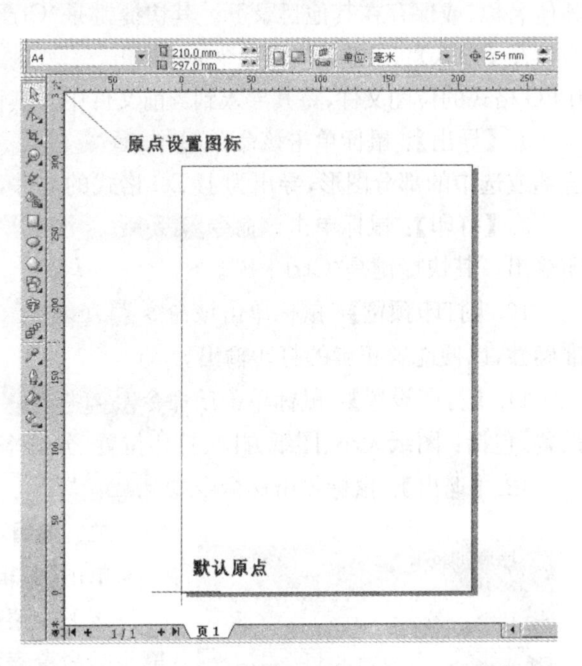

图 1－9

八、原点和标尺

图 1－3 中，紧靠工作区上侧的尺子是横向标尺，紧靠工作区左侧的尺子是竖向标尺，默认状态下是 10 进制显示的，绘图单位可由属性栏来进行设置。移动鼠标时，可以看到两把标尺上各有一个虚线在移动，以显示鼠标所处的准确位置，便于绘图时准确定点、定位（图 1－9）。

默认状态下，绘图原点处于图纸的左下角。横向标尺与竖向标尺交叉处的按钮是原点设置按钮，鼠标按在按钮上，拖动鼠标可以将原点放置在我们需要的任何位置，便于我们绘图时设置合理的起始位置，方便测量和绘图。

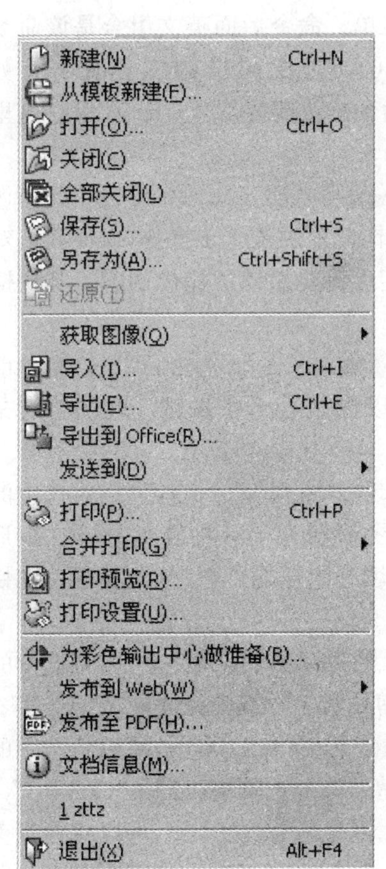

图 1－10

九、状态栏

图 1－3 中最下部是状态栏。当绘制一个图形对象并选中时，该栏显示图形对象的高度、宽度、中心位置，填充情况等当前状态数据。

1.2 CorelDRAW X3 菜单栏

一、文件

单击菜单栏的【文件】，即可打开一个下拉菜单（图 1－10）。

该下拉菜单的每一个命令可以完成一项工作任务，文档信息显示的是近期使用过的文件名称及路径。后面带有黑三角箭头的命令表示还可以展开二级下拉菜单。命令后面英文组合是该命令的快捷键，直接敲击规定的快捷键可以完成同样的工作任务。如 新建(N) Ctrl+N ，表示【新建】命令的快捷键是“Ctrl＋N”等。这里将常用命令介绍如下：

1.【新建】：鼠标单击该命令 新建(N) Ctrl+N ，可以打开一张空白图纸，建立一个新文件，默认状态下，属性为 A4 图纸，竖向摆放，绘图单位为毫米，文件名称为“图形 1”，其快捷键是“Ctrl＋N”。

2.【从模板新建】：鼠标单击该命令 从模板新建(F)...，可以打开模板选择对话框，我们可以从中选择合适的模板建立一个新文件。该命令可以帮助我们从已有模板建立一个新文件，以便节省时间、提高工作效率。

3.【打开】：鼠标单击该命令 打开(O)... Ctrl+O，可以打开一个文件选择对话框，我们可以从中选择、打开已经存在的某个文件，以便继续进行绘图工作，或对该文件进行修改等。其快捷键是“Ctrl＋O”。

4.【关闭】：鼠标单击该命令 关闭(C)，可以关闭当前打开的文件。

5.【保存】：鼠标单击该命令 保存(S)... Ctrl+S，可以打开一个文件保存对话框，将当前文件保存在选定的目录下。其快捷键是“Ctrl＋S”。

6.【另存为】：鼠标单击该命令 另存为(A)... Ctrl+Shift+S，可以打开一个另存为对话框，将当前文件保存为其他名称，或保存在其他目录下。其快捷键是“Ctrl＋Shift＋S”。

7.【导入】：鼠标单击该命令 导入(I)... Ctrl+I，可以打开一个导入对话框，帮助我们选择某个已有的JPEG格式的位图文件，将其导入到当前文件中。其快捷键是“Ctrl＋I”。

8.【导出】：鼠标单击该命令 导出(E)... Ctrl+E，可以打开一个导出对话框，帮助我们将当前文件的全部或选中的部分图形，导出为JPEG格式的文件，并保存在其他目录下。其快捷键是“Ctrl＋E”。

9.【打印】：鼠标单击该命令 打印(P)... Ctrl+P，可以打开一个打印对话框，帮助我们将当前文件打印输出。其快捷键是“Ctrl＋P”。

10.【打印预览】：鼠标单击该命令 打印预览(R)...，可以打开一个打印预览对话框，帮助我们设置打印文件的准确性，以便能够正确的打印输出。

11.【打印设置】：鼠标单击该命令 打印设置(U)...，可以打开一个打印设置对话框，帮助我们进行打印属性的设置，包括：图纸大小、图纸方向、打印位置、分辨率等，以便我们按照自己的意愿进行打印输出。

12.【退出】：鼠标单击该命令 退出(X) Alt+F4，可以退出CorelDRAW X3应用程序。

二、编辑

单击【编辑】菜单，即可以打开一个下拉菜单(图1-11)。

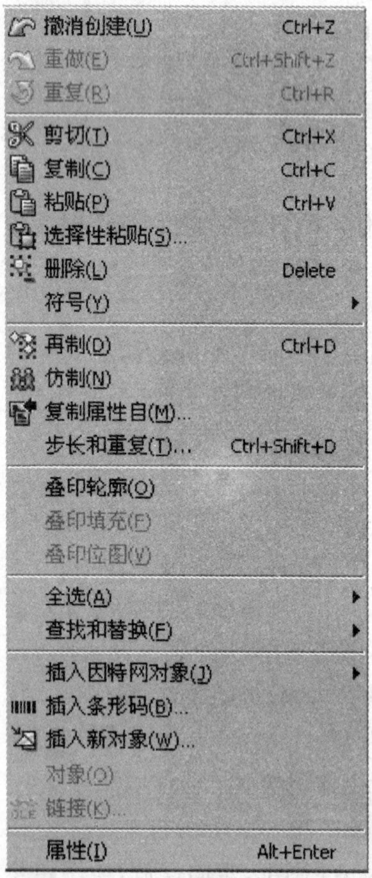

撤消创建(U) Ctrl+Z
重做(E) Ctrl+Shift+Z
重复(R) Ctrl+R
剪切(T) Ctrl+X
复制(C) Ctrl+C
粘贴(P) Ctrl+V
选择性粘贴(S)...
删除(L) Delete
符号(Y)
再制(D) Ctrl+D
仿制(N)
复制属性自(M)...
步长和重复(T)... Ctrl+Shift+D
叠印轮廓(O)
叠印填充(F)
叠印位图(V)
全选(A)
查找和替换(F)
插入因特网对象(J)
插入条形码(B)...
插入新对象(W)...
对象(O)
链接(K)...
属性(I) Alt+Enter

图1-11

该下拉菜单的每一个命令可以完成一项工作任务。后面带有黑三角箭头的命令表示还可以展开二级下拉菜单。命令后面英文组合是该命令的快捷键，直接敲击规定的快捷键可以完成同样的工作任务。如 撤消 (U) Ctrl+Z，表示【撤销】命令的快捷键是“Ctrl＋Z”等。这里将常用命令介绍如下：

1.【撤销】：鼠标单击该命令 撤消 (U) Ctrl+Z，可以将此前做过的一步操作撤销。连续单击也可以撤销此前的若干步操作，以便我们对错误的操作进行纠正。“命令”菜单会显示将要撤销的操作内容。其快捷键是“Ctrl＋Z”。

2.【重做】：鼠标单击该命令 重做 (E) Ctrl+Shift+Z，可以恢复此前撤销的一步操作内容。连续单击也可以恢复若干步操作。其快捷键是“Ctrl＋Shift＋Z”。

3.【重复】：鼠标单击该命令 重复 (R) Ctrl+R，可以对选中的某个对象，重复此前的操作。如对“矩形1”填充了一种红色，选中“矩形2”，鼠标单击【重复】命令，“矩形2”可以填充同样的红色，依此类推。其快捷键是“Ctrl＋R”。

4.【剪切】：鼠标单击该命令 剪切(T) Ctrl+X，可以将选中的对象从当前文件中剪切下来，并存放在剪贴板上。其快捷键是“Ctrl＋X”。

5.【复制】：鼠标单击该命令 复制(C) Ctrl+C，可以将选中的对象从当前文件中复制下来，并存放在剪贴板上。其快捷键是“Ctrl＋C”。

6.【粘贴】：鼠标单击该命令 粘贴(P) Ctrl+V，可以将通过剪切或复制，存放在剪贴板上的对象贴入当前文件中。其快捷键是“Ctrl＋V”。

7.【删除】：鼠标单击该命令 删除(L) Delete，可以将选中的对象从当前文件中删除。其快捷键是“Delete”。

8.【再制】：鼠标单击该命令 再制(D) Ctrl+D，可以对选中的对象进行一次再制，即增加一个相同的对象。多次单击可以增加多个相同的对象。其快捷键是“Ctrl＋D”。

9.【全选】：鼠标单击该命令 全选(A)，可以将当前文件中的所有对象全部选中，以便同时进行下一步操作。全选快捷键为 Ctrl＋A。

10.【属性】：鼠标单击该命令 属性(I)，可以打开一个属性对话框。通过该对话框可以对选中的对象进行填充、轮廓等项目的设置与操作。

三、视图

单击【视图】菜单，即可以打开一个下拉菜单(图 1－12)。

该下拉菜单的每一个命令可以完成一项工作任务，后面带有黑三角箭头的命令表示还可以展开的二级下拉菜单。命令后面英文组合是该命令的快捷键，直接敲击规定的快捷键可以完成同样的工作任务。这里将常用命令介绍如下：

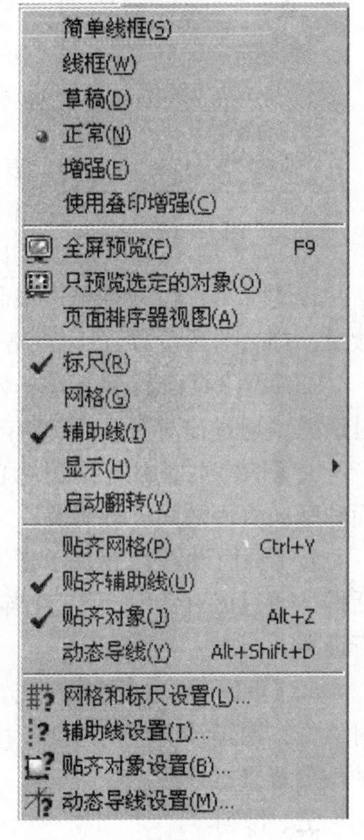

图 1－12

1.【线框】：鼠标单击该命令 线框(W)，“命令”前面显示一个小圆球，表示当前文件的显示状态处于线框状态。文件中所有已经填充的对象，将以线框的状态显示，不再显示填充内容。

2.【正常】：鼠标单击该命令 正常(N)，“命令”前面显示一个小圆球，表示当前文件的显示状态处于正常状态。文件中所有对象都以原有正常状态显示。一般情况下，都是在这种状态下进行绘图操作的。

3.【全屏预览】：鼠标单击该命令 全屏预览(F) F9，计算机屏幕只显示白色工作区域。任意单击鼠标或按任意键，即可取消全屏预览，恢复正常显示状态。其快捷键是“F9”。按下快捷键，即可进入全屏预览状态，再次按下快捷键，即可恢复正常显示状态。

4.【标尺】：鼠标单击该命令 标尺(R)，“命令”前面显示一个“√”，表示该命令处于工作状态。这时界面上显示横向标尺、竖向标尺和原点设置按键。再次单击该命令，“命令”前面的“√”消失，表示该命令处于非工作状态，界面上不显示标尺和原点设置按键。一般情况下【标尺】处于工作状态。

5.【网格】：鼠标单击该命令 网格(G)，“命令”前面显示一个“√”，表示该命令处于工作状态。界面工作区显示虚线网格，便于绘图时的定位操作。网格的大小、密度是可以设置的。再次单击该命令，“命令”前面的“√”消失，表示该命令处于非工作状态，网格消失。一般情况下【网格】处于非工作状态。

6.【辅助线】：鼠标单击该命令 辅助线(I)，“命令”前面显示一个“√”，表示该命令处于工作状态。我们可以将鼠标按在标尺上，从横向标尺拖出一条水平辅助线，从竖向标尺拖出一条垂直辅助线。再次单击该命令，“命令”前面的“√”消失，表示该命令处于非工作状态，辅助线消失，并且不能拖出辅助线。一般情况下【辅助线】处于工作状态。

7.【对齐网格】：鼠标单击该命令 对齐网格(P) Ctrl+Y，“命令”前面显示一个“√”，表示该命令处于工作状态。不论网格显示与否，当我们移动一个对象时，该对象会自动对齐网格线，便于按网格线对齐多个图形对象。再次单击该命令，“命令”前面的“√”消失，表示该命令处于非工作状态，上述功能不再起作用。

8.【对齐辅助线】：鼠标单击该命令 对齐辅助线(U)，“命令”前面显示一个“√”，表示该命令处于工作状态。当我们移动一个对象时，该对象会自动对齐辅助线，便于按辅助线对齐多个图形对象。再次单击该命令，“命令”前面的“√”消失，表示该命令处于非工作状态，上述功能不再起作用。

9.【对齐对象】：鼠标单击该命令 对齐对象(J)，“命令”前面显示一个“√”，表示该命令处于工作状态。当我们移动一个对象时，该对象会自动对齐另一个对象，便于将多个对象紧密对齐。再次单击该命令，“命令”前面的

"√"消失，表示该命令处于非工作状态，上述功能不再起作用。

10.【网格和标尺设置】：鼠标单击该命令 网格和标尺设置(L)，打开一个"网格和标尺设置"对话框。通过该对话框，我们可以分别对网格和标尺的属性进行设置。"网格"设置只有在【对齐网格】命令处于工作状态时才起作用。

11.【辅助线设置】：鼠标单击该命令 辅助线设置(T)...，打开一个"辅助线设置"对话框。通过该对话框，可以按绘图需要，准确添加若干水平和垂直辅助线，帮助我们进行服装制图，就像传统服装制图绘制辅助线一样。对于不需要的辅助线，可以逐条删除，也可以分别删除所有水平或垂直辅助线。这些设置只有在【对齐辅助线】命令处于工作状态时才起作用。

图 1-13

12.【对齐对象设置】：鼠标单击该命令 对齐对象设置(B)，打开一个"对齐对象设置"对话框。通过该对话框，可以对对齐对象的方式进行设置，便于选择适当的对齐方式。这些设置只有在【对齐对象】命令处于工作状态时才起作用。

四、版面

单击【版面】菜单，即可以打开一个下拉菜单(图 1-13)。

该下拉菜单的每一个命令可以完成一项工作任务。后面带有"……"的命令，表示可以打开一个对话框。紧接在命令后面括号内的英文字母是快捷键，直接敲击标有该英文字母的按捷键，也可以完成相同的工作任务，依此类推。这里将常用命令介绍如下：

1.【插入页】：鼠标单击该命令 插入页(I)...，打开一个"插入页面"对话框。通过该对话框，可以对插入页面的数量、方向、前后位置、页面规格等进行设置，确定后即可插入新的页面。

2.【删除页面】：鼠标单击该命令 删除页面(D)...，打开一个"删除页面"对话框。通过该对话框，可以有选择地删除一个或多个页面。

3.【切换页面方向】：鼠标单击该命令 切换页面方向(R)，可以在横向页面和竖向页面之间进行切换。

4.【页面设置】：鼠标单击该命令 页设置(P)...，打开一个"页面设置"对话框。通过该对话框，可以对当前页面的规格大小、方向、版面等项目进行设置。

5.【页面背景】：鼠标单击该命令 页面背景(B)，打开一个"页面背景"对话框。通过该对话框，可以对当前页面进行无背景、各种底色背景、各种位图背景等设置。

五、排列

单击【排列】菜单，即可以打开一个下拉菜单(图 1-14)。

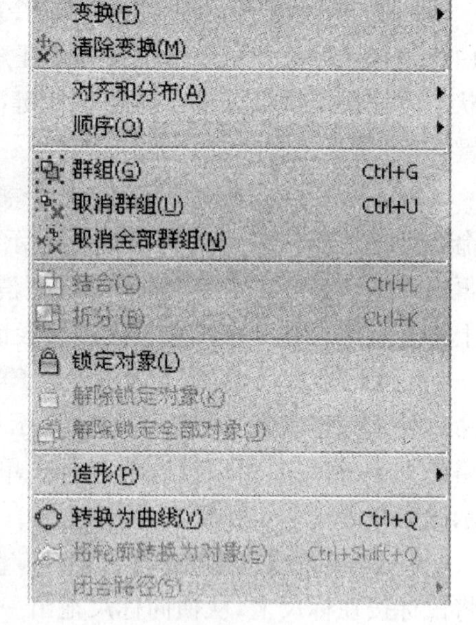

图 1-14

该下拉菜单的每一个命令可以完成一项工作任务。后面带有黑三角箭头的命令表示还可以展开的二级下拉菜单。命令后面英文组合是该命令的快捷键，直接敲击规定的快捷键可以完成同样的工作任务。这里将常用命令介绍如下：

位置(P)	Alt+F7
旋转(R)	Alt+F8
比例(S)	Alt+F9
大小(I)	Alt+F10
倾斜(K)	

图 1-15

1.【变换】：鼠标单击该命令 变换(T)，展开一个二级菜单(图 1-15)。

二级菜单中包括位置、旋转、比例、大小和倾斜等 5 个命令，鼠标单击某个命令，可以打开一个对话框(图 1-16)，这些命令都包含在这个对话框中。通过该对话框，可以对已经选中的图形对象进行位置、旋转、缩放、镜像、大小、斜切等属性的变换。

2.【清除变换】：鼠标单击该命令 清除变换(M)，可以清除已经进行的变换。

3.【对齐和分布】：鼠标单击该命令 对齐和分布(A)，可以展开一个二级菜单(图 1-17)。

通过二级菜单中的命令，可以将选中的一个或一组对象，进行上述菜单中的对齐操作，便于快速将选中的

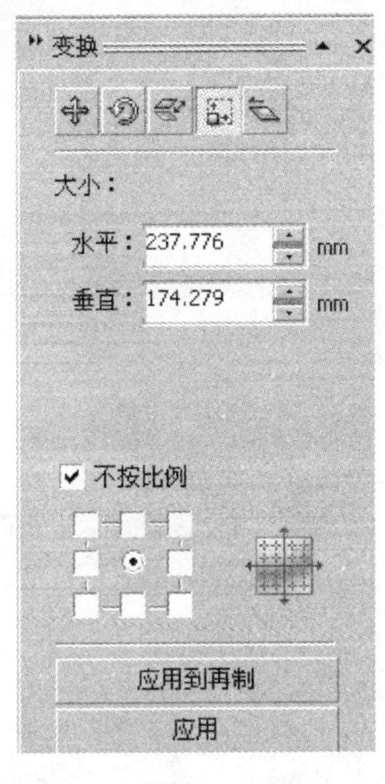

图 1-16

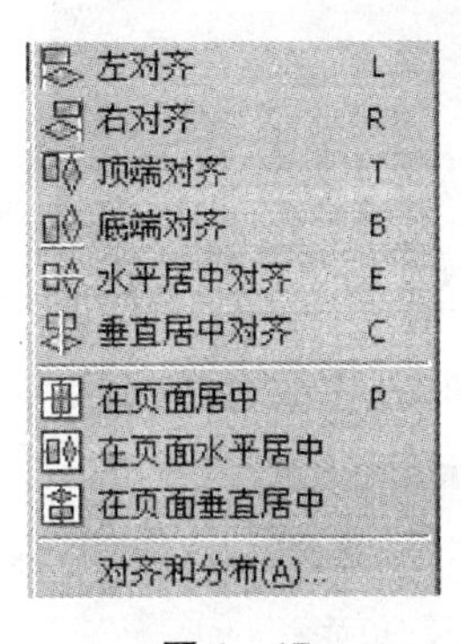

图 1-17

图 1-18

对象或对象组按要求对齐，提高工作效率。

4.【顺序】：鼠标单击该命令 顺序(O)，可以展开一个二级菜单(图 1-18)。

通过二级菜单中的命令，可以将选中的一个或一组对象，进行前后位置的设置操作，满足绘图的需要。

5.【群组】：鼠标单击该命令 群组(G) Ctrl+G，可以将选中的两个及两个以上的对象组合为一组对象，便于我们同时移动、填充等操作。其快捷键是 Ctrl+G。

6.【取消组合】：鼠标单击该命令 取消组合(U) Ctrl+U，可以将选中的一组对象的组合取消，变为单个对象。其快捷键是 Ctrl+U。

7.【取消全部组合】：鼠标单击该命令 取消全部组合(N)，可以将对齐文件中的所有组合全部取消。

8.【结合】：鼠标单击该命令 结合(C) Ctrl+L，可以将选中的两个或两个以上的对象结合为一个对象，同时该对象变为曲线，可以对其进行造形编辑。其快捷键是 Ctrl+L。

9.【拆分曲线】：鼠标单击该命令 拆分 曲线 图层 1(B) Ctrl+K，可以将选中的通过结合形成的对象，分离为单个对象。还可以对由于其他操作形成的结合对象进行分离。其快捷键是 Ctrl+K。

10.【锁定对象】：鼠标单击该命令 锁定对象(L)，可以将选中的一个或多个对象锁定，对锁定后的对象不能进行任何编辑操作。便于对已经完成的一个对象或部分对象进行临时保护。

11.【解除锁定对象】：鼠标单击该命令 解除锁定对象(K)，可以将选中的已锁定对象的锁定属性取消，进而又可以对其进行编辑操作。

12.【解除锁定全部对象】：鼠标单击该命令 解除锁定全部对象(J)，可以将当前文件中的所有锁定对象解除锁定，可以对所有对象进行编辑操作。

13.【造形】：鼠标单击该命令 造形(P)，可以展开一个二级菜单(图 1-19)。

通过二级菜单中的命令，可以对选中的对象进行焊接、修剪、相交等操作。

14.【转换为曲线】：鼠标单击该命令 转换为曲线 造形(P) Ctrl+Q，可以将我们利用"矩形"、"椭圆"等工具直接绘制的图形转换为曲线图形。而后就可以对其进行造形编辑了。其快捷键是 Ctrl+Q。

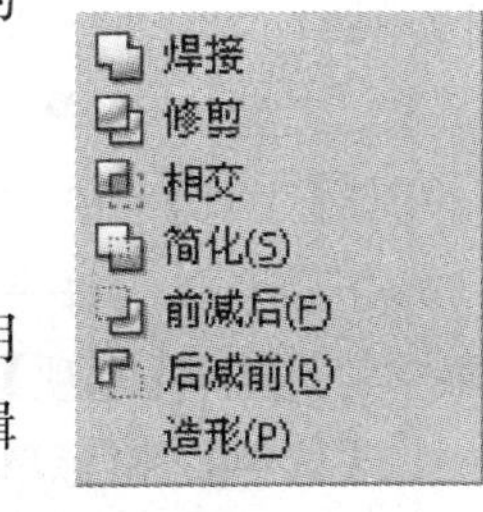

图 1-19

六、文本

单击【文本】菜单，即可以打开一个下拉菜单(图 1-20)。

该下拉菜单的每一个命令可以完成一项工作任务，后面带有黑三角箭头的命令表示还可以展开的二级下

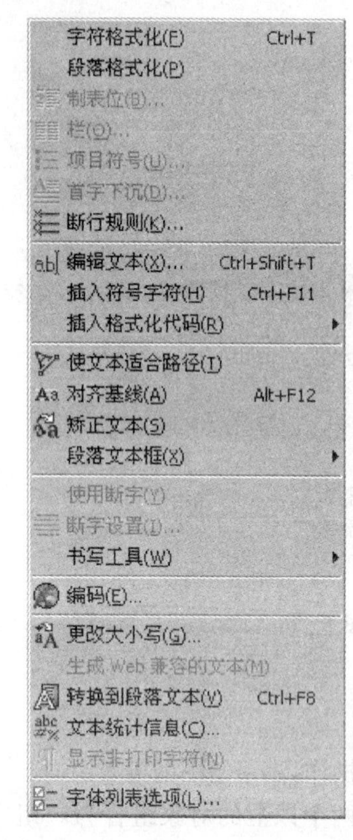

图 1－20

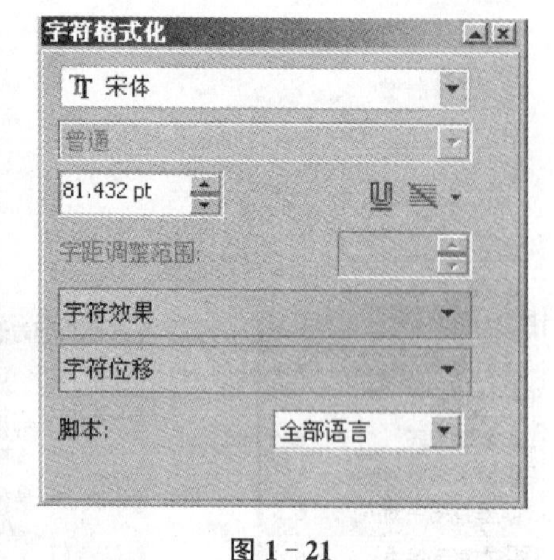

图 1－21

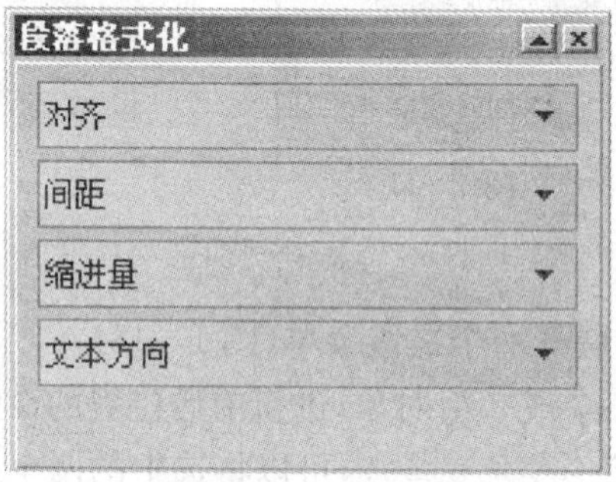

段落格式化
对齐
间距
缩进量
文本方向

图 1－22

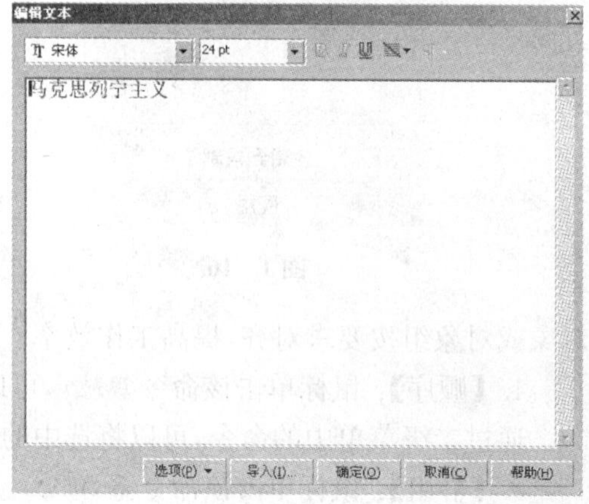

图 1－23

拉菜单。这里我们将【文本格式化】、【段落格式化】、【插入符号字符】、【使文本适合路径】等常用命令和二级菜单介绍如下：

1.【字符格式化】鼠标单击该命令 字符格式化(F) Ctrl+T ，可以打开一个对话框(图 1－21)。

通过该对话框，可以对文本的字体、大小、效果等属性进行设置。

2.【段落格式化】：鼠标单击该命令 段落格式化(P) ，可以打开一个对话框(图 1－22)。

通过该对话框，可以对现有的文本段落进行编辑。

3.【编辑文本】：鼠标单击该命令 编辑文本(X)... Ctrl+Shift+T，可以打开一个对话框(图 1－23)。

通过该对话框，可以对输入的文本或已有文本进行编辑。

4.【插入字符】：鼠标单击该命令 插入符号字符(H) Ctrl+F11 ，可以打开一个对话框(图 1－24)。

通过该对话框，可以选择合适的字符、符号、图形，插入当前文件中，以提高工作效率。

5.【使文本适合路径】：鼠标单击该命令 使文本适合路径(T)，可以将一组或一个文本字符，按确定的路径排列(图 1－25)。

七、工具

单击【工具】菜单，即可以打开一个下拉菜单(图 1－26)。

该下拉菜单的每一个命令可以完成一项工作任务，后面带有黑三角箭头的命令表示还可以展开的二级下拉菜单。这里将【选项】、【自定义】等常用命令介绍如下：

1.【选项】：鼠标单击该命令 选项(O)...，可以打开一个对话框(图 1－27)。

通过该对话框，可以对其中所有项目属性重新进行默认设置，以便符合自己的使用要求。

2.【自定义】：鼠标单击该命令 自定义(Z)...，可以打开一个对话框(图 1－28)。

通过该对话框的【自定义】，可以对其中的项目进行设置，根据自己的要求做出某些改变。该对话框与前一个对话框实际上是同样的，其作用也是类似的。

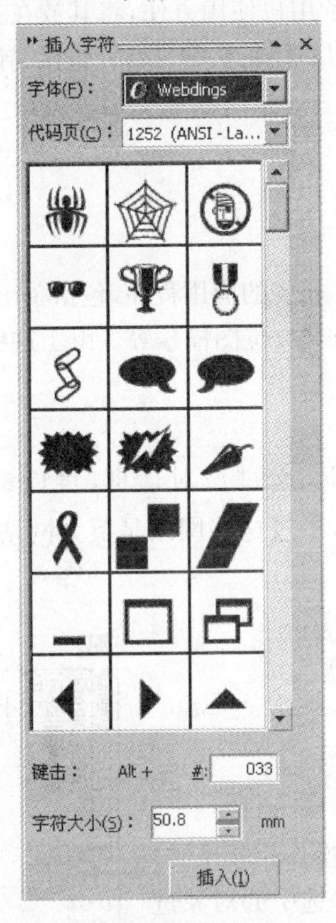

图 1－24

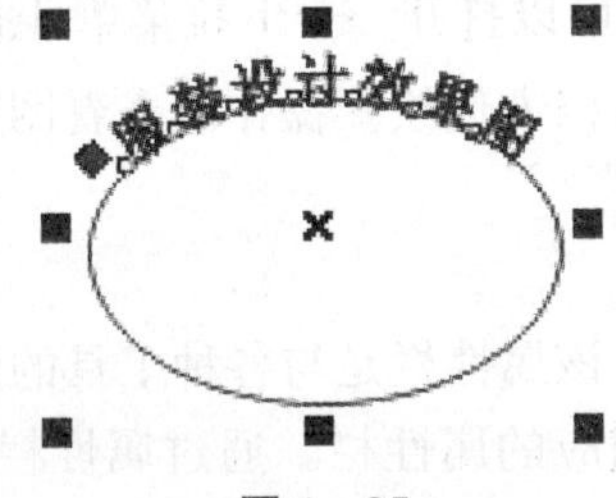

图 1－25

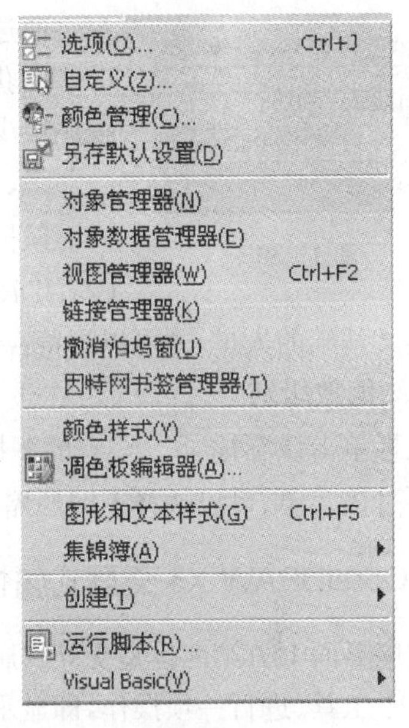

图 1－26

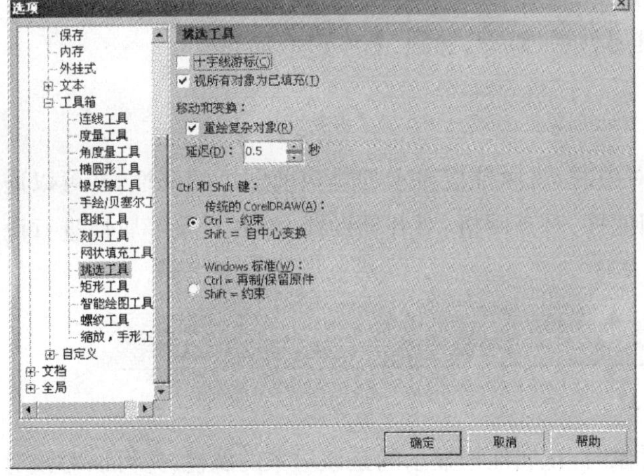

图 1－27

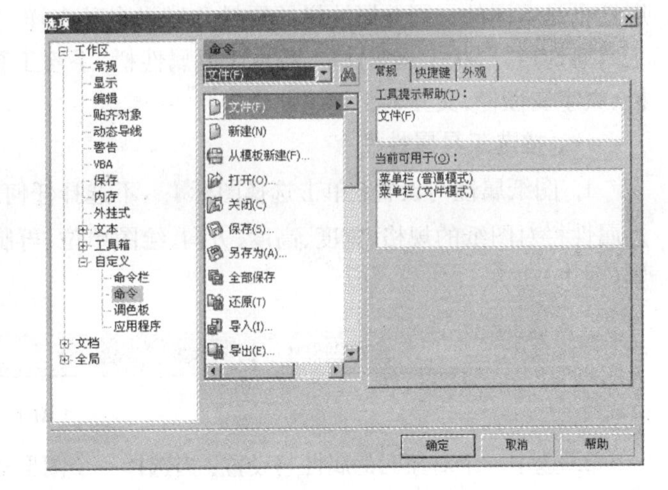

图 1－28

八、帮助

【帮助】菜单下的命令和项目，是 CorelDRAW X3 软件的使用说明或教程，可以帮助我们学习、了解 CorelDRAW X3 的使用方法，解决使用过程中的疑问和困难。

1.3 CorelDRAW X3 标准工具栏

程序界面上方第三排是标准工具栏（图 1－29）。

图 1－29

标准工具栏中的许多工具在菜单栏的项目下也可以找到，软件设计者为了用户使用方便，将其放在了标准工具栏，便于我们直接使用。常用工具和选项是：新建、打开、保存、打印、剪切、复制、粘贴、撤销、重做、导入、导出、应用程序启动器、CorelDRAW 在线、缩放级别等。

现对部分项目介绍如下：

一、应用程序启动器

鼠标单击该图标的下拉按钮，可以打开一个下拉菜单（图 1－30）。

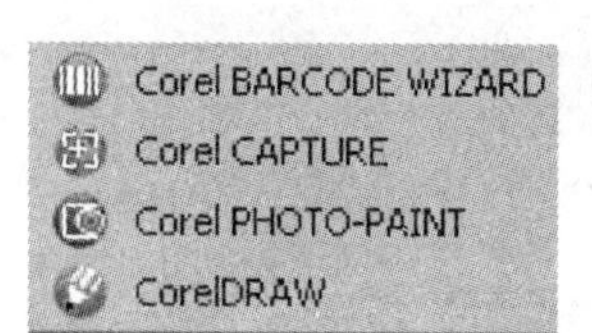

图 1－30

通过该下拉菜单包括一些与 CorelDRAW X3 相关的应用程序，包括条码向导、屏幕捕获编辑器、PHOTO－PAINT、电影动画编辑器、位图描摹等。由于这些应用程序很少使用，这里不作介绍，只是了解即可。

二、CorelDRAW web 连接器

鼠标单击该图标，可以打开一个对话框，通过该对话框，可以链接与 CorelDRAW X3 相关的网站，以便了解更多内容，不过这些网站是英文网站，只有具有英文基础的人员，才可以浏览。

三、缩放级别

鼠标单击该图标 54% 的下拉按钮，可以打开一个下拉菜单（图 1－31）。

通过该菜单，可以选择不同的缩放比例，以方便绘图操作或查看图形。

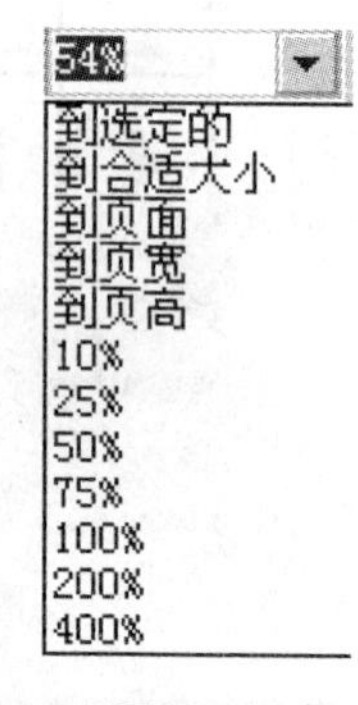

图 1－31

1.4 CorelDRAW X3 交互式属性栏

程序界面上方第四排是交互式属性栏。该属性栏是与各种工具的使用和操作相联系的，选择一个工具、进行一项操作，即显示一个相应的属性栏。通过属性栏可以对选中的对象进行属性设置和操作。选择不同的对象、进行不同的操作其属性栏的形式是不同的，可设置的属性也是不同的。因此属性栏的数量和形式多种多样。现将常用的属性栏介绍如下：挑选工具属性栏、形状工具属性栏、缩放工具属性栏、手绘工具属性栏、矩形、椭圆、基本形状属性栏、文字属性栏、交互式工具属性栏等。

一、挑选工具属性栏

1. 图纸属性与设置：单击选择图标，不选择任何对象时，该属性栏显示的是当前图纸的属性，并可以通过属性栏对图纸的规格、宽度、高度、方向、绘图单位、再制偏移、对齐网格、对齐辅助线、对齐对象等属性进行设置（图 1－32）。

图 1－32

2. 选中一个对象时的属性与设置：当选择一个图形对象时，该属性栏显示的是该对象的属性，并可以对该对象位置、大小、比例、角度、翻转、图形边角的圆滑、轮廓宽度、到前面、到后面、转换曲线等属性进行设置（图 1－33）。

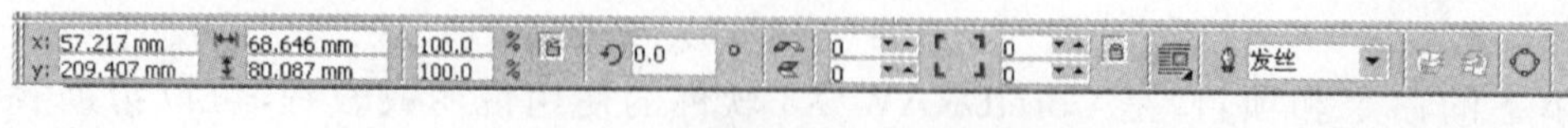

图 1－33

3. 选中两个或多个对象时的属性与设置：当选中两个或多个对象时，该属性栏显示的是当前选中的所有对象的共同属性，并可以进行位置、大小、比例、旋转、镜像翻转等设置，还可以进行结合、组合、焊接、修剪、相交、简化、对齐等操作（图 1－34）。

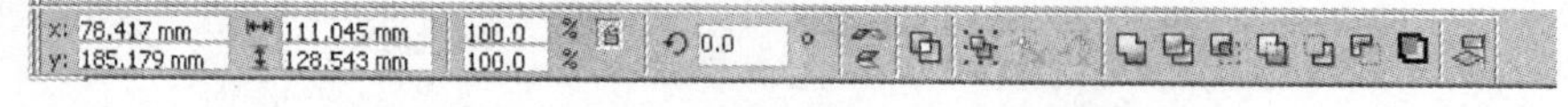

图 1－34

4. 选中两个或多个对象并组合时的属性与设置：当选中两个或多个对象并组合时，该属性栏显示的是该组对象的属性，并可以进行位置、大小、比例、旋转、镜像翻转、取消组合、取消全部组合、到前面、到后面等设置和操作（图 1－35）。

图 1－35

5. 选中两个或多个对象并结合时的属性与设置：当选中两个或多个对象并结合时，该属性栏显示的是该结合对象的属性，并可以进行位置、大小、比例、旋转、镜像翻转、拆分、线形、轮廓宽度等项设置和操作（图 1－36）。

图 1－36

二、造型工具属性栏

1. 形状工具属性栏：当选择形状工具时，显示的是形状工具属性栏（图 1－37）。通过该属性栏，可以对一个曲线图形对象矩形增加节点、减少节点、连接两个节点、断开曲线、曲线变直线、直线变曲线、节点属性设置、节点连接方式设置等项操作。

图 1－37

2. 涂抹工具属性栏：当选择涂抹工具时，显示的是涂抹工具属性栏（图 1－38）。通过该属性栏，可以设置涂抹工具的大小、角度等项操作。

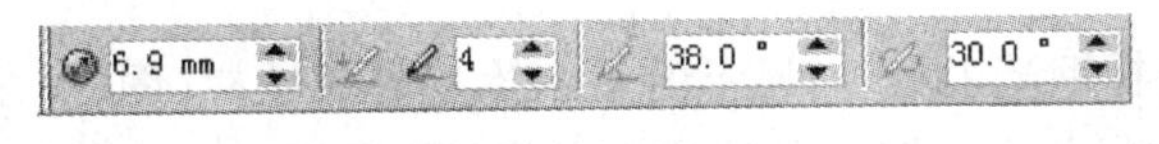

图 1－38

3. 粗糙笔刷属性栏：当选择粗糙笔刷工具时，显示的是粗糙笔刷属性栏（图 1－39）。通过该属性栏，可以设置笔刷的大小、刷毛的密度（频率）、角度、自动、固定等项操作。

图 1－39

4. 刻刀工具属性栏：当选择刻刀工具时，显示的是刻刀工具属性栏（图 1－40）。通过该属性栏，可以对一个图形对象进行任意形式的切割，并且可以设置切割形式。

图 1－40

5. 擦除工具属性栏：当选择擦除工具时，显示的是擦除工具属性栏（图 1－41）。通过该属性栏，可以设置擦除工具的厚度、擦除工具的形状等。

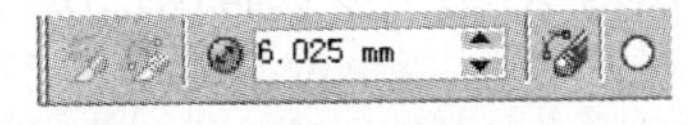

图 1－41

三、缩放工具属性栏

当选择缩放工具时，显示的是缩放工具属性栏（图 1－42）。通过该属性栏，可以进行现有比例的设置，也可以选择放大、缩小选项，进行自由缩放，还可以选择显示所有图形、显示整张图纸、按图纸宽度显示、按图纸高度显示等。

图 1－42

四、手绘工具属性栏

1. 手绘工具属性栏：当选择手绘工具时，显示的是手绘工具属性栏（图 1－43）。通过该属性栏，可以对一个手绘图形对象，进行位置、大小、比例、旋转、镜像翻转、拆分、线形、轮廓宽度等项设置和操作。

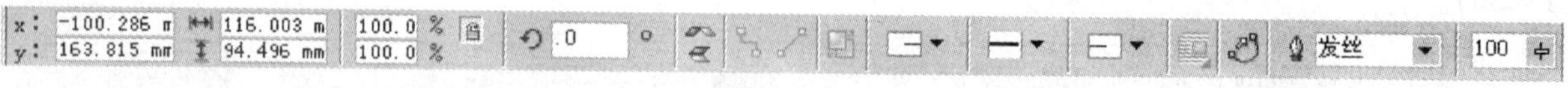

图 1－43

2. 贝赛尔线属性栏：当选择贝赛尔线工具时，显示的是贝赛尔线属性栏（图 1－44）。通过该属性栏，可以将一条未封闭曲线链接为封闭曲线，可以同时选中所有节点进行操作。

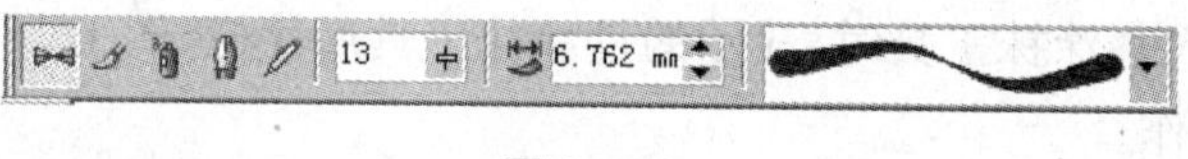

图 1－44

3. 艺术笔属性栏：当选择艺术笔工具时，显示的是艺术笔属性栏（图 1－45）。通过该属性栏，可以选择预设笔触、画笔笔触、喷灌、书法笔触、压力笔触，也可以设置笔触平滑度、笔触宽度等项操作。

图 1－45

4. 钢笔工具属性栏：当选择钢笔工具时，显示的是钢笔工具属性栏（图 1－46）。通过该属性栏，可以进行位置、大小、比例、旋转、镜像翻转、拆分、线形、轮廓宽度等设置和操作。

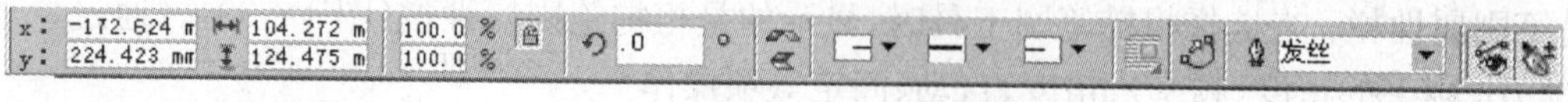

图 1－46

5. 度量工具属性栏：当选择度量工具时，显示的是度量工具属性栏（图 1－47）。通过该属性栏，可以对图形的数据标注进行多项设置，包括：自动度量、垂直标注、水平标注、斜向标注、标注工具、角度标注、数据制式、数据精确度、数据单位、标注文本位置等。

图 1－47

五、矩形、椭圆、基本形状属性栏

当选择矩形工具、椭圆工具、基本形状工具时，分别显示不同的属性栏，它们的形式基本相同（图 1－48）。通过属性栏，都可以进行位置、大小、比例、旋转、镜像翻转、线形、轮廓宽度、到前面、到后面等设置和操作。此外，椭圆工具属性栏还具有椭圆、饼形、弧形选项，基本形状属性栏还具有形状类型选择菜单，通过菜单选择不同的基本形状。

六、文字属性栏

当选择文字属性栏时，显示的是文字属性栏（图 1－49）。通过该属性栏，可以对文字进行字体、大小、格式、排列方向等项设置，还可以进行文字编辑。

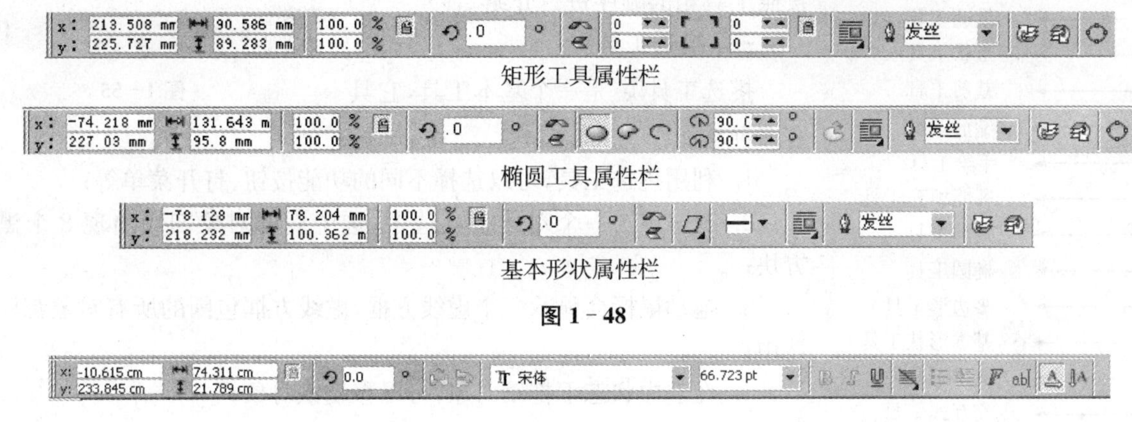

矩形工具属性栏

椭圆工具属性栏

基本形状属性栏

图 1－48

图 1－49

七、交互式工具属性栏

1. 交互式调和工具属性栏：当选择调和工具时，显示的是交互式调和工具属性栏(图 1－50)。通过该属性栏，可以对两个图形对象之间的形状渐变调和、色彩渐变调和进行设置，包括：图形位置、图形大小、渐变数量、渐变角度等。

图 1－50

2. 交互式轮廓工具属性栏：当选择轮廓工具时，显示的是交互式轮廓工具属性栏(图 1－51)。通过该属性栏，可以在一个图形外自动添加轮廓，并可以进行图形位置、图形大小、轮廓位置、轮廓数量、轮廓间距、轮廓颜色、填充颜色等项设置。

图 1－51

3. 交互式阴影工具属性栏：当选择阴影工具时，显示的是交互式阴影工具属性栏(图 1－52)。通过该属性栏，可以对图形的阴影进行设置，包括：阴影角度、阴影透明度、阴影羽化、阴影羽化方向、阴影颜色等。

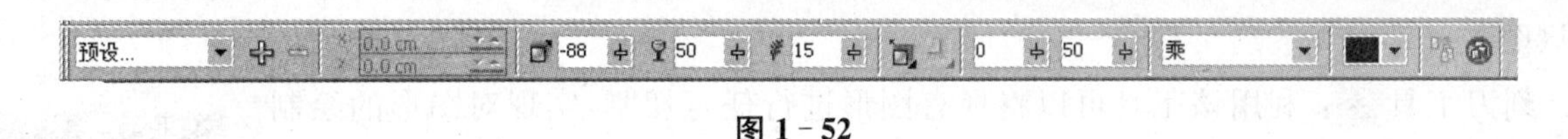

图 1－52

4. 交互式透明工具属性栏：当选择透明工具时，显示的是交互式透明工具属性栏(图 1－53)。通过该属性栏，可以对图形进行透明属性设置，包括：透明度类型、透明度操作、透明度中心、透明度边衬、透明度应用选择等。

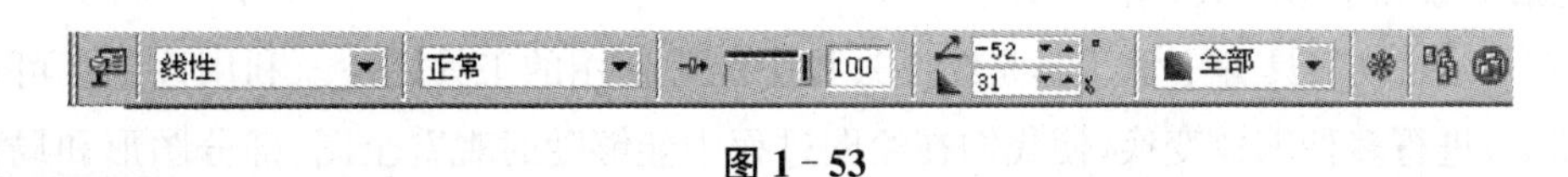

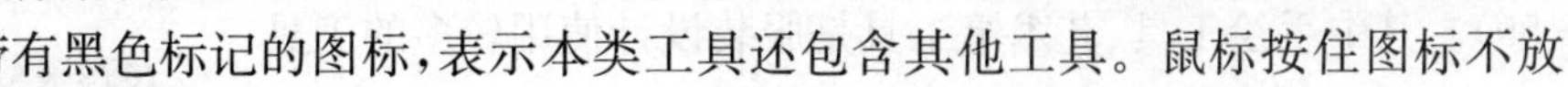

图 1－53

1.5 CorelDRAW X3 工具箱

工具箱在默认状态下位于程序界面的左侧，并竖向摆放。它是以活动窗口的形式显示的，因此其位置、方向可以通过拖动鼠标来改变。CorelDRAW X3 的工具箱涵盖了绘图、造型的大部分工具(图 1－54)。

图中右下方带有黑色标记的图标，表示本类工具还包含其他工具。鼠标按住图标不放，会打开一个工具条，显示更多的工具(图 1－55)。

在这些工具中，有些是很少使用或使用不到的，因此这里着重介绍服装设计中经常使用的工具。下面我们

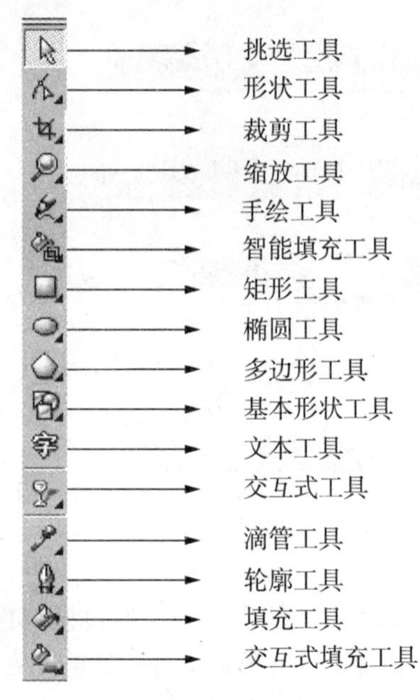

图 1 - 54

按照工具箱的顺序进行介绍。

图 1 - 55

一、挑选工具

挑选工具是一个基本工具，它具有多种功能：

1. 利用挑选工具，可以选择不同的功能按钮、打开菜单等；

2. 通过单击一个对象将其选中，选中后的对象四周出现 8 个黑色小方块；

3. 拖动鼠标会显示一个虚线方框，虚线方框包围的所有对象都同时被选中；

4. 在选中状态下拖动对象，可以移动该对象；

5. 在选中状态下，再次单击对象，对象四周会出现 8 个双箭头、中心出现一个圆心圆，表示该对象处于可旋转状态。将鼠标放在四个角的某个双箭头上，并拖动光标，即可转动该对象；

6. 在选中状态下，再单击某个颜色，可以为对象填充该颜色；

7. 在选中状态下，再右键单击某个颜色，可以将对象轮廓颜色改变为该颜色。

二、形状工具

图 1 - 56

该类工具包括：形状工具、涂抹工具、粗糙笔刷和自由变换等工具。其中使用较多的工具是形状工具和粗糙笔刷(图 1 - 56)。

1. 形状工具：该工具是绘图造型的主要工具之一。利用该工具可以增减节点、移动节点；可以将直线变为曲线、曲线变为直线；可以对曲线进行形状改造等。

2. 涂抹工具：利用该工具可以对曲线图形进行不同色彩之间的穿插涂抹，实现特殊的造型效果。

3. 粗糙笔刷：这个工具对于服装设计作用较大，利用该工具可以将图形边沿进行毛边处理，实现特定服装材料的质感效果。

4. 自由变换：利用该工具可以对图形进行大小、旋转、镜像、扭曲的自由变换。

三、裁剪工具

该类工具包括：裁剪工具、刻刀工具、擦除工具和虚线段删除工具。其中使用较多的工具是刻刀工具和擦除工具(图 1 - 57)。

1. 刻刀工具：利用该工具可以将现有图形进行任意切割，实现对图形的绘制改造。

图 1 - 57

2. 擦除工具：利用该工具可以擦除图形的轮廓和填充，实现快速造型的目的。

四、缩放工具

该类工具包括缩放和手形工具(图 1 - 58)。

图 1 - 58

1. 缩放工具：该工具是绘图过程中经常使用的工具之一。利用该工具可以对图纸(包括图形)进行多种缩放变换，使我们在绘图过程中能够随时观看全图、部分图形和局部放大，进行图形的精确绘制和全图的把握。

2. 手形工具：利用该工具可以自由移动图纸，可以观看图纸的任意部位。

五、手绘工具

该类工具包括手绘工具、贝塞尔工具、艺术笔工具、钢笔工具、折线工具、三点曲线工具、交互式连线工具和度量等工具(图 1 - 59)。其中手绘工具、艺术笔工具是服装设计使用较多的工具。

1. 手绘工具：该工具是绘图过程中最基本的画线工具，是使用较多的工具之一。利用该工具可以绘制单段直线、连续曲线、连续直线、封闭图形等。

图 1 - 59

2. 贝塞尔线工具：利用该工具可以绘制连续自由曲线，并且在绘制曲线过程中，可以随时控制曲率变化。

3. 艺术笔工具：该工具对于绘制服装设计效果图作用很大。利用艺术笔工具可以进行多种预设笔触的绘图、不同画笔绘图、不同笔触书法创作；还可以进行多种图案的喷洒绘制等。

4. 钢笔工具：利用该工具可以进行连续直线、曲线的绘制和图形绘制。

5. 折线工具：利用该工具可以快速绘制连续直线和图形。

6. 三点曲线工具：利用该工具可以绘制已知三点的曲线，如领口曲线、袖部曲线等。

7. 交互式连线工具：利用该工具可以绘制多重连续垂直折线。

8. 度量工具：利用该工具可以准确测量两点之间的距离，也可以进行数据标注。

六、矩形工具

该类工具包括矩形工具和三点矩形工具(图 1－60)。

1. 矩形工具：该工具是服装制图的常用工具。利用该工具可以绘制垂直放置的一般长方形，按住 Ctrl 键可以绘制正方形。

图 1－60

2. 三点矩形工具：利用该工具可以绘制任意方向的长方形，按住 Ctrl 键可以绘制任意方向的正方形。

七、椭圆工具

图 1－61

该类工具包括椭圆工具和三点椭圆工具(图 1－61)。

1. 椭圆工具：该工具是服装制图的常用工具。利用该工具可以绘制垂直放置的一般椭圆，按住 Ctrl 键可以绘制正圆。

2. 三点椭圆工具：利用该工具可以绘制任意方向的椭圆，按住 Ctrl 键可以绘制任意方向的正圆。

八、多边形工具

该类工具包括多边形工具、图纸方格工具和螺旋等工具(图 1－62)。

1. 多边形工具：利用该工具可以绘制任意多边形和多边星形，其边的数量可以通过属性栏进行设置。

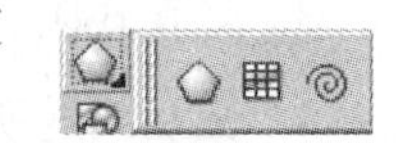

图 1－62

2. 图纸方格工具：利用该工具可以绘制图纸的方格，形成任意单元表格，其行和列可以通过属性栏进行设置。

3. 螺旋工具：利用该工具可以绘制任意的螺旋形状，螺旋的密度、展开方式可以通过属性栏进行设置。

九、基本形状工具

该类工具包括基本形状、箭头形状、流程图形状、星形形状和标注形状等(图1－63)。

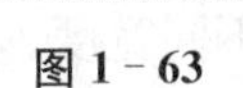

图 1－63

1. 基本形状：通过属性栏的形状选择菜单，可以选择绘制不同的形状(图 1－64)。

2. 箭头形状：通过属性栏的形状选择菜单，可以选择绘制不同形状的箭头(图 1－65)。

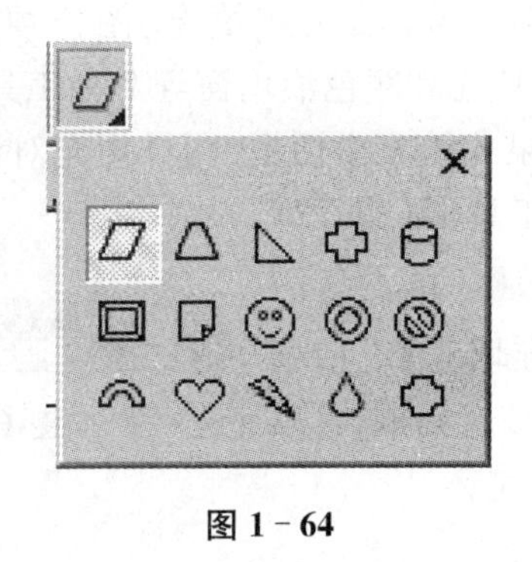

图 1－64

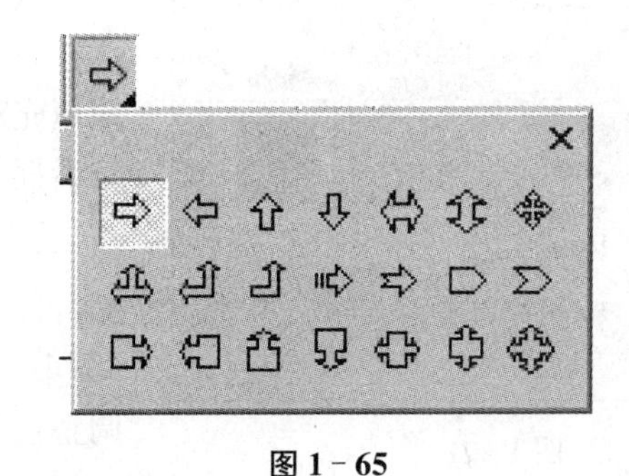

图 1－65

3. 流程图形状 ：通过属性栏的形状选择菜单，可以选择绘制不同形状的流程图（图 1－66）。

4. 星形形状 ：通过属性栏的形状选择菜单，可以选择绘制不同形状的星形（图 1－67）。

5. 标注形状 ：通过属性栏的形状选择菜单，可以选择绘制不同形状的标注（图 1－68）。

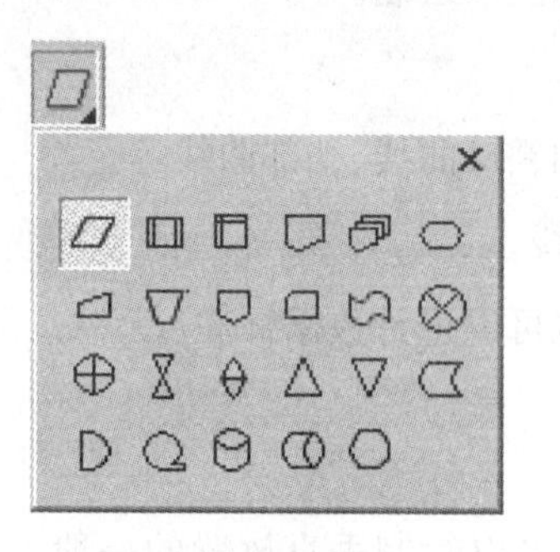
图 1－66

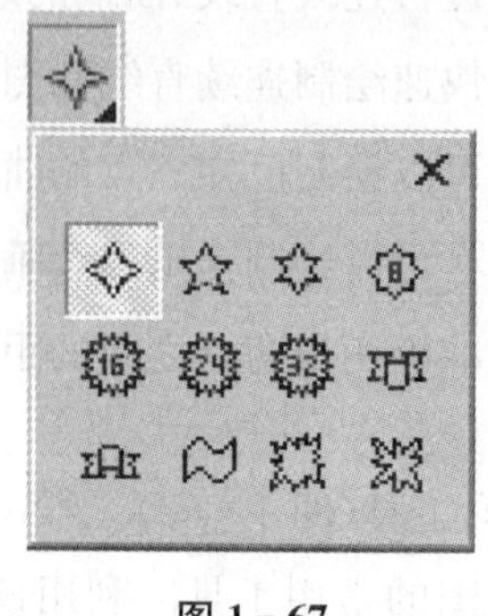
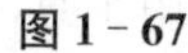
图 1－67

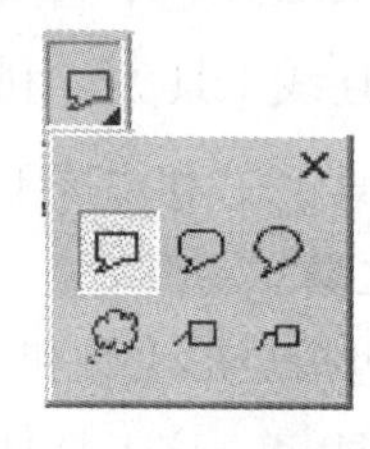
图 1－68

十、文本工具

文本工具 是服装设计中的常用工具之一。利用该工具可以进行中文、英文和数字的输入。

十一、交互式工具

图 1－69

该类工具包括交互式调和工具、交互式轮廓工具、交互式变形工具、交互式封套工具、交互式立体化工具、交互式阴影工具和交互式透明工具等（图 1－69）。这里着重介绍交互式调和工具、交互式轮廓工具、交互式阴影工具、交互式透明工具。

1. 交互式调和工具 ：利用该工具可以在任意两个色彩之间进行任意层次的渐变调和，以获得我们需要的色彩；可以在任意两个形状之间进行任意层次的渐变处理，尤其在进行服装推板操作时异常方便。

2. 交互式轮廓工具 ：利用该工具可以方便地对服装衣片添加缝份。

3. 交互式阴影工具 ：利用该工具可以对任何图形添加阴影，加强图形的立体感，使效果更逼真。

4. 交互式透明工具 ：利用该工具可以对已有填色图形进行透明渐变处理，获得更加漂亮的效果。

十二、轮廓工具

该类工具是关于轮廓的宽度、颜色的一系列工具，包括轮廓画笔对话框、轮廓颜色对话框、无轮廓和轮廓从最细到最粗的系列工具（图 1－70）。这里重点介绍轮廓画笔对话框及常用轮廓宽度工具。

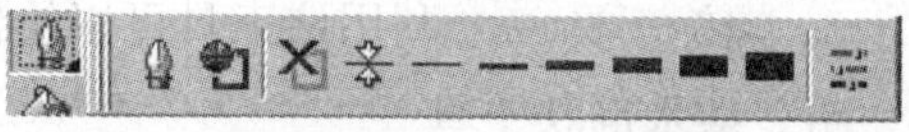

图 1－70

1. 轮廓笔 ：单击该图标可以打开【轮廓笔】对话框（图 1－71）。通过该对话框可以设置轮廓的颜色、宽度，还可以设置画笔的样式、笔尖的形状等。

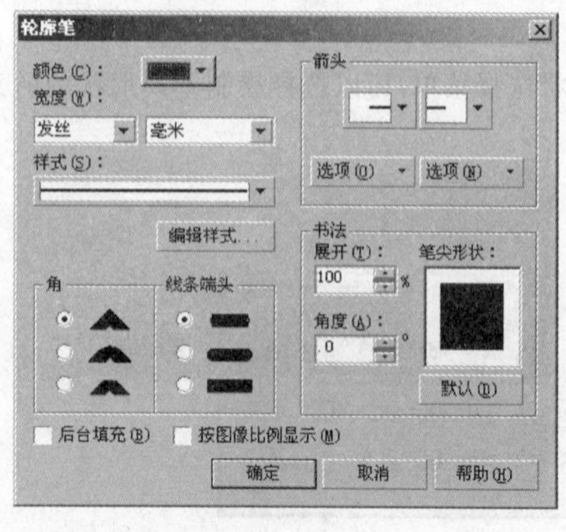

图 1－71

2. 常用轮廓宽度工具 ：利用该系列工具，可以设置轮廓自无轮廓到 24 点的不同宽度。

十三、填充工具

该类工具包括填充、喷泉式填充、图样填充、底纹填充、postscript 填充、无填充和颜色泊坞窗等 7 种工具。这里重点介绍填充对话框、喷泉式填充对话框、图样填充对话框、底纹填充对话框、无填充等工具（图 1－72）。

1. 标准填充 ：单击该图标，可以打开【标准填充】对话框（图 1－73）。通过该对话框，可以调整色彩并进行填充。

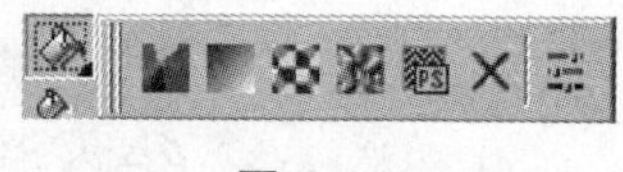
图 1－72

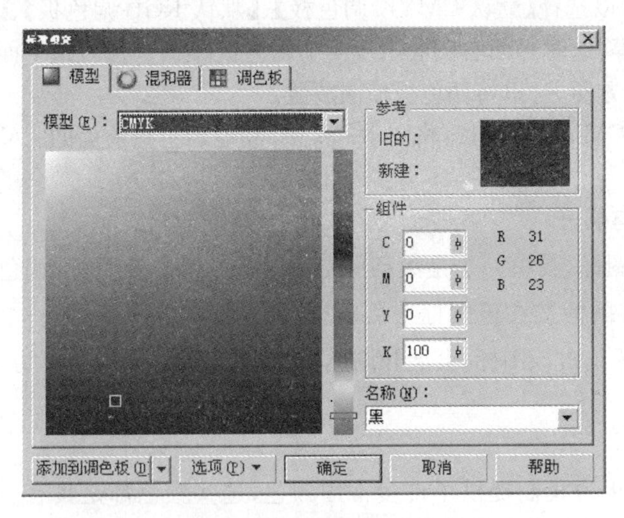

图 1－73

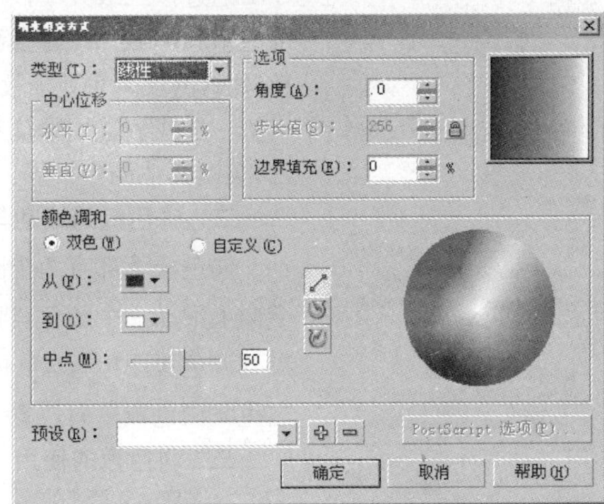

图 1－74

2. 喷泉式填充：单击该图标可以打开【喷泉填充方式】对话框(图 1－74)。通过该对话框，可以进行不同类型的渐变填充，包括线性渐变填充、射线渐变填充、圆锥渐变填充、方角渐变填充等。

3. 图样填充：单击该图标可以打开【图样填充】对话框(图 1－75)。通过该对话框可以进行双色图样填充、全色图样填充、位图图样填充，同时还可以装入已有服装材料图样，还可以对图样进行位置、角度、大小等项目的设置。

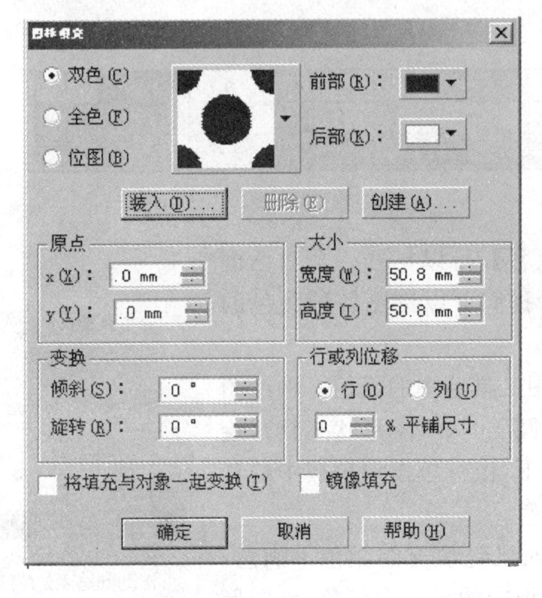

图 1－75

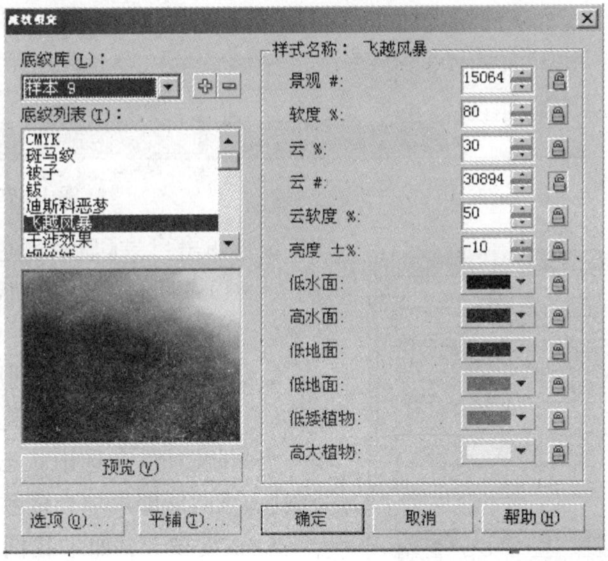

图 1－76

4. 底纹填充：单击该图标可以打开【底纹填充】对话框(图 1－76)。通过该对话框可以选择多种不同形式的底纹，并可以对底纹进行多种项目的设置，以实现我们的设计效果。

5. 无填充✕：通过单击该工具可以删除任何图形的已有填充。

1.6 CorelDRAW X3 调色板

一、调色板的选择

程序界面右侧是调色板，默认状态下显示的是“CMYK 调色板”。通过单击界面的【窗口】→【调色板】，可以打开一个二级菜单(图 1－77)。

图 1－77

通过该二级菜单，可以选择【默认 CMYK 调色板】、【默认 RGB 调色板】、【标准色】、【Web－safe 色】等，这时界面右侧会出现 4 个调色板(图 1－78)，最下面是 RGB 调色板。为了排版方便，这里将调色板横向放置。

一般我们选用默认 CMYK 调色板，将图 1－77 中，其他调色板前面的“√”取消，关闭其他调色板。

二、调色板的滚动与展开

调色板下部有两个图标，其中一个是滚动图标，鼠标单击该图标，调色板会向上滚动一个颜色，将鼠标按在该图标上，调色板会连续向上滚动；另一个是展开调色板图标，鼠标单击该图标，会展开调色板(图 1－79)。为了排版方便，这里将调色板横向放置。

三、调色板的使用

1. 颜色名称：调色板为我们提供了许多常用颜色，这些颜色都是具有名称的，通过如下操作，即可以浏览所有颜色的名称：

鼠标单击调色板上方的图标，可以打开一个菜单(图 1－80)。

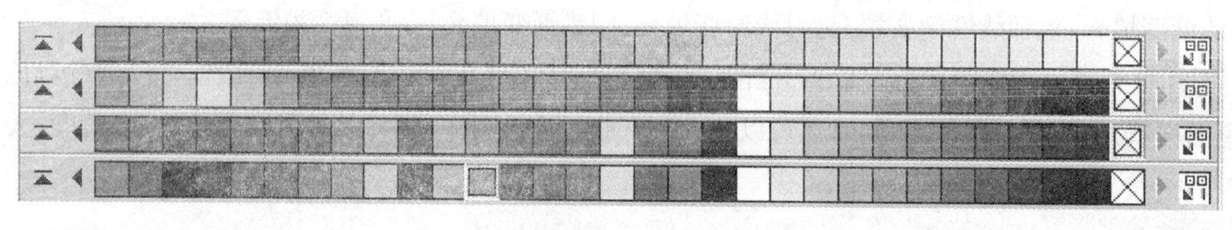

图 1－78

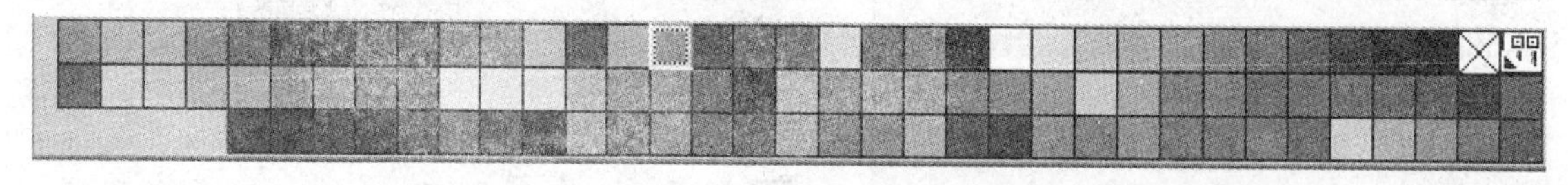

图 1－79

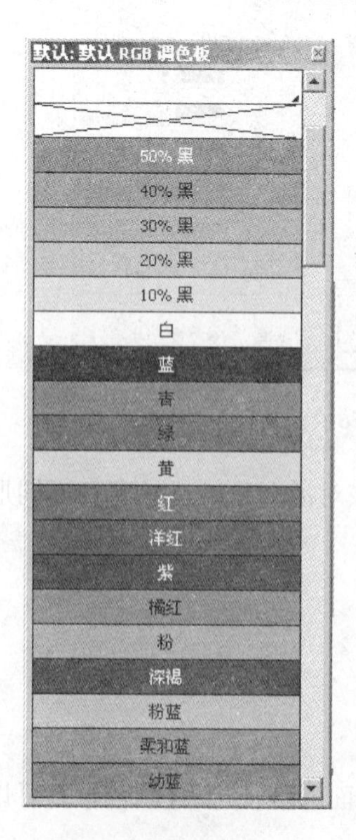

图 1－81

鼠标单击目录【显示颜色名】，可以打开一个对话框(图 1－81)。通过滚动按钮，我们可以浏览各种颜色的名称。

2. 填充颜色：当我们利用工具箱中的任何一种绘图工具(手绘工具、矩形工具、椭圆工具、基本形状工具)，绘制一个封闭图形，在选中状态下，鼠标单击调色板中的某个颜色，该图形即可填充该颜色。

3. 改变填充：如果我们对已经填充的颜色不满意，在选中状态下，鼠标单击调色板中的另一个颜色，该图形可以改变为该颜色。

4. 取消填充：如果我们想取消一个图形的填充，鼠标单击调色板上部的取消填充图标，即可取消该图形的填充。

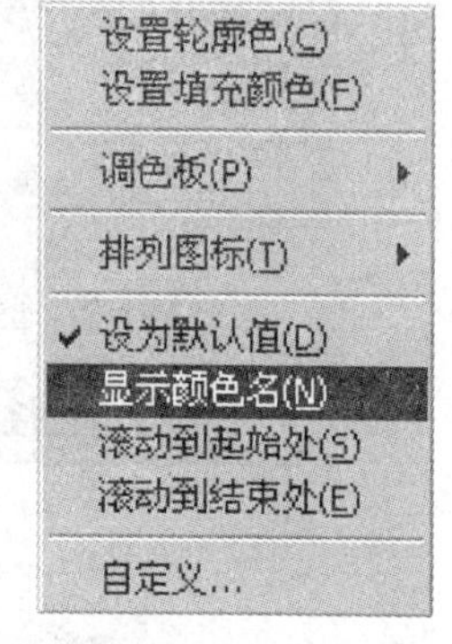

图 1－80

1.7 CorelDRAW X3 常用对话框

CorelDRAW X3 提供了许多非常有用的对话框，帮助我们进行绘图操作。现将与数字化服装设计关系密切的部分对话框介绍如下，它们是辅助线设置对话框、对象属性对话框、变换对话框、造型对话框。

一、辅助线设置对话框

辅助线设置，是数字化服装设计绘图的常用操作。鼠标单击程序界面菜单【视图】→【辅助线设置】，可以打开辅助线设置对话框（图1－82）。

通过该对话框，可以在图中左侧选择“水平”、“垂直”、“导线”等项目，在右侧紧靠项目名称下方的数值栏中，输入需要的数值，鼠标单击“添加”，即可添加一条辅助线。按要求反复操作，即可以设置所有辅助线。

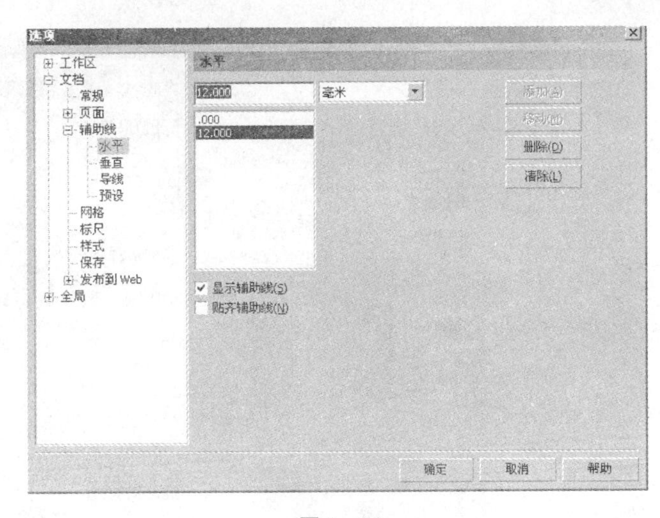

图1－82

二、对象属性对话框

鼠标单击程序界面的菜单【编辑】→【属性】，可以打开对象属性对话框（图1－83）。

该对话框中包括填充、轮廓等项目。鼠标单击对话框中的填充图标，可以展开二级对话框。其中包括均匀填充、渐变填充、图样填充和底纹填充等，现在分别介绍如下。

1. 均匀填充：选择“均匀填充”选项，可以打开一个对话框（图1－83）。滚动调色盘，选择合适的颜色，鼠标单击【应用】按钮，可以将该颜色填充到选中的图形中。

鼠标单击【高级】命令按钮，可以打开色彩编辑对话框（图1－84）。

图1－83

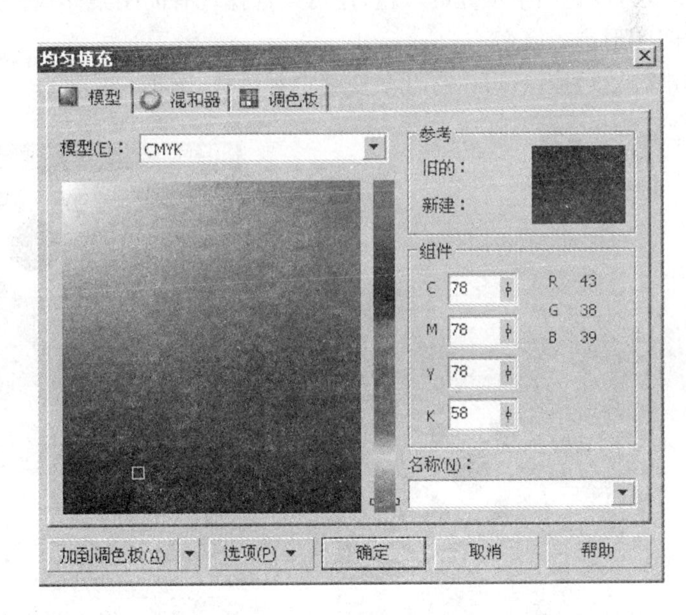

图1－84

通过该对话框，可以选择色彩模式，可以设置任意颜色，以便满足设计需要。同时还可以准确给出选定颜色的基本色调和比例。

2. 渐变填充：选择“渐变填充”选项，可以打开渐变填充对话框（图1－85）。

该对话框包括线性渐变、射线渐变、圆锥渐变、方形渐变等渐变形式。通过该对话框可以选择不同的渐变形式，也可以选择不同的渐变颜色。设置完成后，鼠标单击【应用】按钮，即可以对一个选中的封闭图形，进行渐变填充。

鼠标单击【高级】按钮，可以打开渐变编辑对话框（图1－86）。

通过该对话框，不但可以进行上述操作，还可以设置渐变的角度、边界、中心位置、自定义中点，还可以进行预设样式渐变填充等。

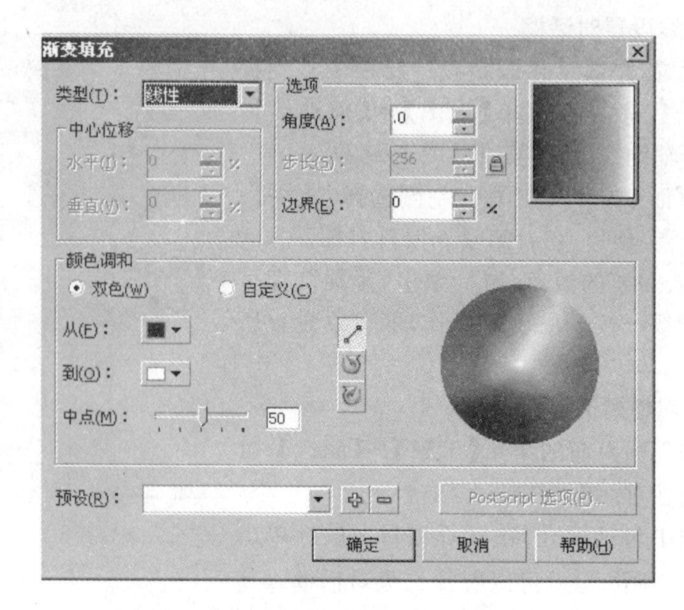

图 1－85　　图 1－86

3. 图样填充：选择"图样填充"选项，可以打开图案填充对话框(图 1－87)。

该对话框包括双色图样填充、全色图样填充、位图图样填充等形式。通过该对话框，可以选择不同的填充形式，也可以设置双色图案填充的颜色，还可以选择现有的图案样式。设置完成后，鼠标单击【应用】按钮，即可以对一个封闭图形进行填充。

鼠标单击【高级】按钮，可以打开渐变编辑对话框(图 1－88)。

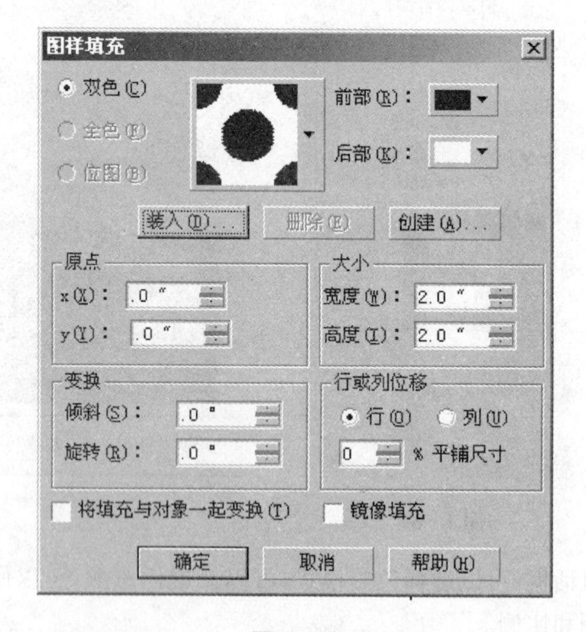

图 1－87　　图 1－88

通过该对话框，不但可以进行上述操作，还可以设置装入其他样式文件、创建双色图案、改变原点、改变大小，还可以进行倾斜、旋转、位移、平铺尺寸、是否与对象一起变换等项设置。

4. 底纹填充：选择"底纹填充"选项，可以打开底纹填充对话框(图 1－89)。

通过该对话框，可以选择底纹样本、底纹样式，选择完成后，鼠标单击【应用】按钮，即可以对一个封闭图形进行底纹填充。

鼠标单击【高级】按钮，可以打开底纹编辑对话框(图 1－90)。

通过该对话框，不但可以进行上述操作，还可以对底纹的众多属性进行设置。

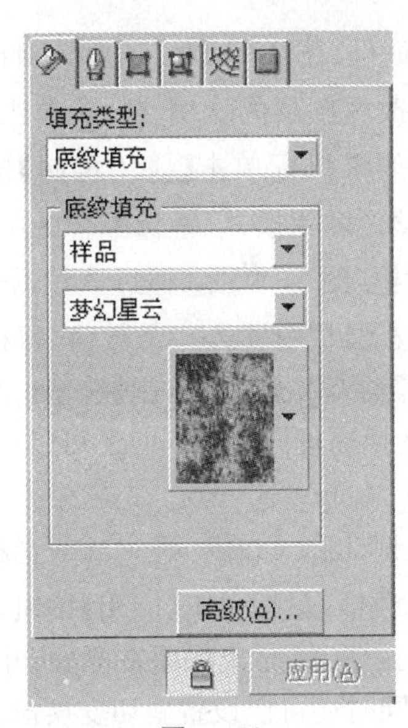

图 1-89

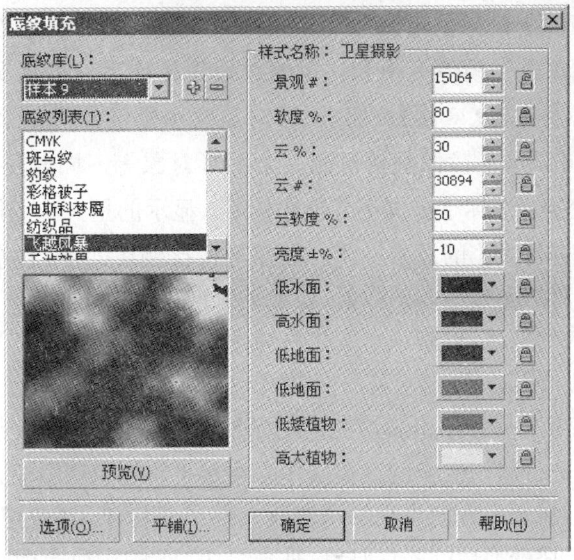

图 1-90

三、变换对话框

鼠标单击程序界面的菜单【排列】→【变换】，可以打开一个二级菜单，鼠标单击其中任何一个命令，均可以打开变换对话框（图 1-91）。

该对话框中包括位置、旋转、镜像、大小、斜切等项目，现在分别介绍如下。

1. 位置变换：鼠标单击位置图标，显示的是位置对话框（图 1-92）。通过该对话框，可以对选中的图形对象进行精确位置的设置。如在相对位置模式下，在对话框中的水平位置“H”中输入一个数值，鼠标单击【应用】按钮，图形对象会自原位水平向右移动输入的距离。如在垂直位置“V”中输入一个数值，鼠标单击【应用】按钮，图形对象会自原位垂直向上移动输入的距离。如果鼠标单击【应用再制】按钮，原对象保留在原位，在输入数值的位置上，移动再制一个图形对象等。同时还可以设置移动模式、移动基点等。

2. 旋转变换：鼠标单击旋转图标，显示的是旋转对话框（图 1-93）。通过该对话框，可以对选中的图形对象进行旋转设置操作。如在相对中心模式下，在对话框中的角度栏输入一个数值，鼠标单击【应用】按钮，图形对象会旋转输入的角度。如果鼠标单击【应用再制】按钮，原对象保留在原位，在输入角度的位置上，旋转再制一个图形对象等。同时还可以设置旋转模式、中心位置等。

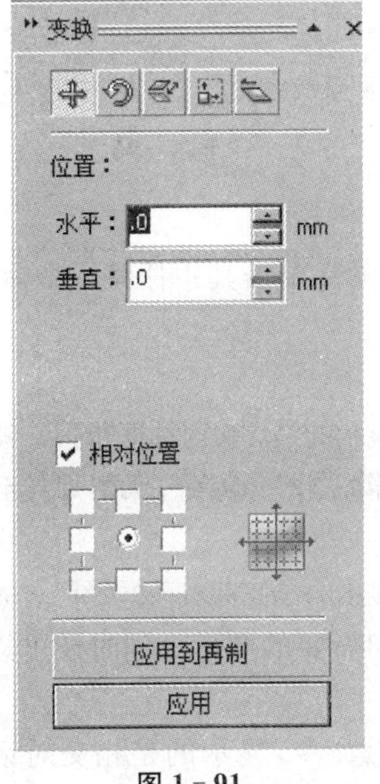

图 1-91

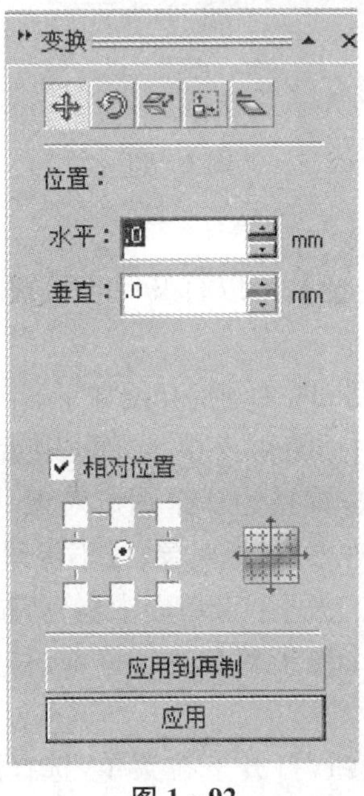

图 1-92

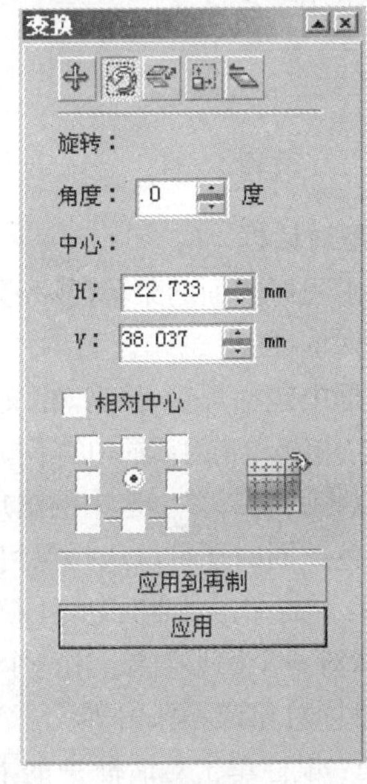

图 1-93

3. 镜像变换：鼠标单击镜像变换图标，显示的是镜像变换对话框(图1-94)。通过该对话框，可以对选中的图形对象进行镜像变换和比例缩放设置操作。一般情况下不改变图形的比例。鼠标单击水平镜像按钮，鼠标再单击【应用】按钮，图形对象会水平镜像翻转一次。如果鼠标单击【应用再制】按钮，原对象保留在原位，可以水平镜像翻转再制一个图形对象等。同时还可以设置镜像模式、镜像翻转的中心基点等。

4. 大小变换：鼠标单击大小变换图标，显示的是大小变换对话框(图1-95)。通过该对话框，可以对选中的图形对象进行大小的设置操作。如在不按比例模式下，在水平大小"H"中输入一个数值，鼠标再单击【应用】按钮，图形对象会按输入的数值，在水平方向出现大小变化。如果鼠标单击【应用再制】按钮，原对象保留在原位，并按输入的数值，再制一个变化后的图形对象，垂直大小"V"的变换原理同上。同时还可以设置大小变换模式、变换的中心基点等。

5. 斜切变换：鼠标单击斜切变换图标，显示的是大小变换对话框(图1-96)。通过该对话框，可以对选中的图形对象进行斜切变换的设置操作。在水平斜切"H"中输入一个数值，鼠标单击【应用】按钮，图形对象会按输入的数值，在水平方向出现斜切变化。如果鼠标单击【应用再制】按钮，原对象保留在原位，并按输入的数值，再制一个斜切变换后的图形对象，垂直斜切"V"的变换原理同上。同时还可以设置斜切变换模式、变换的中心基点等。

图1-94

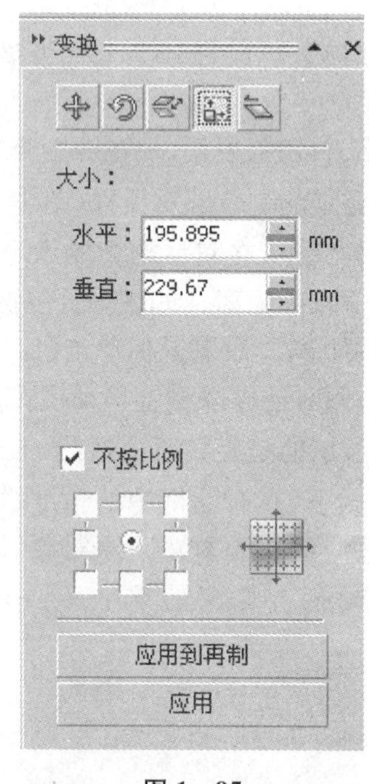

图1-95

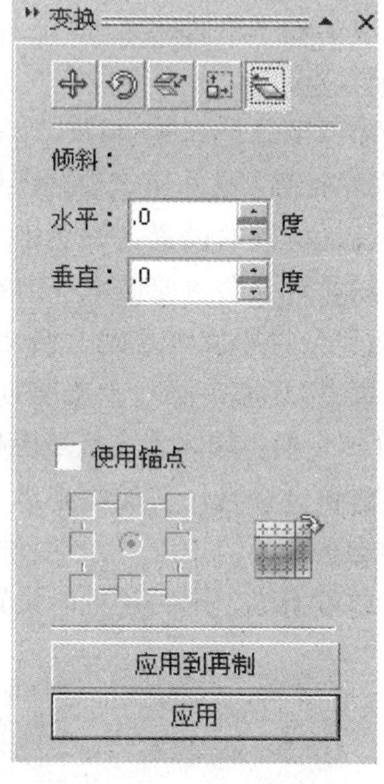

图1-96

四、造型对话框

鼠标单击程序界面的菜单【排列】→【造型】，可以打开一个二级菜单，鼠标单击其中任何一个命令，均可以打开造型对话框(图1-97)。

该对话框中包括焊接、修剪、相交等项目，现在分别介绍如下。

1. 焊接：鼠标单击对话框中的下拉按钮，打开下拉菜单，选择【焊接】命令，显示的是焊接对话框(图1-98)。通过该对话框，可以将两个或多个选中的图形对象，焊接为一个图形对象。并且除去相交部分，保留焊接到的某个图形对象的颜色。同时还可以选择保留来源对象、目标对象、或不保留等。

2. 修剪：鼠标单击对话框中的下拉按钮，打开下拉菜单，选择【修剪】命令，显示的是修剪对话框(图1-99)。通过该对话框，可以对一个图形对象，用一个或多个图形对象进行修剪，得到我们需要的图形。同时还可以选择保留来源对象、目标对象或不保留等。

3. 相交：鼠标单击对话框中的下拉按钮，打开下拉菜单，选择【相交】命令，显示的是相交对话框(图1-100)。通过该对话框，可以对两个图形对象，进行相交操作，保留两个图形重叠相交的部分。同时还可以选择保留来源对象、目标对象或不保留等。

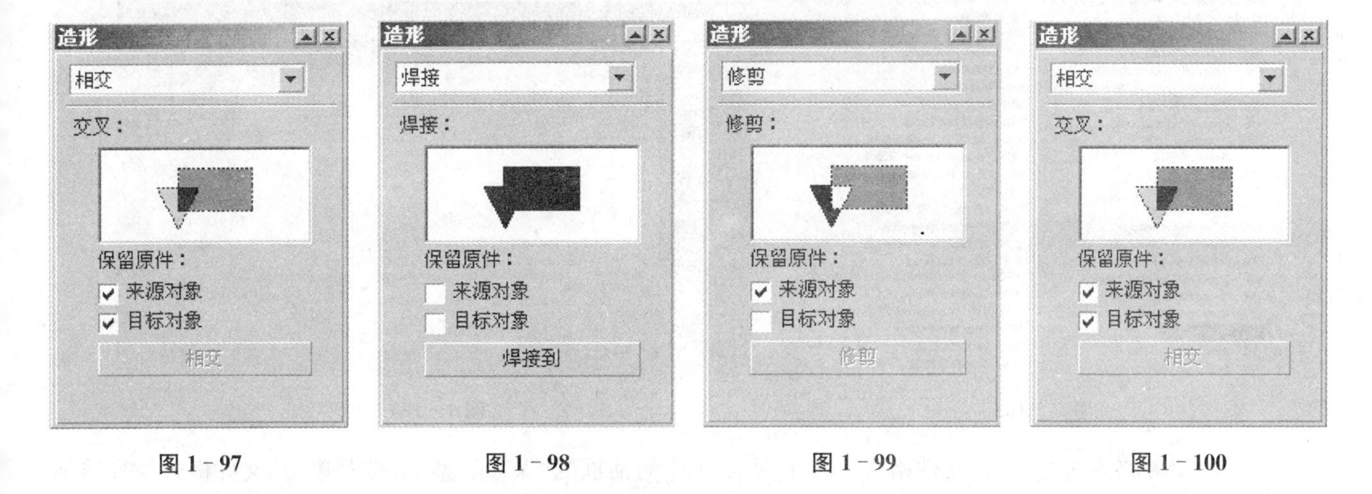

图 1-97　　图 1-98　　图 1-99　　图 1-100

1.8　CorelDRAW X3 的打印和输出

一、文件格式

CorelDRAW X3 的默认文件格式是“cdr”，在保存、另存为时还可以保存为其他多种图形格式。程序可以导出多种格式图形文件，也可以导入同样的多种格式文件图形。程序可以打开“cdr”文件，也可以打开其他多种格式的文件。

1. 导出保存转换格式：利用挑选工具选中图形，单击导出图标，打开导出对话框(图 1-101)。在“保存在”栏目选择保存地址；在“文件名”栏目输入文件名；勾选“只是选定的”；展开“保存类型”下拉菜单，根据下一步工作的需要，选择文件格式类型，其他默认即可。单击【导出】命令按钮，打开一个对话框(图1-102)。

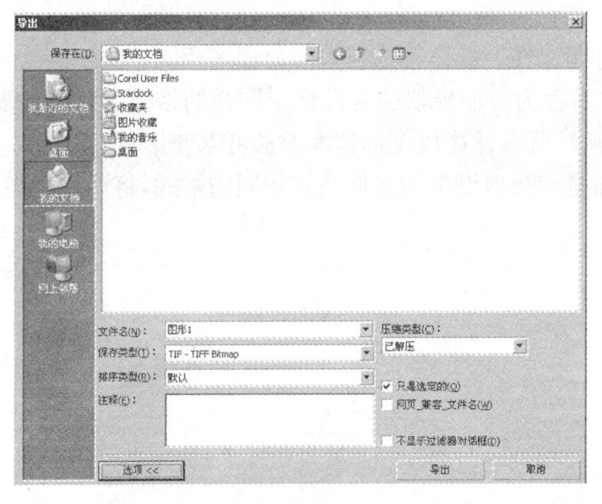

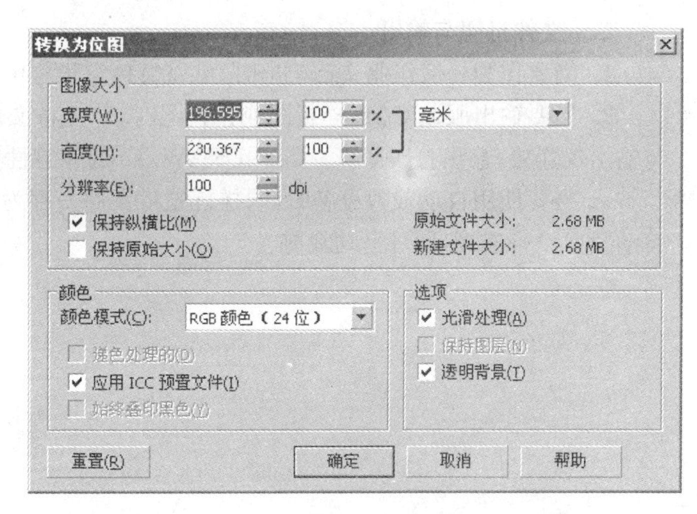

图 1-101　　图 1-102

通过该对话框可以设置图形的高度和宽度、比例、单位、分辨率、颜色模式等，一般保持默认状态即可。单击【确定】命令按钮，后面连续单击【确定】命令按钮直至完成保存工作。

常用的文件格式包括 46 种文件格式。单击图 1-103 对话框的“保存类型”下拉菜单，其文件格式类型选项(图 1-103)。其中常用的文件格式包括：JPG、GIF、TIF、PSD、AI 等。

2. 保存、另存为的文件格式：当绘制完成一个图形，并保存绘图时，单击程序界面菜单栏的【文件】→【保存】或【另存为】命令，会打开一个对话框(图 1-104)。在“保存在”栏目选择保存地址；在“文件名”栏目输入文件名；展开“保存类型”下拉菜单，根据下一步工作的需要，选择文件格式类型，其他默认即可。单击【保存】命令按钮即可完成保存工作。

CMX - Corel Presentation Exchange
EPS - Encapsulated PostScript
AI - Adobe Illustrator
WPG - Corel WordPerfect Graphic
WMF - Windows Metafile
EMF - Enhanced Windows Metafile
CGM - Computer Graphics Metafile
SWF - Macromedia Flash
SVG - Scalable Vector Graphics
SVGZ - Compressed SVG
PCT - Macintosh PICT
DXF - AutoCAD
DWG - AutoCAD
PLT - HPGL Plotter File
FMV - Frame Vector Metafile
CMX - Corel Presentation Exchange 5.0
PFB - Adobe Type 1 Font
CPT - Corel PHOTO-PAINT Image
PPF - Picture Publisher v10 Image
CPT - Corel PHOTO-PAINT 7/8 Image
JPG - JPEG Bitmaps
JP2 - JPEG 2000 Standard
JP2 - JPEG 2000 Codestream
BMP - Windows Bitmap
GIF - CompuServe Bitmap
TIF - TIFF Bitmap
FPX - Kodak FlashPix Image
PSD - Adobe Photoshop
PCX - PaintBrush
TGA - Targa Bitmap
BMP - OS/2 Bitmap
MAC - MACPaint Bitmap
CAL - CALS Compressed Bitmap
PNG - Portable Network Graphics
PP5 - Picture Publisher 5.0
TXT - ANSI Text
DOC - MS Word 97/2000/2002
DOC - MS Word for Windows 6/7
DOC - MS Word for Windows 2.x
RTF - Rich Text Format
WPD - Corel WordPerfect 6/7/8/9/10/11
WP5 - Corel WordPerfect 5.1
WP5 - Corel WordPerfect 5.0
WP4 - Corel WordPerfect 4.2
WSD - WordStar 7.0
WSD - WordStar 2000

图 1－103

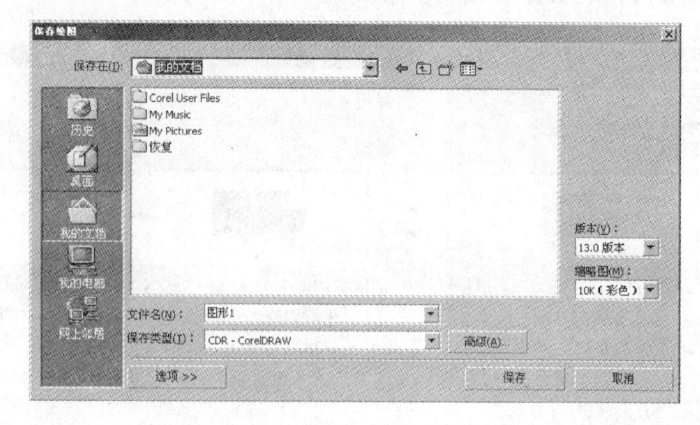

图 1－104

常用的文件格式包括 20 种文件格式。单击图 1－101 对话框的“保存类型”下拉菜单，其文件格式类型选项（图 1－105）。其中常用的文件格式包括：CDR、CMX、AI 等。

CDR - CorelDRAW
PAT - Pattern File
CDT - CorelDRAW Template
CLK - Corel R.A.V.E.
DES - Corel DESIGNER
CSL - Corel Symbol Library
CMX - Corel Presentation Exchange
AI - Adobe Illustrator
WPG - Corel WordPerfect Graphic
WMF - Windows Metafile
EMF - Enhanced Windows Metafile
CGM - Computer Graphics Metafile
SVG - Scalable Vector Graphics
SVGZ - Compressed SVG
PCT - Macintosh PICT
DXF - AutoCAD
DWG - AutoCAD
PLT - HPGL Plotter File
FMV - Frame Vector Metafile
CMX - Corel Presentation Exchange 5.0

图 1－105

二、文件打印与输出

1. 当要作为一般作业文档输出时，可以直接在程序中打印文件。操作方法与大部分程序相同。

2. 当要输出服装 CAD 样板图或排料图时，首先将文件另存为与输出仪的文件格式同样的格式，将计算机与输出仪连接，输出打印即可。CorelDRAW X3 的兼容性很强，所有计算机设备基本上都可以使用。

3. 当要使用自动裁剪设备时，同样首先将文件另存为与自动裁剪设备的文件格式相同的格式，将计算机与自动裁剪设备连接，即可自动裁剪。

第2章 女装制图与制板基础

2.1 服装制图概述

服装制图是将服装款式图转化为服装裁剪图的工艺过程。常用的服装制图方法包括：平面比例裁剪制图法、原型裁剪制图法和立体裁剪法，又可以分为手工制图和计算机辅助服装制图(服装 CAD)。

服装制图必须遵循的基本原则包括：缝合线长度相等、领口曲线与领子曲线长度吻合、领座与翻领曲线长度吻合、衣片袖窿曲线与袖山曲线长度吻合的原则等。

1. 平面比例裁剪制图法

平面裁剪法是一种直接在样板纸或布料上，根据某种制图方法，通过服装制图公式，计算相关的定点、定位数据，绘制裁剪图的方法。这种方法简单、直接，一般用于常用服装的裁剪制图。常见的平面比例裁剪法有：三分法、六分法、十分法和百分法等。它们都是以胸围的制图数据为基数，将其三分、六分、十分或百分，然后乘以一个系数，再加减一个调节数，求取相关部位的制图数据进行制图。采用这种方法，只要选择一套自己熟悉的制图方法进行计算和制图即可。

2. 原型裁剪制图法

原型裁剪法是首先制作常用号型的服装部件原型，包括上衣衣片原型、袖子原型、裙子原型等，然后在原型基础上进行变化，绘制各种款式的服装裁剪图。依据制作原型的不同方法，常用的服装原型分为日本的"文化式原型"、中国的"基本样板(也称为：母板、基样、原样)"等多种类型。这种方法用于款式多变的时装制图，具有很大优势。制作原型时，也需要选择一种制图方法，计算出相关制图数据，根据制图数据绘制原型图。

3. 立体裁剪法

立体裁剪法是指在专用服装模型上，利用坯布直接进行服装裁剪造型，通过不断修改，直至达到设计效果。然后将各个衣片从模型上取下，形成布质服装样板。这种方法不需要任何数据和公式，一般用于造型复杂、品质高档的礼服的裁剪制作，也是服装造型的一种研究方法。

4. 计算机辅助服装制图(服装 CAD)

这是一种利用现代计算机技术进行服装制图的先进方法。其基本程序是：确定服装款式图→取得服装规格数据→选择一种制图方法→计算确定制图数据→进行计算机服装制图→进行文字、数字、符号标注。

服装制图方法很多，计算公式不尽相同，形成了众多的服装制图方法，而不管哪种制图方法，最终的数据和衣片图形应该基本相同。服装制图可以分为裙子制图、裤子制图、上衣制图、衣裙结合的大衣和连衣裙制图等四个大类。服装制图的基本程序可以归纳为款式分析、确定数据、部件制图、相关标注等四个步骤。

通过款式分析程序，一是确定服装属于紧身、合体、还是宽松型，以便确定适当的放松度；二是确定服装属于H型、X型、A型、还是V型，以便确定腰、臀缩放数据；具体放松度和缩放数据请参照第一章相关内容。通过确定数据程序，可以在款式分析的基础上，通过公式计算、或查阅相关数据表，具体确定服装的规格数据、制图数据，为服装制图提供必须的数据基础。通过部件制图程序，可以采用自己熟悉的绘图方法，按照服装图纸的相关标准要求，分别绘制衣片、袖片、领子、裤片、裙片、腰片等主要部件的裁剪图，并绘制其他次要部件和配件的裁剪图。通过相关标注程序，对绘制完成的服装裁剪图进行标准的数据标注、符号标注、经线方向标注和必要的文字标注，以便使他人能够看懂图纸，并能够重新绘制该裁剪图。

因此，在学习服装制图之前，有必要了解与此相关的理论、绘图工具的使用、数据获取的方法、关键部位和关键部件的制图方法以及服装原型和变化等基础性内容。尤其对于数据的确定、肩斜度的把握、袖窿曲线的绘制、袖山与袖窿的吻合、裤子后裆斜度的控制等，都是服装制图过程中的难点，本章将对上述内容进行详细的探讨。

2.2 服装制图、制板工具

常用服装制图工具如图 2 - 1 所示：

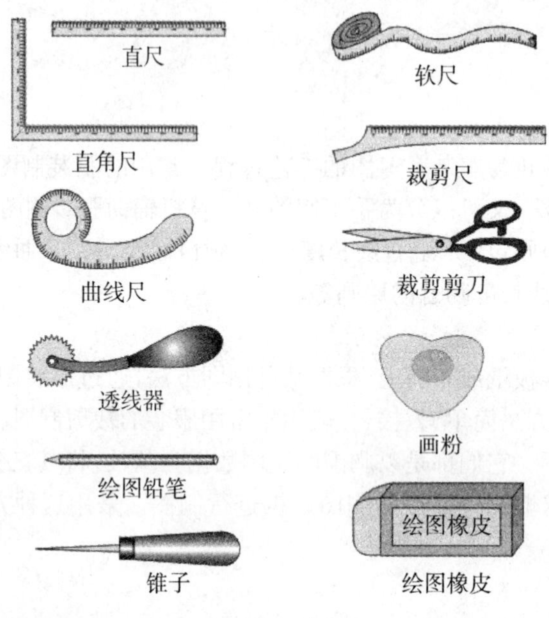

图 2 - 1

1. 直尺：由塑料薄板或木质薄板制成、具有四个直边、带有厘米刻度，长度多为 40 cm 或 50 cm，用于量度数据和绘画直线；

2. 软尺：由软塑料直带制成、带有对应的公制厘米和英制英寸刻度，长度多为 150 cm，用于测量人体数据或测量图形中的曲线长度；

3. 直角尺：实际上是两把直尺的结合。由塑料薄板制成，一般横向尺较长，竖向尺较短，横竖尺子内侧带有刻度，长度多为 60 cm 或 100 cm，高度多为 30 cm。用于准确方便地绘制互垂直线；

4. 裁剪尺：服装制图专用尺，由塑料薄板或木质薄板制成，具有直线边、曲线边和领口曲线样板，长度多为 50 cm，用于绘画直线、省边曲线、底边曲线和领口曲线；

5. 曲线尺：由塑料薄板制成，具有不同曲率的曲线边，带有厘米刻度，用于测量曲线长度，绘制各种曲线线条；

6. 裁剪剪刀：服装裁剪专用剪刀。规格多为 9 吋、10 吋、11 吋、12 吋，用于裁剪样板和剪切剪口标记。可选择品牌有北京王麻子、杭州张小泉、阳江十八子等；

7. 透线器：由一个可以转动的尖齿齿轮和手柄构成。沿上层线条推动透线器，可以将线条透画到下层图纸上，用于复制图形线条；

8. 锥子：由金属锥体和手柄构成。用于透画复制图形、线条、标记，也可以用于服装制作的翻角工艺等；

9. 画粉：由高级粉笔材料制成的饼状画线用品。直接在布料或图纸上划行，即可留下痕迹。一般购买一盒，有多种颜色；

10. 绘图铅笔：绘图专用铅笔，服装制图一般采用较软的规格，如 B、2B 等，用于画线；

11. 绘图橡皮：绘图专用橡皮，用于擦除错误或多余的铅笔线条痕迹。

以上是服装制图常用的工具，裁剪制图还有许多其他工具(如软体曲线尺)，这里只介绍上述工具。

2.3 人体测量和放松量

服装制图的数据采集，一般分为两种方法。其一是直接测量人体，并在相关部位加放一定的放松量，获得数据；其二是查阅服装规格数据表或通过裁剪制图公式计算，获得数据。

一、人体测量方法和部位如图 2-2 所示(单位：cm)

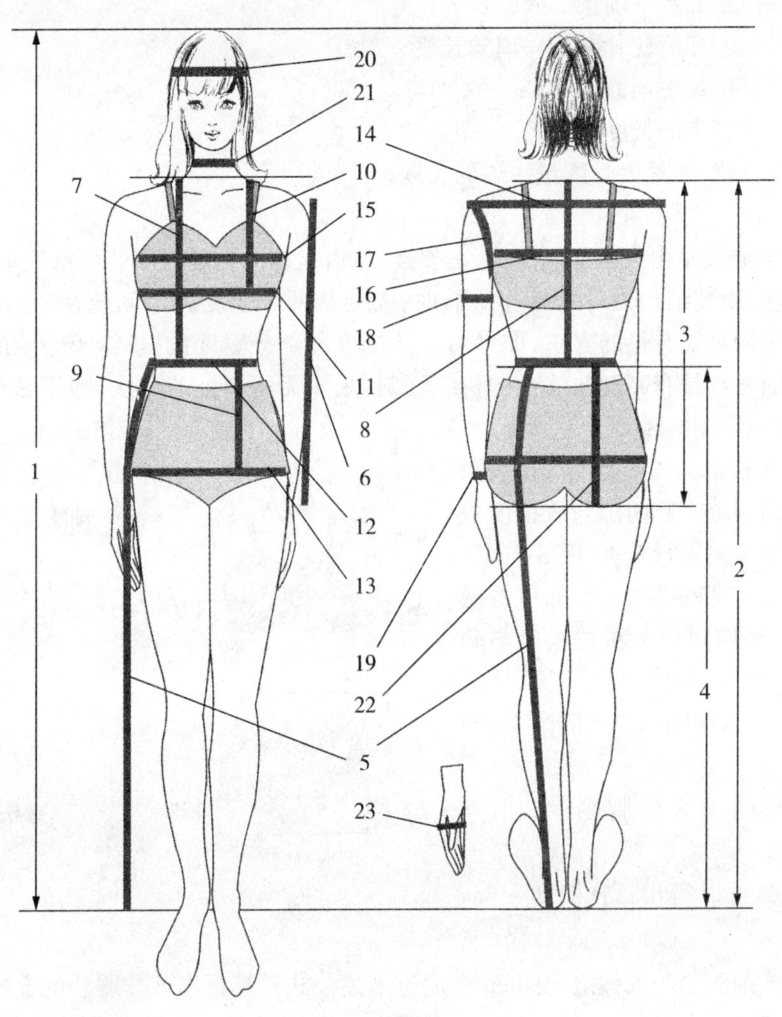

图 2-2

1. 总体高——人体立姿，头顶至地面的垂直高度；
2. 身长——人体立姿，颈椎点至地面的垂直长度；
3. 上体长——人体立姿，颈椎点至臀沟的垂直长度；
4. 下体长——人体立姿，胯骨顶端至地面的垂直长度；
5. 长裤长——自腰围线贴身直量到脚踝处的长度；
6. 手臂长——自肩端点贴身量到手腕的长度；
7. 腰长——自肩颈点经过胸高点贴身量到腰线的长度；
8. 背长——自颈椎点贴身量到腰线的长度；
9. 臀长——自腰线贴身量到臀位线的长度；
10. 乳高——自肩颈点贴身量到胸围线的长度；
11. 胸围——通过胸高点，腋下水平围量一周的长度；
12. 腰围——腰部最细处水平围量一周的长度；
13. 臀围——臀部最粗大处水平围量一周的长度；

14. 肩宽——背后两肩端点之间的水平长度；
15. 胸宽——胸前腋窝之间的水平长度；
16. 背宽——背后腋窝之间的水平长度；
17. 臂根围——通过肩端点和前后腋窝点围量一周的长度；
18. 臂围——上臂最丰满处水平围量一周的长度；
19. 腕围——手腕最细处水平围量一周的长度；
20. 头围——通过前额和后枕骨围量一周的长度；
21. 颈围——颈下部围量一周的长度；
22. 立裆——腰线至臀沟的长度；
23. 掌围——手掌并拢，在最大处围量一周的长度。

二、放松量

1. 放松量的概念：服装是由人来穿用的，人是要运动的，人体的运动对服装会产生牵扯。为了着装后人体运动方便的需要，在进行服装结构设计和制作服装时，需要从两个角度思考问题，一是牵扯有量；二是无所牵扯。一般机织面料多采用牵扯有量的方法，即是对人体围度和部分宽度数据，给予一定的加放量，这个加放量就是放松量。而针织面料和具有高度伸缩性的机织面料，采用无所牵扯的方法，即不必设计放松量，利用面料本身的伸缩性，满足人体运动的需要。

2. 放松量分析：放松量的实质是在人体表面与服装之间设计一定的间隙。其间隙与放松度数据的关系可以通过圆周率来进行考查(图 2-3)。

我们把人体胸围、腰围和臀围三个部位看做圆形，将其横切投影。由图可以分析放松度与间隙的关系。

服装胸围＝$2\pi R$、人体胸围＝$2\pi r$、间隙(a)＝$R-r$

放松度＝服装胸围－人体胸围＝$2\pi R-2\pi r=2\pi(R-r)=2\pi a$

将 2π 取近似值 6，可以得出：放松度＝6a，a(间隙)＝放松度/6，

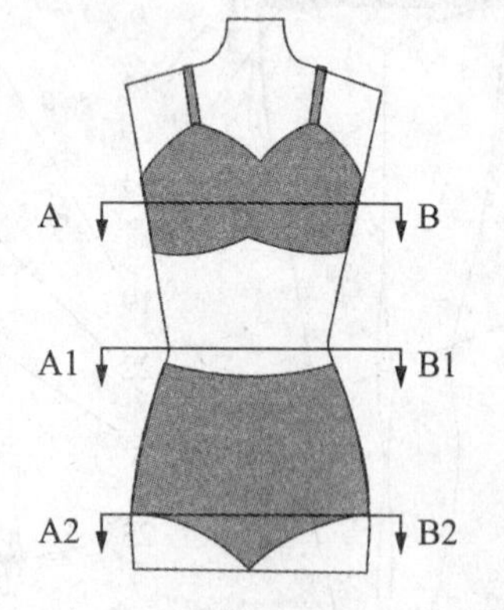

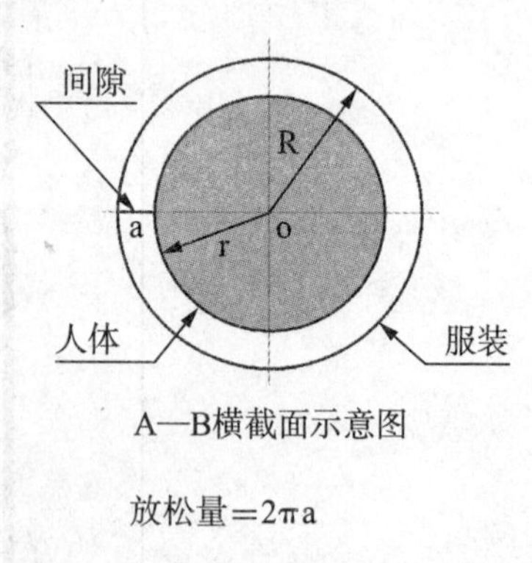

图 2-3

可以根据不同款式的服装与人体之间的间隙，通过上述公式计算得出该款服装的放松量。

3. 放松量参考数据

表 2-1　常用女装测量和放松量参考表　　单位：cm

品　种	测量部位		放松量	间　隙
	衣(裤)长	袖长	胸围、臀围	
单外衣	腕下 3 至虎口	腕下 2 左右	10～14	1.7～2.3
女西服	腕下 3 至虎口	腕下 1 左右	8～12	1.3～2
女马甲	拇指中节至拇指尖	腕下 2 左右	12～18	2～3
中式罩衫	腕下 3 至虎口	腕下 2 左右	10～14	1.7～2.3
长袖衬衫	腕下 2	腕下 1	8～12	1.3～2
短袖衬衫	腕部略向下	肘关节向上 3～6	8～12	1.3～2

（续表）

品　种	测量部位		放松量	间　隙
	衣(裤)长	袖长	胸围、臀围	
中袖衬衫	腕部略向下	肘、腕之间略向下	8～12	1.3～2
长大衣	膝盖线向下10左右	虎口	18～24	3～4
中大衣	膝盖线	虎口向上1	16～22	2.7～3.7
短大衣	中指尖	腕下3	15～20	2.5～3.3
风雨衣	腕下10左右	虎口	20～24	3.3～4
连衣裙	膝盖线向下10左右	肘关节以上3～6	8～12	1.3～2
西装裙	腰节线以上3至膝盖线以下7之间		6～10	1～1.7
长西裤	腰节线以上3至离地面3上		6～12	1～2

2.4　服装衣片各部分线条名称

常用服装衣片的线条名称如图2-4～图2-7所示。

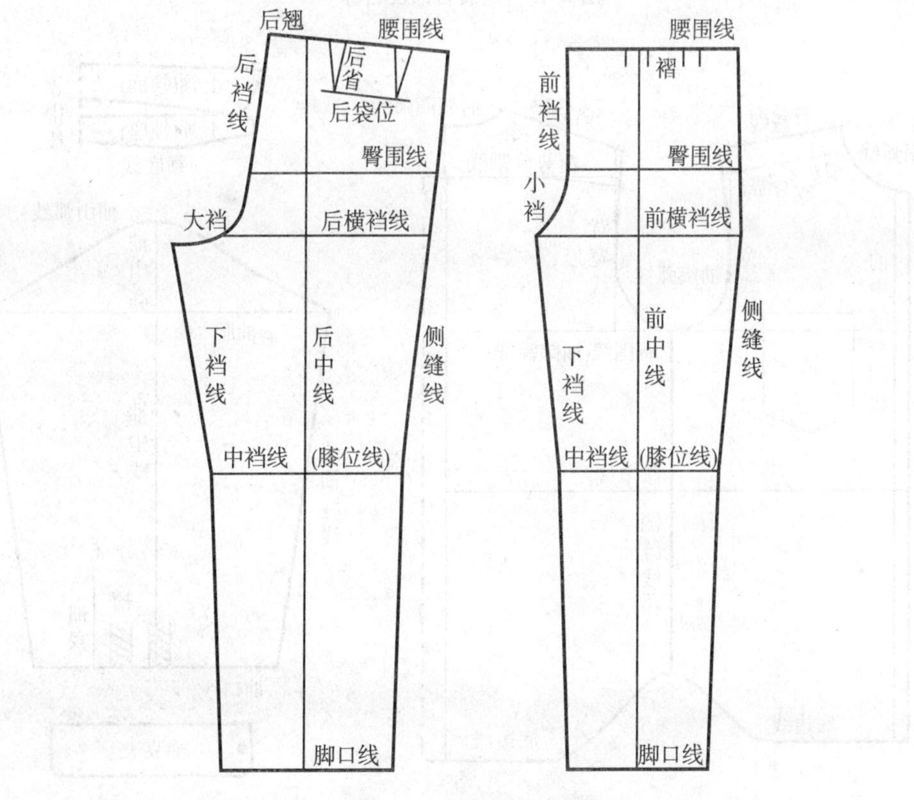

图2-4　西裤线条名称

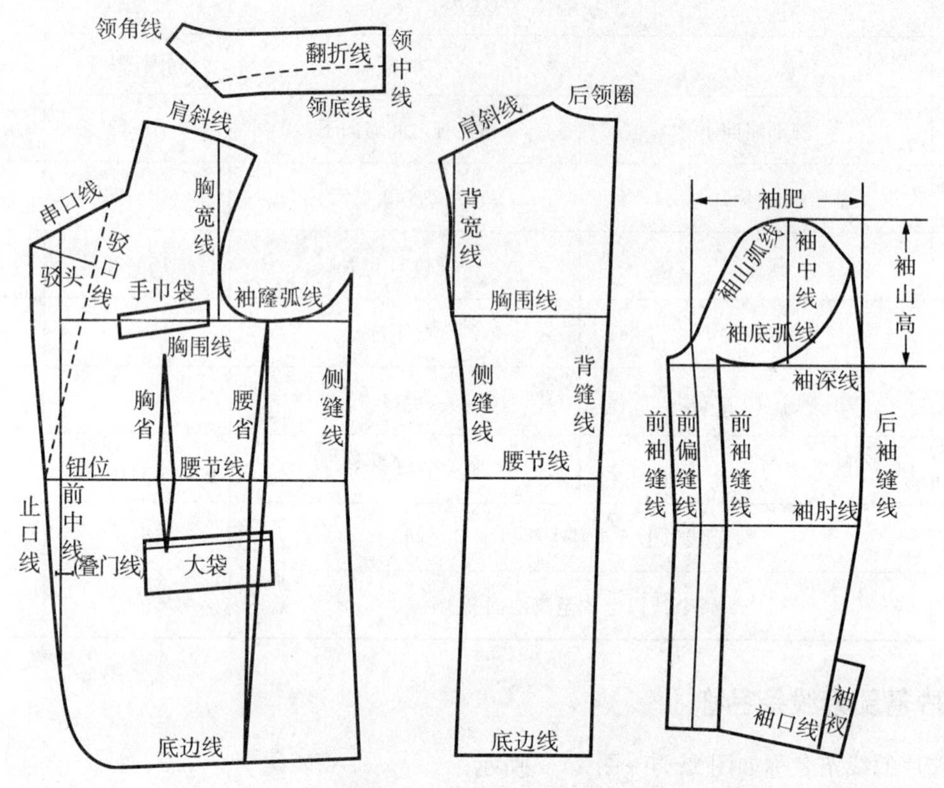

图 2-5　西装各部位名称

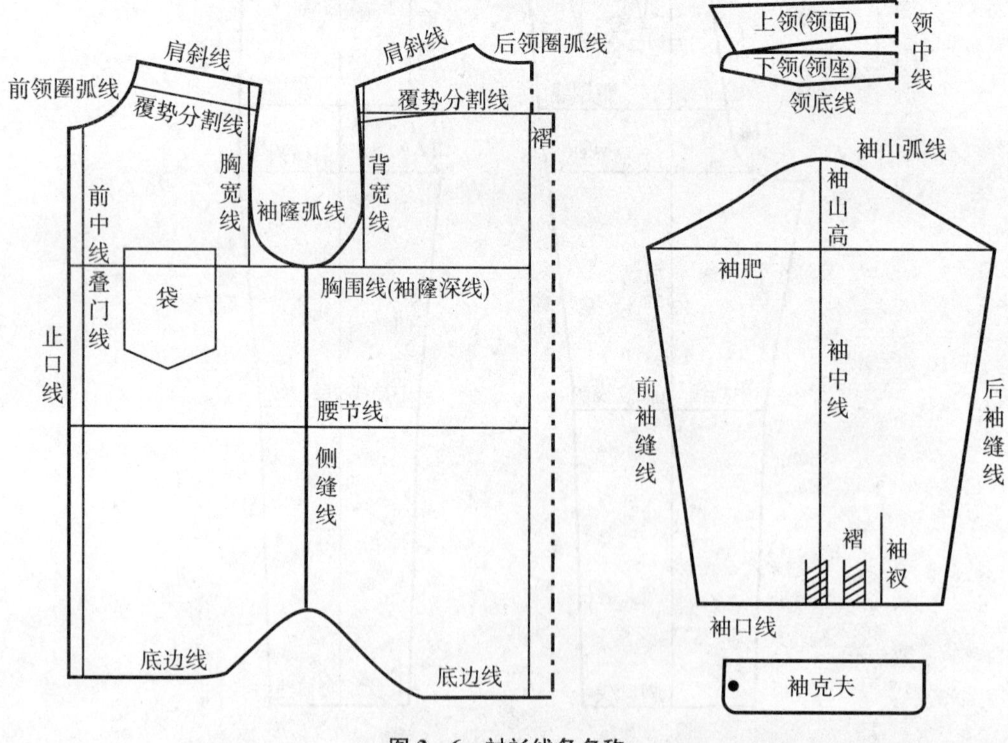

图 2-6　衬衫线条名称

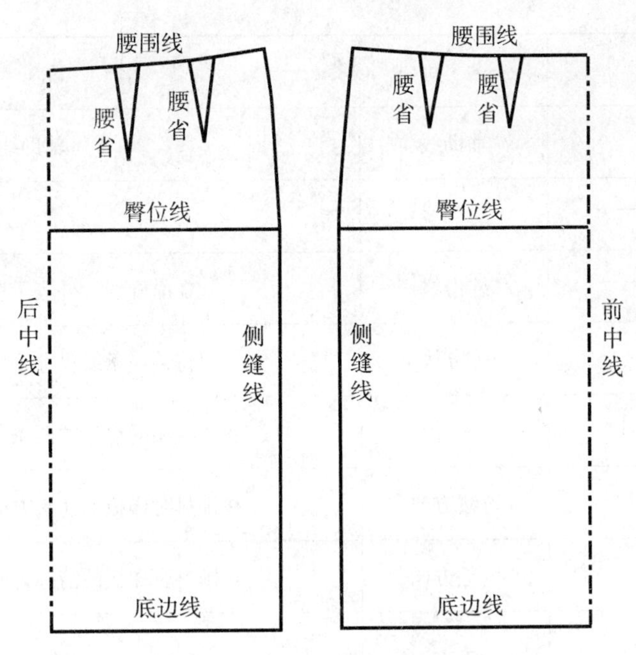

图2-7 西式裙线条名称

2.5 服装术语和符号

一、相关术语

1. 服装裁剪图：服装裁剪图是指利用某种特定的制图方法，在纸上或布料上由各种直线、弧线、不规则曲线等绘制的服装衣片的图形；

2. 净缝裁剪图：净缝裁剪图是指没有加放缝份和折边的服装裁剪图；

3. 毛缝裁剪图：毛缝裁剪图是指包括缝份和折边的服装裁剪图，即服装样板；

4. 服装样板：服装样板是指由专用样板纸制成的，用于服装裁剪排料的，独立的服装衣片；

5. 净缝样板：净样板是指不包含缝份和折边在内的服装样板，一般用于单件(套)服装裁剪排料；

6. 毛缝样板：毛样板是指包含缝份和折边在内的服装样板，即可用于单件(套)服装裁剪排料，也可用于批量服装裁剪排料；

7. 服装制板：服装制板是指利用某种裁剪制图方法，在样板纸上绘制服装裁剪图，加放缝份和折边(净样板不用加放)，剪开各个衣片，补齐交叉缺损部分，制成一套完整的纸质服装衣片的过程；

8. 省道：服装样板上将缝合或剪掉的楔形部分，这是使布料合体的方法；

9. 褶裥：衣服要折进去的部位，与省不同的是一端缝死，一端散开；

10. 覆势：也叫过肩、覆肩、育克，连接前后衣片的肩部衣片；

11. 袖头：也叫克夫，缝在袖口的部件；

12. 止口：也叫门襟止口，是指成衣门襟的外边沿；

13. 缝份：为了缝合两块布料在样板边缘加出的量；

14. 剪口：在缝份上加的切口，是缝合裁片时的吻合记号；

15. 孔眼：在样板上开一个小孔，表示省尖或袋位等标记。

二、服装制图符号(表2-2)

表2-2 服装制图符号

线条形状	名 称	说 明
————————	轮廓线	样板净缝线

（续表）

线条形状	名　称	说　　明
	辅助线	辅助线条
	对称线	表示双层折叠
	缝份线	在净样线以外表示应该加放的缝份
	等分线	将某一条线尺寸平均分成若干等份
▲●★	相等	相同符号的两条线段尺寸相等
	丝缕方向	在排料时样板的箭头方向与面料的经向一致
	顺毛方向	在排料时样板的箭头方向要与毛的倒向一致
	垂直	表示两条线相交成 90°
	交叉	表示两块样板中有交叉重叠部分
	省	面料上要缝去的部分
	裥	面料上要折叠的部分
	缩褶	通过缩缝制作的碎褶
	剪口	剪在样板的缝份上，起对位作用

三、国际代号（表 2－3）

表 2－3　国际代号

部　位	代号	说　明
胸围	B	Bust
腰围	W	Waist
臀围	H	Hip
颈围	N	Neck
胸围线	BL	Bust line
腰围线	WL	Waist line
臀围线	HL	Hip line
肘线	EL	Elbow line

（续表）

部　位	代　号	说　明
膝线	KL	Knee line
肩线	S	Shoulder
前中线	FC	Front center
后中线	BC	Back center
侧颈点	SNP	Side neck point
前颈点	FNP	Front neck point
后颈点	BNP	Back neck point
肩点	SP	Shoulder point
胸高点	BP	Bust point
袖窿	AH	Arm hole
长度	L	Length

二、服装数据比例分析

服装不但要起到遮体保暖的实用功能，还要具有美化人体的美学功能。在服装造型中，美学原则主要体现在服装的比例关系上。黄金分割率是设计服装比例的优先考虑因素，服装的所有长度与人体的身高，应该基本符合黄金分割率。因此我们一般将成年人体确定为8头比例，服装长度均以1/8身高（一个头长）为基数进行设计。如：背长＝2个头长、立裆＝1.5个头长、中裙＝3个头长、裤子＝5个头长、袖子＝3个头长－落肩、上衣＝3.5个头长、短大衣＝4个头长、中大衣＝5个头长、长大衣＝6个头长、袖窿深度＝1个头长＋调整数等（图2－8）。

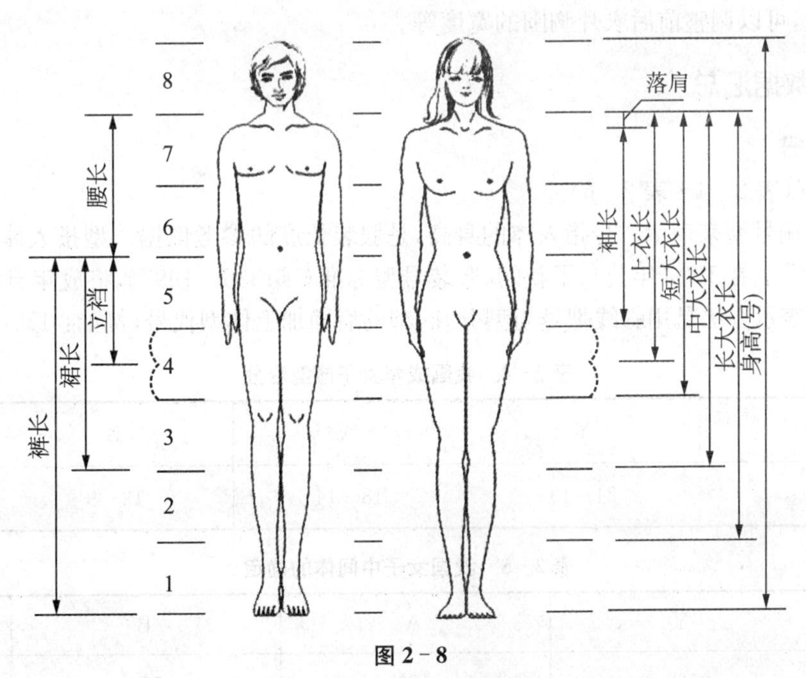

图2－8

服装的围度、宽度设计，一般以胸围为基础，按照一定的计算公式，计算获得其他围度和宽度数据。如：衣片胸围＝胸围/4、衣片肩宽＝肩宽/2、衣片腰围＝腰围/4、衣片领大＝领大/5、裤片臀围＝臀围/4、裤子脚口宽度＝臀围/5 等。

人体肩斜度一般在 24°～26°左右，女子肩斜度较大，男子肩斜度较小。由于人体肩斜度是立体数据，服装制图是平面数据，当服装衣片展开后，肩颈点不变、肩端点产生变化，平面衣片的肩斜度一般是男装 19°，女装 21°左右。由于角度测量在手工制图时不易操作，因此，我们依据肩斜度，以肩颈点为基点，将衣片落肩与肩宽的比例定为：男装为肩宽/10＋0.5 cm，女装为肩宽/10＋1 cm。如图造型需要增加垫肩，则在此基础上，将前后片肩端点分别上移 1 cm。

人体臀部后突斜度一般为 20°左右，考虑到各类服装放松度不同、腰部收省等因素，可以将后裆斜度确定为：紧身型 15°、合体型 12°、一般型 10°、宽松型 8°、松紧带收腰型 0°～6°等。为了方便应用，把上述角度转换为相关长度(图 2－9)。

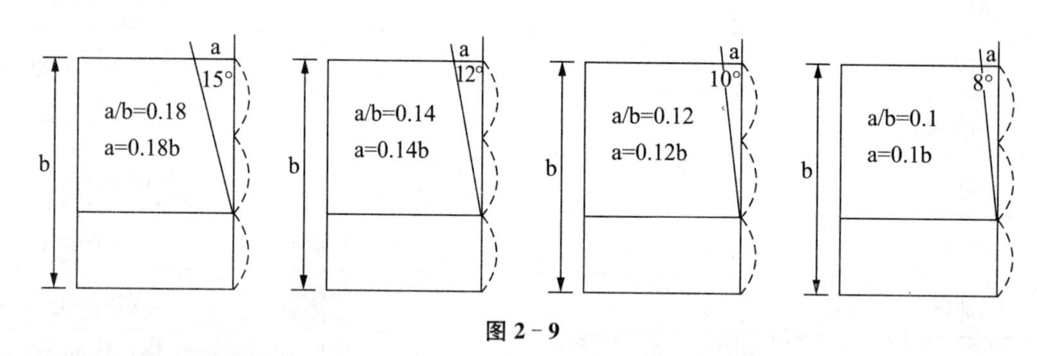

图 2－9

注：以中间体 160 号为例，直裆(b)＝立裆(1.5/8 号)－腰宽(4)＝26；按照图示作 15°斜线，测量 a 的数据；a/b＝0.18；a＝0.18b。其他图示的转换方法相同。

后裆翘度为人体臀围的 1/30～1/50，根据放松度的不同进行调整，紧身型为 1/30、一般型为 1/40(即 0.025 臀围)、宽松型为 1/50 等。后裆斜度越大，后裆翘度越大；反之后裆斜度越小，后裆翘度越小。后裆斜度与翘度成正比，一般后裆斜线与腰线接合处要形成直角。

上述比例只是一个基本比例，可以在此基础上按照设计变化进行必要的调整，确定服装制图需要的长度数据。如为了调整肩线的位置，可以加大前衣片的落肩量，同时减小后衣片的落肩量；为了调整裤子侧缝线的位置，可以减小前裤片的臀围宽度，同时加大后裤片的臀围宽；为了调整胸宽和背宽，可以加大背宽宽度；为了调整上衣侧缝线的位置，可以调整前后衣片胸围的宽度等。

2.6 国内外女装数据汇总

一、中国女装数据

1. 女子号型数据(表 2－4～表 2－6)

我国的女装规格用号型来表示。号指人体的身高，是服装长度的参考依据。型指人体的胸围或腰围，是服装围度的参考依据。我国在 1997 年公布了新的《服装号型标准 GB1335—1997》，将成年男女体型分为 Y、A、B、C 四种。成衣号型的表示方法是用斜线把号与型分开，型的后面加上体型代号，例如：170/88Y。

表 2－4 我国成年女子体型区分

单位：cm

体型分类代号	Y	A	B	C
胸围与腰围之差	24—19	18—14	13—9	8—4

表 2－5 我国女子中间体的确定

单位：cm

体型		Y	A	B	C
部位	身高	160	160	160	160
	胸围	84	84	88	92

表 2-6 我国女装常用分档数据

单位：cm

体型	系列	中间体		分档数								人体数值		
		上衣	裤子	衣长	胸围	袖长	领围	总肩宽	裤长	腰围	臀围	颈围	总肩宽	臀围
Y	5·4	160/84	160/64	2	4	1.5	0.8	1	3	4	3.6	33.4	40	90
A	5·4	160/84	160/68	2	4	1.5	0.8	1	3	4	3.6	33.6	39.4	90
B	5·4	160/88	160/78	2	4	1.5	0.8	1	3	4	3.2	34.6	39.2	96
C	5·4	160/88	160/82	2	4	1.5	0.8	1	3	4	3.2	34.8	39.2	96

2. 女子号型系列表(表 2-7～表 2-10)

表 2-7 5·4、5·2 Y 号型系列

单位：cm

胸围 \ 腰围 \ 身高	145		150		155		160		165		170		175	
72	50	52	50	52	50	52	50	52						
76	54	56	54	56	54	56	54	56	54	56				
80	58	60	58	60	58	60	58	60	58	60	58	60		
84	62	64	62	64	62	64	62	64	62	64	62	64	62	64
88	66	68	66	68	66	68	66	68	66	68	66	68	66	68
92			70	72	70	72	70	72	70	72	70	72	70	72
96					74	76	74	76	74	76	74	76	74	76

表 2-8 5·4、5·2 A 号型系列

单位：cm

胸围 \ 腰围 \ 身高	145			150			155			160			165			170			175		
72				54	56	58	54	56	58	54	56	58									
76	58	60	62	58	60	62	58	60	62	58	60	62	58	60	62						
80	62	64	66	62	64	66	62	64	66	62	64	66	62	64	66	62	64	66			
84	66	68	70	66	68	70	66	68	70	66	68	70	66	68	70	66	68	70	66	68	70
88	70	72	74	70	72	74	70	72	74	70	72	74	70	72	74	70	72	74	70	72	74
92				74	76	78	74	76	78	74	76	78	74	76	78	74	76	78	74	76	78
96							78	80	82	78	80	82	78	80	82	78	80	82	78	80	82

表 2-9 5·4、5·2 B 号型系列

单位：cm

胸围 \ 腰围 \ 身高	145		150		155		160		165		170		175	
68			56	58	56	58	56	58						
72	60	62	60	62	60	62	60	62	60	62				

（续表）

身高 腰围 胸围	145		150		155		160		165		170		175	
76	64	66	64	66	64	66	64	66	64	66				
80	68	70	68	70	68	70	68	70	68	70	68	70		
84	72	74	72	74	72	74	72	74	72	74	72	74	72	74
88	76	78	76	78	76	78	76	78	76	78	76	78	76	78
92	80	82	80	82	80	82	80	82	80	82	80	82	80	82
96			84	86	84	86	84	86	84	86	84	86	84	86
100					88	90	88	90	88	90	88	90	88	90
104							92	94	92	94	92	94	92	94

表 2-10　5·4、5·2　C号型系列

单位：cm

身高 腰围 胸围	145		150		155		160		165		170		175	
68	60	62	60	62	60	62								
72	64	66	64	66	64	66	64	66						
76	68	70	68	70	68	70	68	70						
80	72	74	72	74	72	74	72	74	72	74				
84	76	78	76	78	76	78	76	78	76	78	76	78		
88	80	82	80	82	80	82	80	82	80	82	80	82		
92	84	86	84	86	84	86	84	86	84	86	84	86	84	86
96			88	90	88	90	88	90	88	90	88	90	88	90
100			92	94	92	94	92	94	92	94	92	94	92	94
104					96	98	96	98	96	98	96	98	96	98
108							100	102	100	102	100	102	100	102

3. 女装规格数据和公式(表 2-11～表 2-24)

表 2-11　常用女上衣规格计算公式

单位：cm

品种/部位	衣 长	胸 围(X)	肩 宽	袖 长	领 大
西装	2/5 号+2	型+14～16	3/10X+10～11	3/10 号+5～7	3/10X+9
衬衣	2/5 号	型+12～14	3/10X+10～11	3/10 号+4～6	3/10X+7
中长旗袍	7/10 号+8	型+12～14	3/10X+10～11	3/10 号+4～6	3/10X+7

（续表）

品种/部位	衣　长	胸　围(X)	肩　宽	袖　长	领　大
短袖连衣裙	3/5号+6～8	型+12～14	3/10X+10～11	1/10号+4～6	3/10X+9
短大衣	2/5号+6～8	型+18～24	3/10X+10～11	3/10号+7～10	3/10X+9
长大衣	3/5号+8～16	型+20～26	3/10X+10～11	3/10号+8～10	3/10X+9
春秋便装	2/5号+2	型+18～20	3/10X+10～11	3/10号+6～7	3/10X+9
女风衣	3/5号+8	型+22～26	3/10X+10～11	3/10号+7	3/10X+9
中西罩衫	2/5号+4	型+20～24	3/10X+10～11	3/10号+7	3/10X+9
女背心	3/10号+6～15	型+14	3/10X+10		

表2-12　常用女下衣规格计算公式

单位：cm

品种/部位	裤(裙)长	腰围(W)	臀围
女长裤	3/5号+6～8	型+2～4	4/5W+42～46
裙裤	2/5号—2～6	型+0～2	4/5W+40～44
裙子	2/5号+0～10	型+0～2	4/5W+40～44

表2-13　单一配置女长大衣规格系列表(中间号型：160/84)

5·3系列　5号：150—170　5型：78—90

单位：cm

号型＼部位	衣长	胸围	肩宽	袖长	领大
150/78	106	104	41.6	54	40.2
155/81	109	107	42.5	55.5	41.1
160/84	112	110	43.4	57	42
165/87	115	113	44.3	58.5	42.9
170/90	118	116	45.2	60	43.8

表2-14　单一配置女短大衣规格系列表(中间号型：160/84)

5·3系列　5号：150—170　5型：78—90

单位：cm

号型＼部位	衣　长	胸　围	肩　宽	袖　长	领　大
150/78	68	102	41	53	39.6
155/81	70	105	41.9	54.5	40.5
160/84	72	108	42.8	56	41.4
165/87	74	111	43.7	57.5	42.3
170/90	76	114	44.6	59	43.2

表 2-15　单一配置女春秋装规格系列表(中间号型：160/84)

5·3系列　5号：150—170　5型：78—90　单位：cm

号型＼部位	衣长	胸围	肩宽	袖长	领大
150/78	62	96	39.2	51.5	37.4
155/81	64	99	40.1	53	38.3
160/84	66	102	41	54.5	39.2
165/87	68	105	41.9	56	40.1
170/90	70	108	42.8	57.5	41

表 2-16　单一配置女西装规格系列表(中间号型：160/84)

5·3系列　5号：150—170　5型：78—90　单位：cm

号型＼部位	衣长	胸围	肩宽	袖长	领大
150/78	62	94	39.2	51	37.4
155/81	64	97	40.1	52.5	38.3
160/84	66	100	41	54	39.2
165/87	68	103	41.9	55.5	40.1
170/90	70	106	42.8	57	41

表 2-17　单一配置女风衣规格系列表(中间号型：160/84)

5·3系列　5号：150—170　5型：78—90　单位：cm

号型＼部位	衣长	胸围	肩宽	袖长	领大
150/78	98	102	41	52	39.6
155/81	101	105	41.9	53.5	40.5
160/84	104	108	42.8	55	41.4
165/87	107	111	43.7	56.5	42.3
170/90	110	114	44.6	58	43.2

表 2-18　单一配置女中西罩衫规格系列表(中间号型：160/84)

5·3系列　5号：150—170　5型：78—90　单位：cm

号型＼部位	衣长	胸围	肩宽	袖长	领大
150/78	64	100	40.4	52	39
155/81	66	103	41.3	53.5	39.9
160/84	68	106	42.2	55	40.8
165/87	70	109	43.1	56.5	41.7
170/90	72	112	44	58	42.6

表 2－19 单一配置女衬衣规格系列表(中间号型：160/84)

5・3 系列 5 号：150—170 5 型：78—90

单位：cm

号型＼部位	衣 长	胸 围	肩 宽	袖 长	领 大
150/78	60	90	37.4	50	34.5
155/81	62	93	38.3	51.5	35.4
160/84	64	96	39.2	53	36.3
165/87	66	99	40.1	54.5	37.2
170/90	68	102	42	56	38.1

表 2－20 单一配置女中西旗袍规格系列表(中间号型：160/84)

5・3 系列 5 号：150—170 5 型：78—90

单位：cm

号型＼部位	衣 长	胸 围	肩 宽	袖 长	领 大
150/78	112	90	37.4	50	36
155/81	116	93	38.3	51.5	36.9
160/84	120	96	39.2	53	37.8
165/87	124	99	40.1	54.5	38.7
170/90	128	102	42	56	39.6

表 2－21 单一配置连衣裙规格系列表(中间号型：160/84)

5・3 系列 5 号：150—170 5 型：78—90

单位：cm

号型＼部位	全 长	上衣长	胸 围	肩 宽	短袖长
150/78	94	38	90	37.4	18
155/81	97	39	93	38.3	19
160/84	100	40	96	39.2	20
165/87	103	41	99	40.1	21
170/90	106	42	102	41	22

表 2－22 单一配置女背心规格系列表(中间号型：160/84)

5・3 系列 5 号：150—170 5 型：78—90

单位：cm

号型＼部位	长背心长	短背心长	胸 围	肩 宽
150/78	60	51	92	35.6
155/81	62	52.5	95	36.5
160/84	64	54	98	37.4
165/87	66	55.5	101	38.3
170/90	68	57	104	39.2

表 2－23 单一配置女长裤(筒裤)规格系列表(中间号型：160/72)

5・3系列 5号：150—170 5型：66—78

单位：cm

号型＼部位	裤 长	腰 围	臀 围	中裆围	裤口围
150/66	94	68	98.5	46.5	47.5
155/69	97	71	101	47.5	48.5
160/72	100	74	103.5	48.5	49.5
165/75	103	77	106	49.5	50.5
170/78	106	80	108.5	50.5	51.5

表 2－24 单一配置裙子规格系列表(中间号型：160/72)

5・3系列 5号：150—170 5型：66—78

单位：cm

号型＼部位	裙长(长型)	裙长(中型)	裙长(短型)	腰 围	臀 围
150/66	64	56	48	66	95
155/69	66	58	58	69	97.5
160/72	68	60	52	72	100
165/75	70	62	54	75	102.5
170/78	72	64	56	78	105

二、服装制图常用公式(表 2－25～表 2－27)

表 2－25 女上衣制图常用计算公式

单位：cm

品种＼部位	西 装	春秋装	衬 衣	短大衣	长大衣	背 心
袖窿深	号/8＋4	号/8＋4	号/8＋2	号/8＋6	号/8＋6	号/8＋6
前肩宽	J/2	同前	同前	同前	同前	同前
后肩宽	J/2＋1	同前	同前	同前	同前	同前
胸宽	前肩宽－2	同前	同前	同前	同前	前肩宽－3
背宽	后肩宽－2	同前	同前	同前	同前	后肩宽－3
前领宽	L/5－0.5	同前	同前	同前	同前	
前领深	L/5＋0.5	同前	同前	同前	同前	
后领宽	L/5－0.5	同前	同前	同前	同前	
后领深	L/20＋0.5	同前	同前	同前	同前	
前落肩	5(无垫肩)	同前	同前	同前	同前	
后落肩	5(无垫肩)	同前	同前	同前	同前	

表 2-26　袖山高度与袖肥计算公式

单位：cm

部位＼品种	衬　衣	外　衣	大　衣	备　注
袖肥 1	袖山斜线－2.5	袖山斜线－5	袖山斜线－5	
袖肥 2	胸围/5	胸围/5－1	胸围/5－1	
袖山高	袖肥/2	袖肥/1.35	袖肥/1.35	

表 2-27　女下衣制图常用计算公式

单位：cm

品种＼部位	女长裤	裙　裤	裙　子
臀围(T)	4/5W＋42～46	4/5W＋40～44	4/5W＋40～44
立裆线	1.5/8 号－腰宽	1.5/8 号	
前臀宽	T/4－1		
后臀宽	T/4＋1		
后裆翘度	0.025 臀围		
后裆斜度	0.04 臀围＋0.5		
后臀增减	后裆斜度/3		
大裆宽	T/10		
小裆宽	T/20－1		
前中裆宽	T/5＋2		
前裤口宽	T/5		
后中裆宽	T/5＋5		
后裤口宽	T/5＋3		

三、日本女装规格(表 2-28～表 2-31)

日本女装规格是参照日本工业规格 JIS 制定的，JIS 的全称是 Japanese Industrial Standard，它的尺寸以身长、围度(胸围、腰围、臀围)来制定。

表 2-28　胸围的分类

单位：cm

号数	3	5	7	9	11	13	15	17	19	21
胸围	73	76	79	82	85	88	92	96	100	104

表 2-29　体型的分类

单位：cm

体形	A 体型	Y 体型	B 体型	备注
差别	标准体型	臀围比 A 体型小 4 cm	臀围比 A 体型大 4 cm	

表 2-30 身长的分类

单位：cm

身长	144～(148)～152	152～(156)～160	160～(164)～168
符号	P(Petit)	R(Regular)	T(Tall)
含义	矮的	普通的	高的

表 2-31 日本成年女子体型与成衣号型

单位：cm

型号	3AP	3AR	5AP	5AR	5AT	5YP	5YR	5BP	5BR	7AP	7AR	7AT	7YP	7YR	7BP	7BR
胸围	73		76							79						
身长	148	156	148	156	164	148	156	148	156	148	156	164	148	156	148	156
臀围	82	84	84	86	86	80	82	88	90	86	86	88	82	84	90	92
腰围	57	57	60	60	60	60	60	63	63	63	63	63	63	63	66	66
型号	9AP	9AR	9AT	9YP	9YR	9YT	9BP	9BR	9BT	11AP	11AR	11AT	11YP	11YR	11BP	11BR
胸围	82									85						
身长	148	156	164	148	156	164	148	156	164	148	156	164	148	156	148	156
臀围	88	90	90	84	86	86	92	94	94	90	92	92	86	88	94	96
腰围	66	66	66	63	63	63	69	69	69	69	69	69	66	66	69	69
型号	13AP	13AR	13YP	13YR	13BP	13BR	15AP	15AR	15YR	15BR	17AR	17YR	17BR	19AP	19BR	21BR
胸围	88						92				96			100		104
身长	148	156	148	156	148	156	148	156	156	156	156	156	156	148	156	156
臀围	92	94	88	90	96	98	94	96	92	100	98	94	102	98	105	108
腰围	72	72	72	69	72	72	76	76	72	80	80	80	84	84	88	92

四、英国女装规格(表 2-32)

英国女装规格由中等身高的女性组成，即身高为 160～170 cm 的女性，这身高在欧洲女性中比例最大。这个女装规格表适合英国和欧洲妇女，16 号作为服装厂生产的中等规格。对于身材偏高或偏矮的女性，在个别尺寸上做调整。

表 2-32 英国女装规格

单位：cm

规格 部位	8	10	12	14	16	18	20	22	24	26	28	30
胸围	80	84	88	92	97	102	107	112	117	122	127	132
腰围	60	64	68	72	77	82	87	92	97	102	107	112
臀围	85	89	93	97	102	107	112	117	122	127	132	137

五、美国女装规格(表 2－33)

美国女装规格将女性分成多种系列：女青年服装：适合于年轻的、苗条的、匀称的体型，她们比少女有更长的腰身和更丰满的胸部和臀部，但是没有发育成熟的妇女体型。

妇女服装：比女青年有更成熟和发育更完全的体型，所有尺寸都较肥大。

带有半号的女青年服装：具有发育完全、有女子气质的体型，三围比例类似于妇女的号型。

少女服装：适合年轻的、矮小的体型，肩宽比女青年窄，胸部较高，腰围较细。

表 2－33　美国女装规格

单位：cm

规格 部位	女青年					妇女				
	12	14	16	18	20	36	38	40	42	44
胸围	88.9	91.4	95.3	99.1	102.9	101.6	106.7	111.8	116.8	122
腰围	67.3	71.1	74.9	78.7	82.6	77.5	82.6	87.6	92.7	97.8
臀围	92.7	96.5	100.3	104.1	105.4	104.1	109.2	114.3	119.4	124.5

另外，美国女装规格表中的三围尺寸，已经包括了基本放松量，其中胸围加放了 6.4 cm，腰围加放了 2.5 cm，臀围加放了 5.1 cm。

第3章 服装原型及部件制图

根据服装造型的需要，我们将人体表面进行合理分解，形成不同的表面区域，即服装的不同衣片；服装制图，即是绘制不同的衣片图形。在完成了不同服装的放松度设计、确定了服装规格数据和制图数据之后，依据制图数据进行直接定点、辅助定位、连接图线即形成了各个衣片的图形。直接定点数据可以通过制图数据获取，辅助定位方法和数据需要根据不同制图方法的约定规则来处理，连线分为两点之间连直线、两点之间连曲线、三点之间连曲线等。在服装制图中，不易把握的关键部位包括上衣的领口、袖窿、袖山、落肩、省位转移变化，裤子的立裆、裆宽、后裆斜度、裆部曲线、后裆翘度等。因此本章将通过探讨我国的服装原样（基本样板）和日本的文化式服装原型，理解掌握上述部位的制图原理和方法。通过衣片分类制图、领子分类制图、袖子分类制图等，理解掌握关键部件制图的原理和方法。为以后的服装制图奠定坚实的理论基础，掌握必须的制图技巧。

3.1 服装原型概述

一、原型的概念及分类

世界上的各种有形物体都具有不同的形状，它们都具有自身不同的特征，能够反映其特征的基本形状，称之为"原型"。能够反映人体外观基本特征，能够承载服装变化基本功能的服装部件，称之为"服装原型"。服装原型根据人体的性别不同、年龄不同、体型不同，可以具有不同的服装原型。理论上每个人都具有自己的服装原型，为了裁剪制作服装的方便，我们将服装原型分为女装、男装、童装三个原型种类系列。还可以根据着装的内外层次，将上述三类原型再分为衬衣、外衣和大衣。

由于服装原型反映了正常人体外观的基本形状，应用原型进行服装制图，能够确保服装与人体吻合。由于服装原型是承载服装变化基本功能的服装部件，应用原型进行服装制图，能够最大限度地进行款式变化。为服装设计师进行创造性设计、研究服装结构、将服装效果图转化为服装裁剪图，提供了可靠、灵活的裁剪制图方法。

服装原型裁剪法，世界范围内都在广泛使用，根据制作服装原型的不同方法和对人体的不同理解，世界各地创造了多种服装原型裁剪法。常用的服装原型包括日本的文化式原型、日本的登丽美原型、中国的基本样板等，这里介绍典型的文化式服装原型和中国服装原型——原样（基本样板）两种。

1. 文化式服装原型：这是日本服装业界进行服装教学和服装裁剪的一种常用方法，是日本文化服装学院服装教学的主要方法，也是目前使用比较广泛的一种原型裁剪方法。最新日本文化式原型的基本图形和部位名称如图3-1所示。

2. 服装原样（原大样板）：这是我国服装业界经常使用的原型，有的称为基样（基本样板），有的称为母板等。由于制作原型的方法和思路不同，产生了许多品种，但是其形状基本相同。本书使用的原型是由本书作者创立的、简单实用的原大样板，简称原样。作者在相关专著《时装原样裁剪法》进行了系统论述，《CorelDRAW服装结构设计实用教程》作了详细阐述。原样包括上衣原样、裤子原样、西式裙原样、多片裙原样等。为了原样应用的方便，把同一个号型的原样分为衬衣、上衣、大衣（风衣）三个，其制图计算公式基本相同，只是各自的规格数据不同、袖窿深度不同。其基本图形和部位名称如图3-2～图3-6所示。

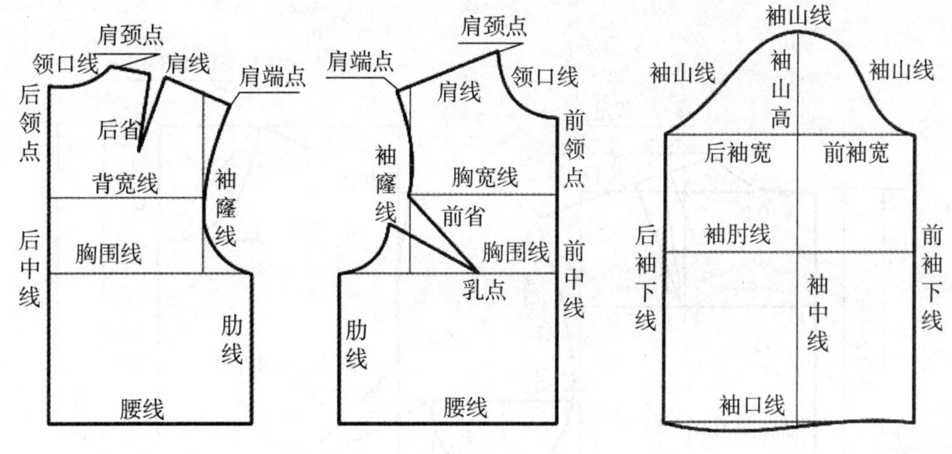

图3-1

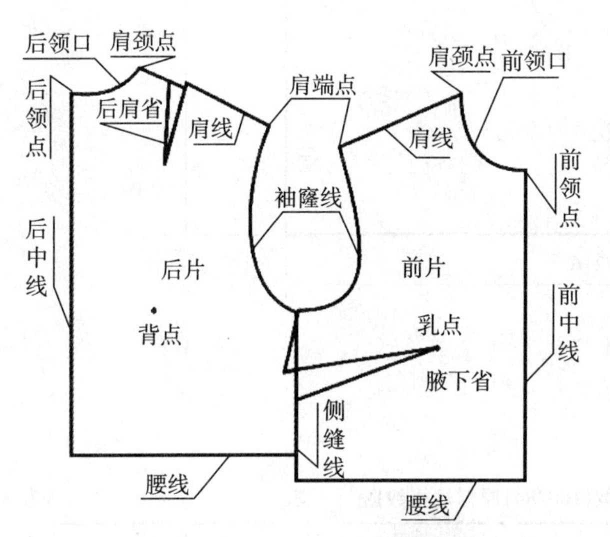

图3-2　女装外衣原样部位名称

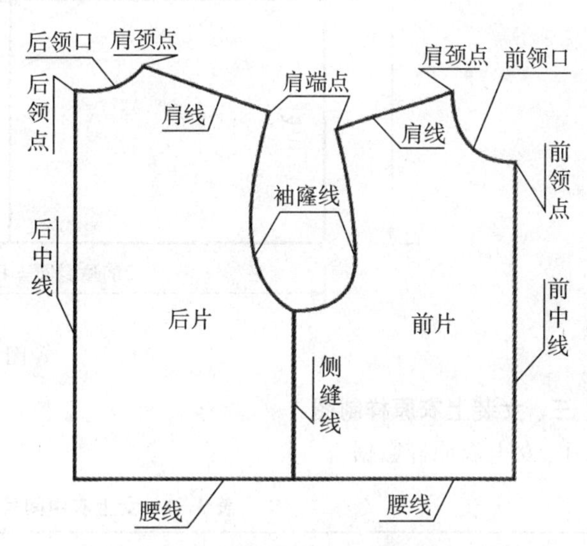

图3-3　男装外衣原样部位名称

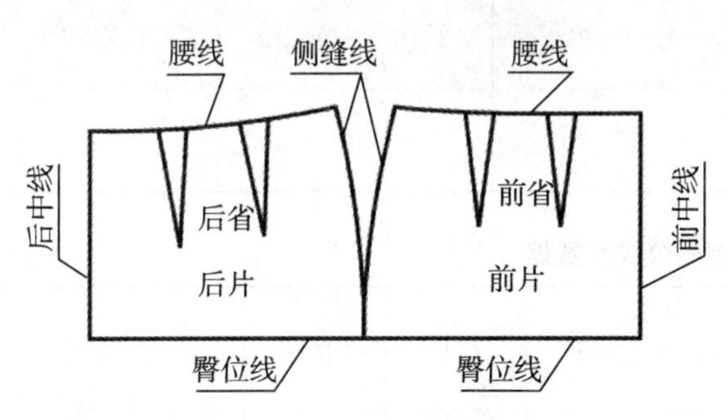

图3-4　西式裙原样部位名称

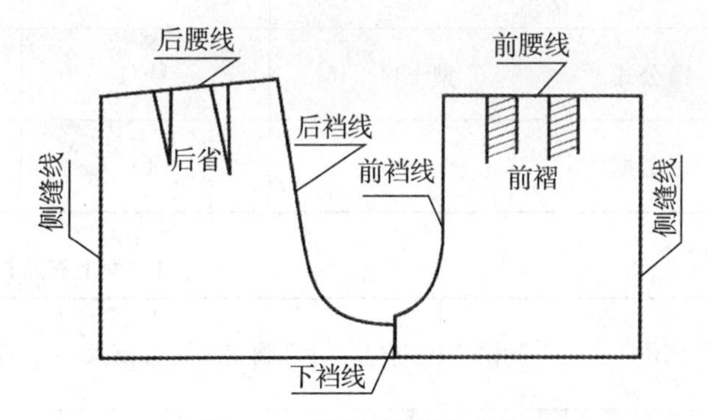

图3-5　裤子原样部位名称

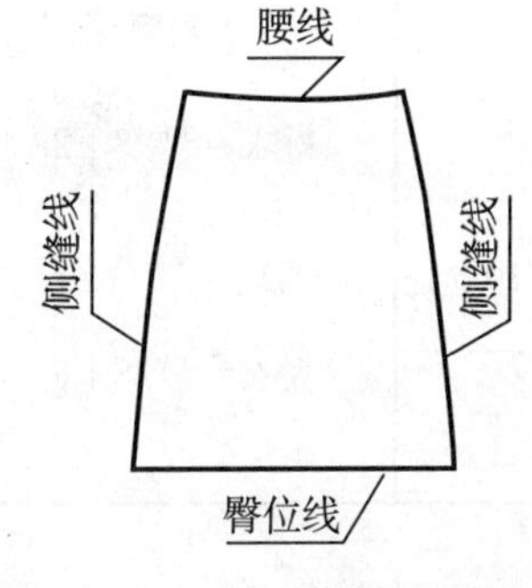

图3-6　多片裙原样部位名称

二、原型的制图

日本文化式原型的制图

由于文化式服装原型是单一原型，其放松量是一个基本数值(10 cm)，具体运用时，根据不同款式需要对胸围、肩宽、落肩、领大、袖窿深等部位进行加放调整，要求有一定的经验，否则就需要参照相关教材的裁剪图进行制图，为款式多变的时装制图带来诸多困难；而且由于文化式服装原型的基础胸省设置在袖窿部位，给制图带来不便。上述两点是需要我们给予关注的。图3-7是最新的日本文化式服装原型，这里不作详细论述，请大家参照下图进行学习和研究，文化式原型制图方法如图3-7所示。

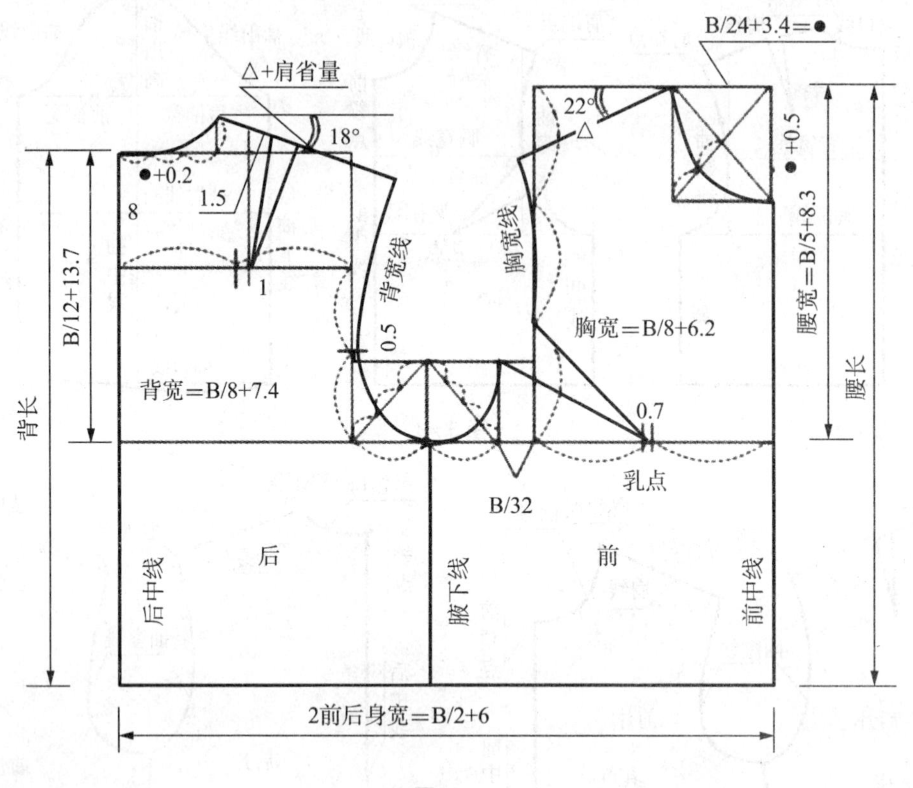

图 3－7

三、女装上衣原样制图

1. 女上衣原样数据

表 3－1　女上衣中间号型(160/84)原样规格数据

单位：cm

部位	胸围(X)	背长	腰长	领大(L)	肩宽(J)
公式	型＋14～16	号/4	号/4＋3	3/10 X＋9～10	3/10X＋10～11
数据	100	40	43	40	40

表 3－2　女上衣原样制图公式和数据

单位：cm

部位		胸围	肩宽	胸宽	袖窿深	领宽	领深	背长	落肩	备注
前片	公式	X/4	J/2	肩宽－2	号/8＋4	L/5－0.5	L/5＋0.5	号/8	J/10＋0.5	三类袖窿深 衬衣＝号/8＋2 外衣＝号/8＋4 大衣＝号/8＋6
	数据	25	20	18	24	7.5	8	43	4.5	
后片	公式	X/4	J/2＋2	肩宽－2	号/8＋4	L/5	后领宽/3	号/8	J/10＋1	
	数据	25	22	20	24	8	2.66	40	5	

注：为了制图计算方便，有些数据作了整数处理。其他定位数据及公式见图。

2. 女上衣原样的绘制如图 3－8～图 3－10 所示，这里的重点是掌握领口、袖窿和省位的绘制方法。领口制图要点如图 3－11 所示。

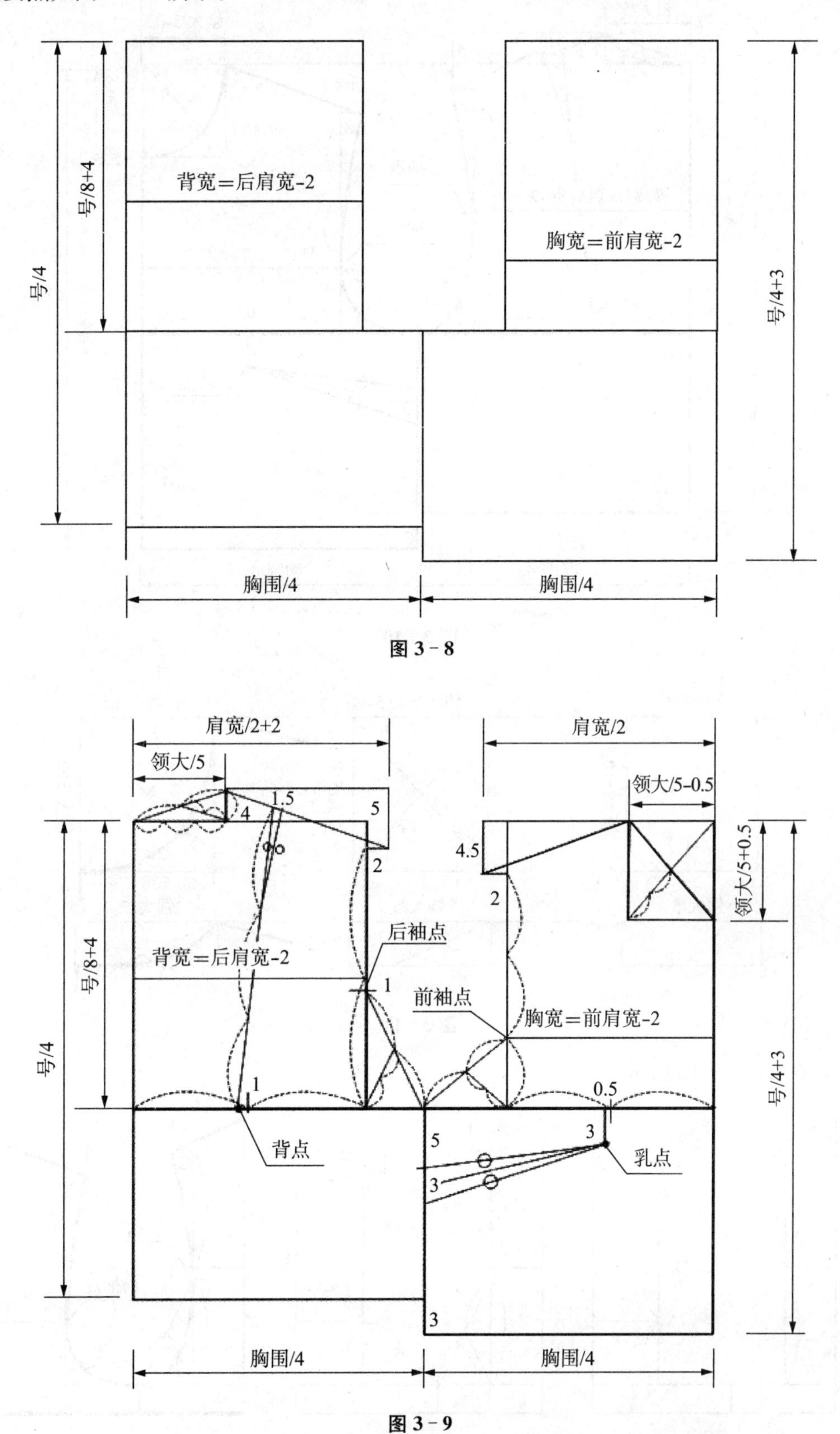

图 3－8

图 3－9

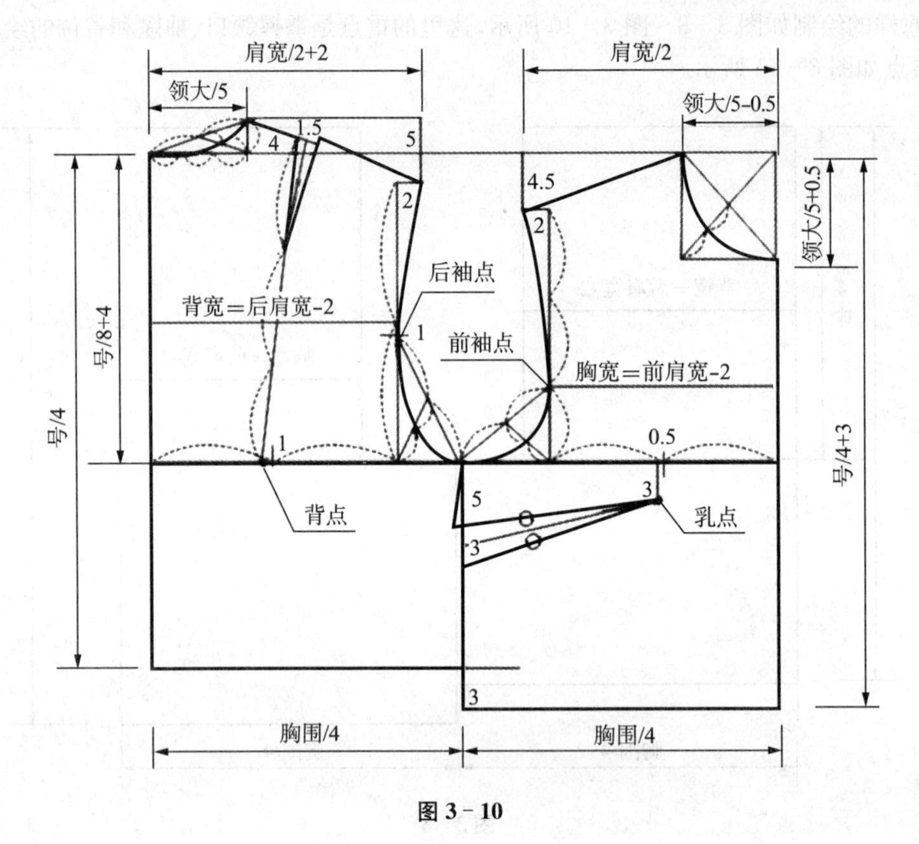

图 3－10

图 3－11

袖窿制图要点如图 3－12 所示。

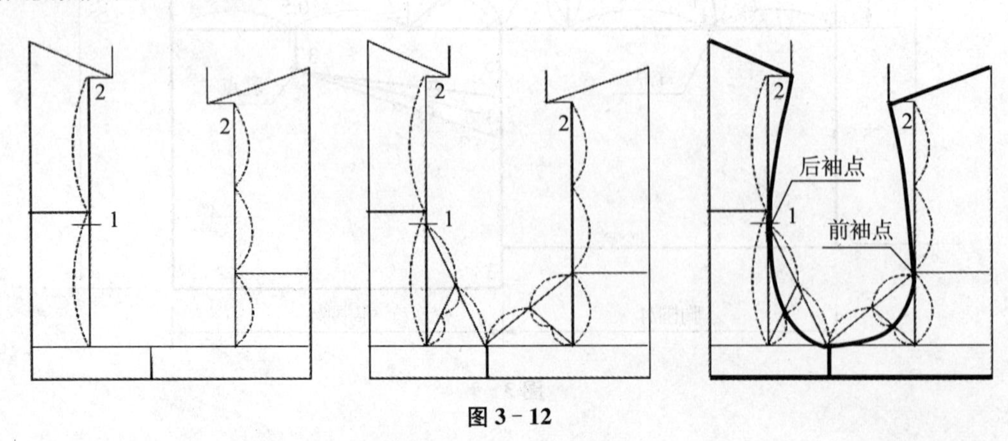

图 3－12

四、裤子原样制作

1. 裤子原样数据

表 3-3　裤子中间号型(160/68)原样规格数据

单位：cm

部位	腰围	臀围	立裆	备注
公式	型＋0～2	腰围 4/5＋42～46	号 1.5/8	
数据	68	100	30	

表 3-4　裤子原样制图数据

单位：cm

部位		臀围	腰围	直裆	腰宽	裆宽	后翘	后裆斜度	脚口
前片	公式	臀围/4－1	腰围/4	号 1.5/8－腰宽	3～4	臀围/20－1			
	数据	24	17	26	4	4			
后片	公式	臀围/4＋1	腰围/4	号 1.5/8－腰宽	3～4	臀围/10	0.25 臀围	0.17 直裆	
	数据	26	17	26	4	10	2.5	4.4	

注：为了制图计算方便，有些数据作了整数处理。其他定位数据及公式见图。

2. 裤子原样制图如图 3-13～图 3-15 所示，这里重点是理解由于后裆斜度而产生的问题，掌握后裆线的绘图方法，掌握前后裆曲线的绘制方法。理解腰臀差，掌握省位和裥位的绘图方法。

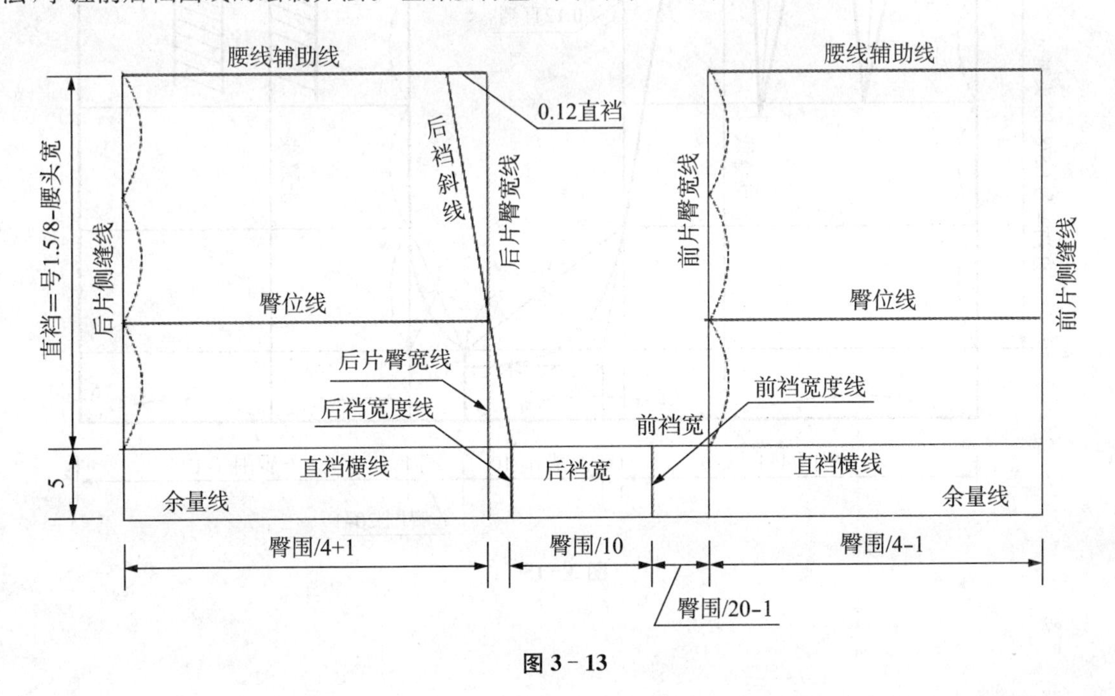

图 3-13

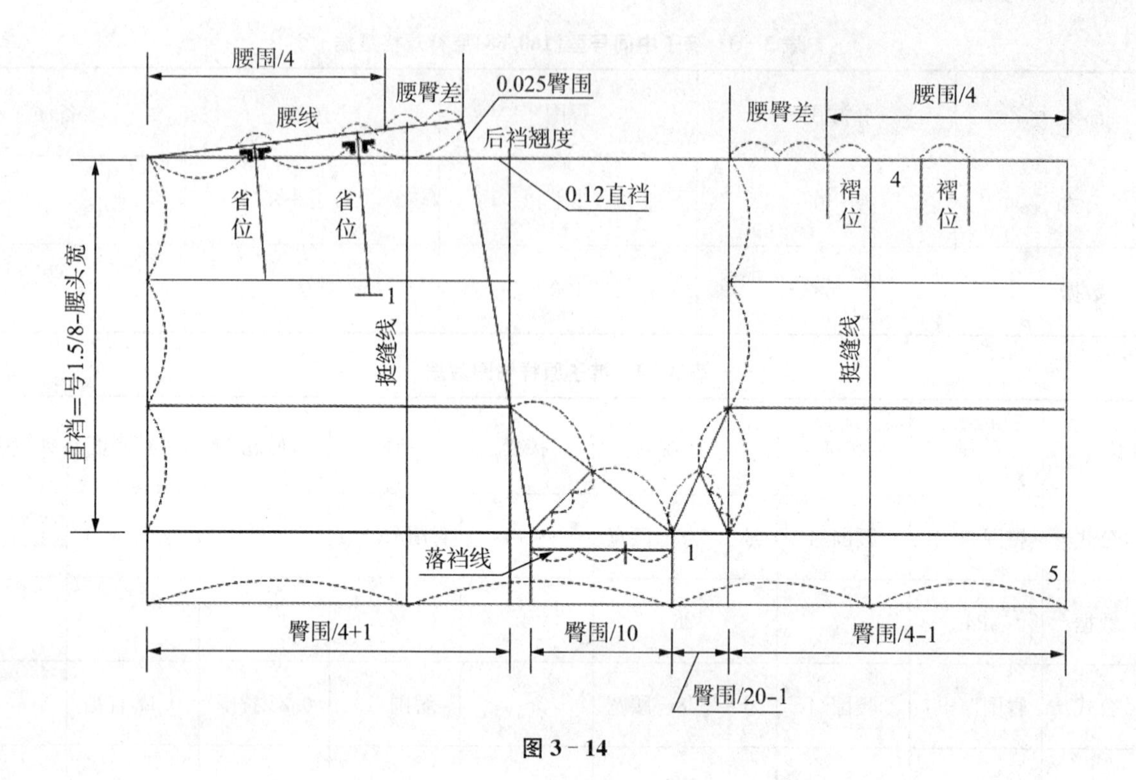
腰围/4
腰线
腰臀差
0.025臀围
后裆翘度
0.12直裆
省位
省位
1
挺缝线
直裆=号1.5/8-腰头宽
落裆线
1
5
腰臀差
腰围/4
褶位
4
褶位
挺缝线
臀围/4+1
臀围/10
臀围/4-1
臀围/20-1

图 3－14

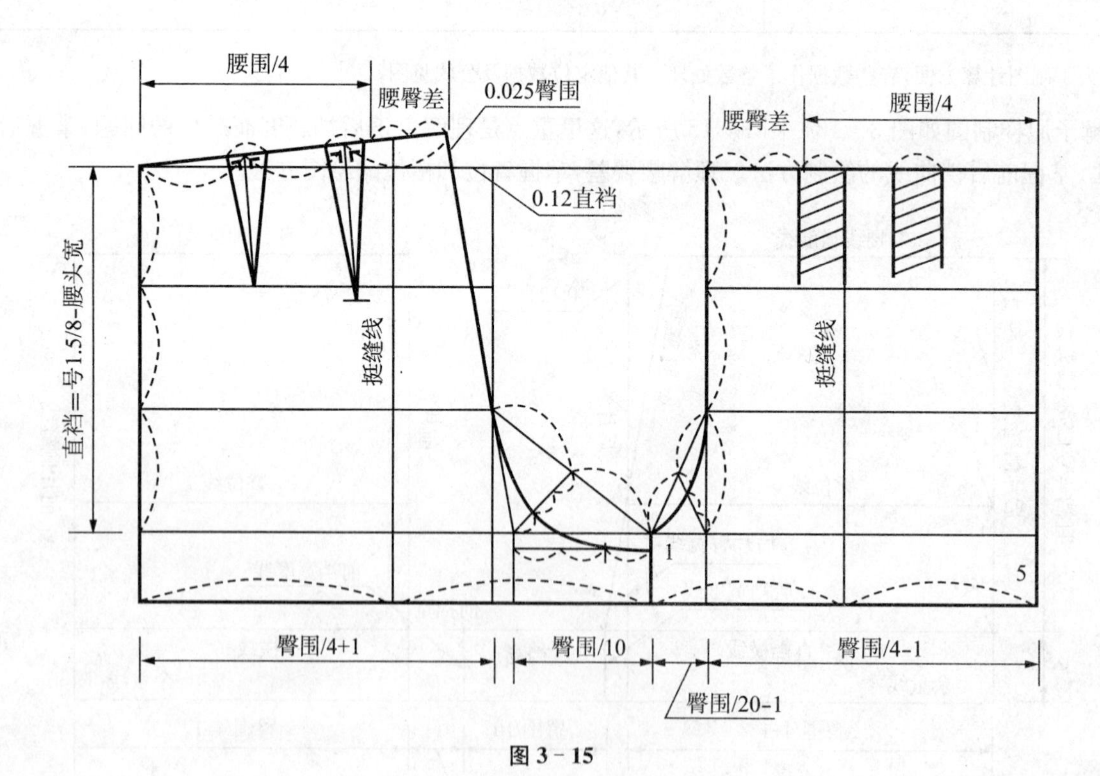
腰围/4
腰臀差
0.025臀围
0.12直裆
挺缝线
直裆=号1.5/8-腰头宽
1
5
腰臀差
腰围/4
挺缝线
臀围/4+1
臀围/10
臀围/4-1
臀围/20-1

图 3－15

五、西式裙原样制作

1. 西式裙原样数据

表 3-5　西式裙中间号型(160/68)原样规格数据

单位：cm

部位	腰围	臀围	备注
公式	型+0～2	腰围 4/5+40～44	
数据	68	98	

表 3-6　西式裙原样制数据

单位：cm

部位	腰围	臀宽	臀宽	臀位线高
公式	腰围/4	臀围/4	臀围/4	号/8
数据	17	24.5	24.5	20

注：为了制图计算方便，有些数据作了整数处理。其他定位数据及公式见图。

2. 西式裙原样制图如图 3-16～图 3-19 所示，这里重点是理解腰臀差，褶位省位的绘图方法，掌握侧缝线的曲线绘制方法。

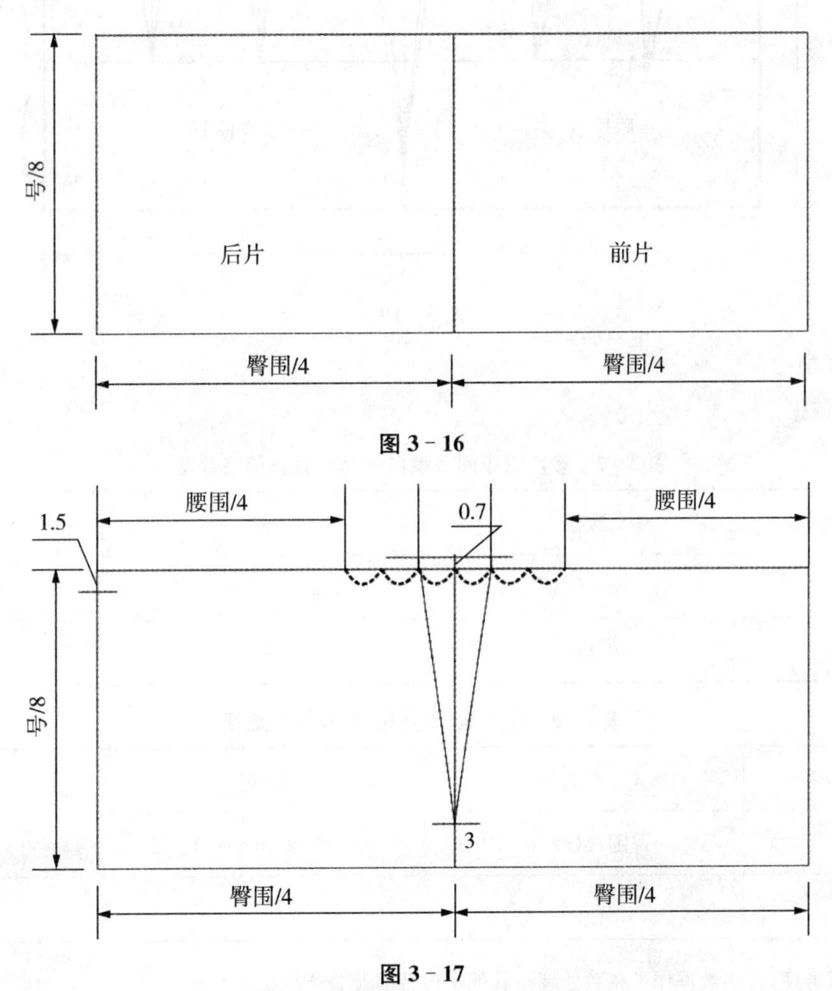

图 3-16

图 3-17

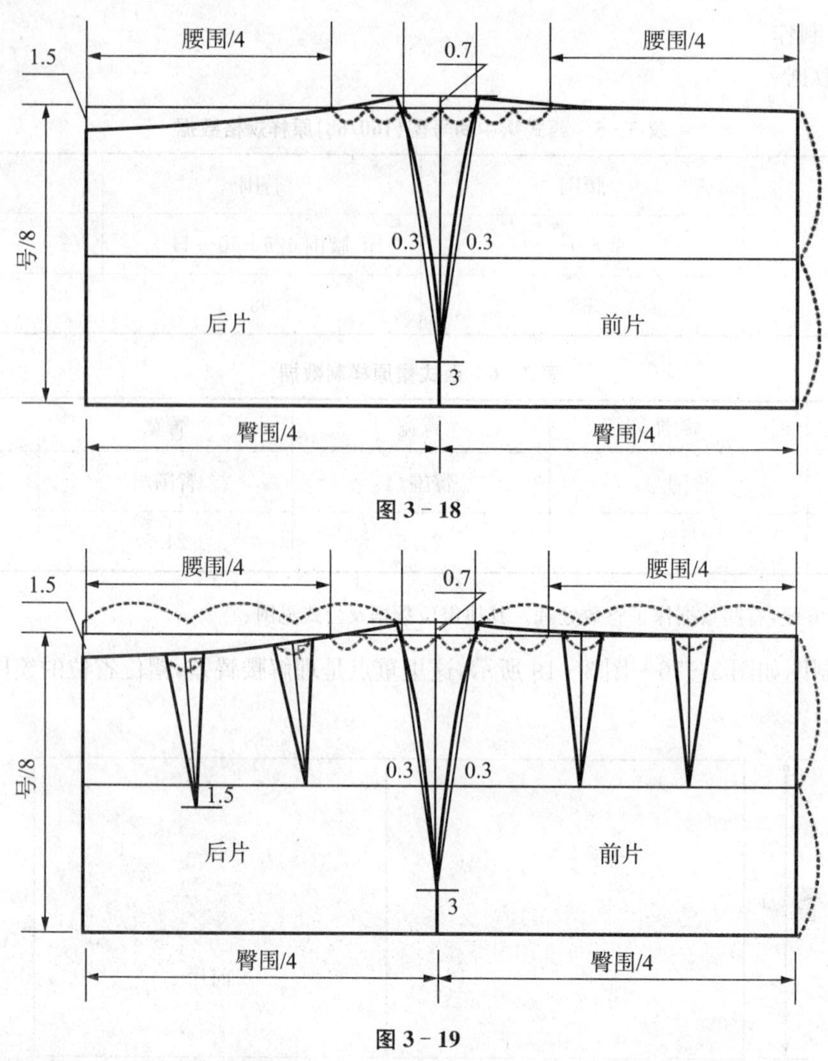

图 3-18

图 3-19

六、多片裙原样制作

1. 多片裙原样数据

表 3-7　多片裙中间号型(160/66)原样规格数据

单位：cm

部位	腰围	臀围	备注
公式	型+0～2	腰围 4/5+40～44	
数据	68	98	

表 3-8　多片裙(六片裙)原样制图数据

单位：cm

部位	臀宽	腰宽	臀位线高
公式	臀围/n(n=6)	腰围/n(n=6)	号/8
数据	16.3	11.3	20

注：为了制图计算方便，有些数据作了整数处理。其他定位数据及公式见图。

2. 多片裙原样制图如图 3-20～图 3-22 所示，这里重点是理解片数的意义，掌握多片裙不同片数数据的计算和处理，掌握图形绘制方法。

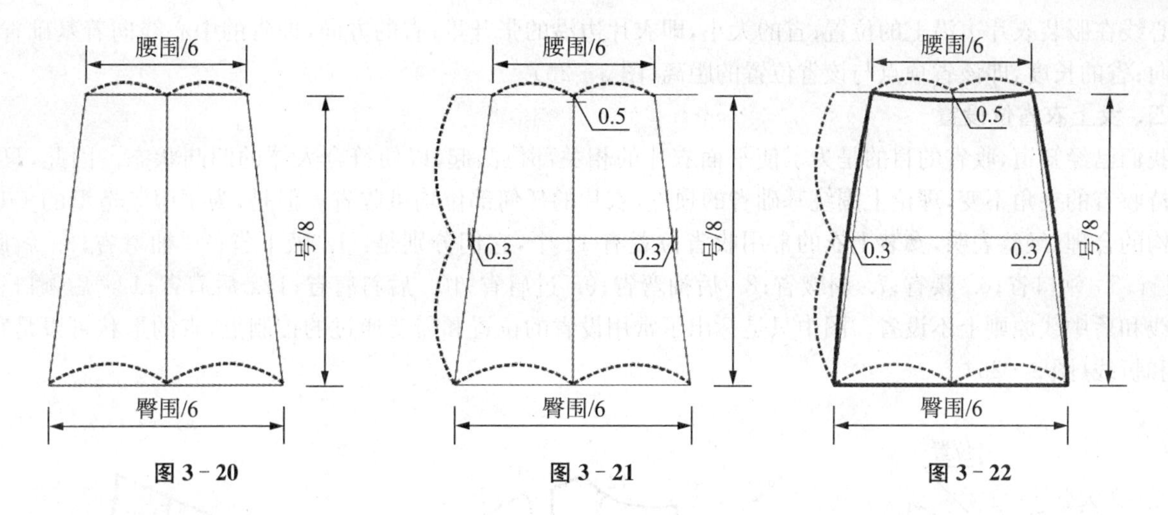

图 3-20　　图 3-21　　图 3-22

3.2　省位的设置与变化

一、服装省的原理

为了使服装与人体(主要是女人体)相吻合,需要使平面衣片的某些相关部位突出或凹进。实现这一目的的方法是在平面衣片的边沿或内部收去一部分,这种处理方法称为收省。服装款式的变化,体现在衣片结构上,主要是衣片分割线条的变化,而衣片的分割与省位的转移有着不可分割的联系。破缝分割、转移省位是服装制图的一条重要原则,不允许在同一部位既有分割线,又有省位线。因而在研究衣片分割时,必须首先研究省位的变化规律及方法,而后利用这些变化了的省位,对衣片进行合理的分割。女装尤其如此,这里着重研究女装外衣的省位设置与变化。

二、省的来源和大小

女装外衣原样中有两个基础省,即腋下省和后肩省(图 3-23)。

腋下省的来源是女装人体的腰长与背长之差,中国女人体一般为 3 cm 左右,不同人种的情况不尽相同。后肩省是由于肩胛骨的凸起而形成的,不同人种的情况基本相同,省的大小(在肩线上)一般是 1.5 cm 左右。缝制后服装成品的效果是胸部和肩胛凸起,以适应女装人体的实际状态。腋下省的顶点是乳点,后肩省的顶点是肩胛骨。理论上以省的顶点为中心,各个方向均可设省。只要其夹角与基础省相同,方向为顶点,其突起效果都是一样的。但是,由于衣片边沿距离顶点是不同的,同样的夹角,会造成衣片边沿收缩量的不同。比如将腋下省转移变化为肩省时,其衣片边沿张开量明显大于腋下省的张开量。因此在处理省位时,不仅要看边沿张开量的大小,还要看顶点距离边沿的远近(图 3-24)。

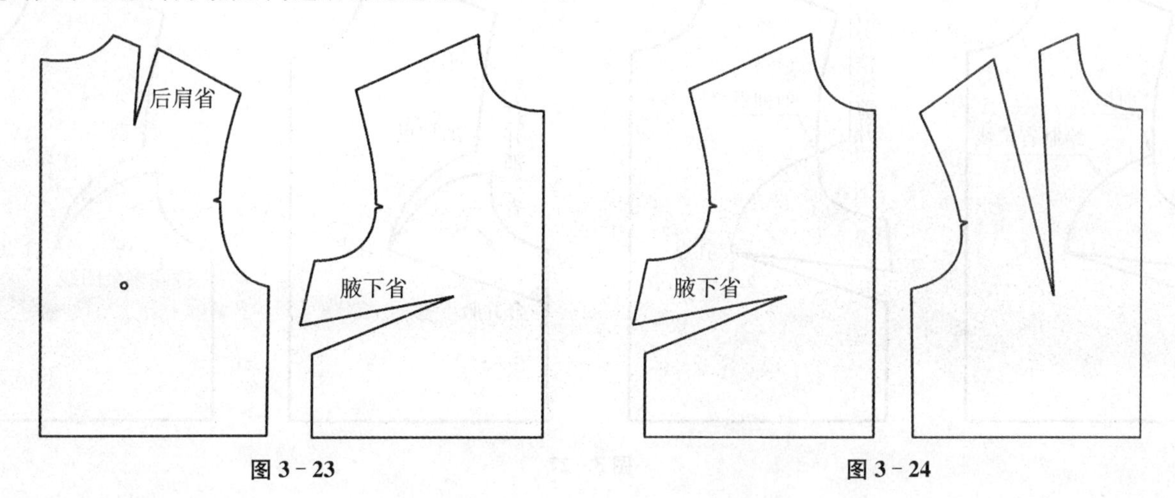

图 3-23　　图 3-24

三、省的构成要素

任何一个省都是由四个不可缺少的要素构成的,它们是:位置、大小、方向、长度。具体讲:省的位置,即省的中心线在服装衣片边沿上的位置；省的大小，即衣片边沿的张开量；省的方向，即省的中心线向着基础省顶点的方向；省的长度，即该省顶点与该省位置的距离(图 3-25)。

四、女上衣省位设置

我们已经知道，收省的目的是为了使平面衣片的相关部位凸起，以便符合人体的凹凸状态。因此，只要能够保持收省的夹角不变，理论上围绕基础省的顶点，衣片的任何部位均可收省。但是，为了服装造型的美观，服装结构的合理，经验表明，女装上衣的常用收省位置有 12 个，它们分别是：1. 腋下省；2. 袖弯省；3. 斜肩省；4. 肩省；5. 领口省；6. 腰省；7. 斜腰省；8. 后袖弯省；9. 过肩省；10. 后斜肩省；11. 后肩省；12. 后领口省等，前中线和后中线原则上不设省。图中只是标出了常用设省的位置和需要通过的控制点，省的形状可以是直线、曲线和折线(图 3-26)。

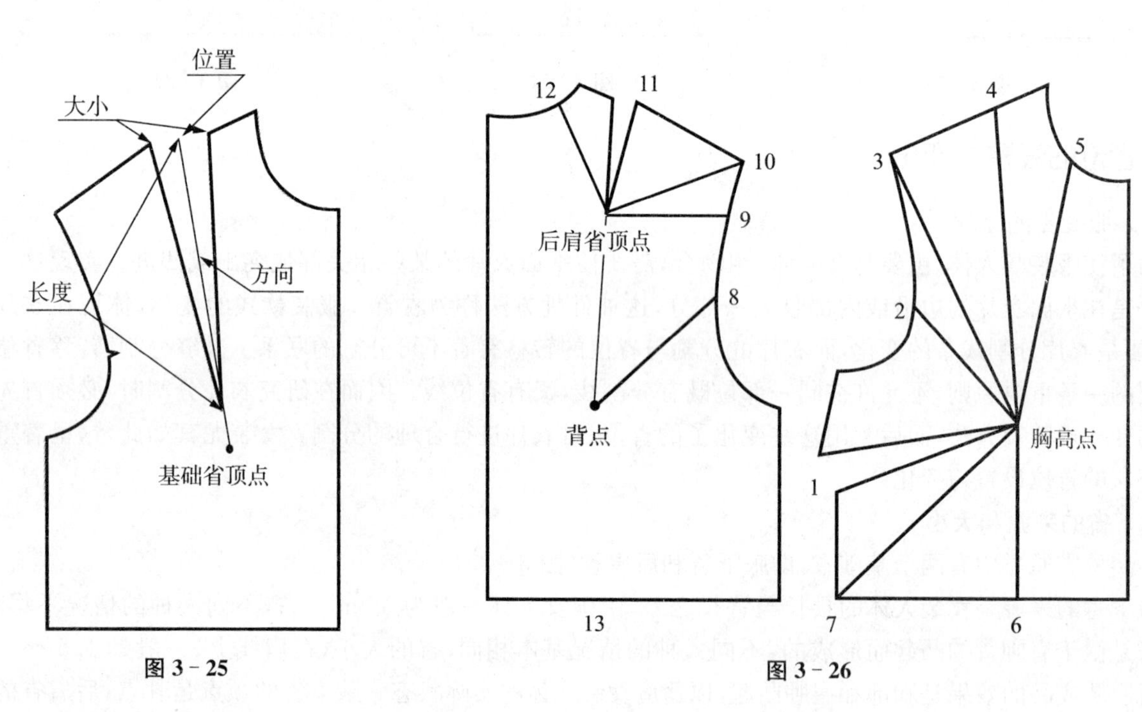

图 3-25　　图 3-26

五、女上衣省位的变化

1. 腋下省转换为袖弯省如图 3-27 所示，袖弯省可以与刀背分割共同使用。

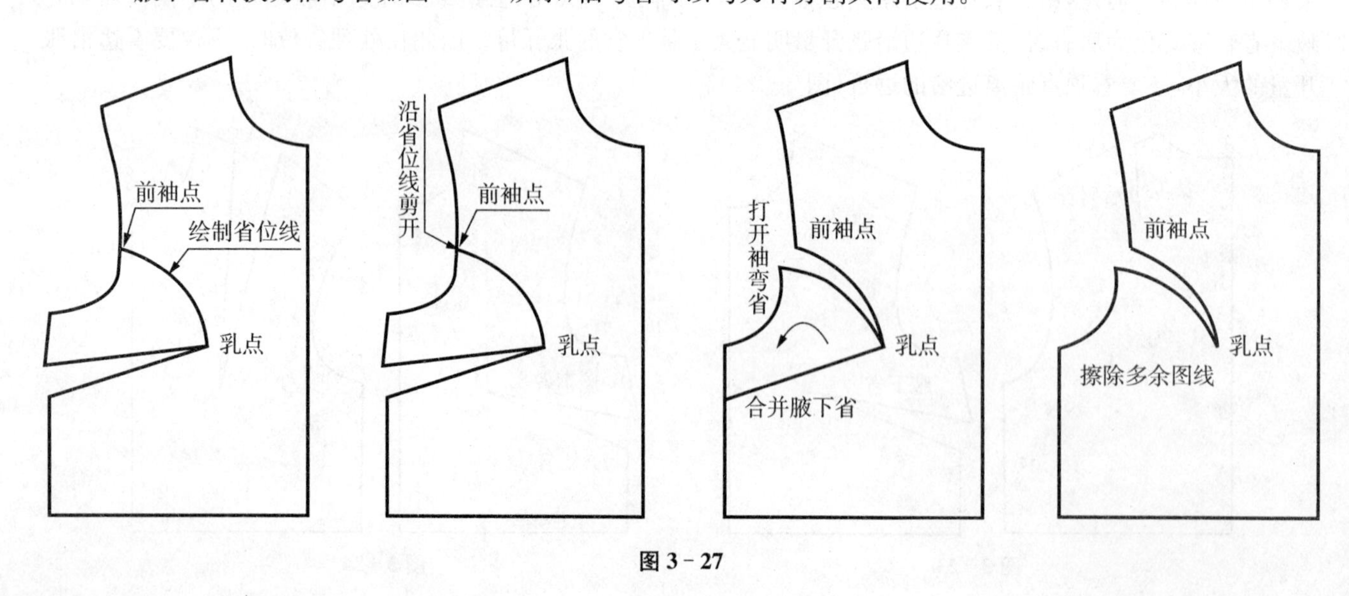

图 3-27

2. 腋下省转换为斜肩省如图 3-28 所示，斜肩省可以与胸部拼接共同使用。

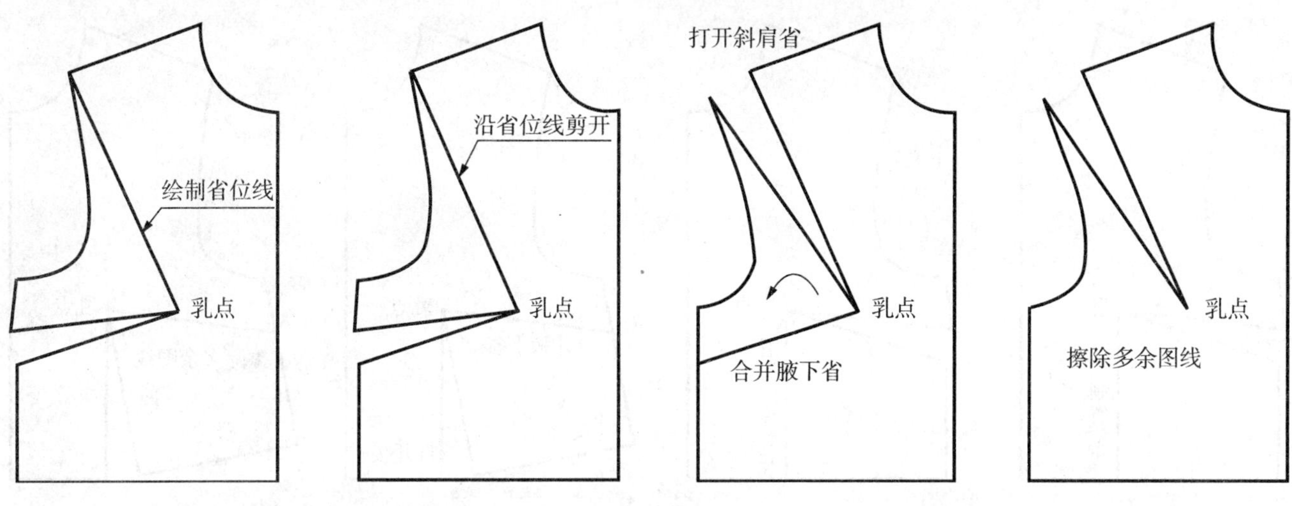

图 3-28

3. 腋下省转换为肩省如图 3-29 所示，肩省可以与公主线分割共同使用。

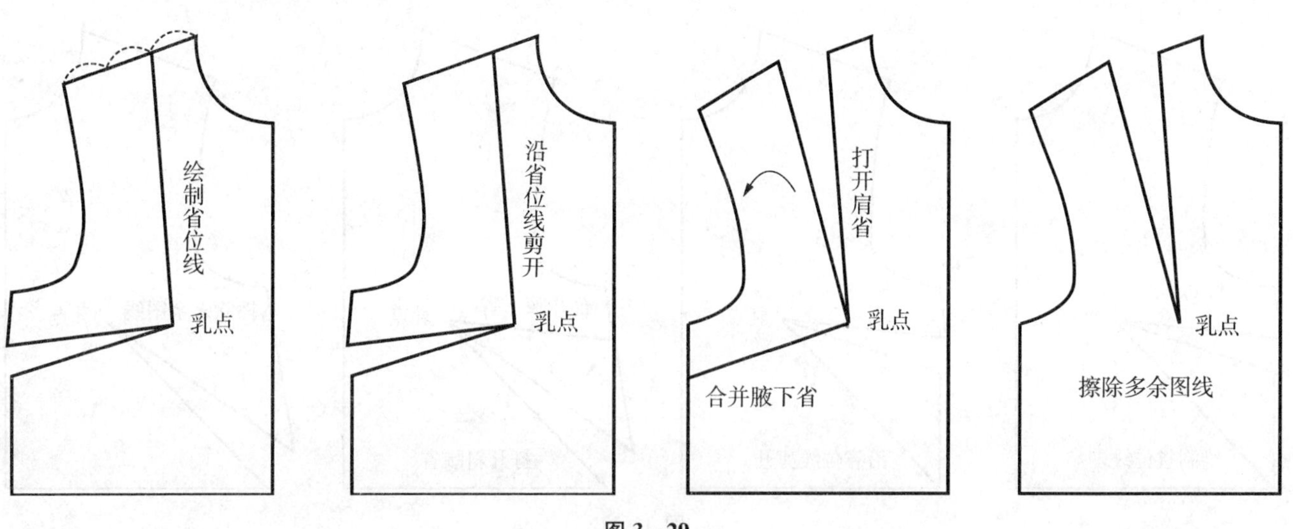

图 3-29

4. 腋下省转换为领口省如图 3-30 所示，领口省一般在绘制连身领时使用。

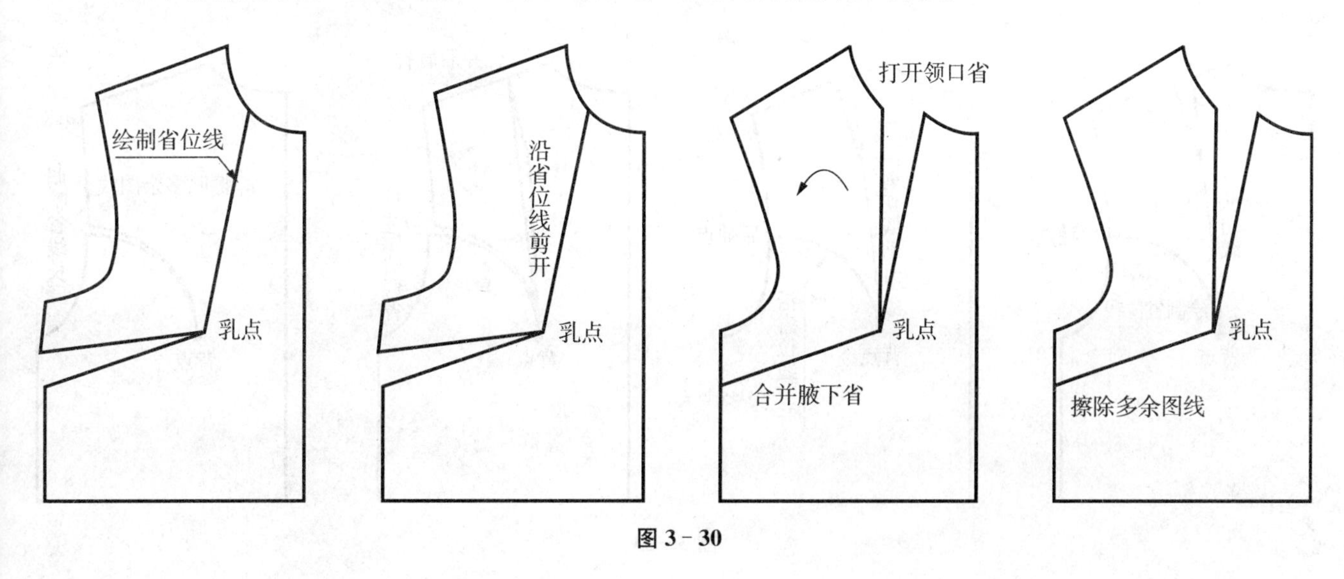

图 3-30

5. 腋下省转换为腰省如图 3 - 31 所示，腰省在绘制腰省部位皱褶制图时使用。

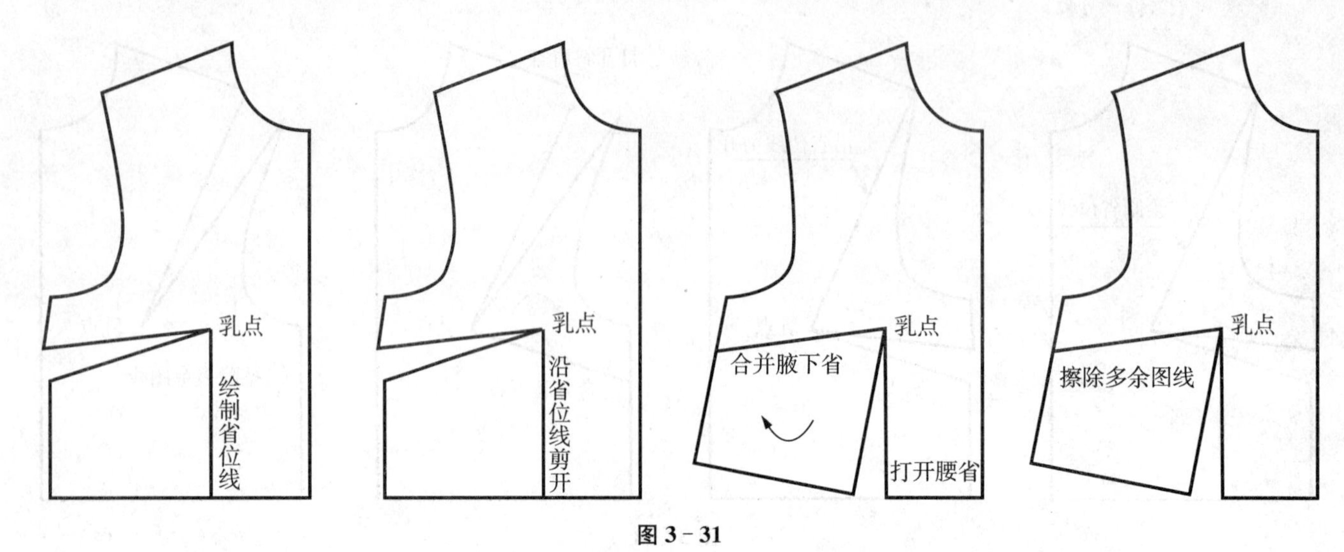

图 3 - 31

6. 腋下省转换为斜腰省如图 3 - 32 所示，斜腰省多与整体斜线分割共同使用。

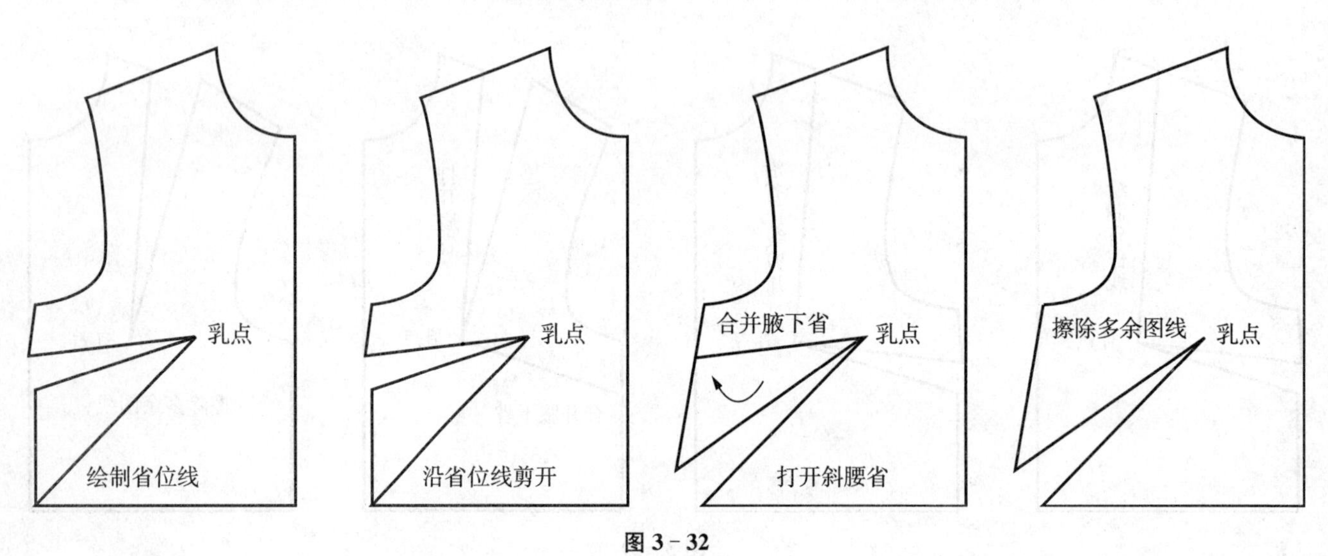

图 3 - 32

7. 后肩省转换为后袖弯省如图 3 - 33 所示，后袖弯省多与公主线分割共同使用。

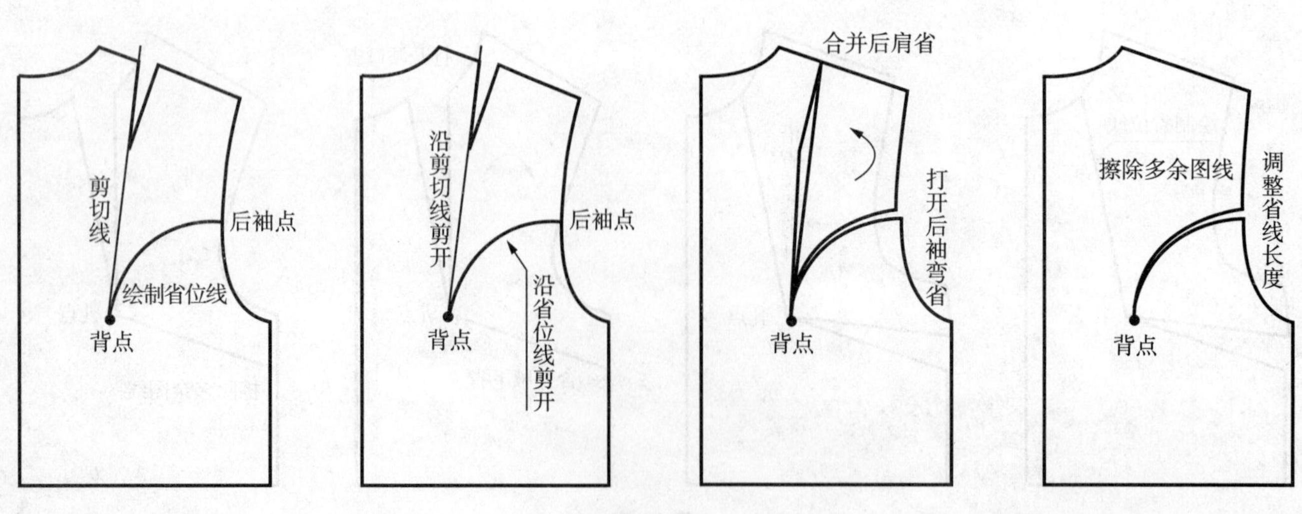

图 3 - 33

8. 后肩省转换为过肩省如图 3－34 所示，过肩省多与过肩、前后过肩共同使用。

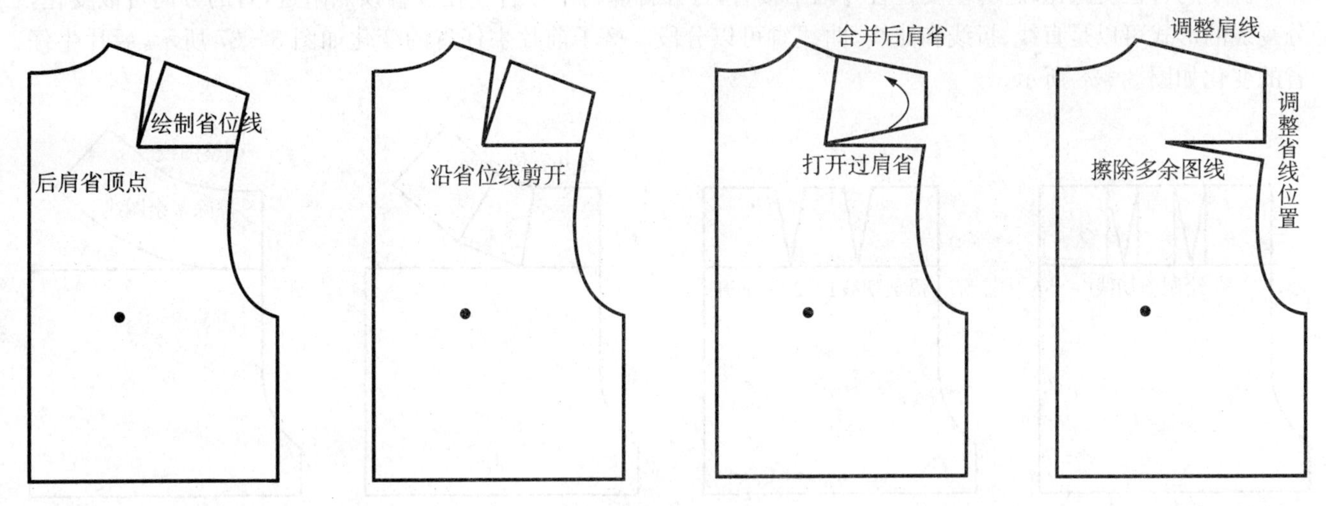

图 3－34

9. 后肩省转换为后斜肩省如图 3－35 所示，后斜肩省多与背部分割拼接共同使用。

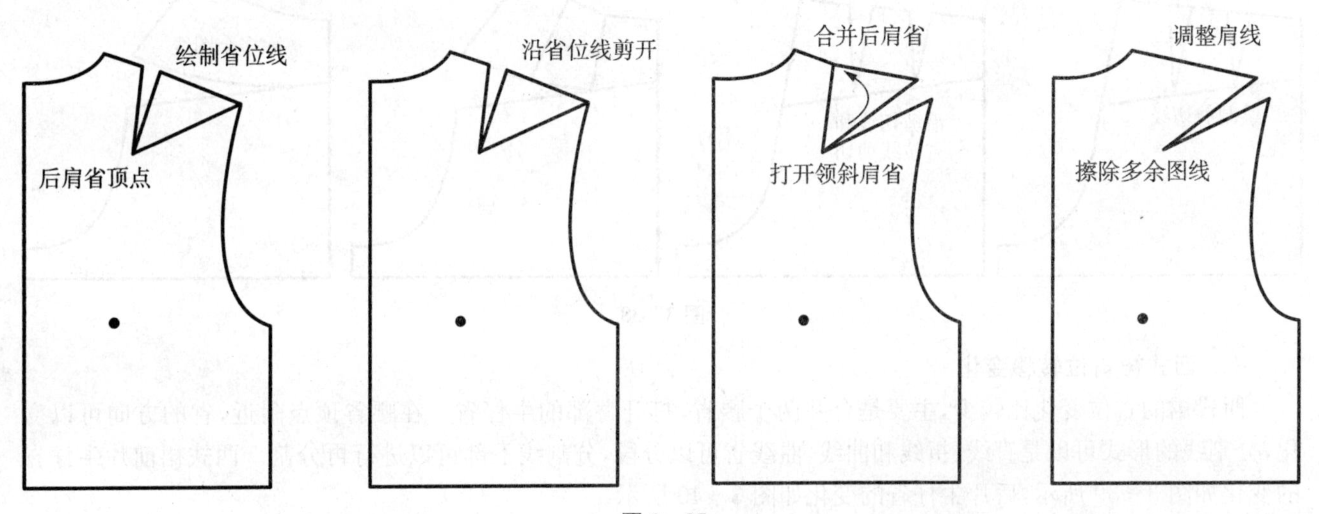

图 3－35

10. 后肩省转换为后领口省如图 3－36 所示，后领口省一般与连身领制图共同使用。

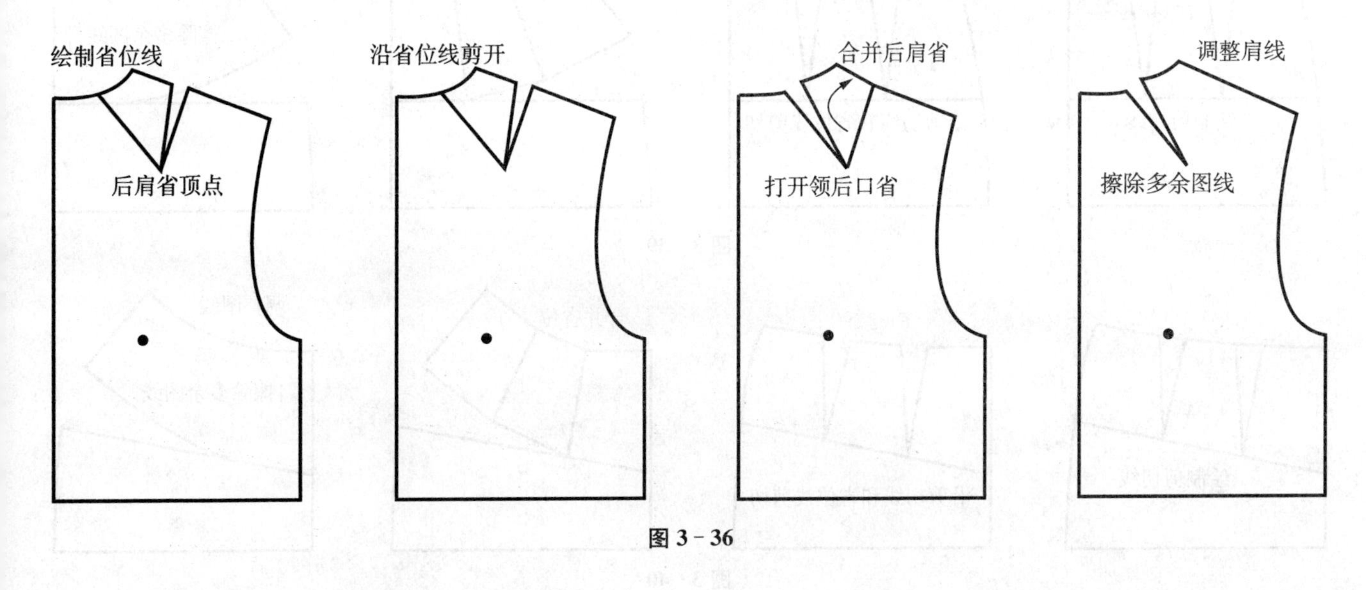

图 3－36

六、裤子省位转移变化

裤子的省位变化比较少，主要是合并两个腰省，打开臀部的牛仔省。在腰省顶点附近，省的方向可以变化，分割线的形式可以是直线、折线和曲线，曲线省可以分段。裤子前片牛仔省的变化如图 3－37 所示，后片牛仔省的变化如图 3－38 所示。

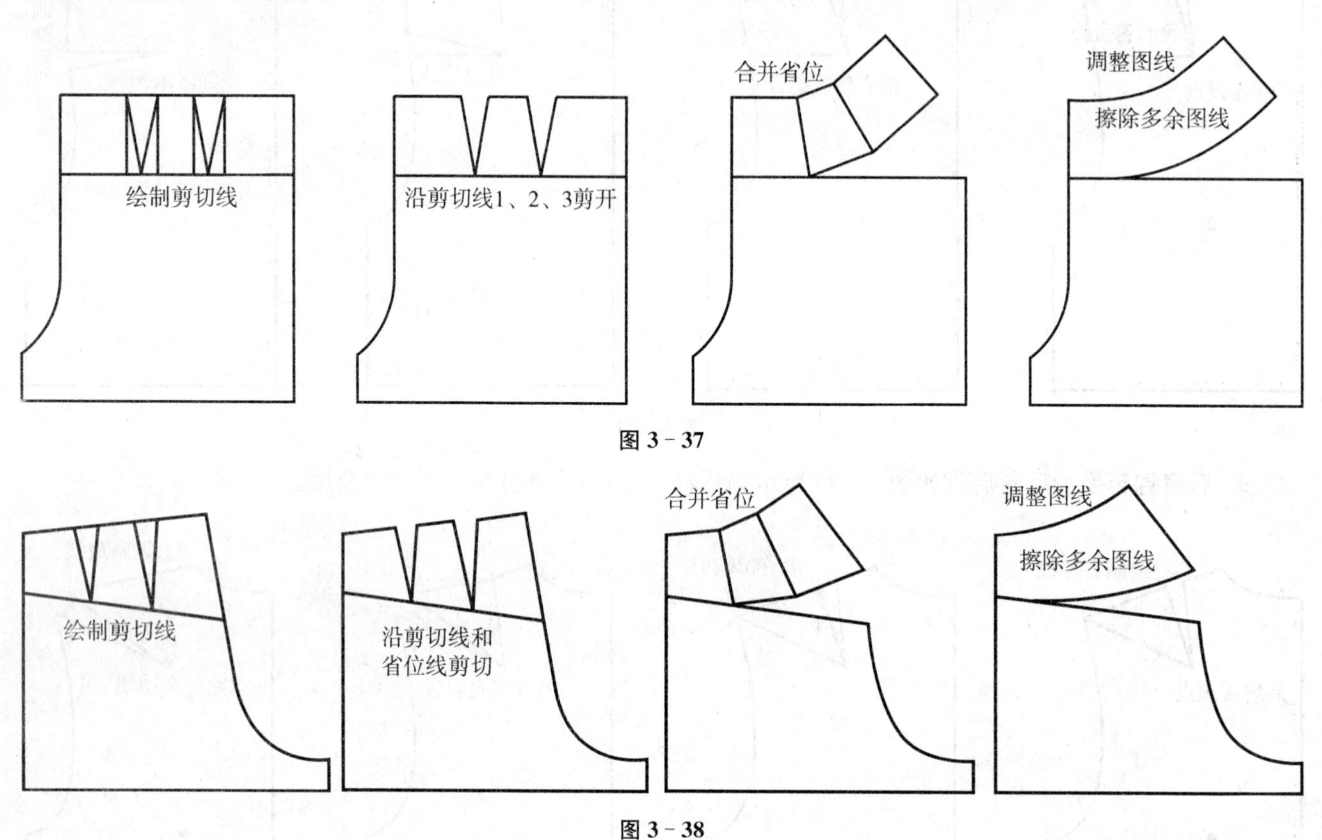

图 3－37

图 3－38

七、西式裙省位转移变化

西式裙的省位变化比较少，主要是合并两个腰省，打开臀部的牛仔省。在腰省顶点附近，省的方向可以变化，分割线的形式可以是直线、折线和曲线，曲线省可以分段，分割线下部可以进行再分割。西式裙前片牛仔省的变化如图 3－39 所示，后片牛仔省的变化如图 3－40 所示。

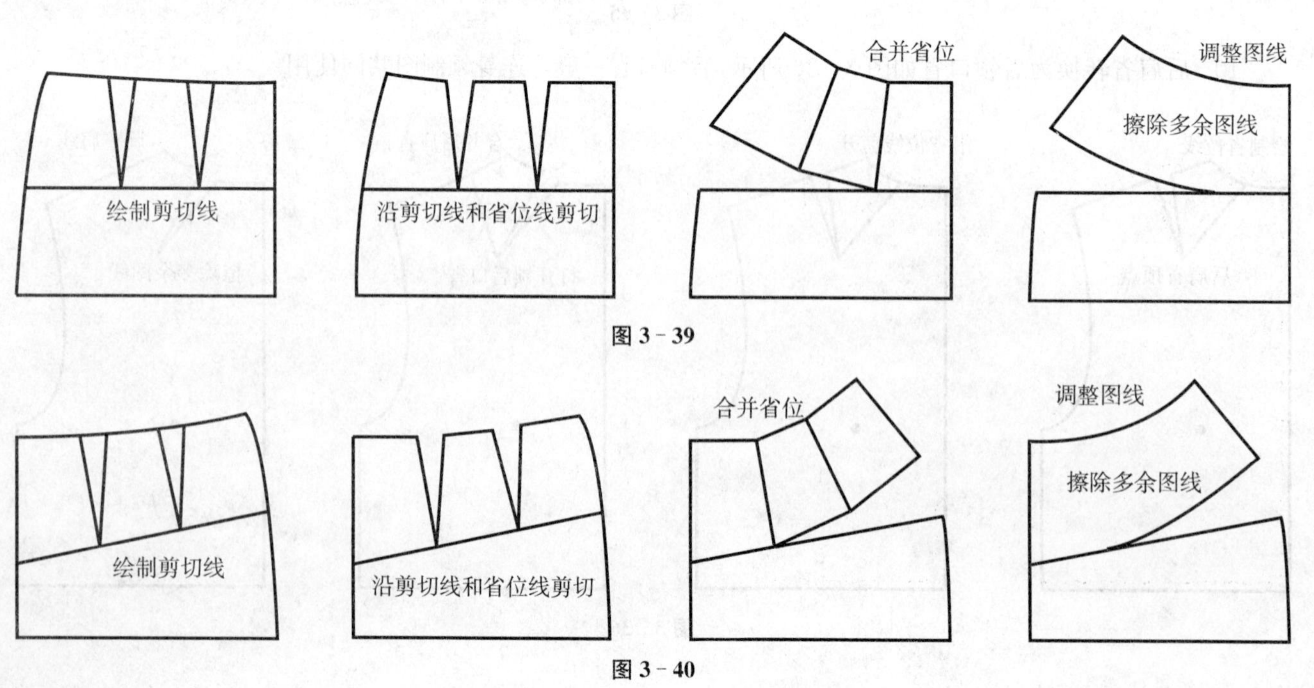

图 3－39

图 3－40

3.3 衣片分割制图

一、衣片竖向分割

1. 无腋下省四开身衣片分割制图如图 3－41、图 3－42 所示。

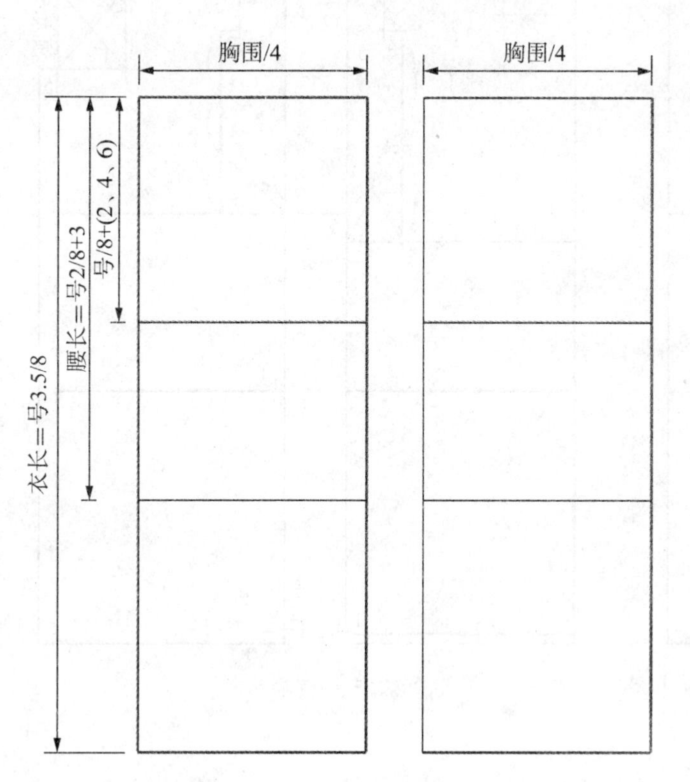

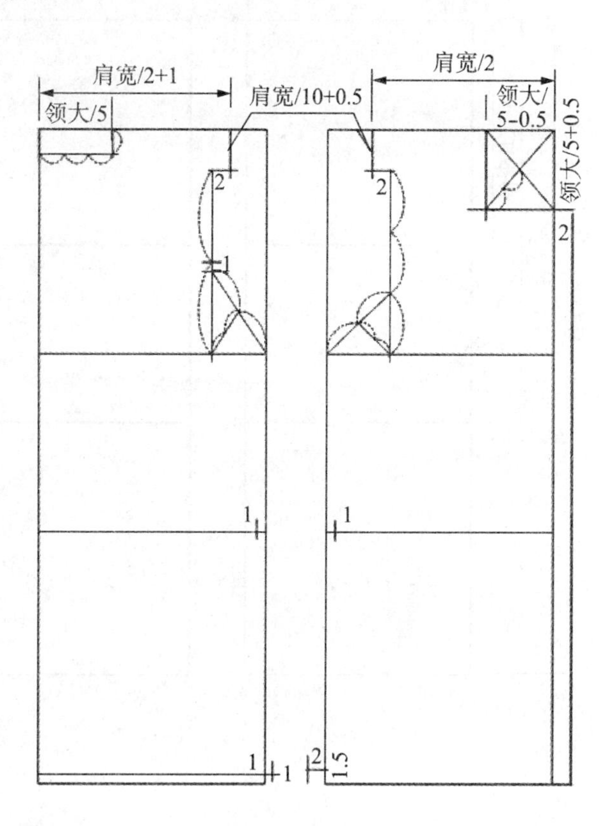

图 3－41

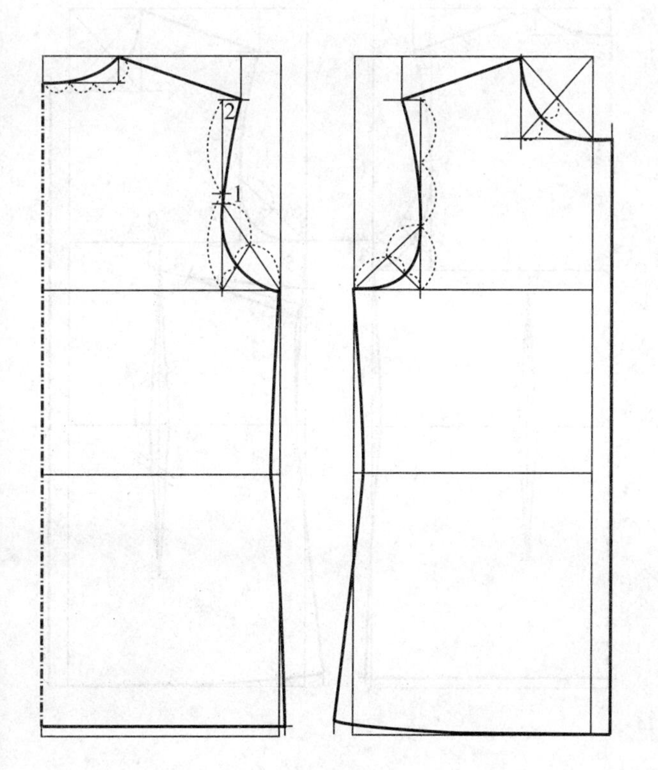

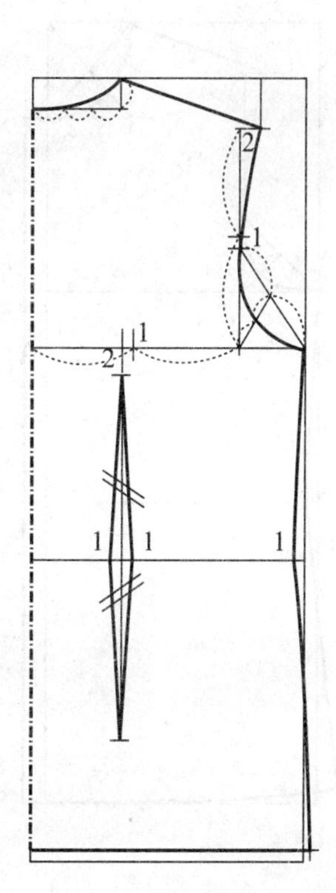

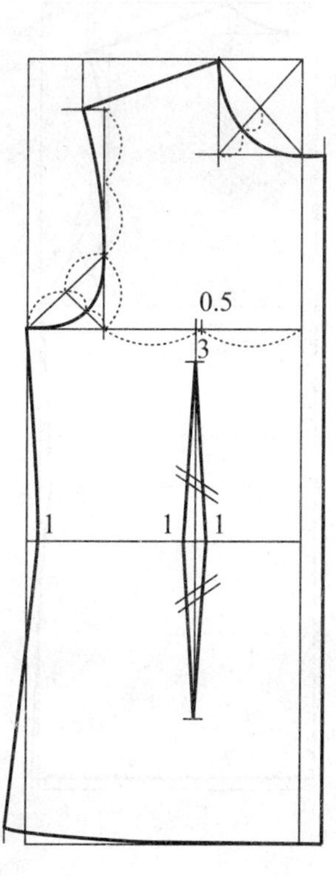

图 3－42

2. 有腋下省四开身衣片分割如图 3－43、图 3－44 所示。

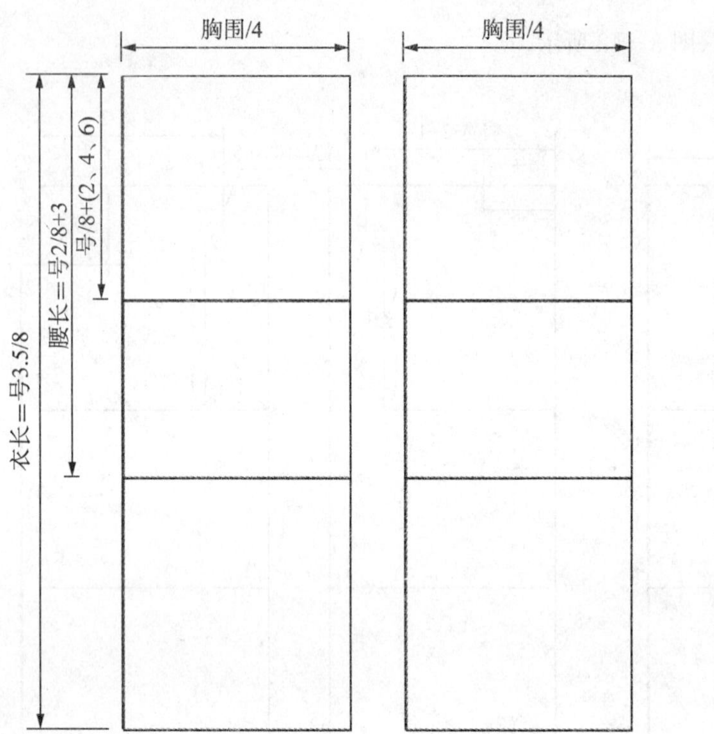

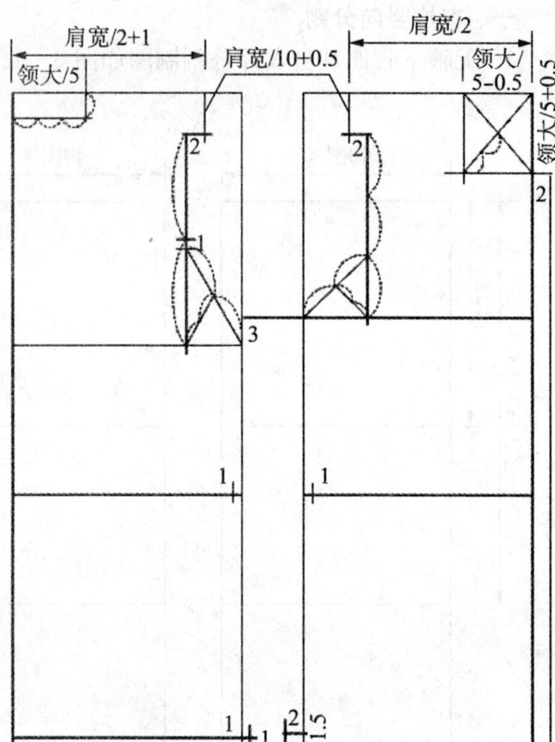

图 3－43

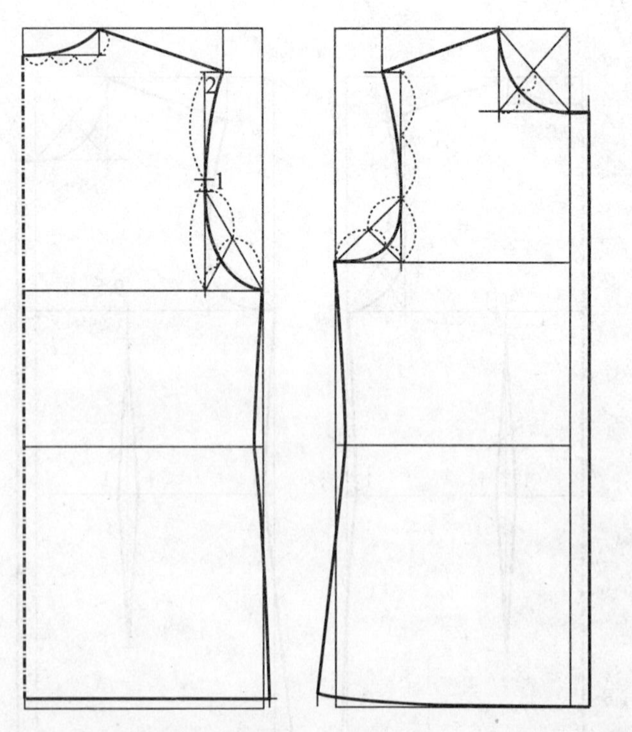

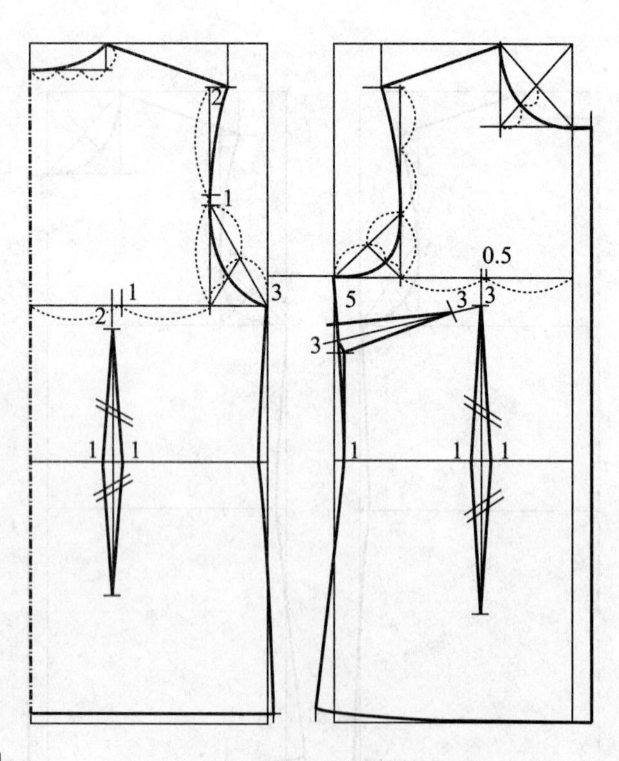

图 3－44

3. 公主线衣片分割如图 3－45 所示。

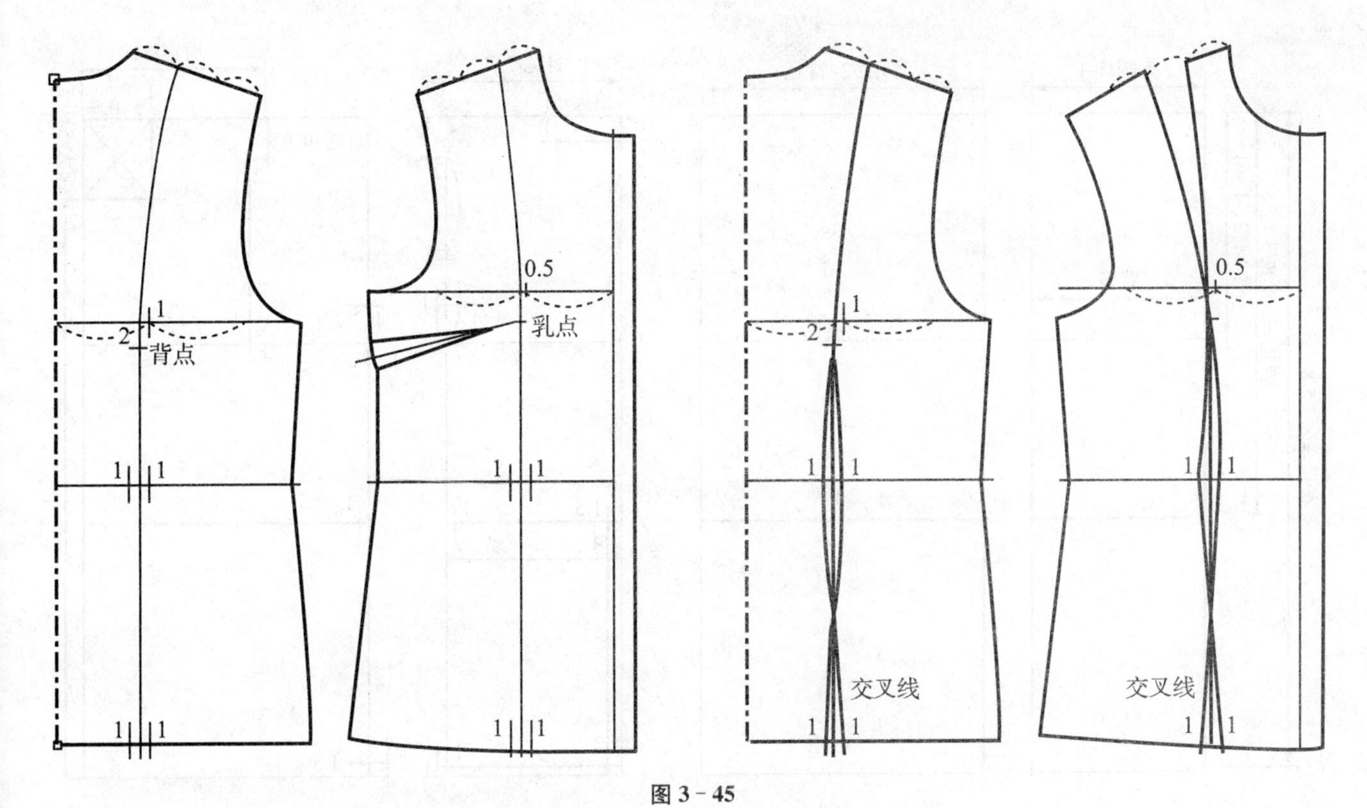

图 3－45

4. 刀背衣片分割如图 3－46 所示。

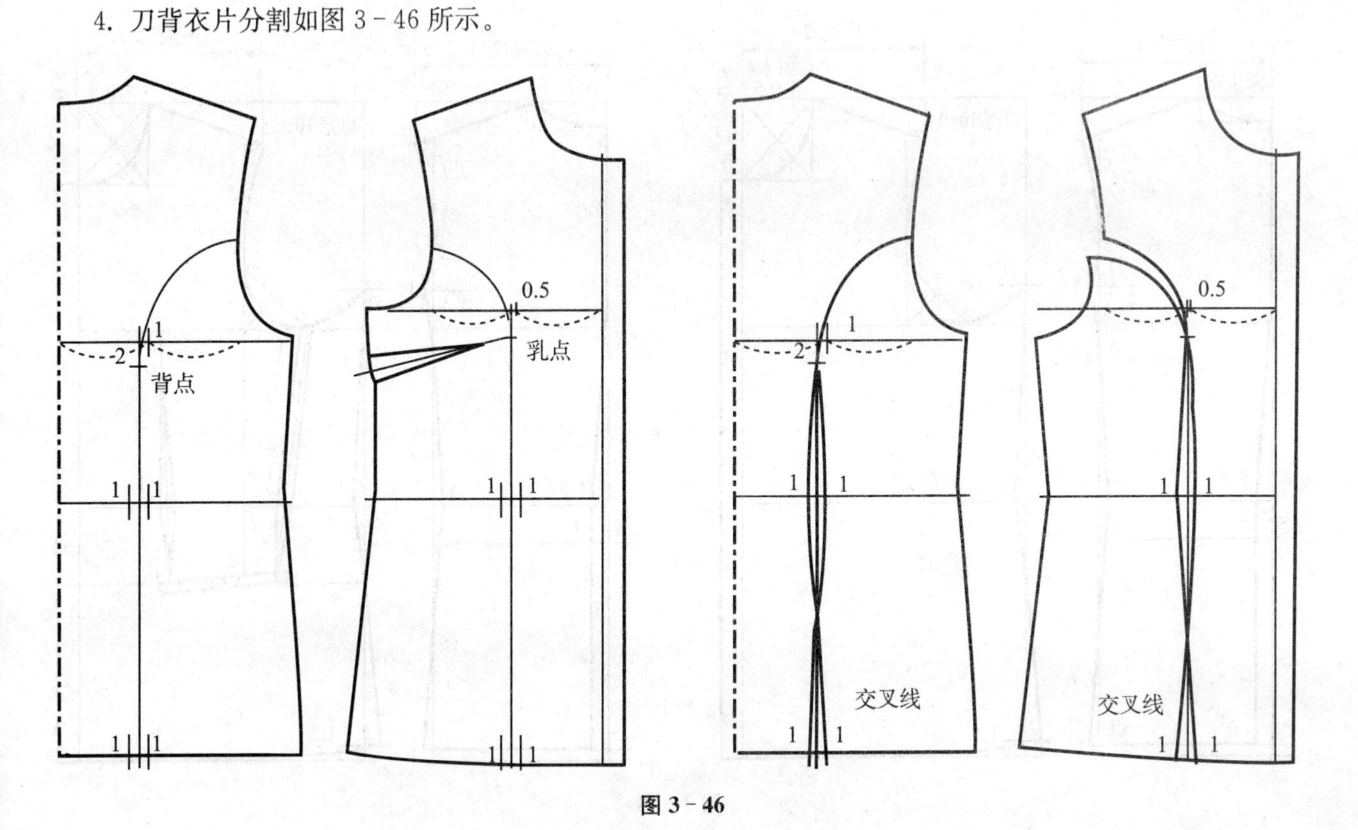

图 3－46

5. 三开身衣片分割如图 3－47、图 3－48 所示。

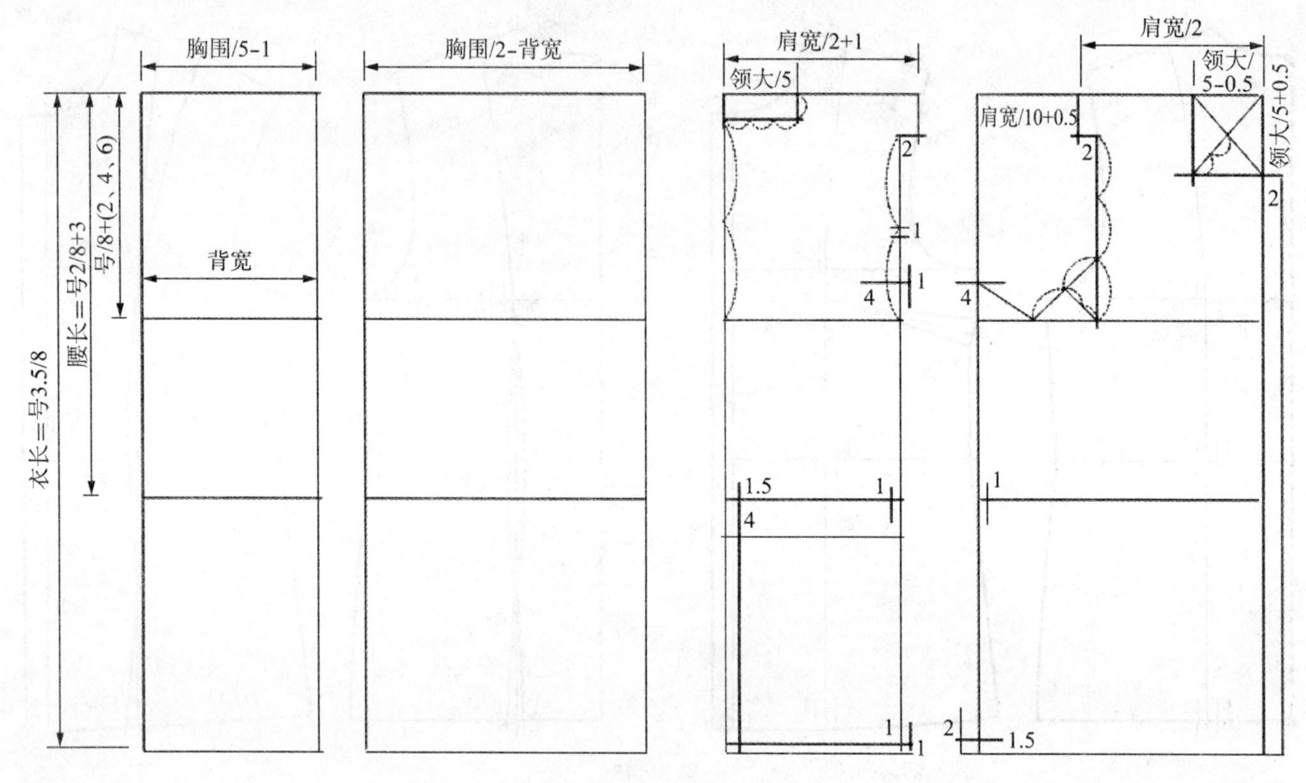

图 3－47

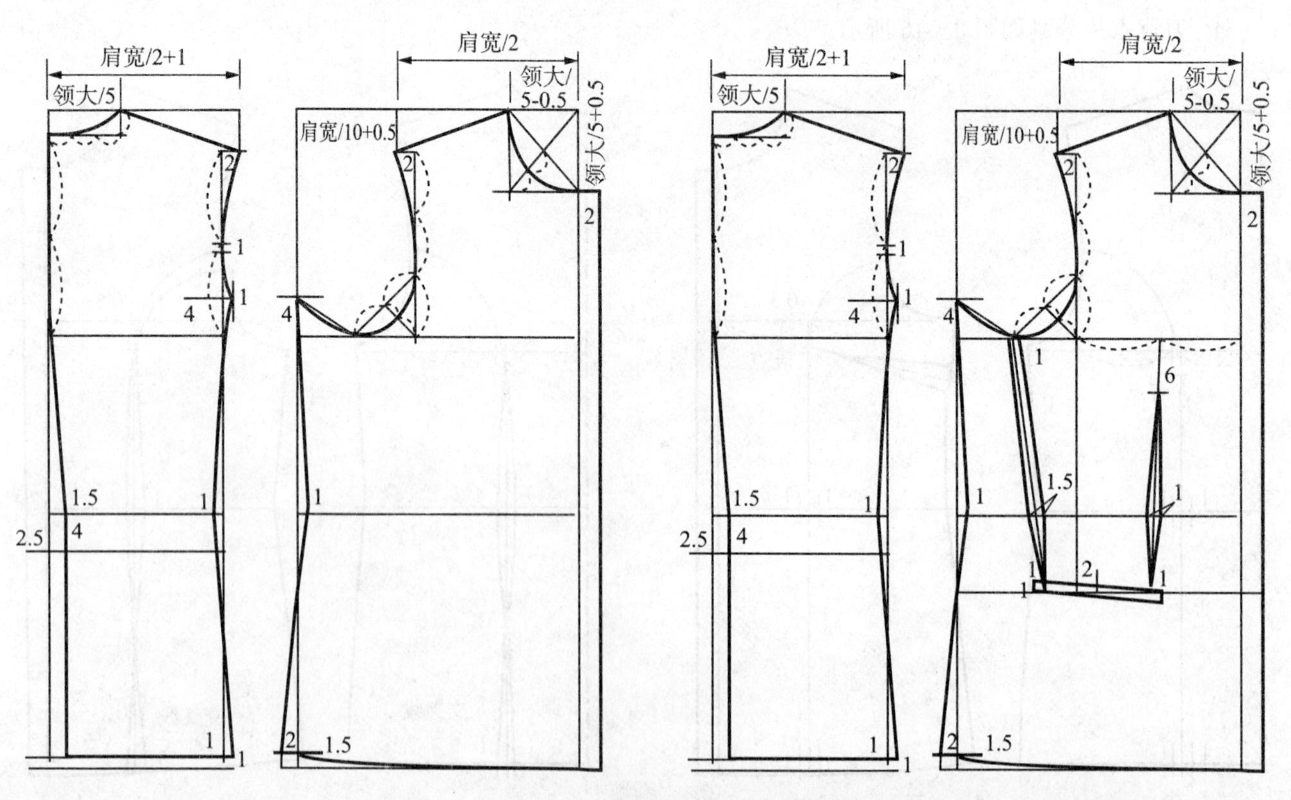

图 3－48

二、衣片横向分割

衣片的过肩分割如图3-49、图3-50所示，过肩分为一般过肩和前后过肩，一般过肩是剪切前片肩部的一部分，拼接到后片肩部，再把后片上部剪切，形成独立的过肩。前后过肩是前片肩部和后片上部分别剪切，各自独立形成前后过肩。这里只介绍一般过肩的绘图过程。

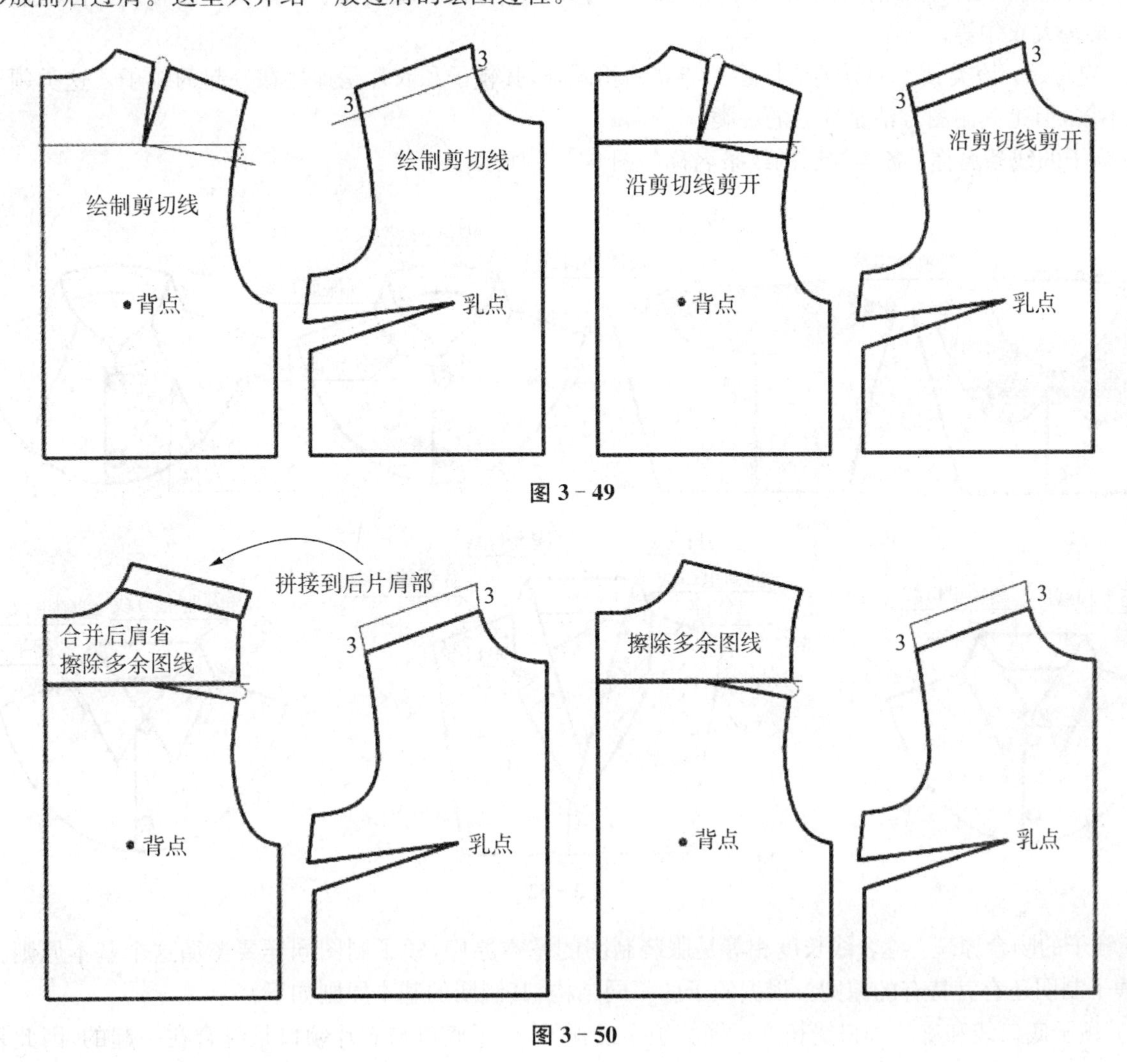

图3-49

图3-50

3.4 领子制图

一、领子的分类和吻合原理

1. 领子的结构分类：按照领子的基本结构，大体可以分为：(1) 领座式领子；(2) 翻领和领座分离式领子；(3) 翻领和领座一体式领子；(4) 无领座领子；(5) 衣片和领子一体式领子5种结构形式(图3-51)。

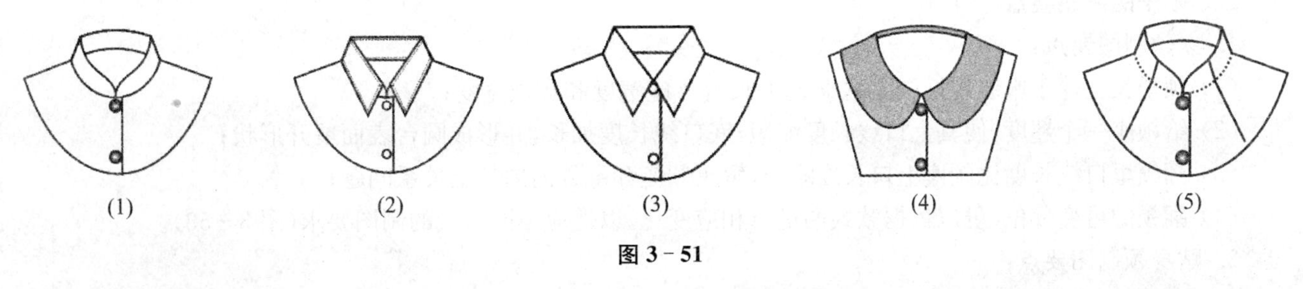

图3-51

2. 领子的制图分类：按照制图方法要点相同为原则进行领子分类的方法，称为“领子的制图分类”。以人体颈部前后领座的实际状态为分类的原则依据，所有领子按照制图分类方法，都可以归结为以下四类：

一、立领：人体颈部前后都有领座的领子，将其归结为立领类领子。如中式立领、中山装领子、青年装领

子、军装领子、男式衬衫领子等；

二、驳领：人体颈部后面有领座，前面没有领座的领子，将其归结为驳领类领子。如西装领、围巾领、青果领、大衣领、女式衬衫领、短袖衬衫领等；

三、贴身领：人体颈部前后都没有领座的领子，将其归结为贴身领类领子。如海军衫领子、娃娃领、衣片连帽领子、某些大衣领等；

四、连身领：该类领子的分类依据除了与立领相同外，其领子和衣片是连接在一起的领子。这类领子的款式变化不多，但是其制图方法是独立的一类。

3. 领子的线条名称：各类领子的线条名称如图 3-52 所示。

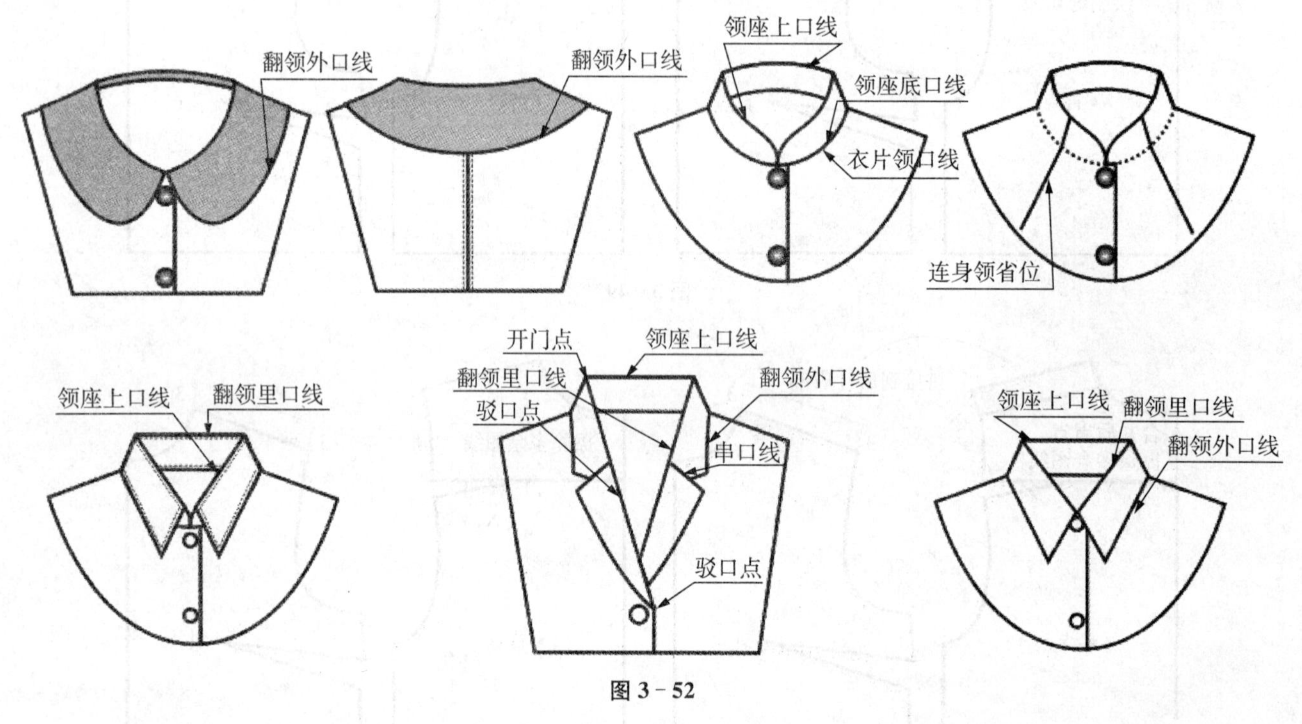

图 3-52

4. 领子的吻合原理：缝合线长度相等是服装制图的基本原则，领子制图同样要遵循这个基本原则。除此之外，领子制图还有其特有的原则。根据领子的不同结构，其制图的基本原则如下：

(1) 领子底口线和衣片领口线长度相等。领座式领子，领子底口与衣片领口是缝合在一起的，因此领子的底口线和衣片的领口线原则上要长度相等或相吻合，领座上口线与人体颈部相关部位要吻合；

(2) 领座的上口线与翻领的里口线长度相等。领座与翻领分离式领子，除了领座的底口线和衣片的领口线长度相等或吻合外，领座的上口线与翻领的里口线也必须相等或吻合；

(3) 领子外口线和衣片相关部位的长度相等。领座与翻领一体式领子，除了领子的底口线和衣片的领口线长度相等或吻合外，翻领的外口线与衣片的相关部位也必须相等或吻合。

二、领子的制图要点

1. 立领制图要点：

(1) 领子长度等于服装规格领大的 1/2，并设置领座宽度和翻领宽度；

(2) 给领座一个翘度，使其上口线长度缩短，底口线长度加长，并形成圆台表面展开形状；

(3) 翻领里口线长度比领座上口长度略长，解决领座和翻领的内外层关系问题；

(4) 翻领的可变部位，可以依据款式图进行相应变化，以适应不同款式的制图要求(图 3-53)。

2. 贴身领制图要点：

(1) 放置衣片时，将前后衣片的肩颈点对齐，前后肩线交叉 1.5 cm 左右。肩线交叉是为了使领子外口线缩短，当着装后肩线恢复正常，领子外口线会向着领口方向移动，能够使领子底口有一个小小的突起(或小领座)，交叉量视需要凸起的程度确定。

(2) 绘制领子图形时，按照款式图，依据“比例确定法”，确定领子的宽度，绘制领子的形状(图 3-54 所示)。

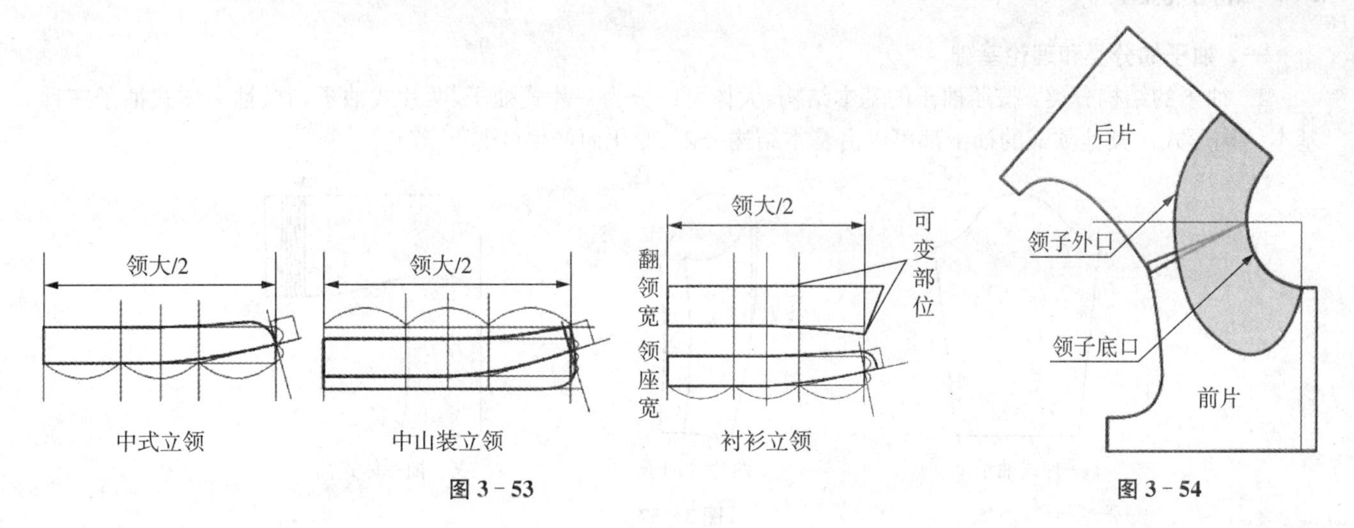

图 3-53

图 3-54

3. 驳领制图要点：

(1) 确定开门点、驳口点、绘制驳口线。开门点的位置在肩线延长线上，距离肩颈点是领座宽度的 2/3。驳口点的位置在衣片门襟线上，与第一粒扣子中心线的交点。开门点与驳口点的连线即是驳口线；

(2) 绘制翘度线。翘度线是将开门点以上的驳口线向左侧倾斜而产生的，这个倾斜角度即是驳领的翘度。翘度设置方法是：在原驳口线开门点以上，后领口曲线长度的位置(一般是后横开领长度加上 0.5 cm)，垂直向左测量翻领宽度的 1/2。设置翘度的目的是为了加大翻领外口的长度，使翻领外口线与相关衣片部位相吻合；

(3) 以翘度线为准，在左侧绘制驳领领座，其宽度为预设宽度，长度为后领口曲线长度。在右侧绘制驳领翻领，其宽度为预设宽度，长度为后领口曲线长度；

(4) 按照款式图的要求，在款式图上，以“比例确定法”确定串口线的位置和角度，绘制驳头形状，绘制驳领的可变部位。串口线的角度和位置、驳头和领座的可变部位，可以按照款式图进行相应变化(图 3-55)。

4. 连身领制图

(1) 处理省位。按照省位转化方法，分别合并腋下省和后肩省，打开前后片的领口省；

(2) 绘制领子。按照款式图和领子宽度数据，参照图示，分别绘制 4 段领子上口线；

(3) 连接相关线条。以前后领口省的 4 个开口位置点为准，分别向着领子上口线作垂直线，即形成了连身领裁剪图。领子的领嘴造型可以按照款式图修整(图 3-56)。

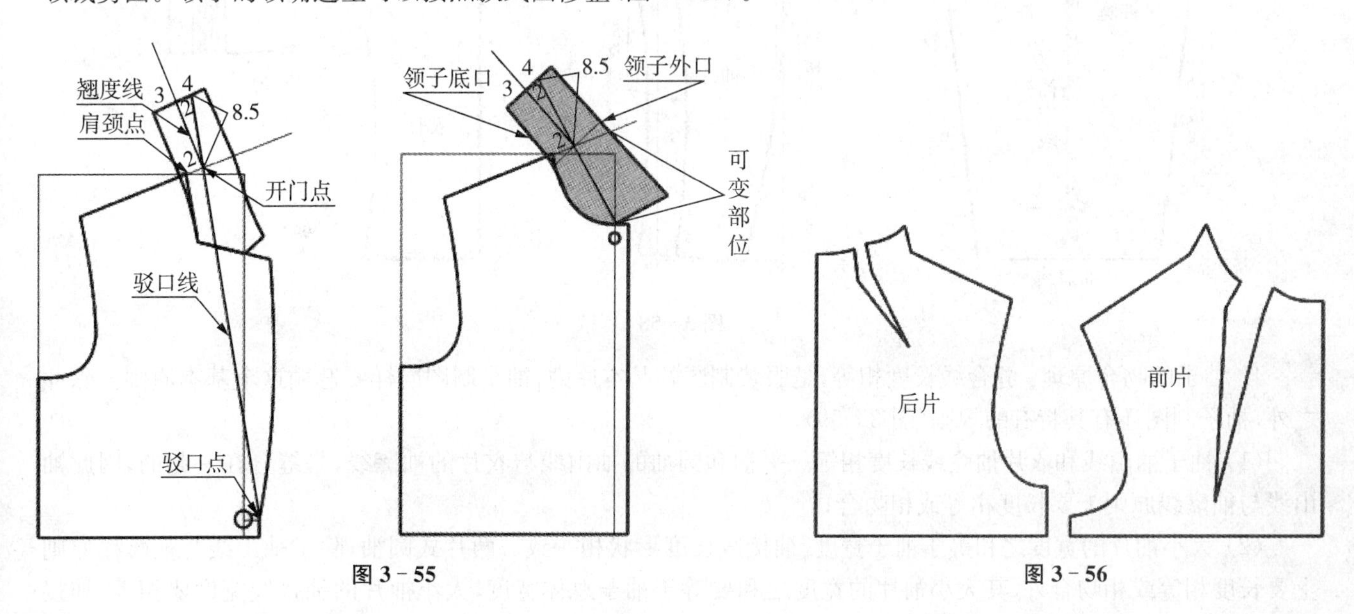

图 3-55

图 3-56

3.5 袖子制图

一、袖子的分类和理论基础

1. 袖子的结构分类：按照袖子的基本结构，大体可以分为一片式袖子，两片式袖子，衣、袖一体式袖子三种基本结构形式。其他款式的袖子都可以由基本结构分割、变化而产生(图 3－57)。

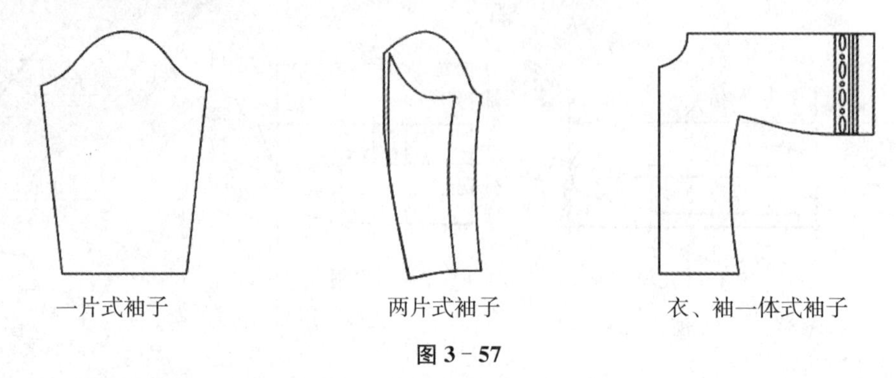

图 3－57

2. 袖子的制图分类：按照制图要点相同为同类，进行袖子分类的方法，称为“袖子的制图分类”。根据袖片的结构形式，所有袖子按照制图分类方法，都可以归结为平袖、圆袖、插肩袖和连身袖等 4 类。

(1) 平袖：袖片为一个整片或可以拼接为一个整片，袖接线和袖中线为直线的袖子，归结为平袖。如衬衫长袖、衬衫短袖、泡泡袖、喇叭袖、灯笼袖等；

(2) 圆袖：袖片为两片或多片，袖接线与人体手臂弯度相吻合的袖子，将其归结为圆袖类袖子。如西装袖、大衣袖、中山装袖子、青年装袖子、军装袖子等；

(3) 插肩袖：袖片为一片、两片或多片，部分衣片与袖片连接在一起的袖子，将其归结为插肩类袖子。如茄克插肩袖、大衣插肩袖等；

(4) 连身袖：袖片和衣片连接在一起的袖子，称为连身袖。如传统的中式褂子、长袍等。这类袖子的款式变化不多，但是其制图方法是独立的一类。

3. 袖子的线条名称：袖子的线条名称如图 3－58 所示。

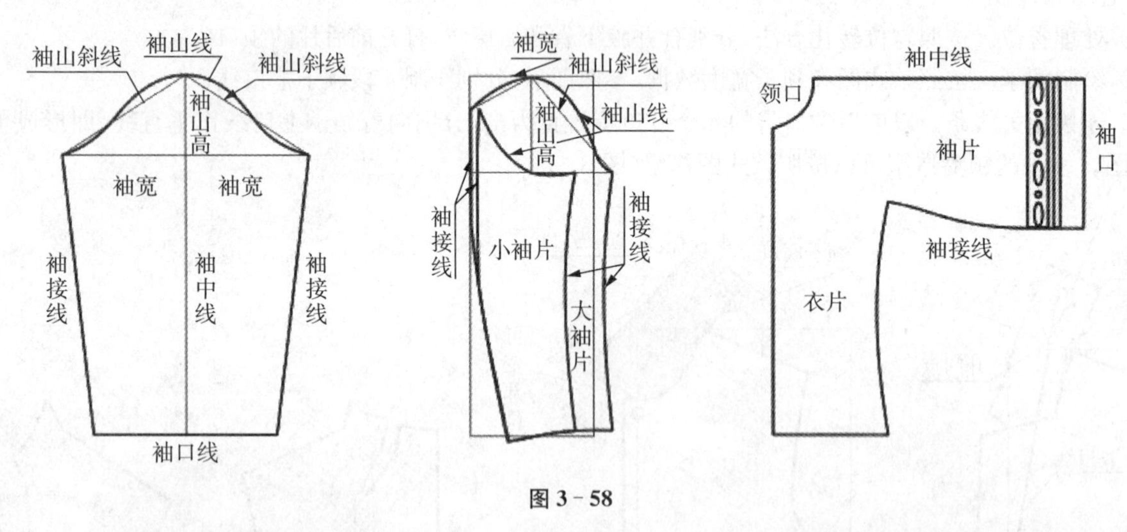

图 3－58

4. 袖子的吻合原理：缝合线长度相等，是服装制图的基本原则，袖子制图同样要遵循这个基本原则。除此之外，袖子制图还有其特有的规则(图 3－59)。

(1) 袖子袖山线和衣片袖窿线长度相等。平袖和圆袖的袖山线与衣片的袖窿线，是缝合在一起的，因此袖山线与袖窿线原则上要长度相等或相吻合；

(2) 大小袖片的宽度之和等于袖子宽度、袖接线长度形状相一致。两片式圆袖，除了袖山线与袖窿线原则上要长度相等或相吻合外，其大小袖片的宽度之和要等于袖子总体宽度，大小袖片的袖接线宽度要相等，袖接线的形状，要与人体手臂弯度相吻合；

(3) 袖子插肩线要通过前袖点，并在胸高点以上和右侧。插肩袖的插肩线，要通过衣片的前袖点，并且一般不要低于胸高点，并设置在胸高点右侧；

(4) 连身袖的袖子角度要小于10°。连身袖袖中线与上平线的角度，一般在0°～10°之间；

(5) 袖子的参考角度一般为：连身袖0°～10°、茄克袖20°、男衬衣30°、女衬衣40°、西装大衣风衣等45°、翘肩西服50°、女衬衣短袖60°(采用不多)。

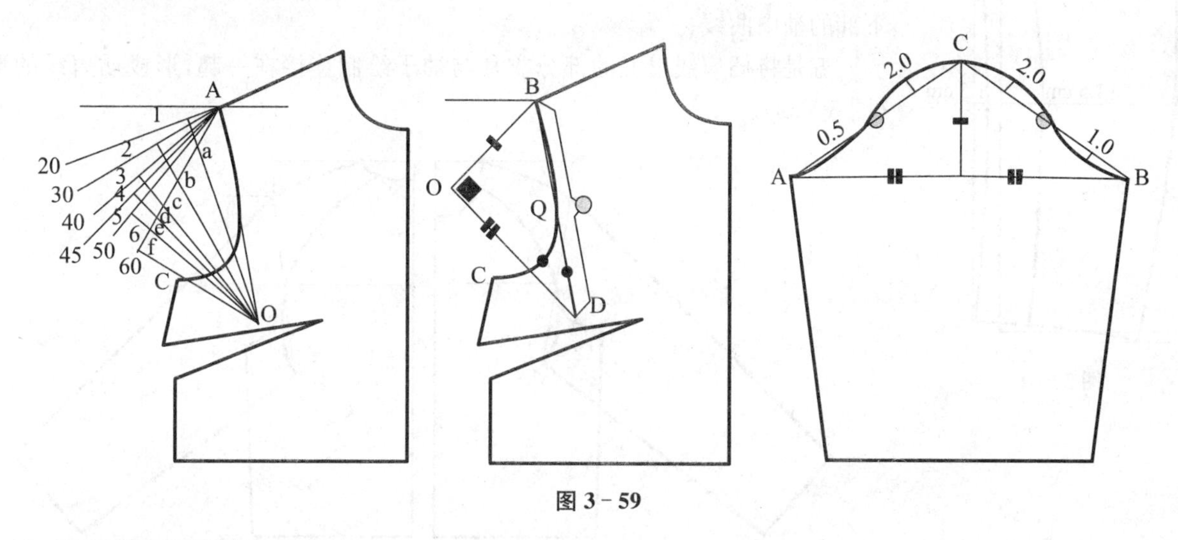

图3-59

二、袖子的制图要点

1. 平袖制图要点

(1) 以袖子长度和袖子宽度为依据。确定并绘制直线框图、袖中线等辅助线；

(2) 以袖子的角度和袖窿曲线长度为依据，确定袖山高度、袖子宽度，绘制袖山高度线和袖山斜线；

(3) 以袖子宽度的3/4为依据，确定并绘制袖口；

(4) 以袖山斜线为依据，在1/2和1/3左右处，确定袖山线的转折点，并绘制袖山曲线；

(5) 其他款式如：泡泡袖是在此基础上，抬高、修改袖山线，缝制时将袖山与袖窿的差数折叠。喇叭袖是在此基础上，在袖肘线以下，加大袖口宽度即可。灯笼袖是在喇叭袖基础上，将袖口抽褶，配以袖口即可(图3-60)。

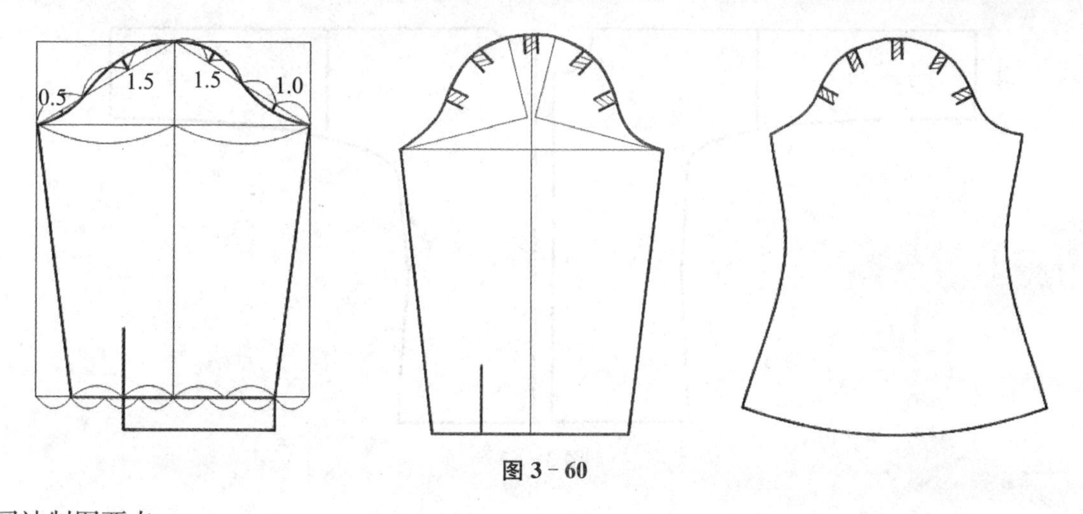

图3-60

2. 圆袖制图要点

(1) 以袖子长度和袖子宽度为依据，确定并绘制直线框图、袖中线、大小袖片的偏袖线等辅助线；

(2) 以袖子的角度和袖窿曲线长度为依据，确定并绘制袖山高度线；

(3) 确定相关等分点，绘制袖山斜线，在袖长的1/2+4处绘制袖肘线，绘制袖口辅助线；

(4) 绘制圆袖直线框图，并将其相关部位进行弯曲，形成美观的大小袖片(图3-61)。

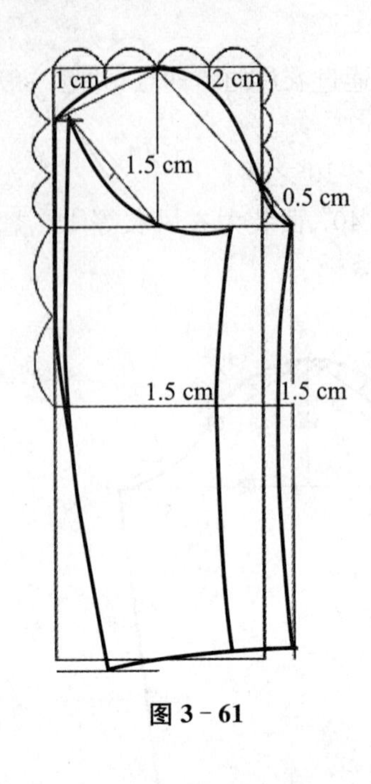

图 3 - 61

3. 插肩袖制图要点

一是将已经绘制完成的前后衣片复制到绘图纸上；

二是通过肩端点和前袖点绘制袖山斜线，袖山斜线的长度等于袖笼的曲线长度；

三是确定袖子角度，以袖子长度为准，绘制袖中线、袖口线和袖接线；

四是从前袖点开始，向着前领口绘制插肩线，并将插肩线弯曲。绘制前袖点下部的袖山曲线；

五是将插肩线以上的部分衣片与袖子绘制连接在一起，形成插肩线的形状（图 3 - 62）。

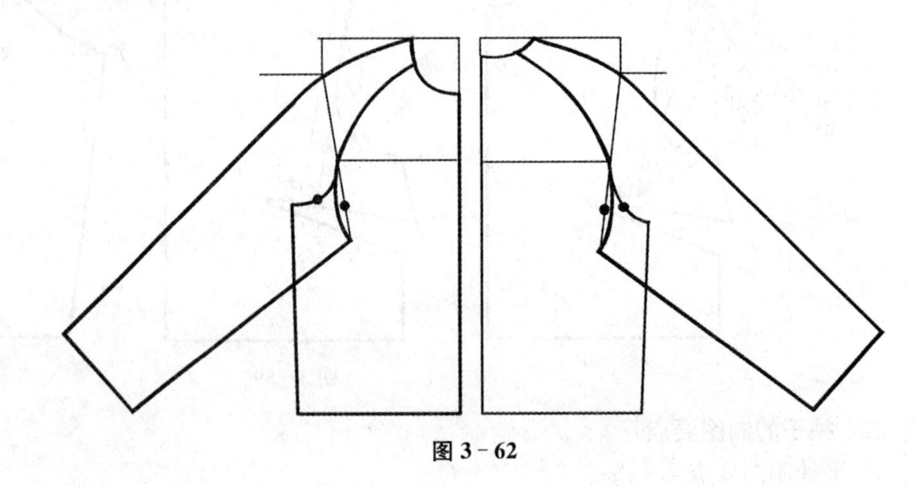

图 3 - 62

4. 连身袖制图要点

(1) 修改肩线斜度，在正常衣片基础上，使肩斜度处于 0°～10°之间；

(2) 修改前后开领的大小，使横开领各缩小 1 cm 左右，使前片竖开领加大 1 cm 左右；

(3) 以袖子长度、肩宽和袖口宽度为准，绘制袖中线、袖口线；

(4) 绘制袖接线，由于袖子和衣片连在一起，对面料的使用造成浪费，一般在袖子适当部位断开，形成两段式（图 3 - 63）。

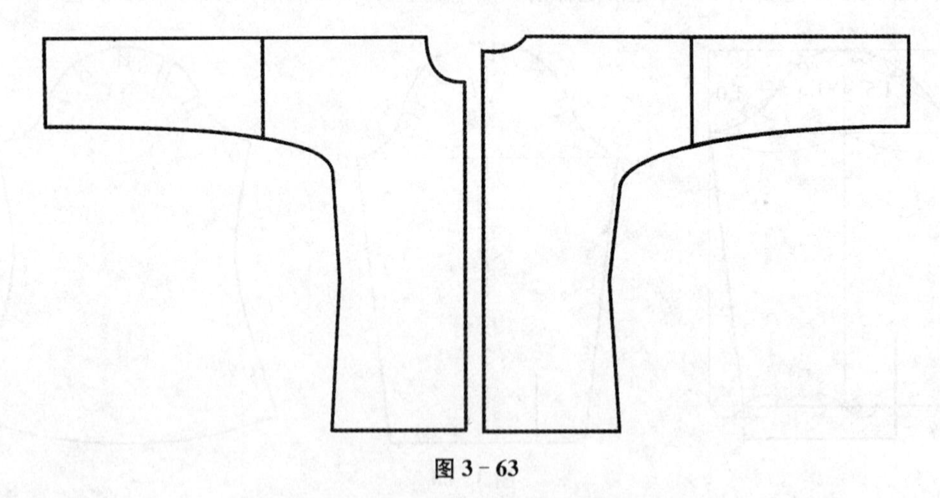

图 3 - 63

第4章　数字化短裙制图

4.1　短裙概述

一、短裙的结构

短裙是下装的一种，其结构形式一般为裙腰与裙身缝合在一起，形成一件完整的下装。有的短裙的裙腰与裙身连在一起，叫做连腰裙。裙身可以是一片式、两片式或多片式，对于每个裙片还可以进行直线分割、曲线分割，形成多次分割的结构，从而创造无限的款式变化，丰富裙装设计。

二、短裙的分类

根据制图方法的不同，短裙可以分为圆形裙、西式裙和多片裙三类。圆形裙可以分为半圆裙和全圆裙两种，根据裙腰数据和裙长数据，按照圆周率公式，分别确定裙腰半径和裙摆半径，然后分别绘制裙腰曲线和裙摆曲线，连接接缝线，形成完整的半圆图形和全圆图形，然后还可以对图形进行多次分割。西式裙是根据裙腰数据、臀围数据和裙长数据，分别绘制裙前片、裙后片和裙腰图形，也可以对裙片进行多次分割。多片裙是根据裙腰数据、臀围数据、裙长数据和预定片数，绘制一个裙片图形和裙腰图形，裁剪时同时裁剪预定的片数。

三、短裙的长度比例

短裙的长度是参照黄金分割律，根据人体比例和审美要求而确定的，常用的短裙长度比例如图4－1所示。

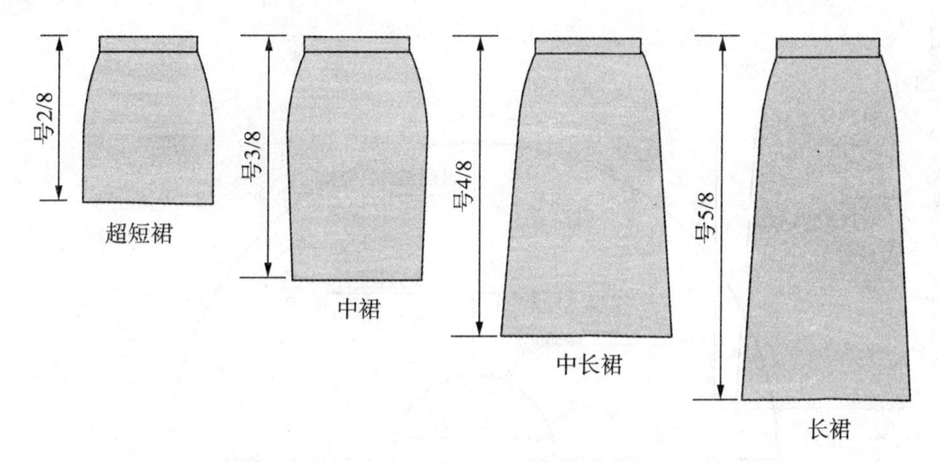

图4－1

四、短裙的数据分析

短裙制图需要的数据包括号型数据、规格数据和制图数据三种。

1. 号型数据：包括号（人体身高）、型（人体净腰围），可以通过查询相关号型标准获得。
2. 规格数据：包括腰围、臀围、裙长等，可以通过相应的计算公式计算或查询相关标准获得。
3. 制图数据：包括制图需要的所有定点、定位数据，可以通过制图公式计算获得。

表4－1　常用女裙规格计算公式　　单位：cm

品种/部位	裤（裙）长	腰围（W）	臀围
女长裤	3/5号＋6～8	型＋2～4	4/5W＋42～46

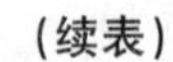
(续表)

品种/部位	裤(裙)长	腰围(W)	臀围
裙 裤	2/5号−2～6	型+0～2	4/5W+40～44
裙 子	2/5号+0～10	型+0～2	4/5W+40～44

4.2 半圆裙数字化制图

一、款式分析

半圆裙款式如图 4－2 所示，其结构特点是一条裙腰与一个半圆形裙片缝合，可以将半圆形裙片分割为两片、四片或多片，每个裙片还可以横向断开，形成多节裙，只要拼合后是一个半圆即可。一般在后中线上部或侧缝线上部开口、安装拉链、订装扣子。其长度可以确定为中裙或中长裙，关键数据是腰围和裙长。

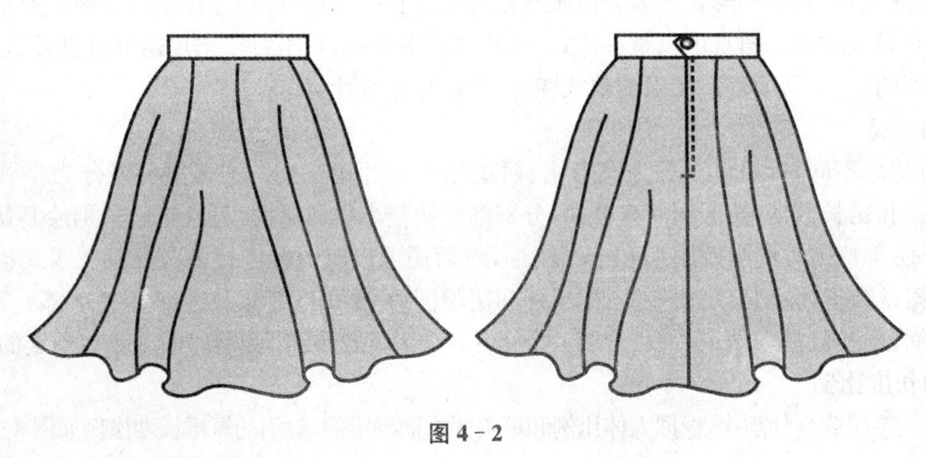

图 4－2

二、裁剪图

如图 4－3 所示。

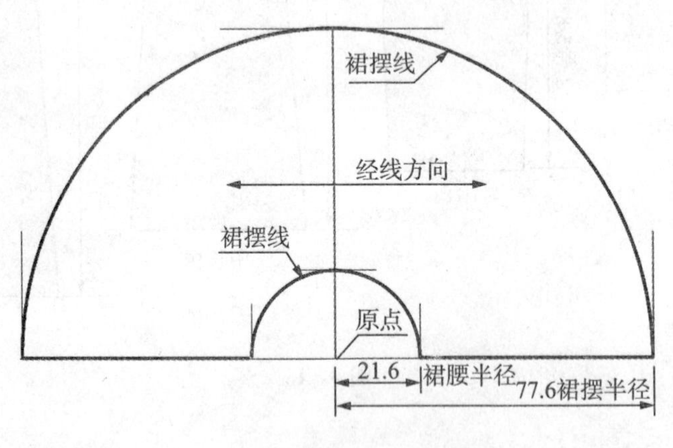

图 4－3

三、号型、公式和数据(号型：160/66)

1. 规格公式和数据

表 4－2

单位：cm

项目	腰围	臀围	裙长	腰宽
计算公式	型+2	腰围 4/5+40～44	2/5 号	3～4
规格数据	68	98	64	4

2. 制图公式和数据

表 4-3　　单位：cm

项目	公式	数据	裙腰公式	裙腰数据
裙片长	裙长一腰宽	60		
腰围半径	腰围/π	21.6		
下摆半径	腰围半径+裙长一腰宽	81.6		
腰长			腰围+搭门	71
腰宽			3～4	4
搭门宽			3～4	3

四、图纸的设置

图纸的设置包括：图纸规格的设置、图纸方向的设置、绘图单位的设置、绘图比例的设置等4项设置。根据绘图的要求，我们设置为：A4图纸、竖向摆放、绘图单位为cm、绘图比例为1∶5。

1. 打开程序和图纸：鼠标双击计算机桌面的CorelDRAW X3快捷图标，打开CorelDRAW X3应用程序(图4-4)。

单击新建图标，打开一张新的图纸(图4-5)。

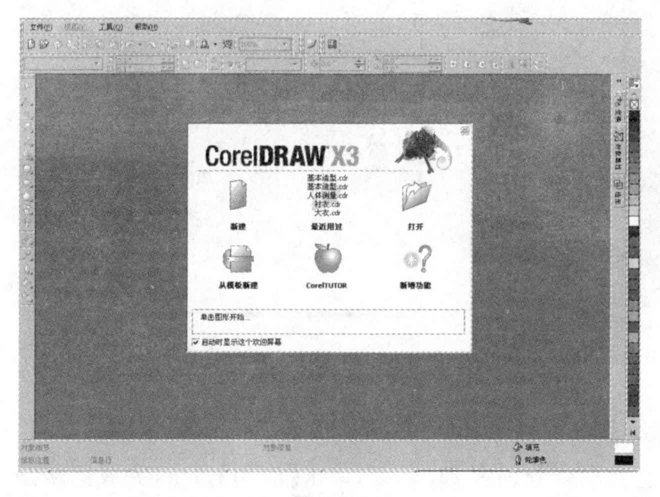

图 4-4

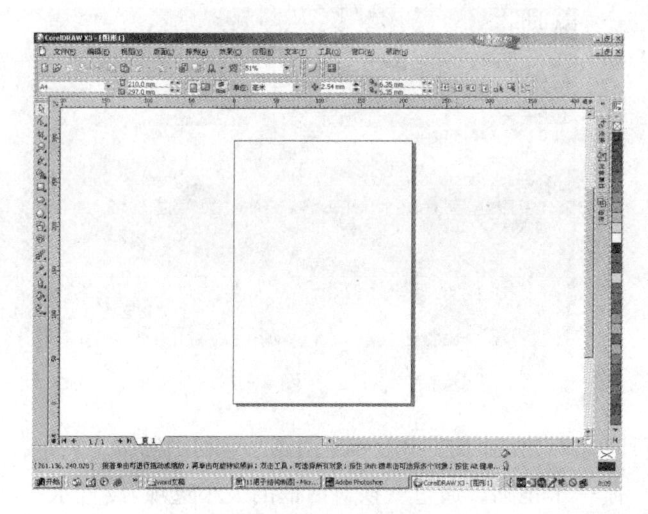

图 4-5

2. 设置图纸规格：单击图纸规格设置下拉菜单的下箭头，在下拉菜单中单击A4，将图纸规格设置为A4。

3. 设置图纸方向：单击交互式属性栏的横向图纸图标，将图纸设置为竖向摆放(图4-5)。

4. 设置绘图单位：单击交互式属性栏的绘图单位下拉菜单，选择厘米，将绘图单位设置为厘米。

5. 设置绘图比例：鼠标双击标尺(横向或纵向均可)，打开选项对话框(图4-6)。

单击编辑刻度按钮，打开绘图比例对话框(图4-7)，将实际距离改为1.0，单击确定，返回选项对话框，再单击确定，将绘图比例设置为1∶5。

注：上述五个步骤，是图纸设置的基本步骤，所有服装制板均涉及这些步骤，以后不再重复。

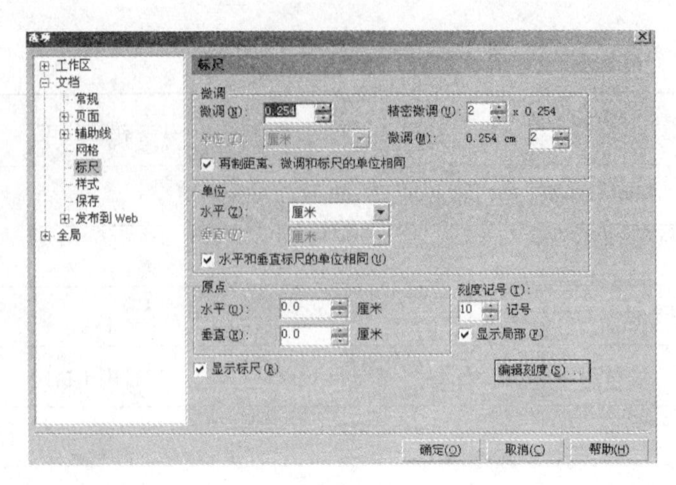

图 4－6

五、半圆裙的制图方法

1. 原点和辅助线的设置：CorelDRAW 默认的原点是在图纸的左下角，根据绘图的需要，通常需要将其重新设置，这里将其设置在图纸中部。鼠标按在原点设置图标上，拖动鼠标，将其放置在图纸中部适当的位置。通过辅助线设置对话框或鼠标直接按在标尺上，拖出横竖两条辅助线，将其分别放置在原点的位置(图 4－8)。

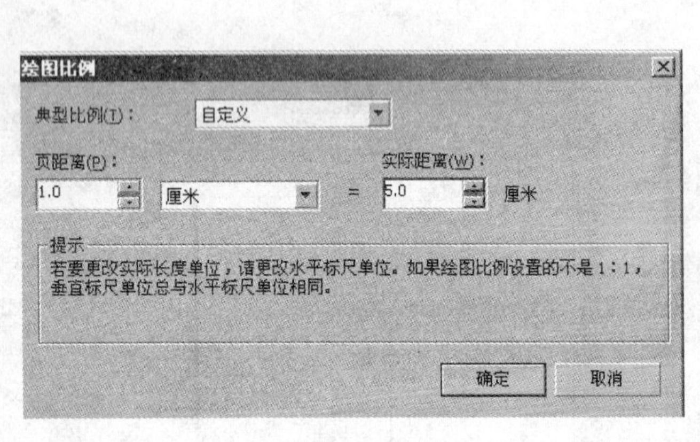

图 4－7

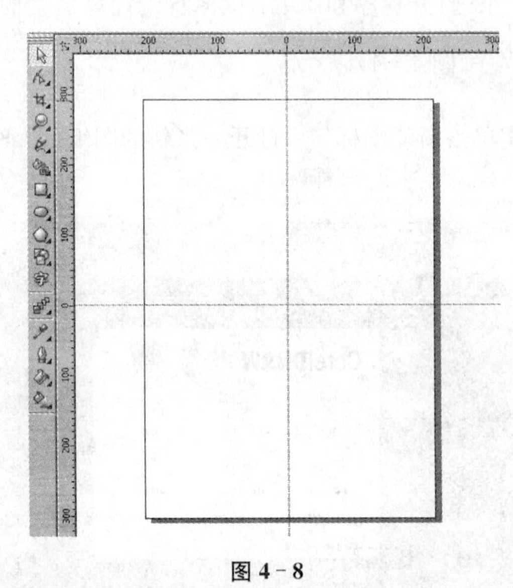

图 4－8

2. 绘制裙腰圆形和下摆圆形：利用椭圆工具，光标按在原点上，同时按住 ctrl 键、shift 键，拖动鼠标，绘制一个正圆。通过变换对话框的大小选项，设置水平和垂直数据分别为 21.6×2，单击【应用】命令，完成裙腰圆形的绘制。利用挑选工具，选中裙腰圆形，通过变换对话框的大小选项，设置水平和垂直数据分别为 81.6×2，单击【应用到再制】命令，完成下摆圆形的绘制(图 4－9)。

3. 裁切圆形：利用挑选工具，框选选中两个圆形。单击交互式属性栏的结合图标，将两个圆形结合为一个图形。利用手绘工具，沿着竖向中心辅助线，绘制一条直线裁切线(图 4－10)。

利用挑选工具，选中裁切线，通过造型对话框的修剪选项，进行适当的设置，单击【修剪】命令，这时圆形已经被剪切为左右两部分。单击交互式属性栏的拆分图标，将两部分分离，并删除右侧部分(图 4－11)。

4. 绘制裙腰：利用矩形工具，绘制一个矩形。通过变换对话框的大小选项，设置水平为 8 cm，垂直为 71 cm(图 11－12)。

5. 加粗轮廓、填充颜色和数据标注：利用挑选工具，分别选中裙片图形和裙腰图形，通过交互式属性栏的轮廓选项，设置图形轮廓为粗实线(根据效果需要，确定轮廓数据)。通过调色板为图形填充浅灰色。利用手绘工具、轮廓选项工具和文本工具，参照图示进行数据标注(图 4 - 13)。

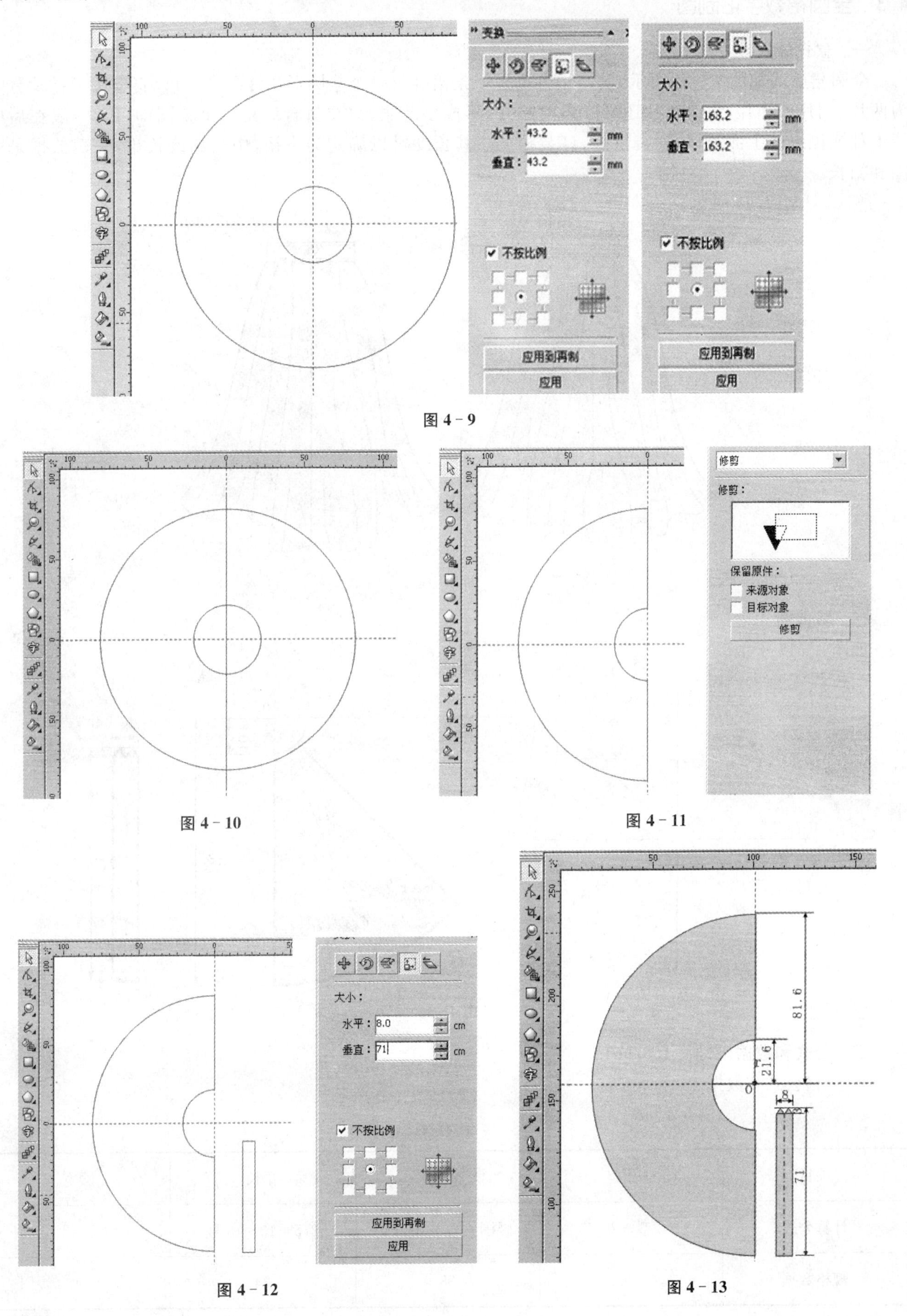

图 4 - 9

图 4 - 10

图 4 - 11

图 4 - 12

图 4 - 13

4.3 全圆裙数字化制图

一、款式分析

全圆裙款式如图 4－14 所示，其结构特点是一条裙腰与一个整圆形裙片缝合，可以将整圆形裙片分割为两片、四片或多片，每个裙片还可以横向断开，形成多节裙，只要拼合后是一个整圆即可。一般在后中线上部或侧缝线上部开口、安装拉链、订装扣子。其长度可以确定为中裙、中长裙或长裙，关键数据是腰围和裙长。

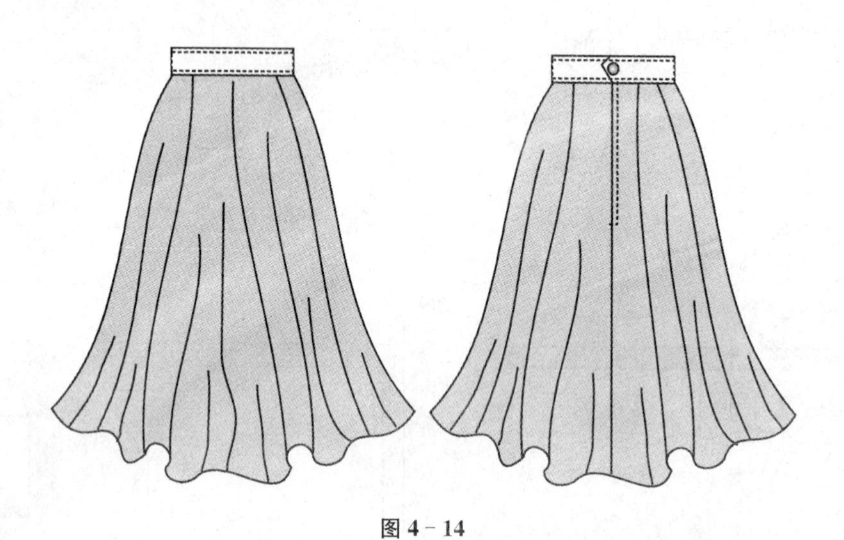

图 4－14

二、裁剪图

如图 4－15 所示。

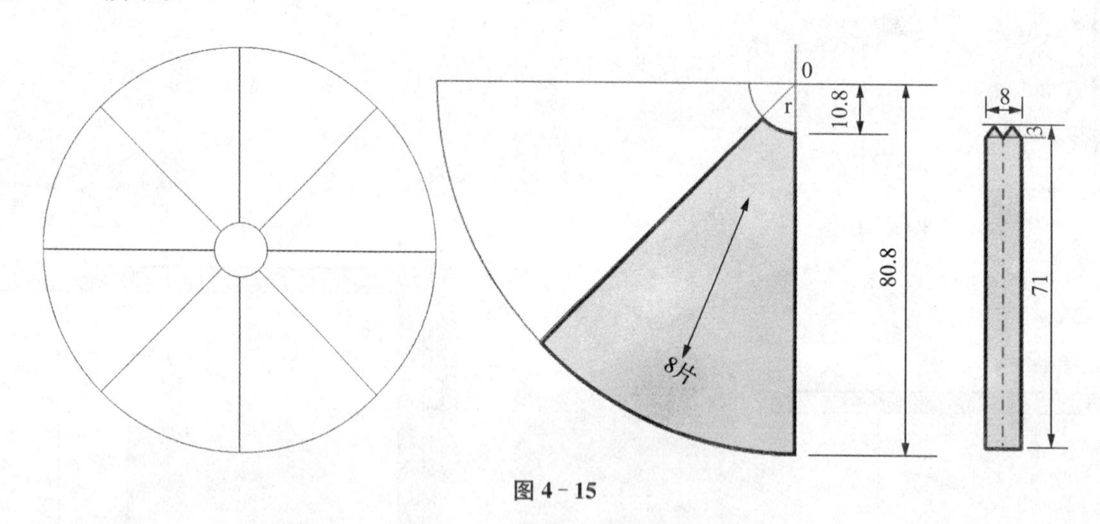

图 4－15

三、公式和数据(号型：160/66)

1. 规格公式和数据

表 4－4

单位：cm

项目	腰围	臀围	裙长	腰宽
计算公式	型＋2	腰围 4/5＋40～44	2/5＋10～15 号	3～4
规格数据	68	98	74	4

2. 制图公式和数据

表 4-5

单位：cm

项目	公式	数据	裙腰公式	裙腰数据
裙片长	裙长—腰宽	70		
腰围半径	腰围/2π	10.8		
下摆半径	腰围半径＋裙长—腰宽	70.8		
腰长			腰围＋搭门	71
腰宽			3～4	4
搭门宽			3～4	3

四、图纸的设置

图纸的设置包括：图纸规格的设置、图纸方向的设置、绘图单位的设置、绘图比例的设置等 4 项设置。根据绘图的要求，我们设置为：A4 图纸、竖向摆放、绘图单位为 cm、绘图比例为 1∶10。

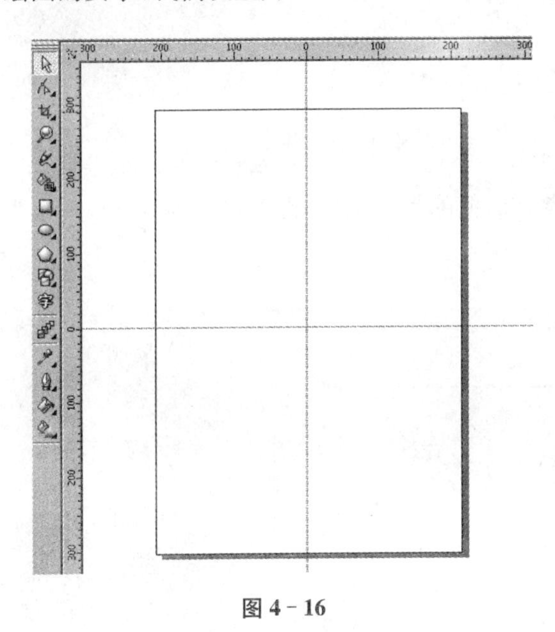

图 4-16

五、全圆裙的制图方法

1. 原点和辅助线的设置：CorelDRAW 默认的原点是在图纸的左下角，根据绘图的需要，我们通常需要将其重新设置，这里将其设置在图纸中部。鼠标按在原点设置图标上，拖动鼠标，将其放置在图纸中部适当的位置。通过辅助线设置对话框或鼠标直接按在标尺上，拖出横竖两条辅助线，将其分别放置在原点的位置(图 4-16)。

2. 绘制裙腰圆形和下摆圆形：利用椭圆工具，光标按在原点上，同时按住 ctrl 键、shift 键，拖动鼠标，绘制一个正圆。通过变换对话框的大小选项，设置水平和垂直数据均为 21.6，单击【应用】命令，完成裙腰圆形的绘制。利用挑选工具，选中裙腰圆形，通过变换对话框的大小选项，设置水平和垂直数据均为 161.6，单击【应用到再制】命令，完成下摆圆形的绘制(图 4-17)。

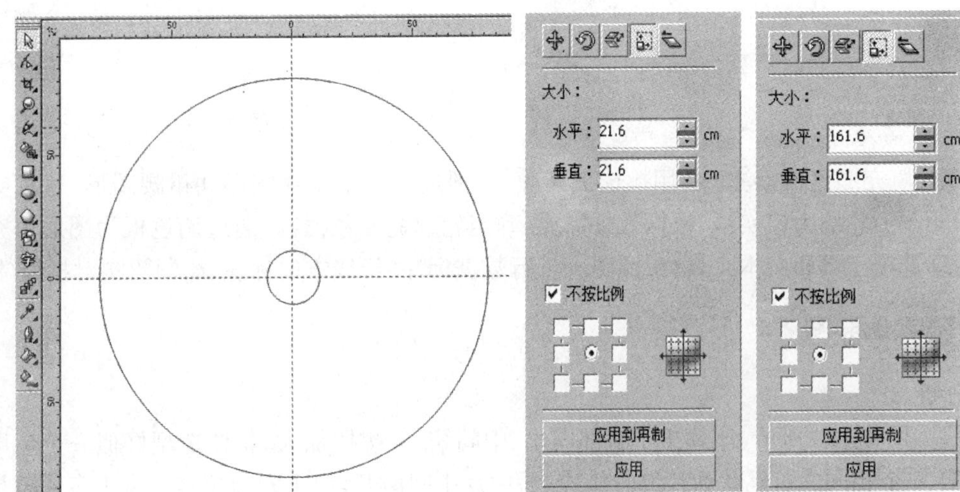

图 4-17

3. 裁切圆形：利用挑选工具，框选选中两个圆形。单击交互式属性栏的结合图标，将两个圆形结合为一个图形。利用手绘工具，沿着竖向中心辅助线，绘制一条直线裁切线。利用挑选工具，选中裁切线通过变换对话框的旋转选项，设置旋转角度为 45°，连续单击【应用到再制】命令 5 次，形成一组裁切线。（图 4－18）。利用挑选工具，选中所有裁切线，通过造型对话框的修剪选项，进行适当的设置，单击【修剪】命令，这时圆形已经被剪切为 8 个相同的部分（图 4－19）。单击交互式属性栏的拆分图标将其分离，并删除上部和右下部分，只保留左下部分图形（图 4－20）。

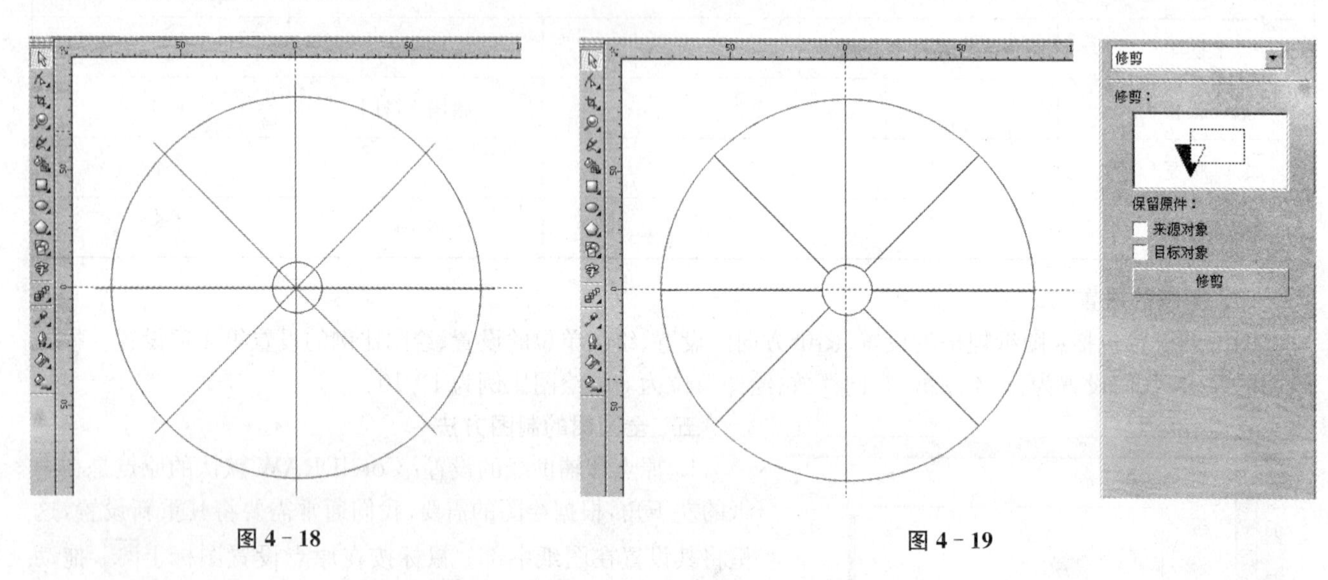

图 4－18　　　　图 4－19

4. 绘制裙腰：利用矩形工具，绘制一个矩形。通过变换对话框的大小选项，设置水平为 8 cm，垂直为 71 cm（图 4－21）。

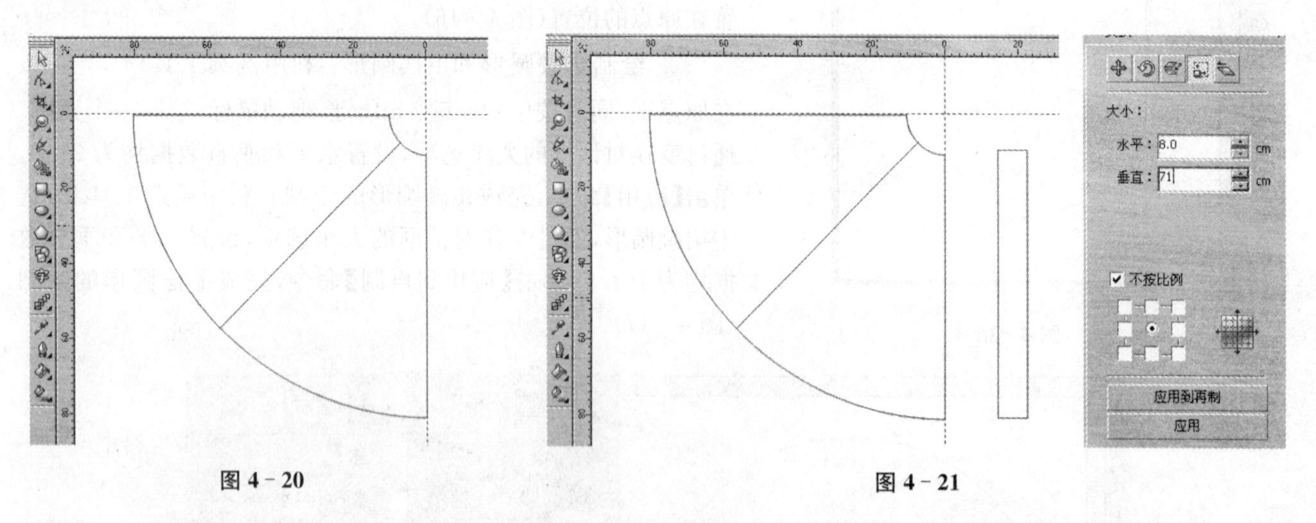

图 4－20　　　　图 4－21

5. 加粗轮廓、填充颜色和标注：利用挑选工具，分别选中一个裙片图形和裙腰图形，通过交互式属性栏的轮廓选项，设置图形轮廓为粗实线（根据效果需要，确定轮廓宽度数据）。通过调色板为图形填充浅灰色。利用手绘工具、轮廓选项工具和文本工具，参照图示进行数据标注、经线方向标注、绘制裙腰对折线（图 4－22）。

4.4　六片裙数字化制图

一、款式分析

六片裙款式如图 4－23 所示，该款裙子臀部突出、中间缩小、裙摆加大，整体造型好似一个鱼尾形状。其结构是由一个裙腰、6 个相同的鱼尾状前片缝合构成，后中片中间破开，便于安装拉链。由于多片裙是由多个相同的片构成，制图时，只要绘制一个前片即可。

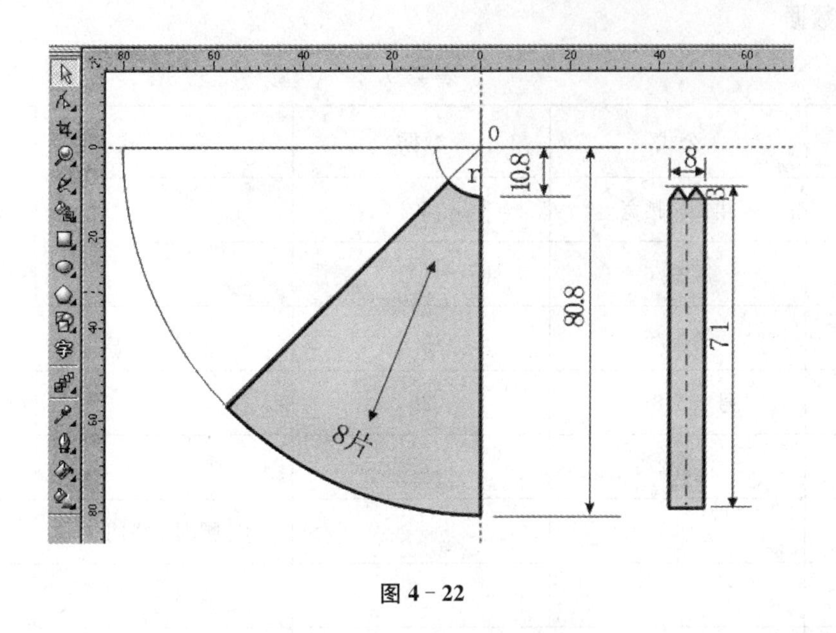

图 4－22

二、裁剪图

如图 4－24 所示。

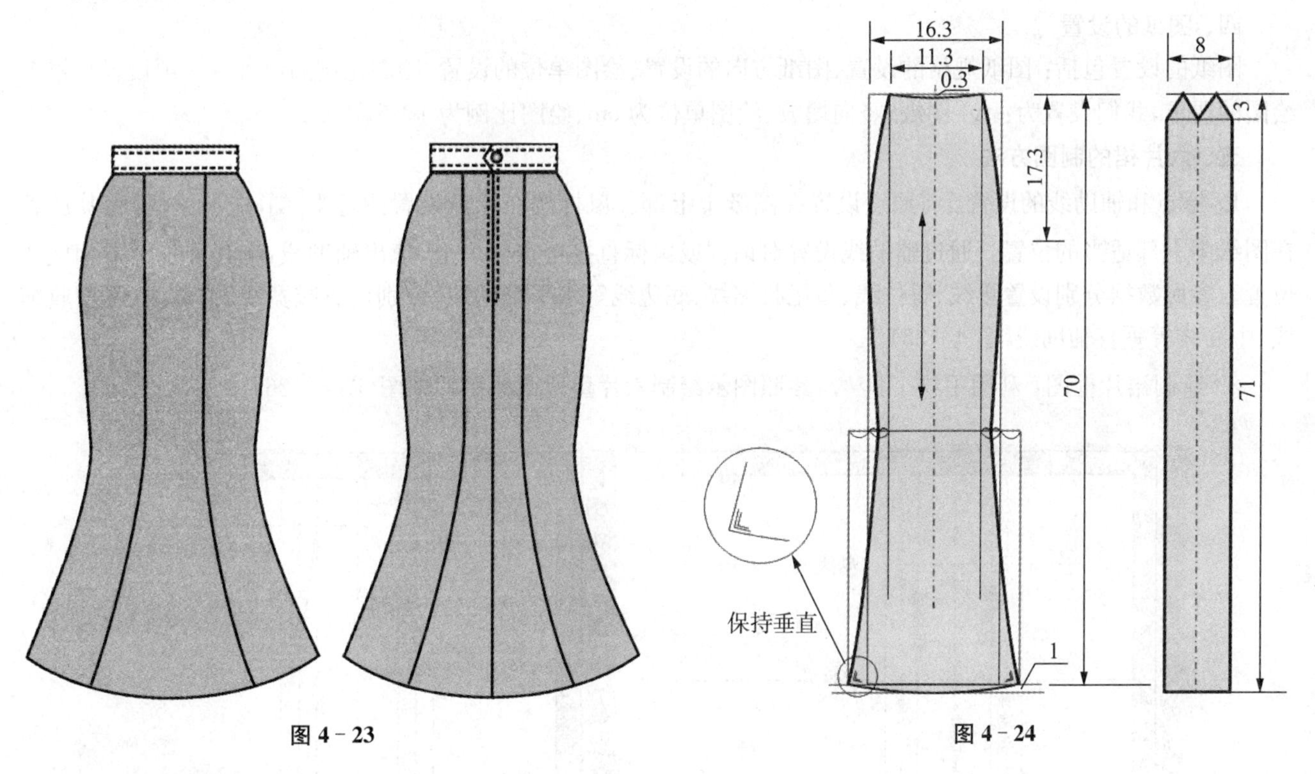

图 4－23　　图 4－24

三、公式和数据(号型：160/66)

1. 规格数据

表 4－6

单位：cm

项目	腰 围	臀 围	裙长	腰宽
计算公式	型＋0～2	腰围 4/5＋40～44	2/5 号＋0～10	3～4
规格数据	68	98	74	4

2. 制图公式和数据

表 4－7

单位：cm

项目	公式	数据	裙腰公式	裙腰数据
裙片长	裙长—腰宽	60		
裙片腰宽	腰围/6	11.3		
裙片臀宽	臀围/6	16.3		
立裆长度	号 1.5/8—4	26		
臀位线	立裆 2/3	17.3		
腰长			腰围＋搭门	71
腰宽			3～4	4
搭门宽			3～4	3

四、图纸的设置

图纸的设置包括：图纸规格的设置、图纸方向的设置、绘图单位的设置、绘图比例的设置等 4 项设置。根据绘图的要求，我们设置为：A4 图纸、竖向摆放、绘图单位为 cm、绘图比例为 1∶5。

五、六片裙的制图方法

1. 原点和辅助线的设置：将原点设置在图纸中上部。鼠标按在原点设置图标上，拖动鼠标，将其放置在图纸中上部适当的位置。通过辅助线设置对话框或鼠标直接按在标尺上，拖出辅助线，将其分别放置相应的位置。参照数据分别设置腰线、臀位线、鱼尾收缩线、底边线等水平辅助线，分别设置腰宽线、臀宽线、下摆收缩线、中心线等垂直辅助线(图 4－25)。

2. 绘制裙片框图：利用手绘工具，参照图示绘制六片鱼尾裙的裙片框图(图 4－26)。

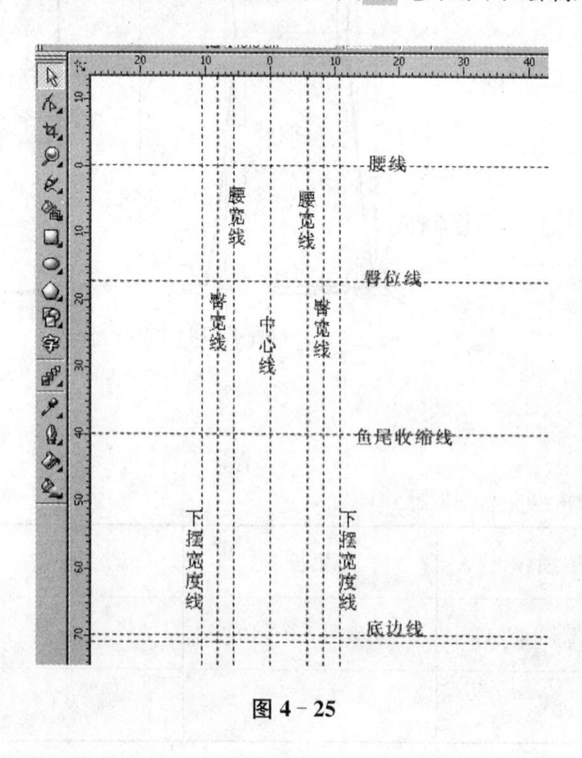

图 4－25

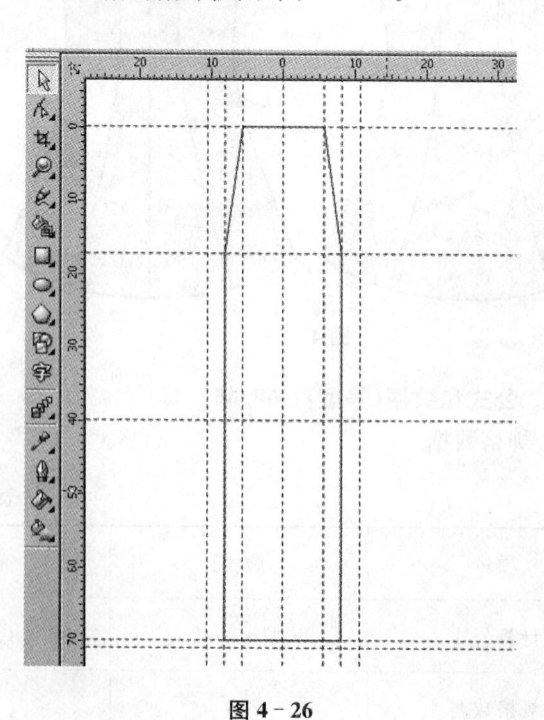
图 4－26

3. 绘制鱼尾裙片基本图形：利用形状工具，在框图两侧边的鱼尾收缩线部位双击鼠标，分别增加节点，分别向内移动节点。利用形状工具，向外原点底边节点，形成鱼尾基本形(图 4－27)。

4. 修画曲线：利用形状工具，框选选中裙片基本图形，单击交互式属性栏的转换直线为曲线图标，将图形各个直线转换为曲线。利用形状工具，分别按在相关曲线上，拖动鼠标使其弯曲为如图所示的裙片形状。注意底边和侧边的转折处要基本保持直角 90°(图 4－28)。

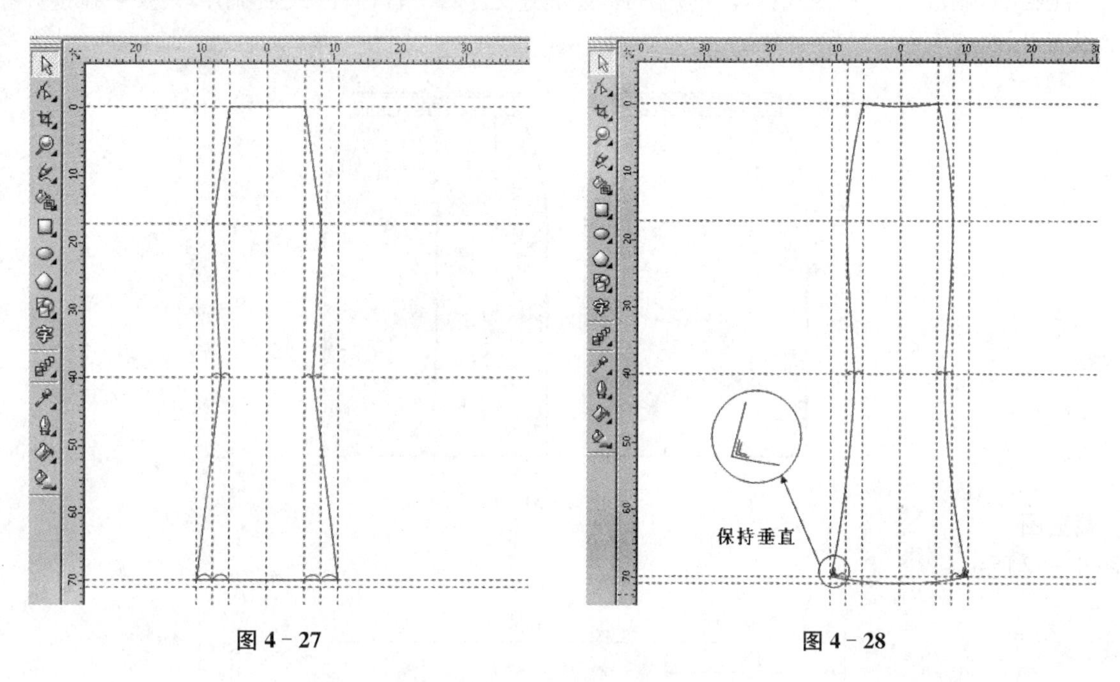

图 4－27　　图 4－28

5. 绘制裙腰：利用矩形工具，绘制一个矩形。通过变换对话框的大小选项，设置水平数据为 8 cm，垂直数据为 71 cm。利用手绘工具，并通过交互式属性栏的轮廓选项，绘制裙腰对折线(图 4－29)。

6. 加粗轮廓、填充颜色和标注：利用挑选工具，分别选中一个裙片图形和裙腰图形，通过交互式属性栏的轮廓选项，设置图形轮廓为粗实线(根据效果需要，确定轮廓宽度数据)。通过调色板为图形填充浅灰色。利用手绘工具、轮廓选项工具和文本工具，参照图示进行数据标注、经线方向标注(图 4－30)。

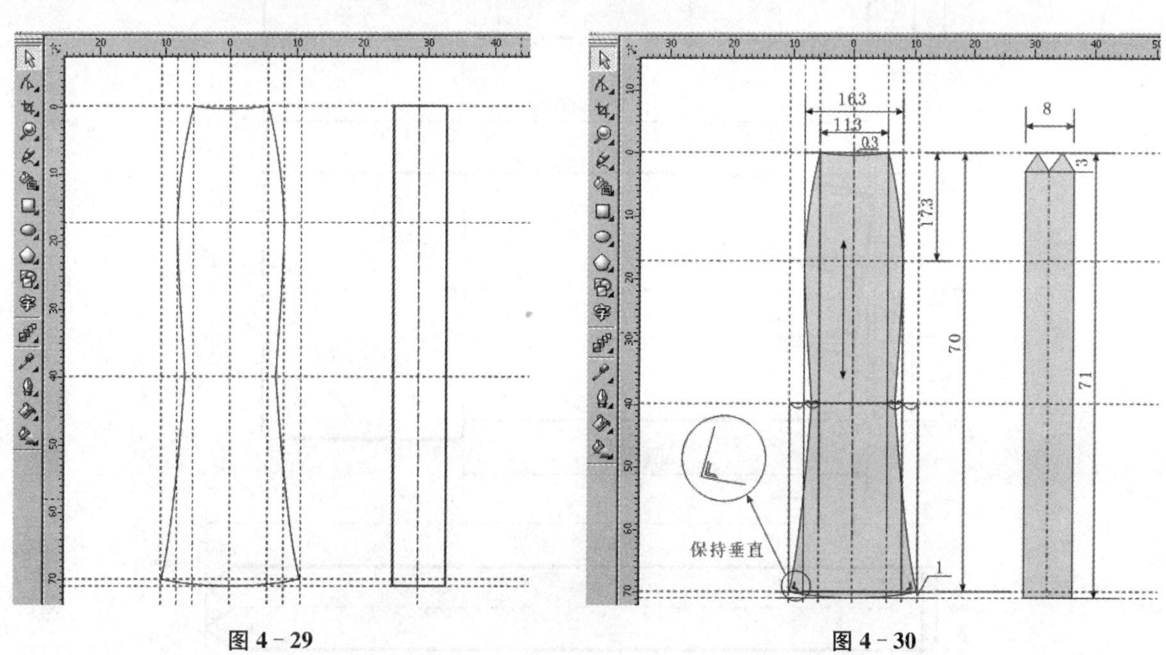

图 4－29　　图 4－30

4.5 西式筒裙数字化制图

一、款式分析

西式筒裙款式图如图 4－31 所示，西式筒裙是常用女下装之一，一般由一条裙腰、一个前片和两个后片构成，裙片上下为同样的宽度，形成直筒造型（如果将裙片底边收缩一定份量，则形成一步型西式裙；如果将裙片底边放大一定份量，则形成 A 型西式裙）。前后片腰部分别设置四个省，后中线上部开口、安装拉链和扣子，后中线下部设置开衩。

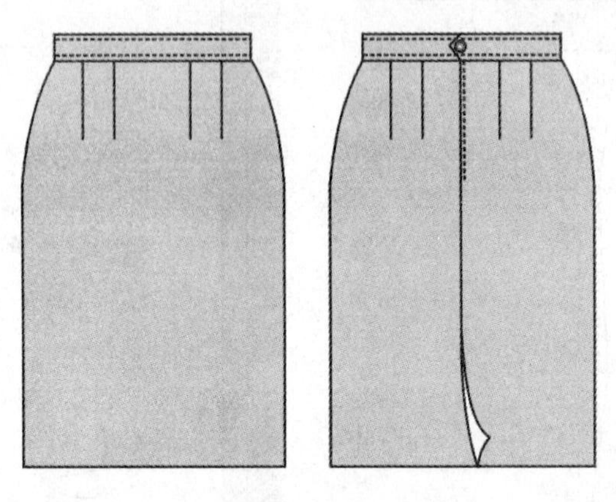

图 4－31

二、裁剪图

如图 4－32 所示。

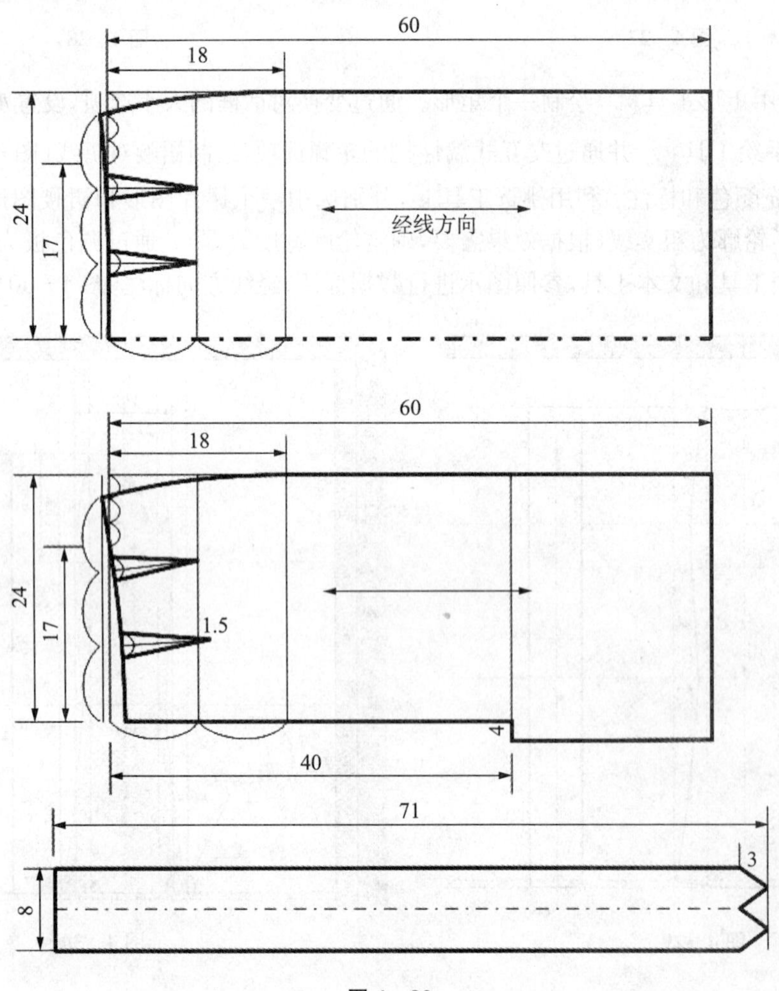

图 4－32

三、公式和数据(号型：160/66)

1. 规格和数据

表 4-8

单位：cm

项目	腰围	臀围	裙长	腰宽
计算公式	型+2	腰围 4/5+40～44	2/5 号	3～4
规格数据	68	96	64	4

2. 制图公式和数据

表 4-9

单位：cm

项目	前片公式	前片数据	后片公式	后片数据	裙腰公式	裙腰数据
裙片长	裙长—腰宽	60	裙长—腰宽	60		
腰围	腰围/4	17	腰围/4	17		
臀围	臀围/4	24	臀围/4	24		
臀位线	立裆 2/3	18	立裆 2/3	18		
省长	立裆 1/3	9	立裆 1/3	9		
开衩位			腰线下 40～45	40		
开衩宽			3～4	4		
腰长					腰围+搭门	71
腰宽					3～4	4
搭门宽					3～4	3

四、图纸的设置

图纸的设置包括：图纸规格的设置、图纸方向的设置、绘图单位的设置、绘图比例的设置等 4 项设置。根据绘图的需要，我们设置为：A4 图纸、竖向摆放、绘图单位为 cm、绘图比例为 1∶5。

五、前片的制图方法

1. 原点和辅助线设置：将原点设置在图纸左上部，左边留出适当的距离。鼠标按在原点设置图标上，拖动鼠标，将其放置在图纸左上部适当的位置。以原点为标准，参照制图数据，利用辅助线设置对话框，逐一设置辅助线(图 4-33)。

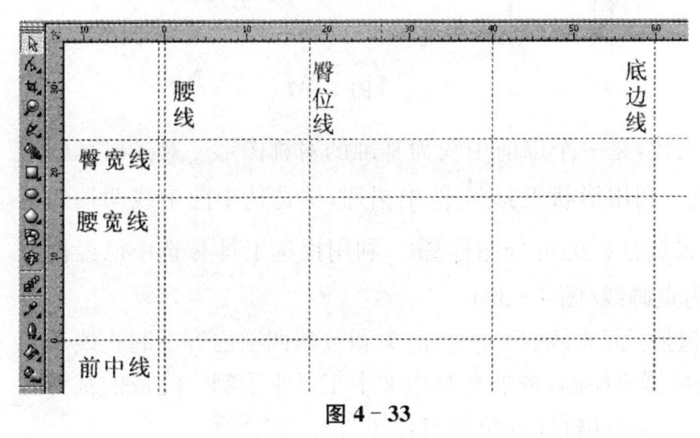

图 4-33

2. 绘制前片矩形框图：单击交互式属性栏的对齐辅助线按钮，利用手绘工具，沿着相关辅助线，绘制一个矩形，并通过交互式属性栏的轮廓选项，设置轮廓宽度为 2.5 mm(图 4-34)。

3. 绘制直线框图：首先绘制等分线。利用手绘工具，绘制一条竖向直线。通过变换对话框的大小选项，设置其长度为一个整数(如 5 cm)。利用形状工具，将其转换为曲线。并将其弯曲为弧线，通过交互式属性栏的轮廓选项，将其设置为虚线。通过变换对话框的位置选项，设置垂直数据为相同的数据 5 cm，连续单击应用到再制命令按钮两次，形成三段连续弧线。利用挑选工具，将三段弧线全部框选，单击交互式属性栏的群组图标，将其群组，形成三等分线。并将其放置在腰、臀辅助线之间，调整垂直长度，两端与臀宽线和腰宽线对齐。

利用形状工具，在矩形框图上边的臀位线上双击，增加一个节点，将矩形左上角的节点移动到腰臀差的 1/3 处，并将节点水平左移 0.7 cm(图 4－35)。

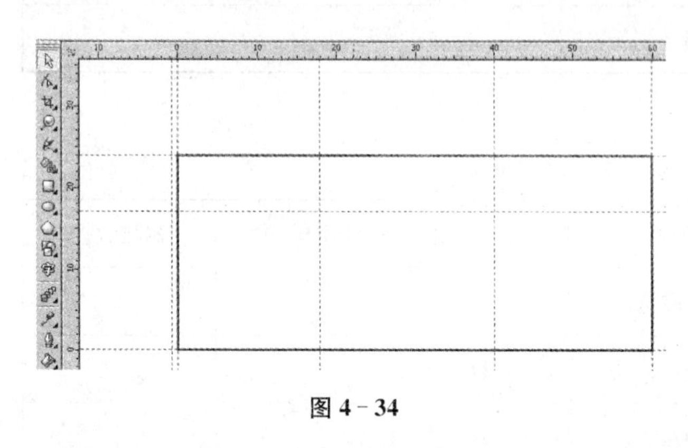

图 4－34

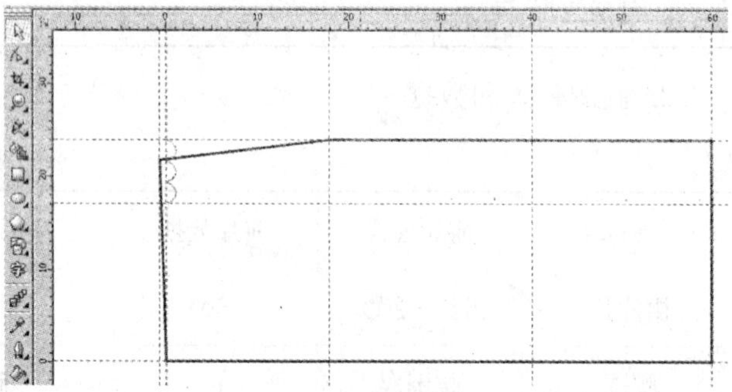

图 4－35

4. 修画相关曲线：利用形状工具，将臀部和腰部两段斜直线，转换为曲线，并将其分别弯曲(图 4－36)。

5. 绘制裙片省位：首先利用缩放工具放大图形。利用挑选工具，选中三等分线，通过变换对话框的大小选项，再制一个三等分线。将其水平翻转，放置在腰线左侧。调整其长度和宽度，使其长度与腰线等长。利用同样的方法，绘制腰线和臀位线之间的二等分线(确定省的长度)。利用挑选工具，按在标尺上，拖出辅助线，分别放置在腰线的两个等分点处和臀长等分点处。利用挑选工具利用手绘工具，选中腰臀差三等分线。通过变换对话框的大小选项，再制一个三等分线，取消群组，删除一个弧形线(剩下的两个弧形线即是两个省的宽度)，将两个弧形线分别放置在腰线的两个等分点处。绘制两个省的中心线，绘制裙腰省的形状，并将其轮廓宽度设置为 2.5 mm(图 4－37)。

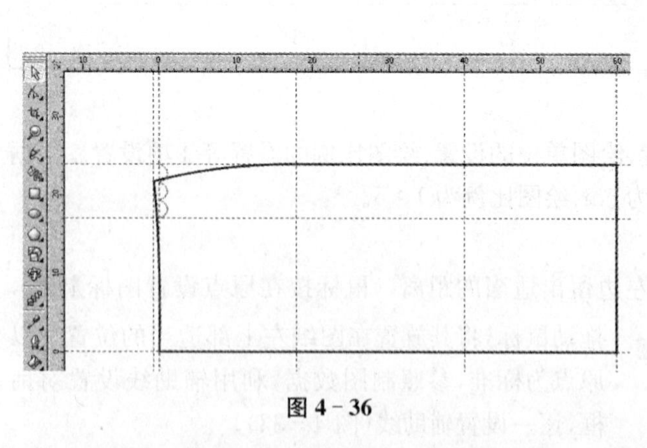

图 4－36

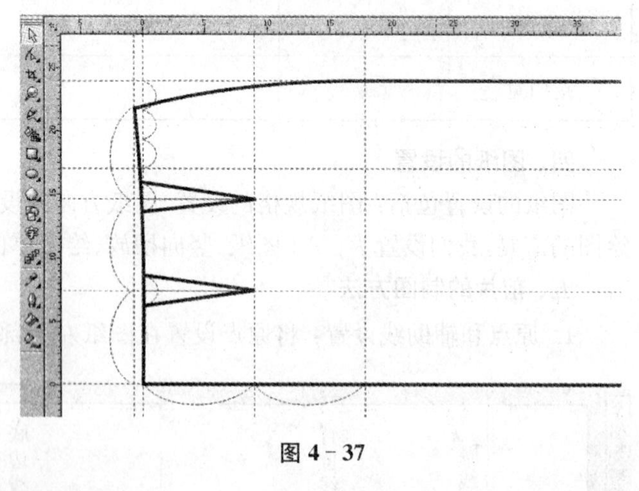

图 4－37

6. 绘制对折线：西式筒裙的前片是一个完整的衣片，是一个以前中线为基准的对称图形。对于对称图形一般只绘制图形的一半，对称图形的基准线是点画线。利用形状工具选中裙片，框选选中前中线两端的节点，单击交互式属性栏的分割曲线图标，单击交互式属性栏的拆分图标。利用挑选工具选中已经拆分的前中线，通过交互式属性栏的轮廓选项，将其设置为点画线(图 4－38)。

7. 数据标注和其他标注：一个完整的数据标注包括：起止线、尺寸线、箭头和数据四项内容。起止线和尺寸线是利用手绘工具来绘制，箭头是利用轮廓样式选择器来绘制，数据是利用文本工具来绘制。完成的裁剪图除了数据标注外，还有一些实线辅助线和经线方向标注。具体标注部位和内容如图 4－39 所示。

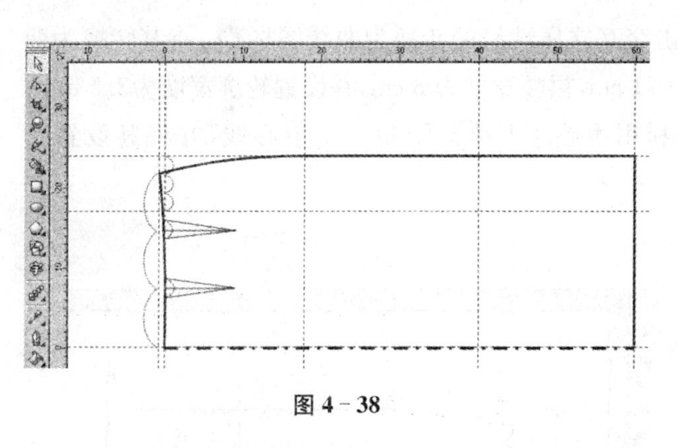

图 4-38

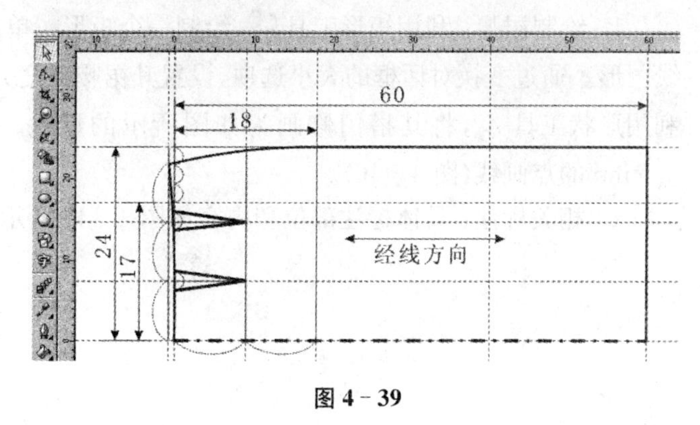

图 4-39

六、后片和裙腰的制图方法

后片制图方法可参考前片方法(图 4-40～图 4-45)。

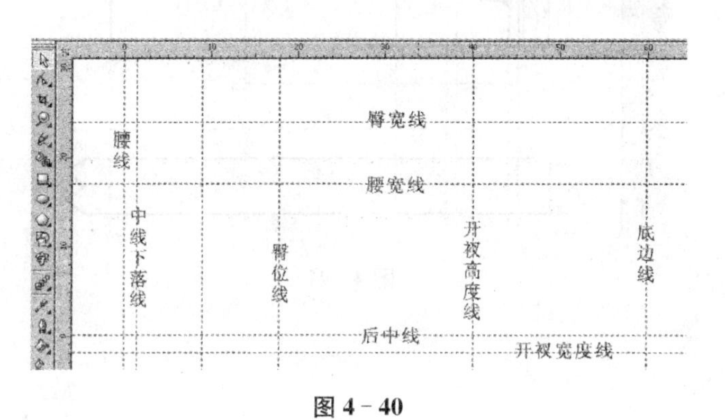

图 4-40

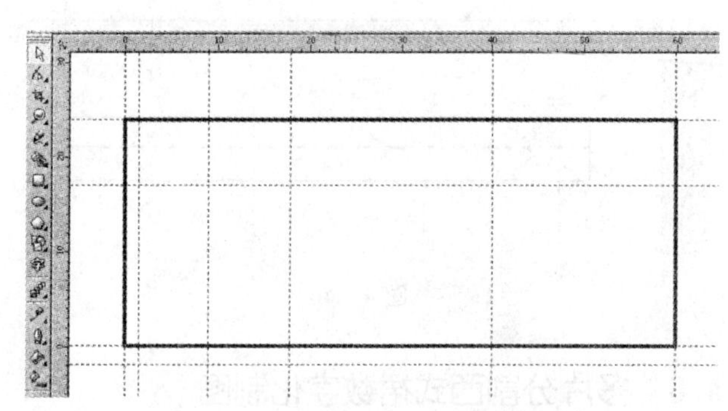

图 4-41

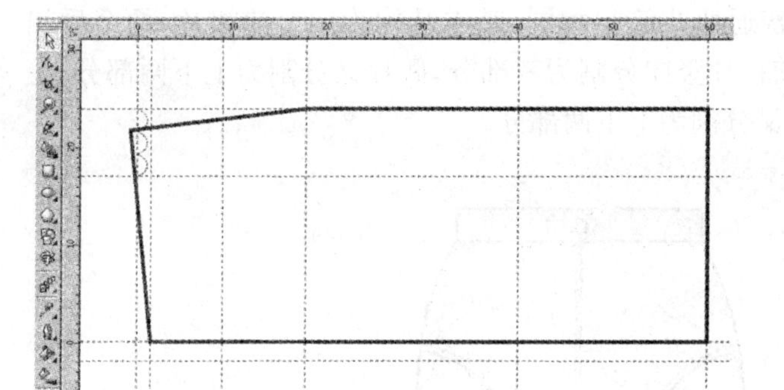

图 4-42

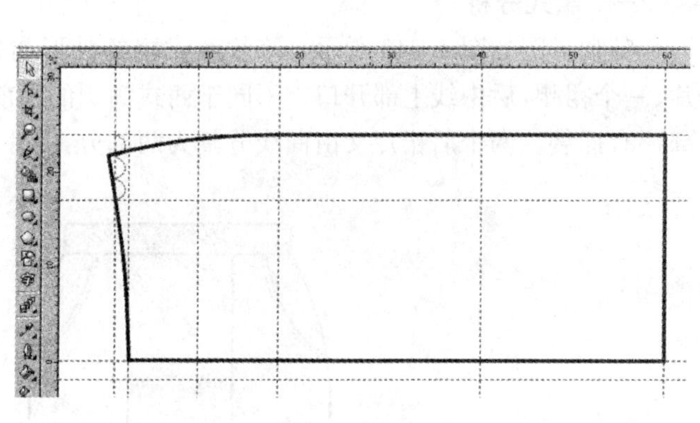

图 4-43

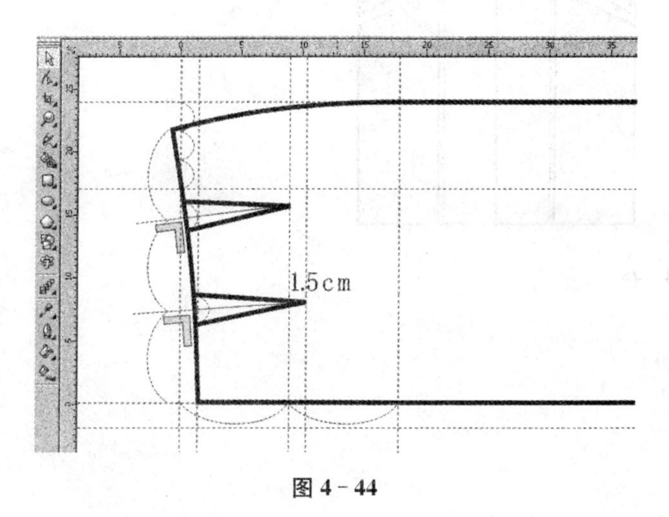

图 4-44

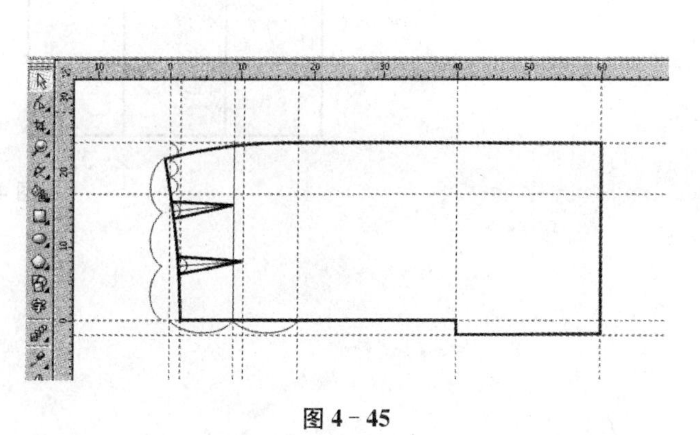

图 4-45

1. 绘制裙腰：利用矩形工具，绘制一个矩形。单击交互式属性栏的转换为曲线图标，将其转换为曲线图形。通过变换对话框的大小选项，设置其裙腰长度为 71 cm，裙腰宽度为 8 cm，并设置轮廓宽度为3.5 mm。利用形状工具，将其搭门修画为如图所示的形状。利用手绘工具，绘制一条中心线，并将其设置为3.5 mm的点画线(图 4－46)。

2. 相关标注：具体标注部位和内容如图 4－47 所示。

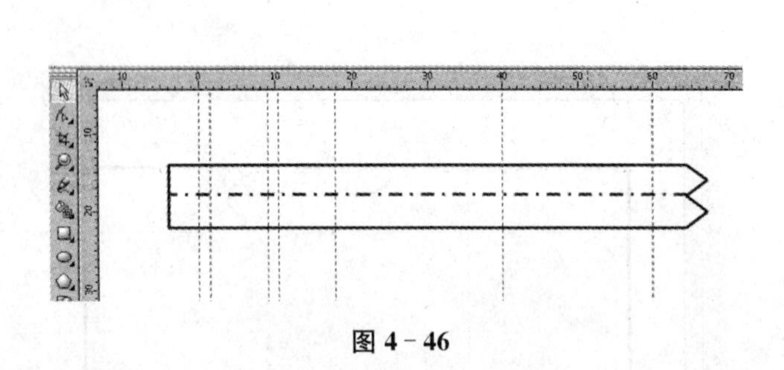

图 4－46

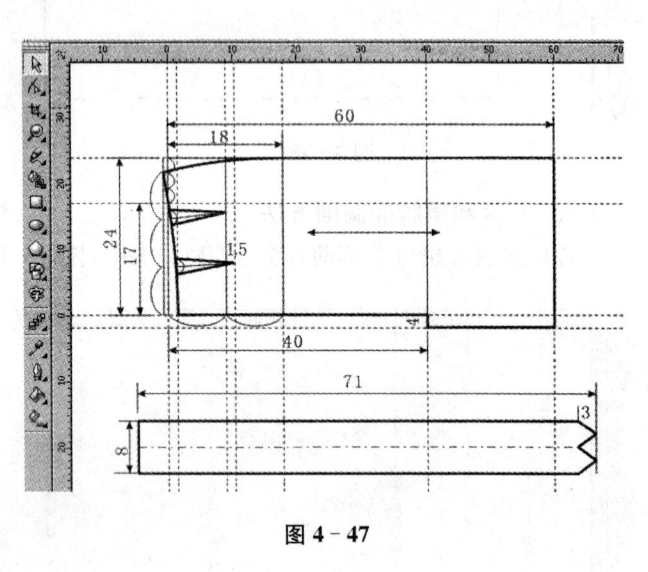

图 4－47

4.6 多片分割西式裙数字化制图

一、款式分析

其款式图如图 4－48 所示。该款西式裙的外形与普通西式筒裙相同，基本结构为一个前裙片、两个后裙片、一个裙腰，后中线上部开口。不同于西式筒裙的是前裙片竖向分割为三部分，侧片又分割为上下两部分，上部还有插袋。两个后裙片又由曲线分割为两部分，侧片又分割为上下两部分。

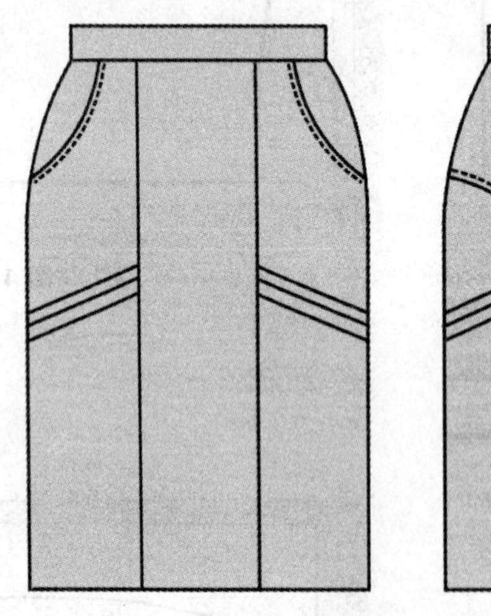

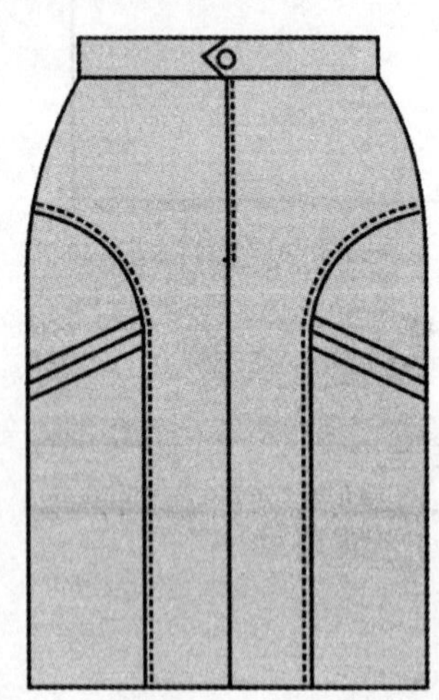

图 4－48

二、裁剪图

如图 4－49 所示。

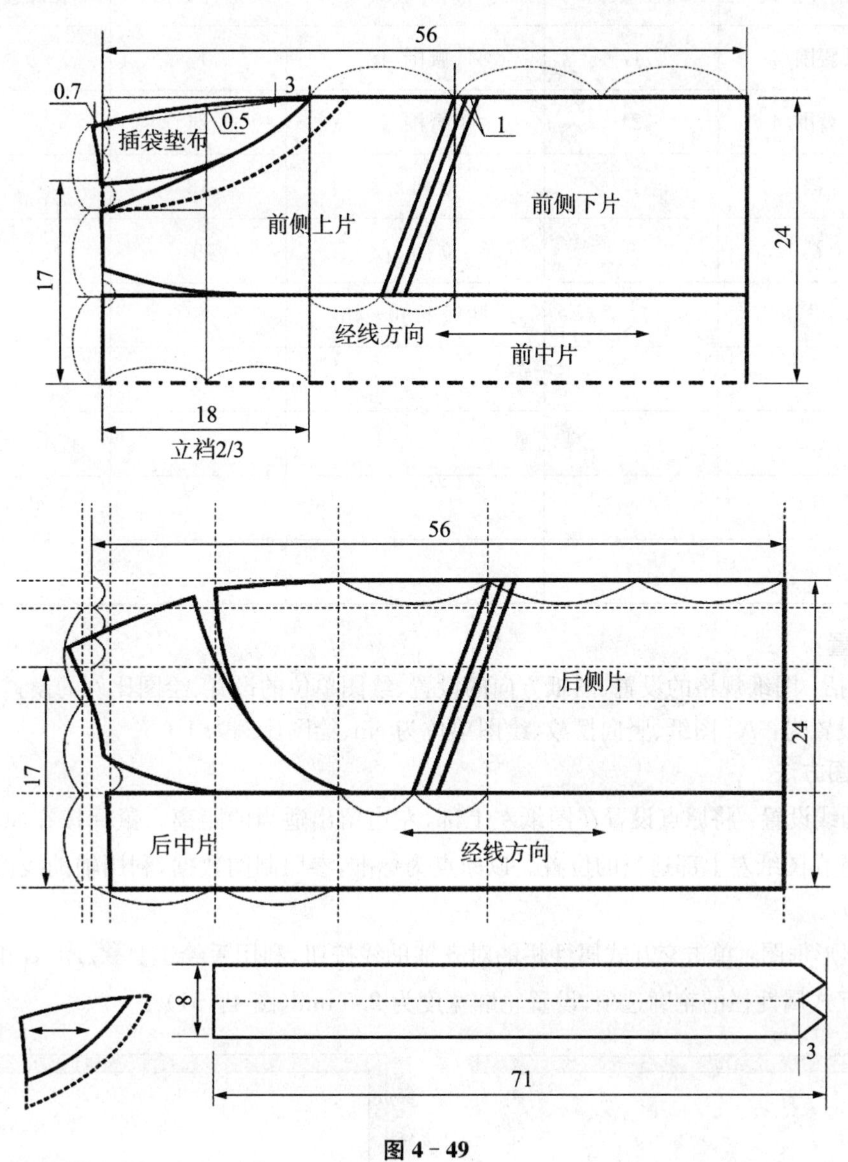

图 4－49

三、公式与数据(号型：160/66)

1. 规格数据

表 4－10 单位：cm

项目	腰围	臀围	裙长	立裆	腰宽
计算公式	型＋2	腰围 4/5＋40～44	3/8 号	1.5/8 号－3	3～4
规格数据	68	96	60	27	4

2. 制图公式和数据

表 4－11 单位：cm

项目	前片公式	前片数据	后片公式	后片数据	裙腰公式	裙腰数据
裙片长	裙长—腰宽	56	裙长—腰宽	56		

（续表）

项目	前片公式	前片数据	后片公式	后片数据	裙腰公式	裙腰数据
腰围	腰围/4	17	腰围/4	17		
臀围	臀围/4	24	臀围/4	24		
臀位线	立裆 2/3	18	立裆 2/3	18		
腹位线	立裆 1/3	9	立裆 1/3	9		
开衩位			腰线下 40～45	40		
开衩宽			3～4	4		
腰长					腰围＋搭门	71
腰宽					3～4	4
搭门宽					3～4	3

四、图纸的设置

图纸的设置包括：图纸规格的设置、图纸方向的设置、绘图单位的设置、绘图比例的设置等 4 项设置。根据绘图的需要，我们设置为：A4 图纸、竖向摆放、绘图单位为 cm、绘图比例为 1∶5。

五、前片的制图方法

1. 原点和辅助线设置：将原点设置在图纸左上部，左边留出适当的距离。鼠标按在原点设置图标上，拖动鼠标，将其放置在图纸左上部适当的位置。以原点为标准，参照制图数据，利用辅助线设置对话框，逐一设置辅助线（图 4－50）。

2. 绘制前片矩形框图：单击交互式属性栏的对齐辅助线按钮，利用手绘工具，沿着相关辅助线，绘制一个矩形，并通过交互式属性栏的轮廓选项，设置轮廓宽度为 2.5 mm（图 4－51）。

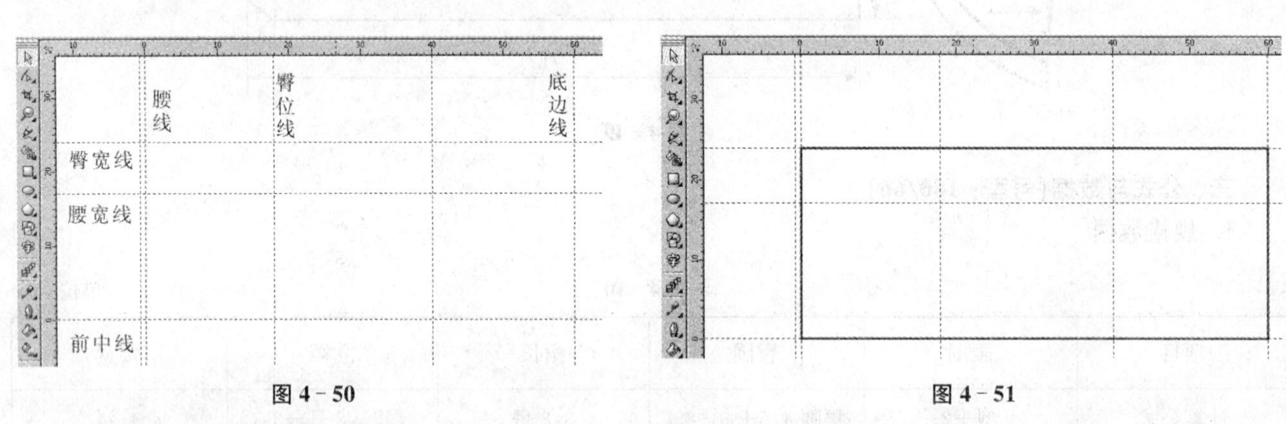

图 4－50　　图 4－51

3. 绘制直线框图：首先绘制等分线。利用手绘工具，绘制一条竖向直线。通过变换对话框的大小选项，设置其长度为一个整数（如 5 cm）。利用形状工具，将其转换为曲线。并将其弯曲为弧线，通过交互式属性栏的轮廓选项，将其设置为虚线。通过变换对话框的位置选项，设置垂直数据为相同的数据 5 cm，连续单击应用到再制命令按钮两次，形成三段连续弧线。利用挑选工具，将三段弧线全部框选，单击交互式属性栏的群组图标，将其群组，形成三等分线。并将其放置在腰、臀辅助线之间，调整垂直长度，两端与臀宽线、腰宽线对齐。

利用形状工具，在矩形框图上边的臀位线上双击，增加一个节点，将矩形左上角的节点移动到腰臀差的

1/3处，并将节点水平左移0.7 cm(图4-52)。

4. 修画相关曲线：利用形状工具，将臀部和腰部两段斜直线，转换为曲线，并将其分别弯曲(图4-53)。

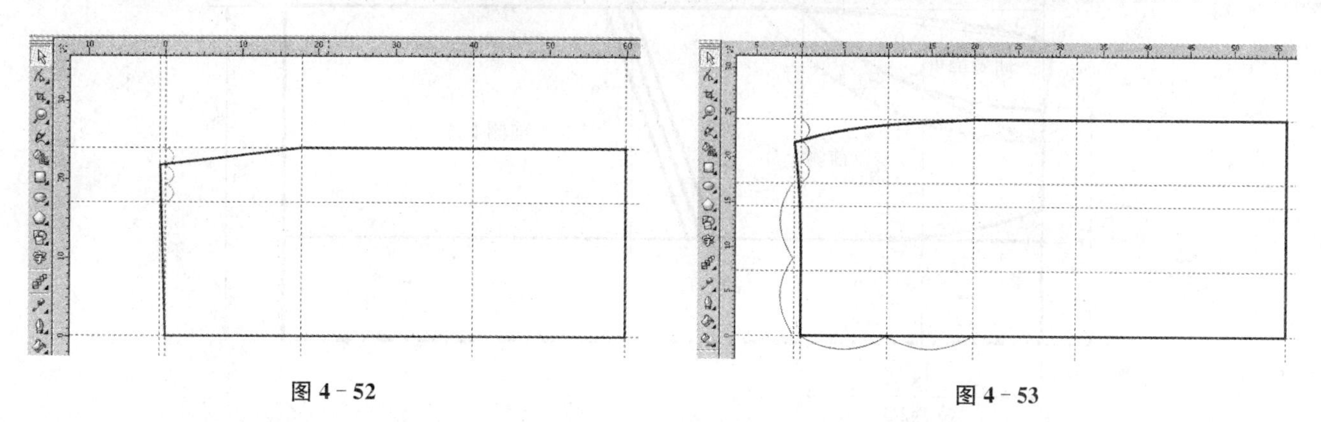

图4-52　　图4-53

5. 绘制对折线：西式筒裙的前片是一个完整的衣片，是一个以前中线为基准的对称图形。对于对称图形一般只绘制图形的一半，对称图形的基准线是点画线。利用形状工具选中裙片，框选选中前中线两端的节点，单击交互式属性栏的分割曲线图标，单击交互式属性栏的拆分图标。利用挑选工具选中已经拆分的前中线，通过交互式属性栏的轮廓选项，将其设置为点划线(图4-54)。

6. 分割线的绘制：利用手绘工具和形状工具，绘制如图所示的分割线(图4-55)。

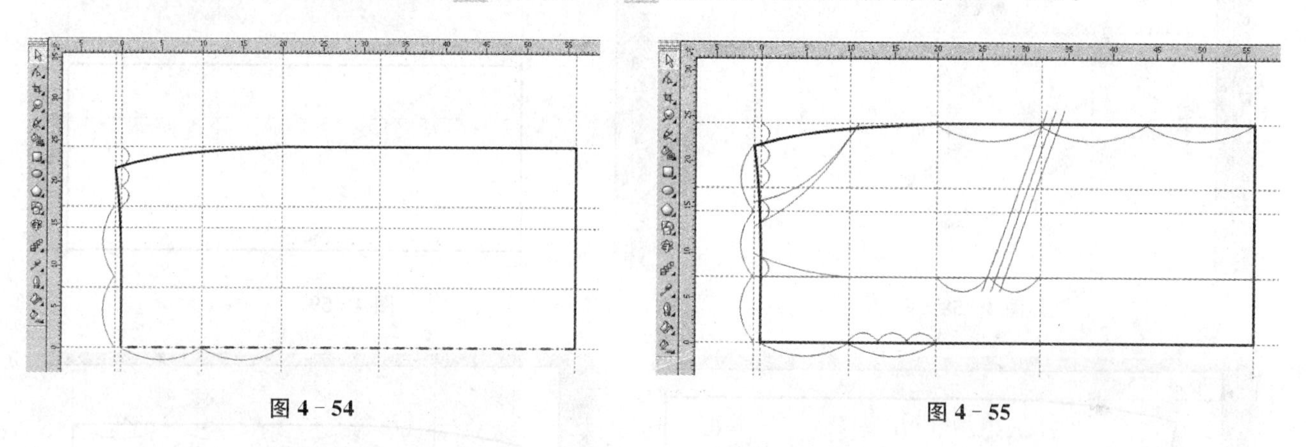

图4-54　　图4-55

7. 分割图形：通过造型对话框，将图形进行分割，并删除省位部分，将左上角的垫袋布图形单独拷贝并加上余量(图4-56)。

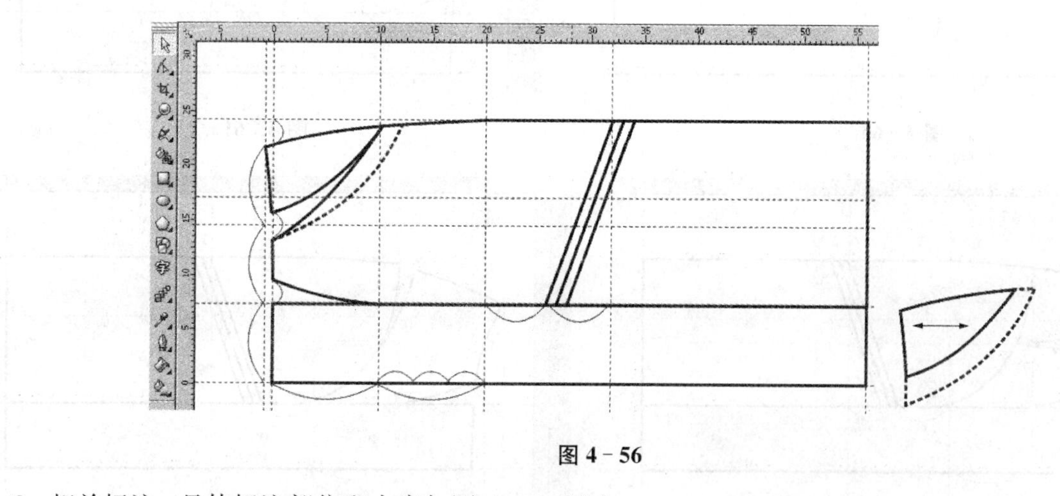

图4-56

8. 相关标注：具体标注部位和内容如图4-57所示。

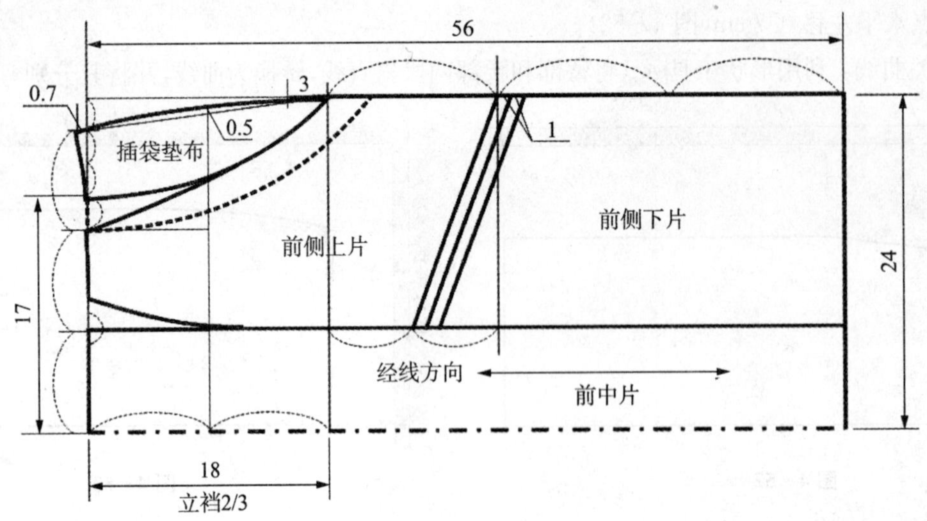

图 4－57

六、后片的制图方法

后片制图方法可参考前片方法(图 4－58～图 4－64)。

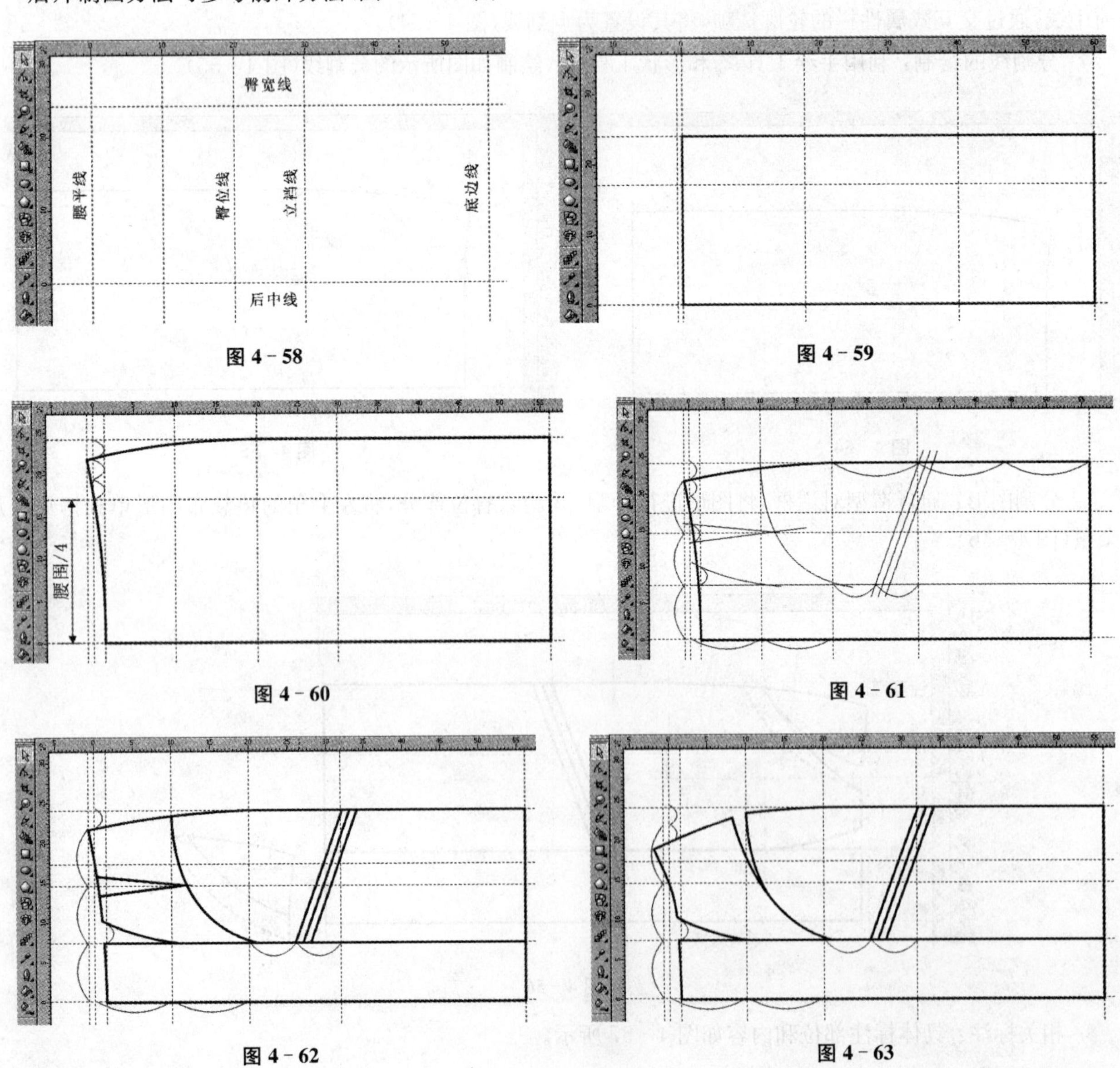

图 4－58

图 4－59

图 4－60

图 4－61

图 4－62

图 4－63

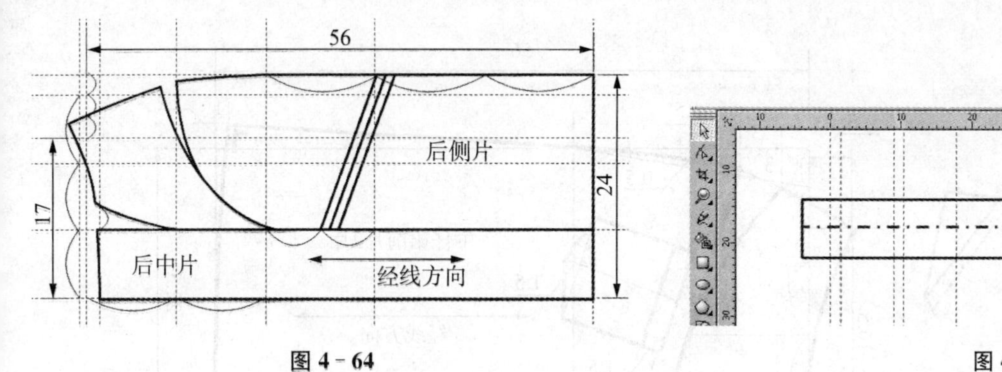

图 4-64

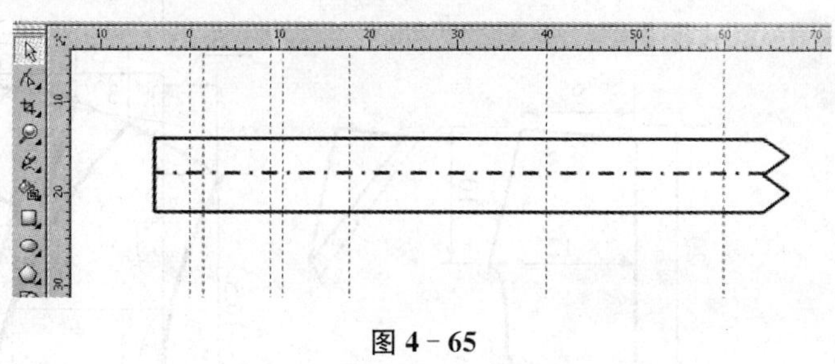

图 4-65

绘制裙腰：利用矩形工具，绘制一个矩形。单击交互式属性栏的转换为曲线图标，将其转换为曲线图形。通过变换对话框的大小选项，设置其裙腰长度为 71 cm，裙腰宽度为 8 cm，并设置轮廓宽度为3.5 mm。利用形状工具，将其搭门修画为如图所示的形状。利用手绘工具，绘制一条中心线，并将其设置为3.5 mm的点画线(图 4-65)。

4.7 牛仔裙数字化制图

一、款式分析

牛仔裙是常用女下装之一，整体为 A 型造型，裙摆加大。由一个裙腰、两个前裙片、两个后裙片构成；其中前片开口，安装拉链和门襟，前片设置两个插袋、两个腰省；后片分割为上下两部分，并设置两个贴袋；缝制工艺上，每个缝子都有明线(图 4-66)。

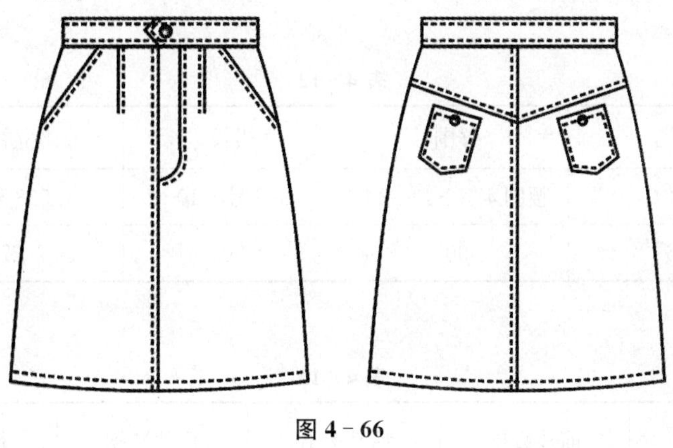

图 4-66

二、裁剪图

如图 4-67 所示。

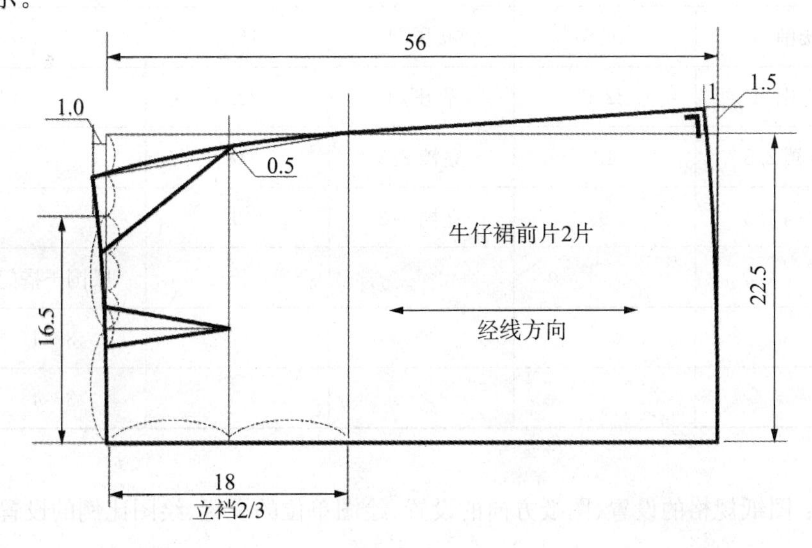

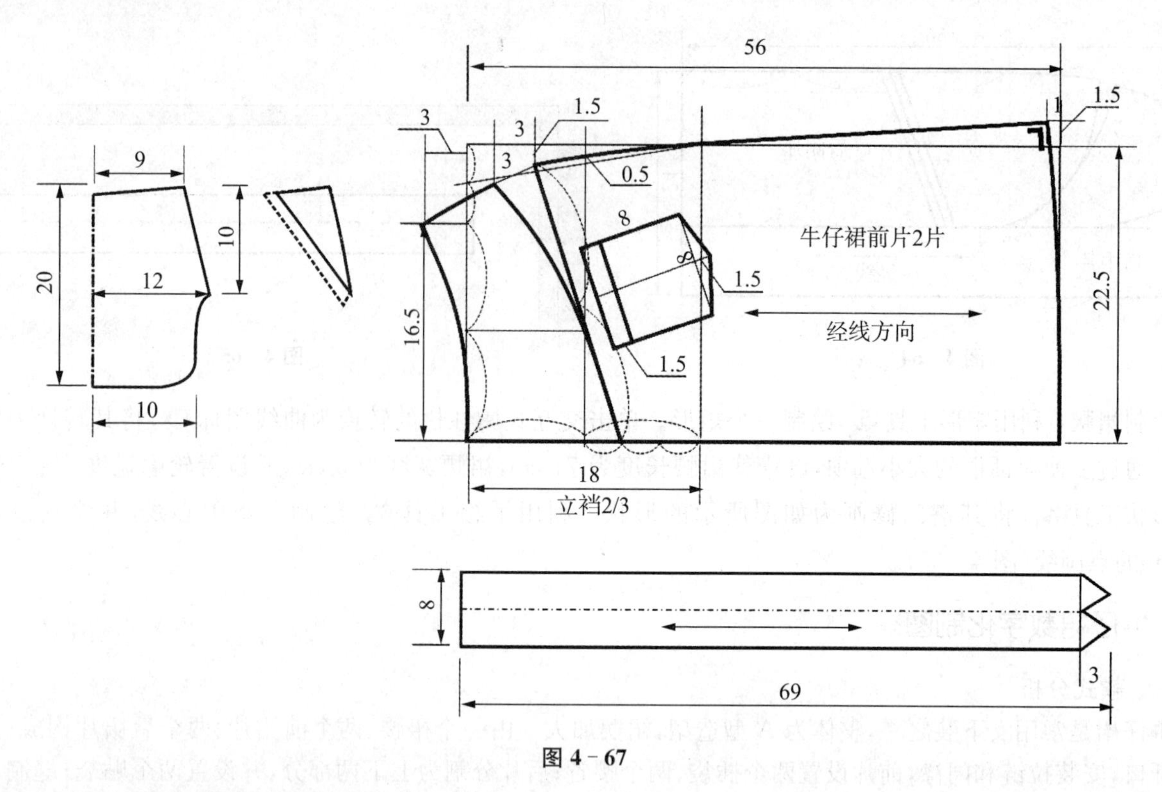

图 4－67

三、公式和数据(号型：160/66)

1. 规格数据

表 4－12

单位：cm

项目	腰围	臀围	裙长	立裆	腰宽
计算公式	型＋0	腰围 4/5＋40～44	3/8 号－10	1.5/8 号－3	3～4
规格数据	66	90	50	27	4

2. 制图公式和数据

表 4－13

单位：cm

项目	前片公式	前片数据	后片公式	后片数据	裙腰公式	裙腰数据
裙片长	裙长—腰宽	46	裙长—腰宽	46		
腰围	腰围/4	16.5	腰围/4	16.5		
臀围	臀围/4	22.5	臀围/4	22.5		
臀位线	立裆 2/3	18	立裆 2/3	18		
腹位线	立裆 1/3	9	立裆 1/3	9		
腰长					腰围＋搭门	69
腰宽					3～4	4
搭门宽					3～4	3

四、图纸的设置

图纸的设置包括：图纸规格的设置、图纸方向的设置、绘图单位的设置、绘图比例的设置等四项设置。根据绘图的需要，我们设置为：A4 图纸、竖向摆放、绘图单位为 cm、绘图比例为 1∶5。

五、前片的制图方法

1. 原点和辅助线设置：将原点设置在图纸左上部，左边留出适当的距离。鼠标按在原点设置图标上，拖动鼠标，将其放置在图纸左上部适当的位置。以原点为标准，参照制图数据，利用辅助线设置对话框，逐一设置辅助线(图 4－68)。

2. 绘制前片矩形框图：单击交互式属性栏的对齐辅助线按钮，利用手绘工具，沿着相关辅助线，绘制一个矩形，并通过交互式属性栏的轮廓选项，设置轮廓宽度为 2.5 mm(图 4－69)。

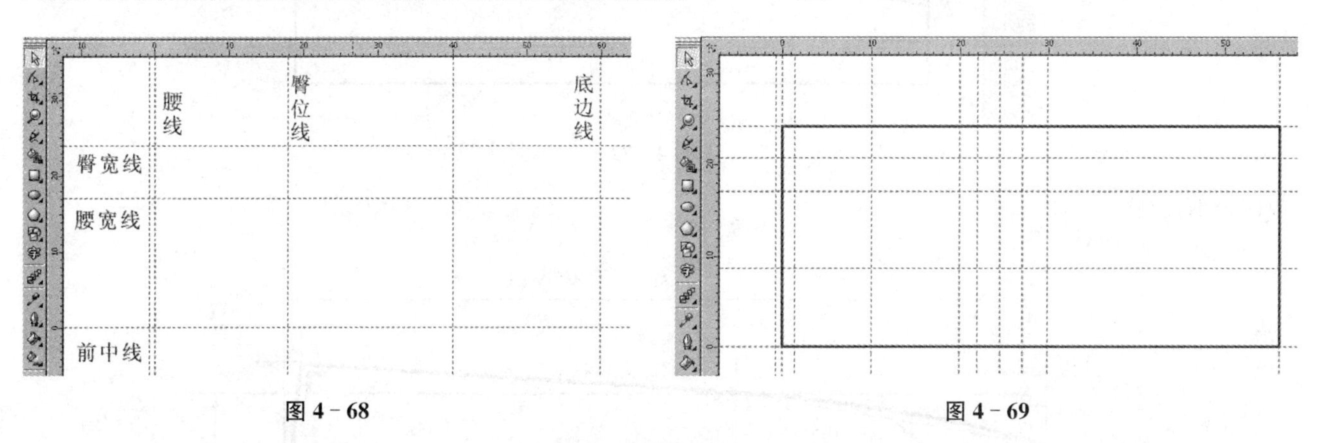

图 4－68　　图 4－69

3. 绘制直线框图：首先绘制等分线：利用手绘工具，绘制一条竖向直线。通过变换对话框的大小选项，设置其长度为一个整数(如 5 cm)。利用形状工具，将其转换为曲线。并将其弯曲为弧线，通过交互式属性栏的轮廓选项，将其设置为虚线。通过变换对话框的位置选项，设置垂直数据为相同的数据 5 cm，连续单击应用到再制命令按钮两次，形成三段连续弧线。利用挑选工具，将三段弧线全部框选，单击交互式属性栏的群组图标，将其群组，形成三等分线。并将其放置在腰、臀辅助线之间，调整垂直长度，两端与臀宽线和腰宽线对齐。

利用形状工具，在矩形框图上边的臀位线上双击，增加一个节点，将矩形左上角的节点移动到腰臀差的 1/3 处，并将节点水平左移 0.7 cm(图 4－70)。

4. 修画相关曲线：利用形状工具，将臀部和腰部两段斜直线转换为曲线，并将其分别弯曲(图 4－71)。

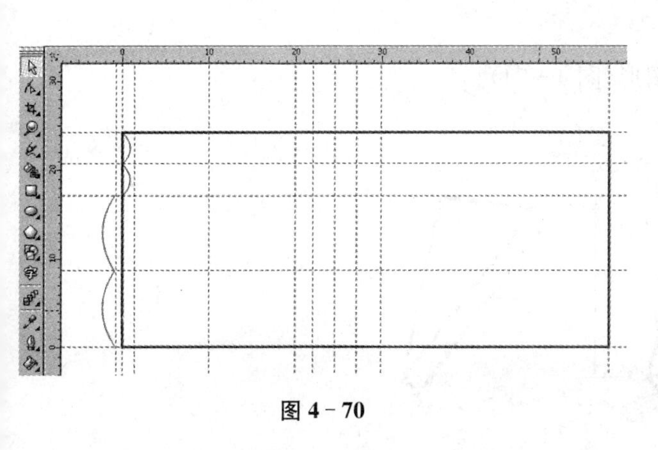

图 4－70

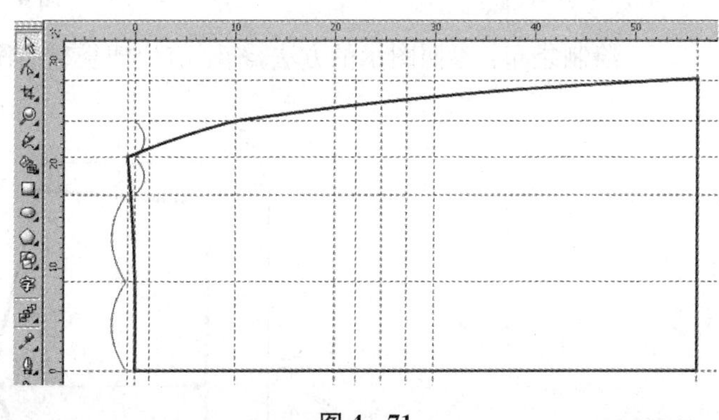

图 4－71

5. 绘制对折线：西式筒裙的前片是一个完整的衣片，是一个以前中线为基准的对称图形。对于对称图形一般只绘制图形的一半，对称图形的基准线是点画线。利用形状工具选中裙片，框选选中前中线两端的节点，单击交互式属性栏的分割曲线图标，再单击交互式属性栏的拆分图标。利用挑选工具选中已经拆分的前中线，通过交互式属性栏的轮廓选项，将其设置为点画线(图 4－72)。

6. 相关标注：参照图示，对裁剪图进行数据、符号和文字标注，能够使其他人按照你的标注和说明，重新绘

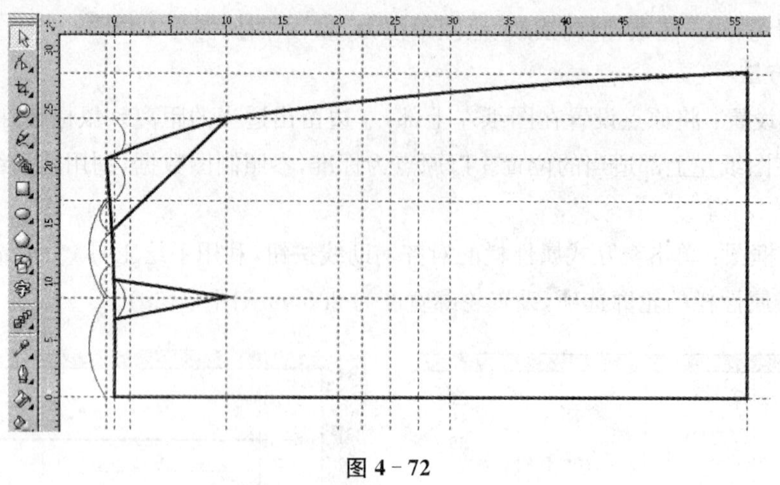

图 4-72

制该裁剪图(图 4-73)。

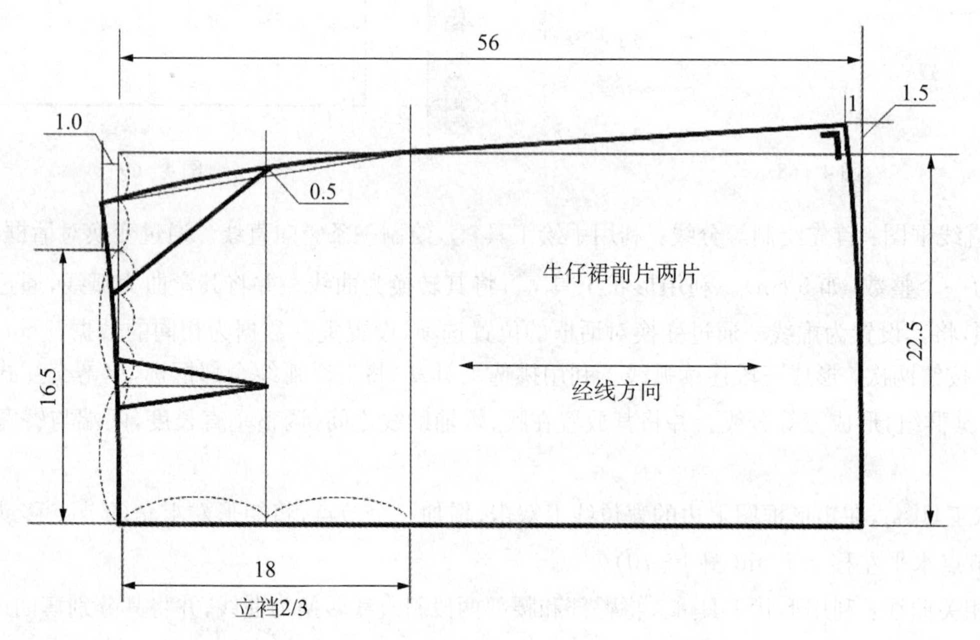

图 4-73

7. 绘制袋布：参照图示的方法,绘制前片插袋袋布图形(图 4-74)。

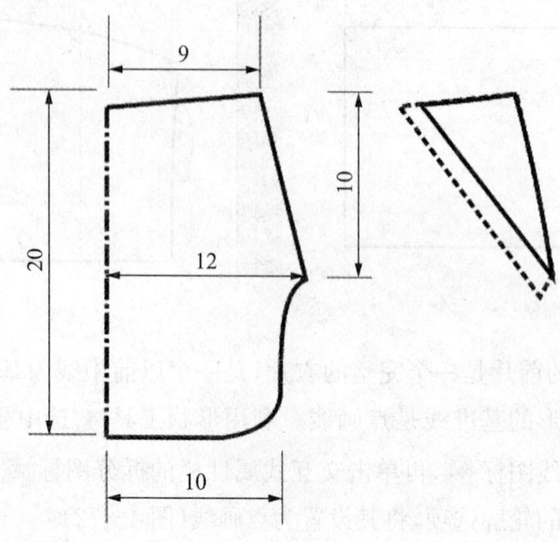

图 4-74

六、后片的制图方法

后片制图方法可参考前片方法(图 4－75～图 4－80)。

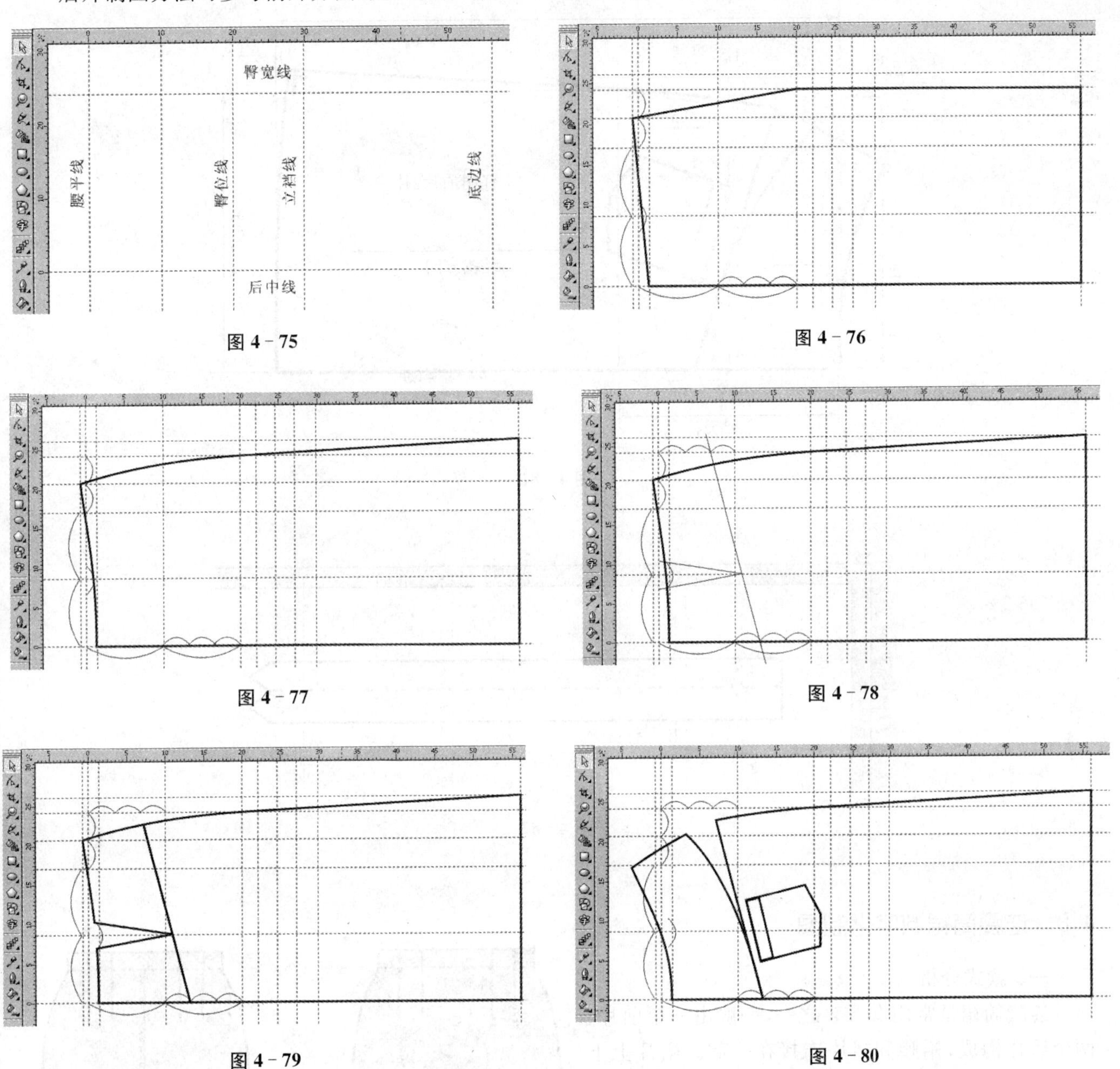

图 4－75

图 4－76

图 4－77

图 4－78

图 4－79

图 4－80

绘制裙腰：利用矩形工具，绘制一个矩形。单击交互式属性栏的转换为曲线图标，将其转换为曲线图形。通过变换对话框的大小选项，设置其裙腰长度为 71 cm，裙腰宽度为 8 cm，并设置轮廓宽度为3.5 mm。利用形状工具，将其搭门修画为如图所示的形状。利用手绘工具，绘制一条中心线，并将其设置为3.5 mm的点画线(图 4－82)。

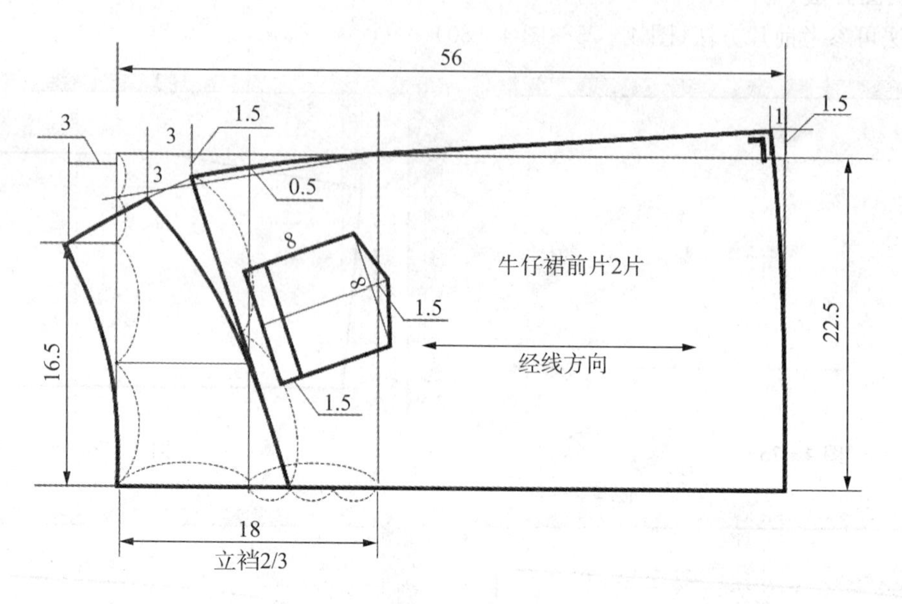

图 4-81

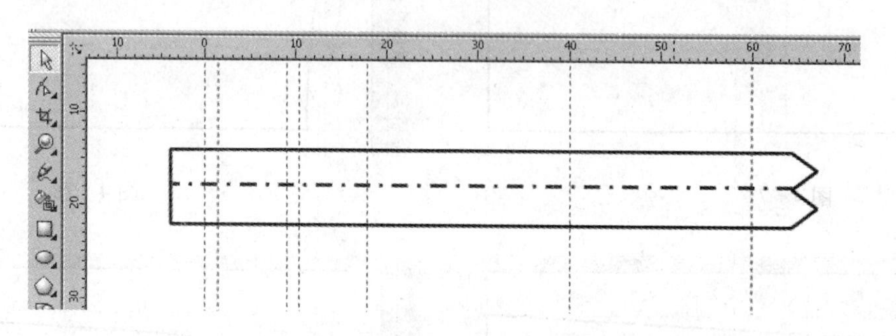

图 4-82

4.8 连腰筒裙数字化制图

一、款式分析

连腰筒裙是常用女下装之一，一般由一个前片、两个后片构成，裙腰和裙片连接在一起。裙片上下为同样的宽度，形成直筒造型(如果将裙片底边收缩一定份量，则形成西式一步型西式裙；如果将裙片底边放大一定份量，则形成 A 型西式裙)。前后片腰部分别设置 4 个省，后中线上部开口、安装拉链和扣子，后中线下部设置开衩(图 4-83)。

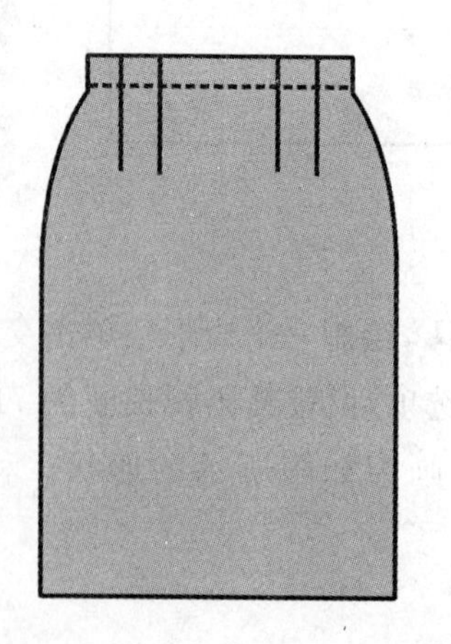

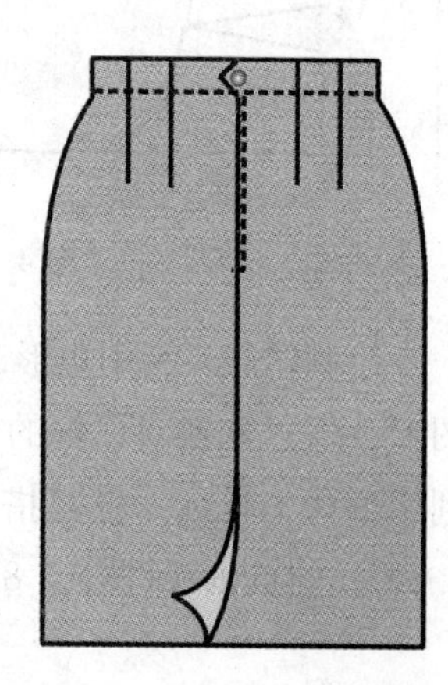

图 4-83

二、裁剪图

如图 4－84 所示。

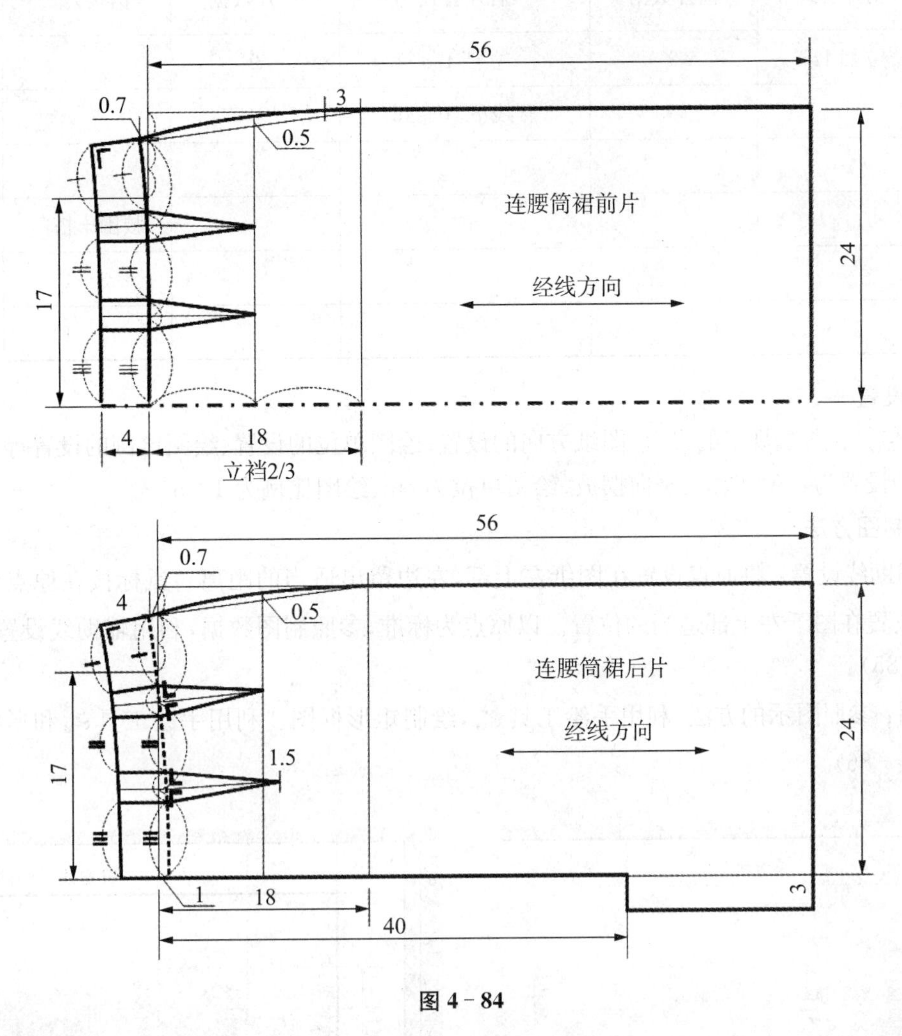

图 4－84

三、公式和数据(号型：160/66)

1. 规格公式和数据

表 4－14

单位：cm

项目	腰围	臀围	裙长	立裆	腰宽
计算公式	型＋2	腰围 4/5＋40～44	3/8 号	1.5/8 号－3	3～4
规格数据	68	96	60	27	4

2. 制图公式和数据

表 4－15

单位：cm

项目	前片公式	前片数据	后片公式	后片数据	裙腰公式	裙腰数据
裙片长	裙长—腰宽	56	裙长—腰宽	56		
腰围	腰围/4	17	腰围/4	17		
臀围	臀围/4	24	臀围/4	24		
臀位线	立裆 2/3	18	立裆 2/3	18		

（续表）

项目	前片公式	前片数据	后片公式	后片数据	裙腰公式	裙腰数据
腹位线	立裆1/3	9	立裆1/3	9		
开衩位			腰线下40～45	40		
开衩宽			3～4	4		
腰长					腰围＋搭门	71
腰宽					3～4	4
搭门宽					3～4	3

四、图纸的设置

图纸的设置包括：图纸规格的设置、图纸方向的设置、绘图单位的设置、绘图比例的设置等4项设置。根据绘图的需要，我们设置为：A4图纸、竖向摆放、绘图单位为cm、绘图比例为1∶5。

五、前片的制图方法

1. 原点和辅助线设置：将原点设置在图纸左上部，左边留出适当的距离。鼠标按在原点设置图标上，拖动鼠标，将其放置在图纸左上部适当的位置。以原点为标准，参照制图数据，利用辅助线设置对话框，逐一设置辅助线（图4－85）。

2. 绘制框图：参照图示的方法，利用手绘工具，绘制矩形框图。利用手绘工具和形状工具，绘制相关等分线（图4－86）。

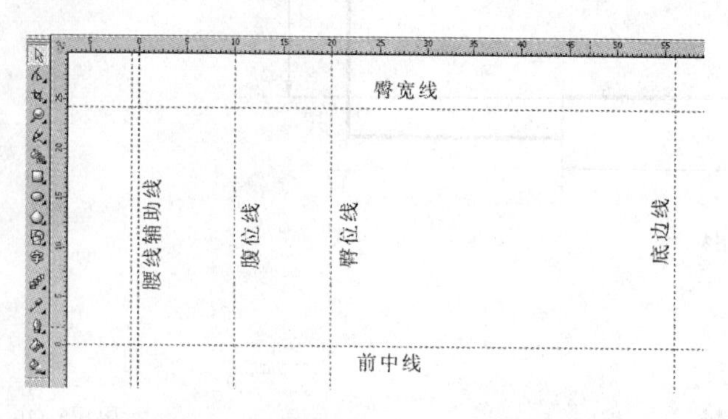

图4－85

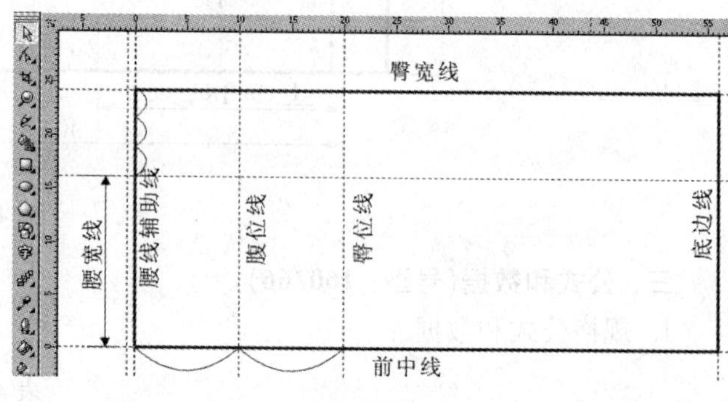

图4－86

3. 绘制前片轮廓线：参照图示的方法，利用形状工具，将裙腰和侧缝线的上部修画为曲线（图4－87）。

4. 绘制腰省：按照均匀放缩的原理，将腰宽分为三等份，确定裙片省的位置；省的方向与腰线垂直，省的长度是腰线至腹位线，省的大小分别是腰臀差的1/3；利用手绘工具，分别绘制两个裙腰省（图4－88）。

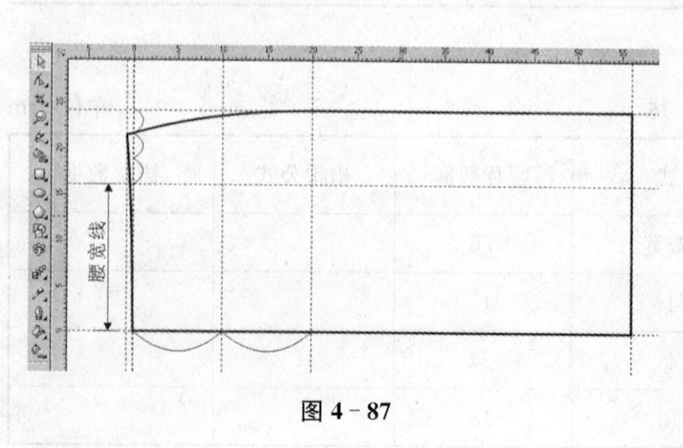

图4－87

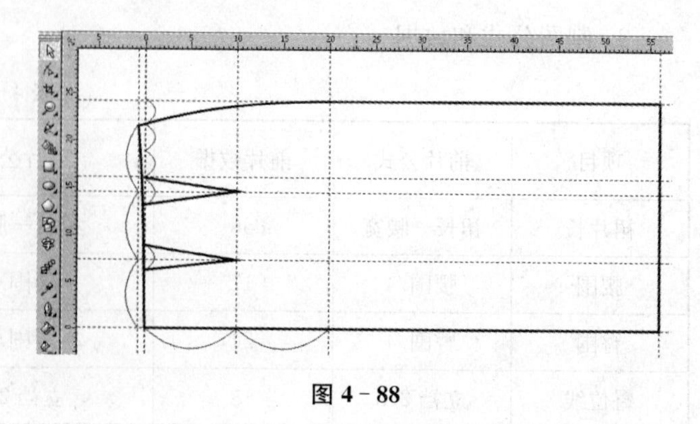

图4－88

5. 绘制裙腰：将裙片腰线平行移动预订的腰宽，利用手绘工具，绘制裙腰和腰省，将裙片腰线修改为虚线，表示裙腰和裙片是连接在一起的(图 4－89)。

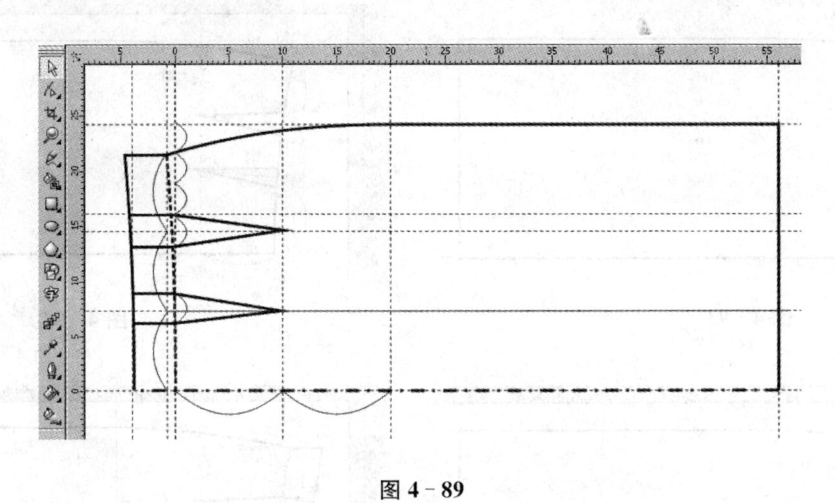

图 4－89

6. 相关标注：参照图示，对裁剪图进行数据、符号和文字标注，能够使其他人按照你的标注和说明，重新绘制该裁剪图(图 4－90)。

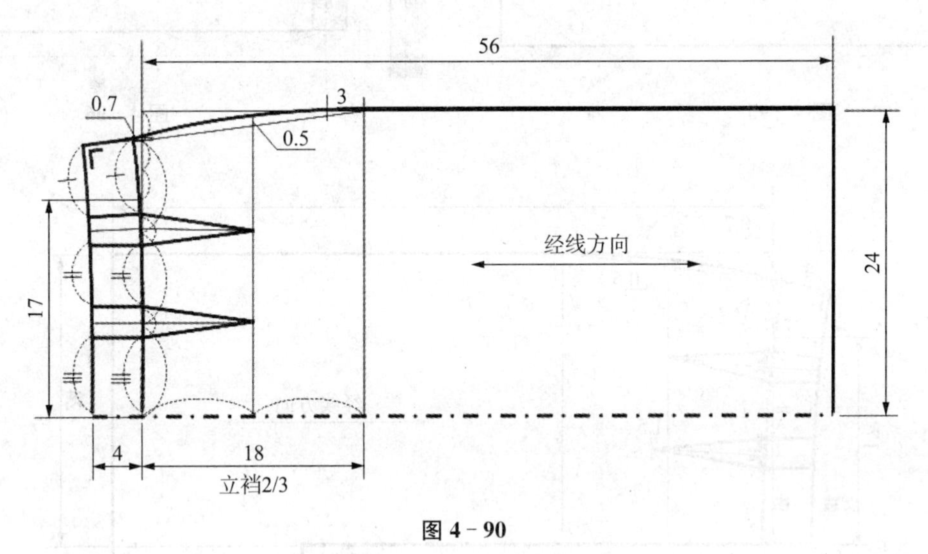

图 4－90

六、后片的制图方法

后片制图参考前片方法(图 4－91～图 4－97)。

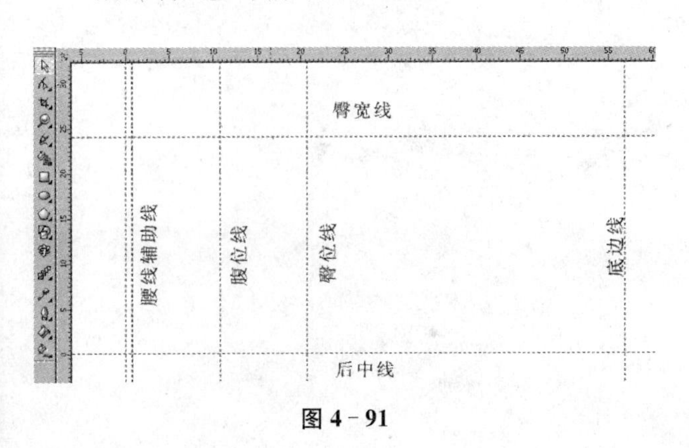

图 4－91

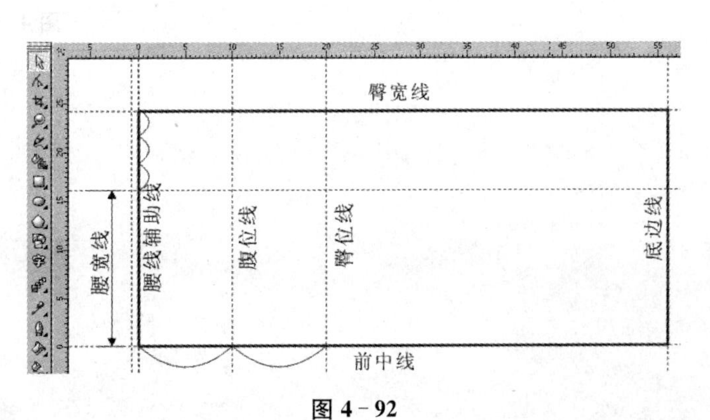

图 4－92

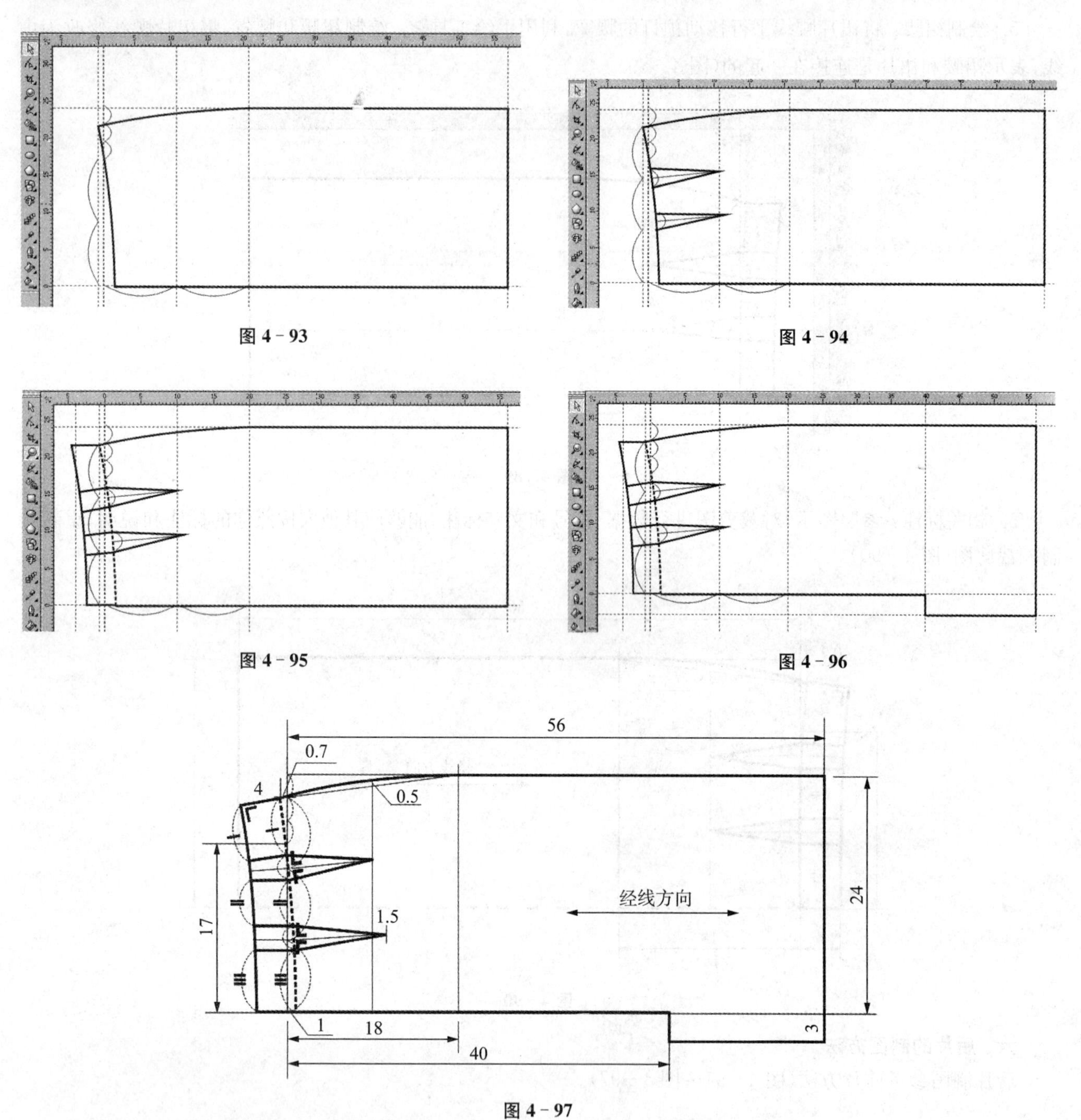

图 4－93

图 4－94

图 4－95

图 4－96

图 4－97

第5章　数字化女裤制图

5.1　裤子概述

一、裤子的结构

裤子是一种传统下装，男女均可穿用。裤子可以分为短裤、中裤和长裤。裤子由裤腰和裤筒构成，通常可以分离为一个裤腰和两个裤筒。裤筒可以进行再分割，形成多截或多片结构。裤子的穿着方式是裤腰系在腰部，将裤子连接起来。裤子的裁剪图一般分为裤腰、前裤片、后裤片三个部分。裤子制图需要的数据包括：裤长、腰围、臀围、裤口围、中裆围和立裆长等。

二、裤子的分类

裤子按照长度可以分为长裤、中裤和短裤；按照款式可以分为西裤、筒裤、锥形裤、牛仔裤、休闲裤、裙裤等。

三、裤子的长度比例

裤子的长度是参照黄金分割律，根据人体比例和审美要求而确定的，常用的裤子长度比例如图5-1所示。

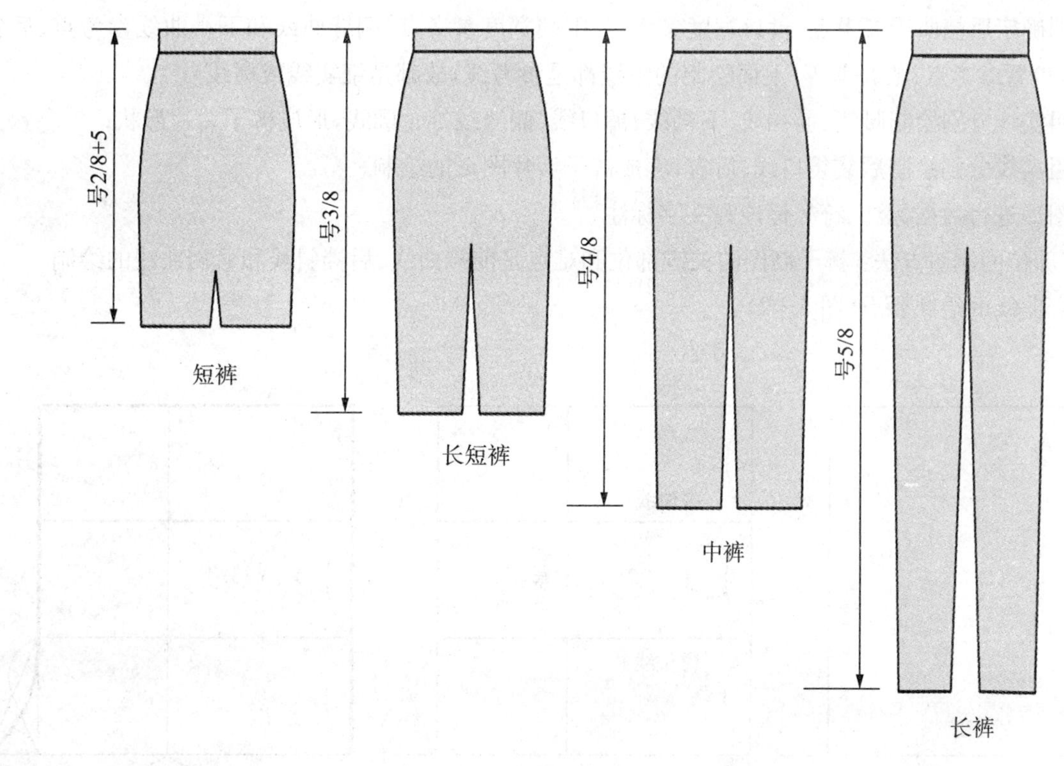

图5-1

四、裤子的数据分析

裤子制图需要的数据包括号型数据、规格数据和制图数据三种。

1. 号型数据：包括号(人体身高)、型(人体净腰围)，可以通过查询相关号型标准获得。

2. 规格数据：包括腰围、臀围、裤长等，可以通过相应的计算公式计算或查询相关标准获得。

3. 制图数据：包括制图需要的所有定点、定位数据，可以通过制图公式计算获得。

五、裤子制图程序及关键部位的制图方法

1. 裤子前片的制图程序

(1) 以裤片裤长为长度，以前裤片臀宽为宽度，绘制一个辅助长方形，并确定侧缝线、腰线、裤口线；

(2) 以腰线为基准，测量直裆、绘制立裆线，将直裆长度分为三等份，分别绘制腹位线、臀位线。在臀位线和裤口线中间绘制中裆线；

(3) 在立裆线上，臀宽外测量前裆宽度，绘制裆宽线。在裆宽线和侧缝线中间绘制挺缝线；

(4) 分别确定前裆曲线参考点、裤口宽度参考点、中裆宽度参考点、侧缝曲线和下裆曲线参考点、插袋位置参考点、褶位参考点、腰臀差等；

(5) 用粗实线分别绘制腰线、前裆线、下裆线、裤口线、侧缝线等轮廓线，形成裤子前片形状；

(6) 用粗实线分别绘制插袋袋口线、前褶符号线，完成裤子前片图形的绘制；

(7) 对图形进行数据标注、符号标注和文字标注。

2. 裤子后片的制图程序

(1) 以裤片裤长为长度，后裤片臀宽为宽度，绘制一个辅助长方形，并确定侧缝线、腰线、裤口线；

(2) 以腰线为基准，测量直裆、绘制立裆线，将直裆长度分为三等份，分别绘制腹位线、臀位线。在臀位线和裤口线中间绘制中裆线；

(3) 在腰线上确定后裆斜度位置，绘制后裆斜线，确定后翘位置和后裆起始点；

(4) 在立裆线上，测量确定后裆宽度；在裆宽线和侧缝线中间绘制挺缝线；

(5) 分别确定后裆曲线参考点、裤口宽度参考点、中裆宽度参考点、侧缝曲线和下裆曲线参考点、后省位置参考点、后袋位置参考点、腰臀差等（上面绘制的图线都是参考线，故都是细实线或虚线）；

(6) 用粗实线分别绘制腰线、前裆线、下裆线、裤口线、侧缝线等轮廓线，形成裤子后片形状；

(7) 用粗实线分别绘制后袋袋口线、后省，完成裤子后片图形的绘制；

(8) 对图形进行数据标注、符号标注和文字标注。

3. 关键部位的制图方法：裤子制图的关键部位和难点是前裆曲线、后裆斜线和后裆曲线的绘制。

(1) 前裆曲线的绘制要点（图 5-2）。

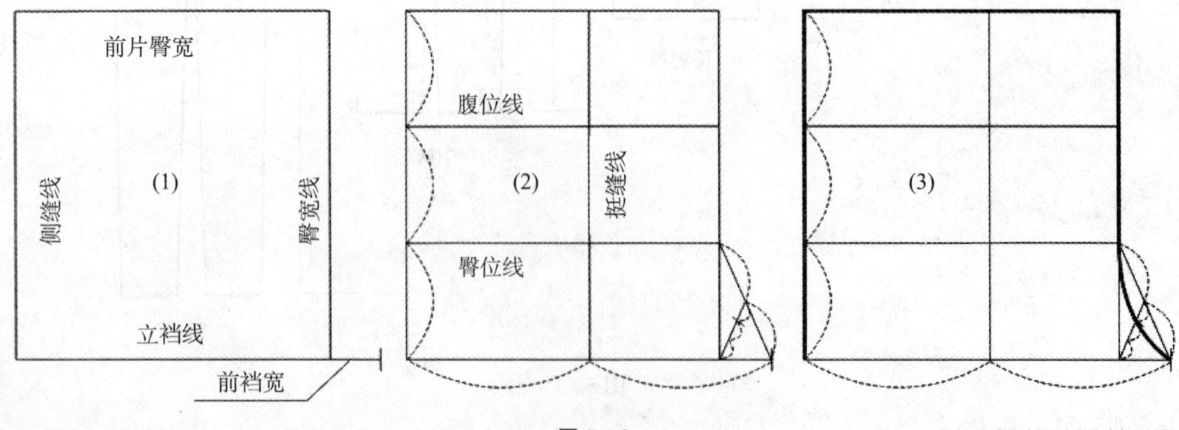

图 5-2

(2) 后裆斜线和后裆曲线的绘制要点（图 5-3）。

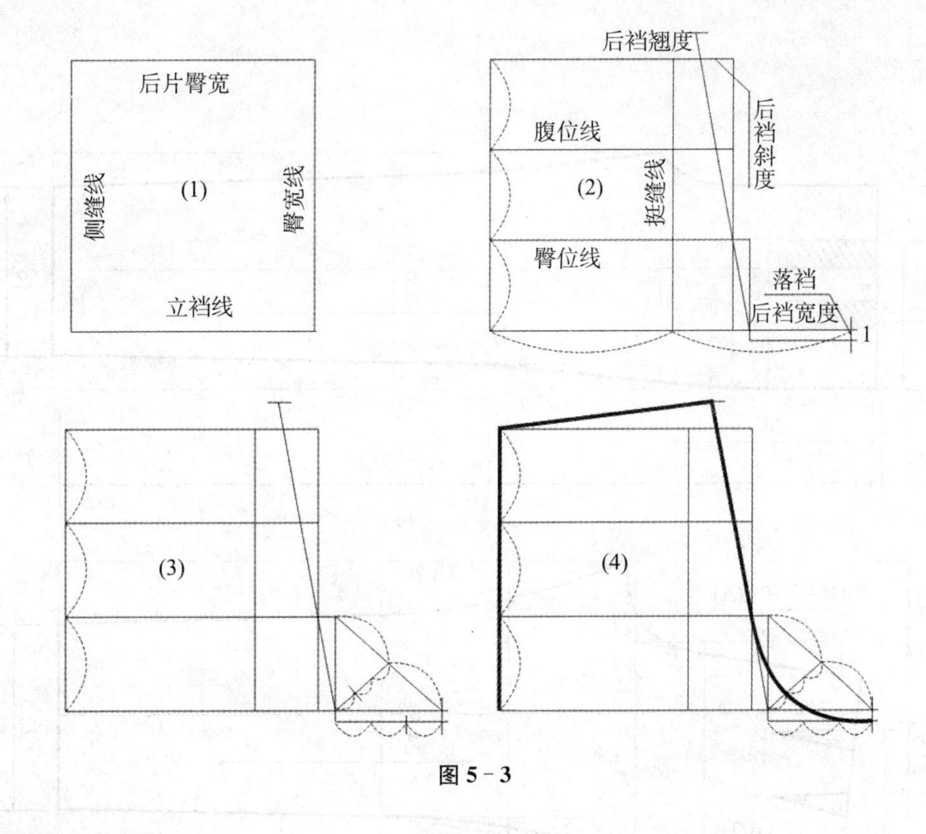

图5-3

5.2 女西裤数字化制图

一、款式分析

女西裤由一个裤腰、两个裤筒(裤筒由前裤片和后裤片缝合而成)构成。另外配备两个前插袋和6个腰带环。每个前片有两个活褶,每个后片有两个省。为了穿脱需要,在前裆开口,安装拉链形成门襟。款式如图5-4所示。

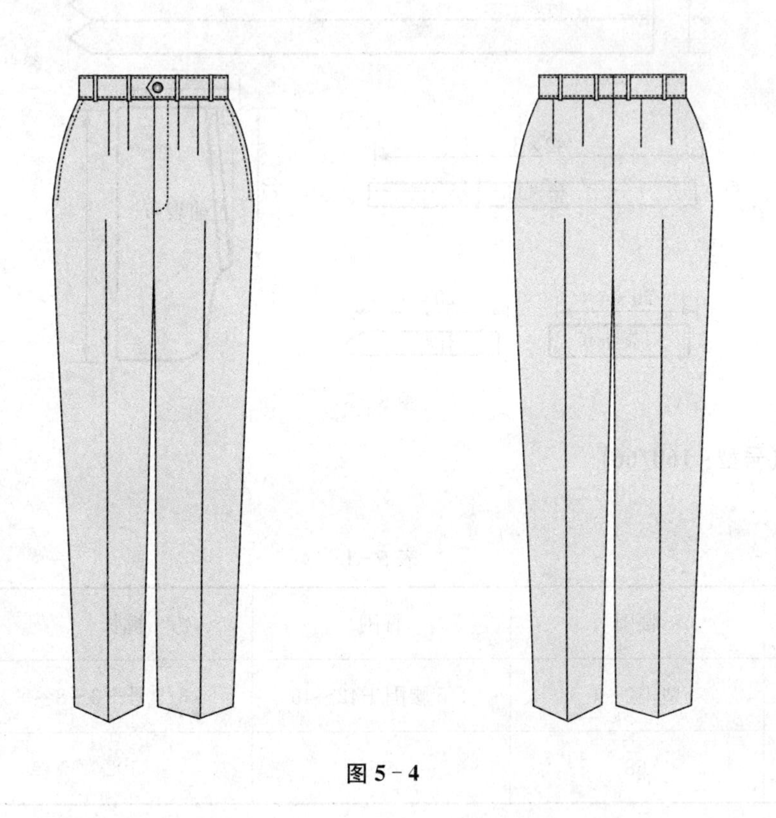

图5-4

二、裁剪图

如图 5－5 所示。

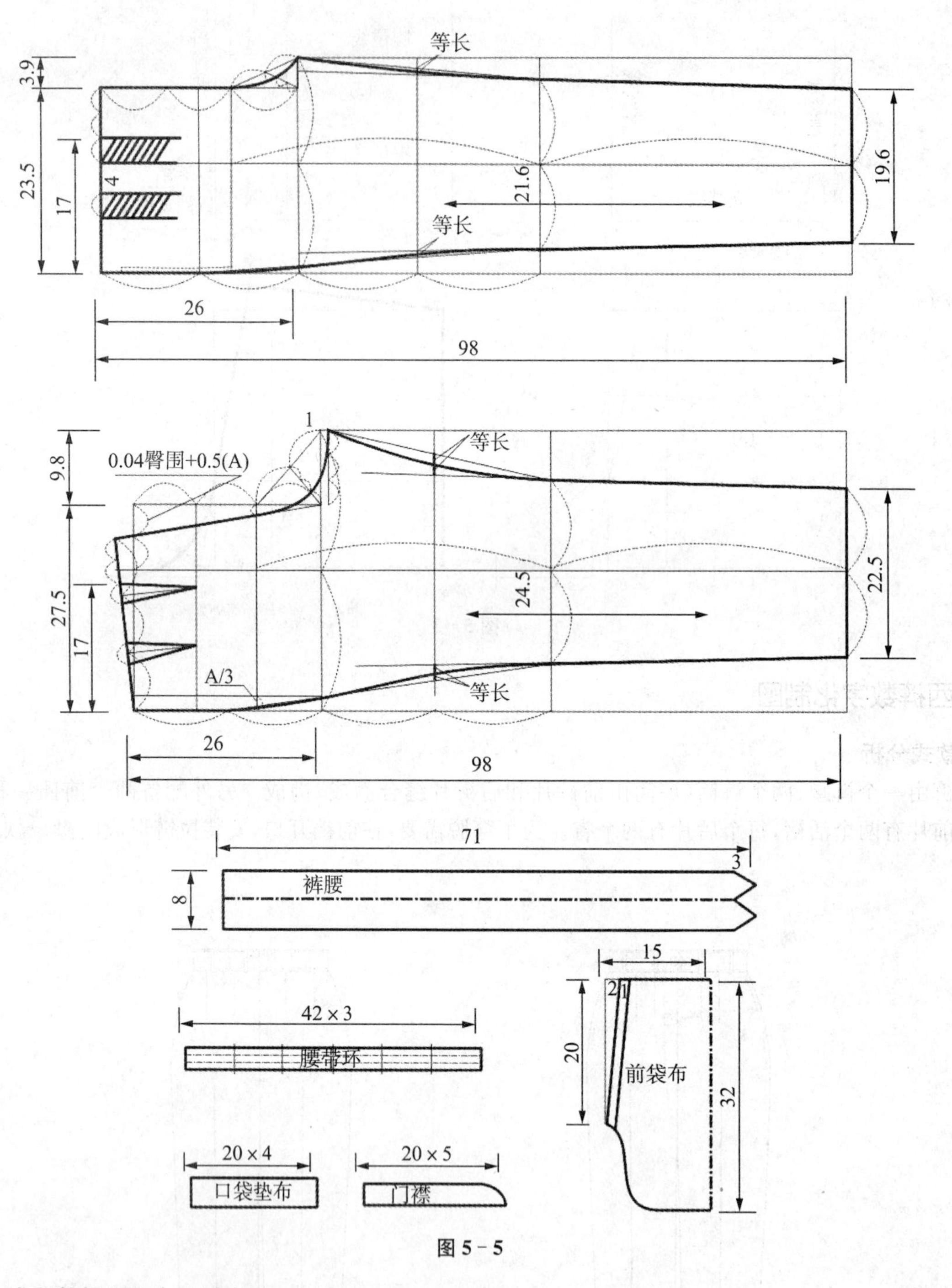

图 5－5

三、公式和数据(号型：160/66)

1. 规格数据

表 5－1

单位：cm

项目	腰围	臀围	裤长	腰宽
计算公式	型＋2～4	4/5 腰围＋42～46	3/5 号＋6～8	3～4
规格数据	68	98	102	4

2. 制图公式和数据

表 5-2

单位：cm

项目	前片公式	前片数据	后片公式	后片数据	裙腰公式	裙腰数据
裤长	裤长一腰宽	98	裤长一腰宽	98		
腰宽	腰围/4	17	腰围/4	17		
臀宽	臀围/4－1	23.5	臀围/4＋1	25.5		
后翘			0.025 臀围	2.45		
后裆斜度			0.04 臀围＋0.5	4.42		
后臀增减			后裆斜度/3	1.47		
立裆线	1.5/8 号一腰宽	26	1.5/8 号一腰宽	26		
裆宽	臀围/20－1	3.9	臀围/10	9.8		
中裆宽	臀围/5＋2	21.6	臀围/5＋5	24.6		
裤口宽	臀围/5	19.6	臀围/5＋3	22.6		
腰长					腰围＋搭门	71
腰宽					3～4	4
搭门宽					3～4	3

四、图纸的设置

图纸的设置包括：图纸规格的设置、图纸方向的设置、绘图单位的设置、绘图比例的设置等 4 项设置。根据绘图的要求，我们设置为：A4 图纸、竖向摆放、绘图单位为 cm、绘图比例为 1∶5。

五、前片的制图方法

1. 原点和辅助线设置：鼠标按在原点设置图标上，拖动鼠标，将其放置在图纸中左部适当的位置。通过辅助线设置对话框，参照制图数据，分别设置基本辅助线(图 5-6)。

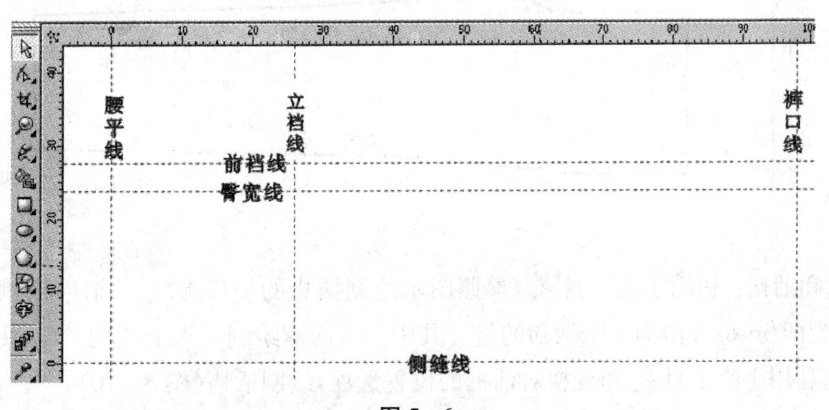

图 5-6

2. 绘制直线框图：单击交互式属性栏的对齐辅助线图标，使其具有吸附作用。参照辅助线，利用手绘工具，绘制一个多段、连续、封闭的直线框图(图 5-7)。

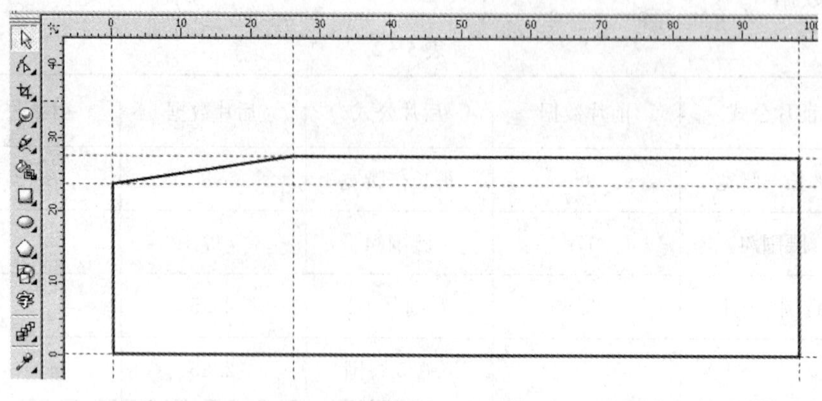

图 5－7

3．调整直线框图：首先绘制三等分线和两等分线。利用等分线确定臀位线的位置、中裆线的位置、挺缝线的位置。参照制图数据，利用两等分线确定中裆宽度和裤口宽度。然后利用形状工具，通过增加节点、移动节点的方法，调整直线框图的形状（图 5－8）。

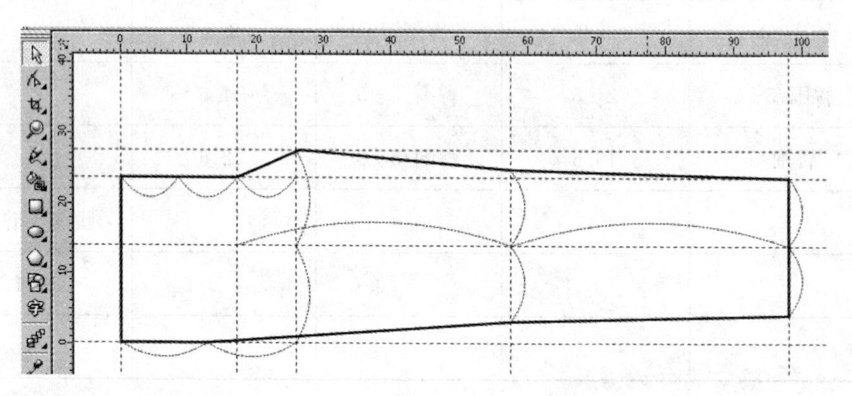

图 5－8

4．修画相关曲线：确定前裆线弯曲的参考点、下裆线和侧缝线上部弯曲的参考点。利用形状工具，分别将相关线段转换为曲线，拖动鼠标将其弯曲为流畅的曲线（图 5－9）。

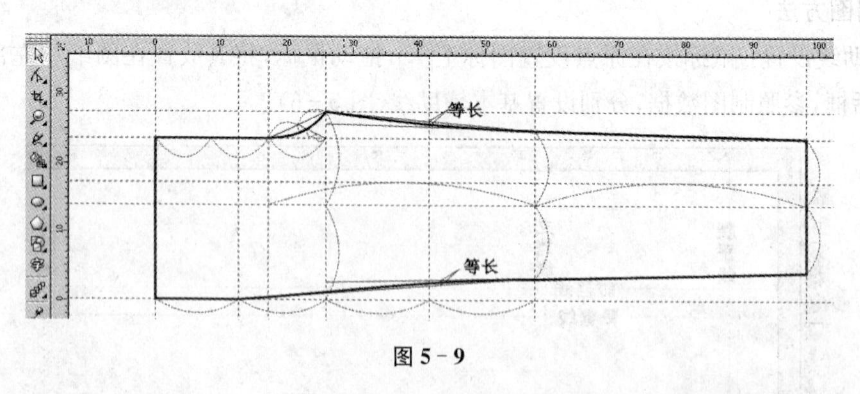

图 5－9

5．绘制前袋口和活褶：利用手绘工具，参照图示绘制插袋的袋口虚线。确定前片腰宽和腰臀差，利用等分线将腰臀差分为两份，每一份为一个活褶的量。其中一个活褶绘制在挺缝线的上部，另一个活褶绘制在距离挺缝线 4 cm 处。利用手绘工具和变换对话框的位置选项，绘制活褶（图 5－10）。

6．相关标注：一个完整的数据标注包括：起止线、尺寸线、箭头和数据四项要素。利用手绘工具，通过交互式属性栏的轮廓和样式选项，分别绘制各个数据标注，绘制经线方向标注（图 5－11）。

六、后片的制图方法

后片制图参考前片制图方法（图 5－12～图 5－17）。

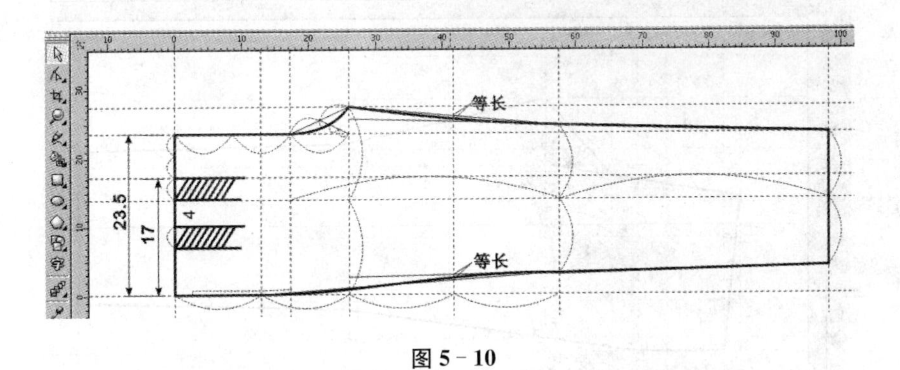

图 5－10

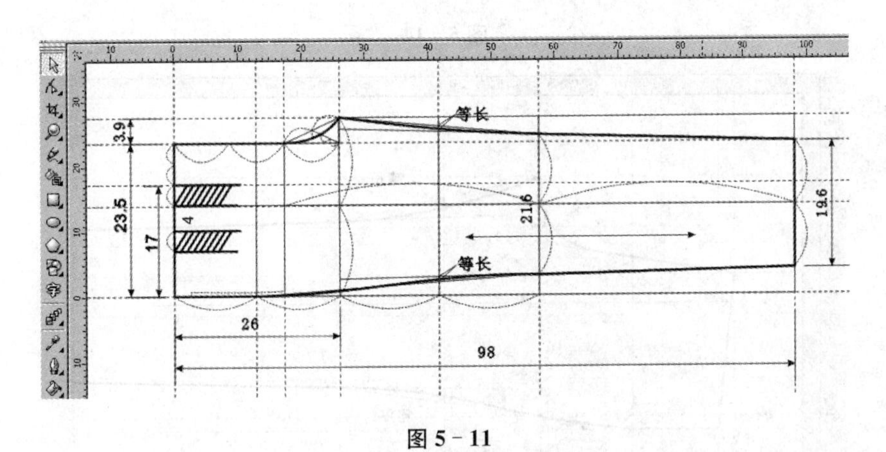

图 5－11

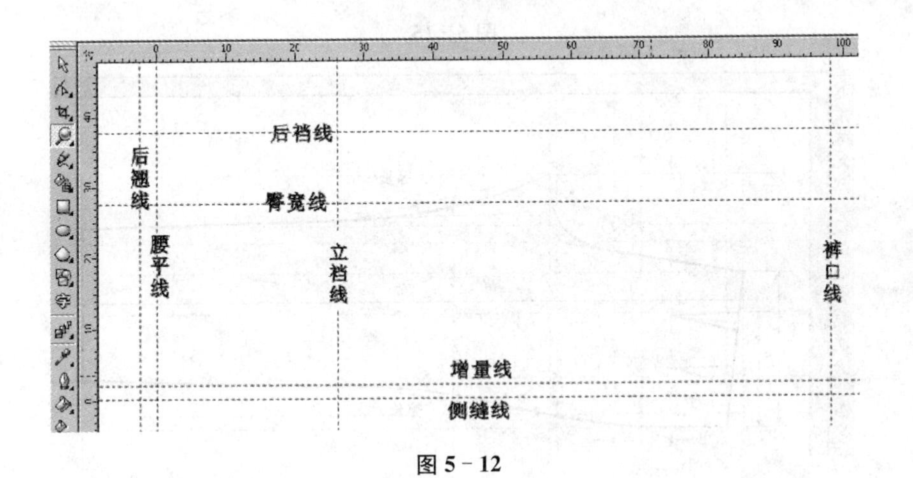

图 5－12

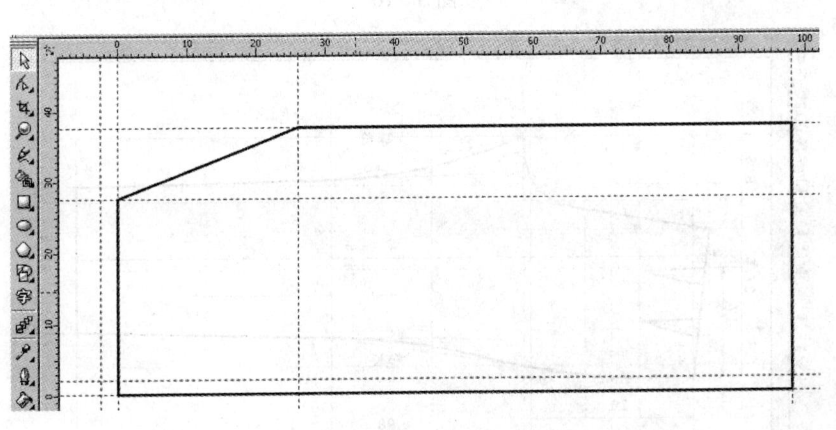

图 5－13

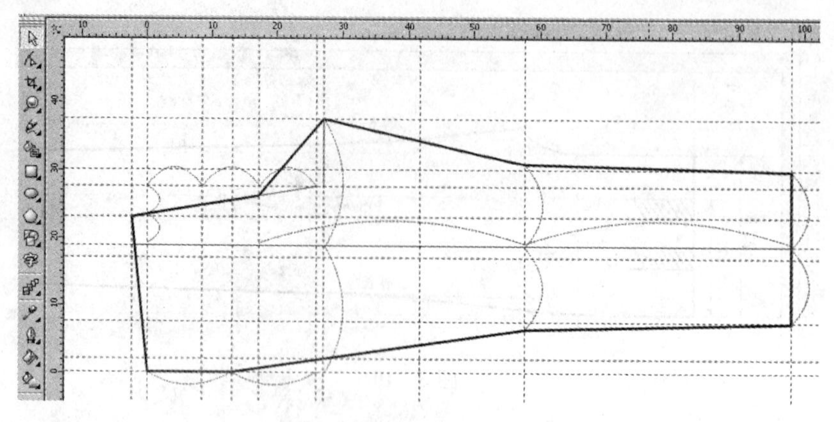

图 5-14

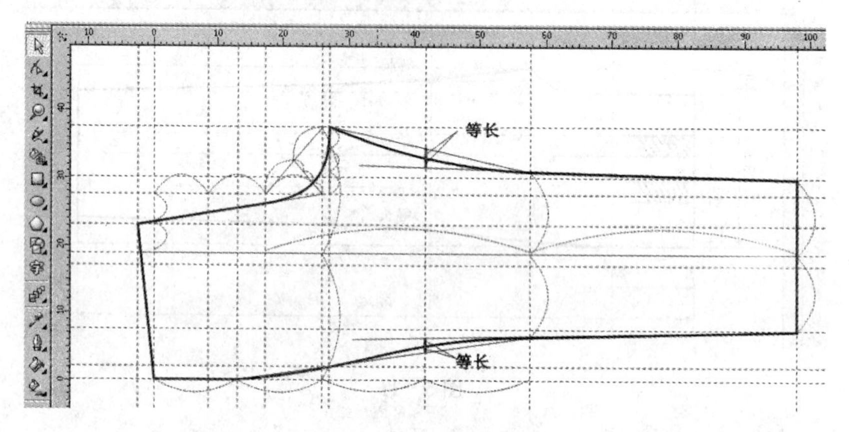

图 5-15

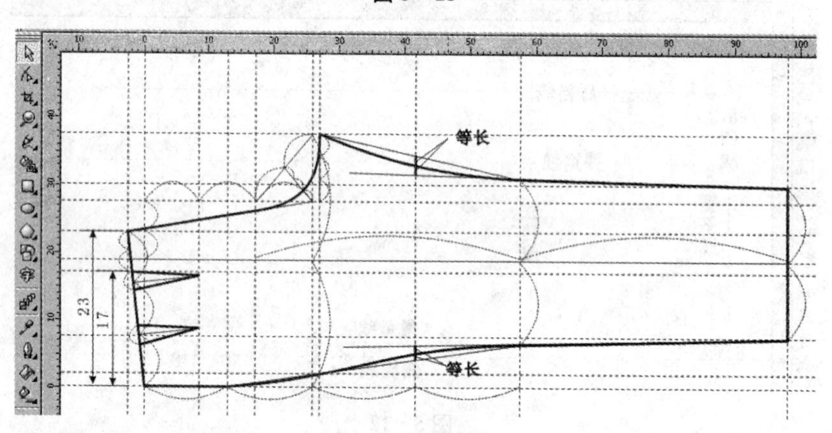

图 5-16

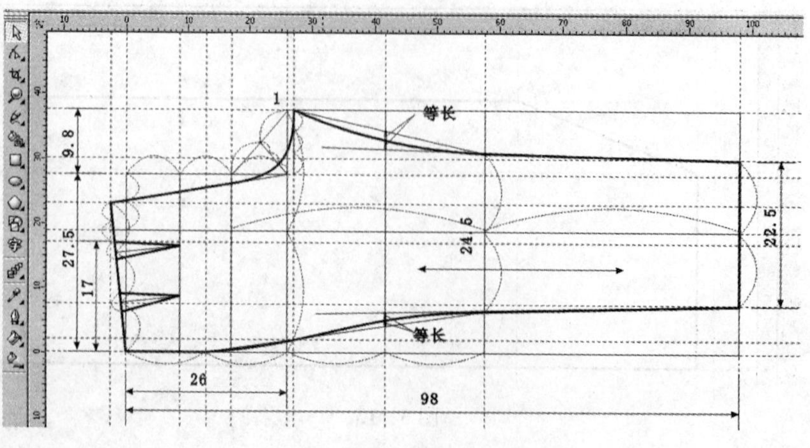

图 5-17

七、其他部件制图

除了前裤片和后裤片外，还有其他部件包括：裤腰、腰带环、门襟、前袋布和前袋垫布等。参照制图数据，利用手绘工具和形状工具，并通过交互式属性栏的轮廓和样式选项，分别绘制其他部件裁剪图（图5－18）。

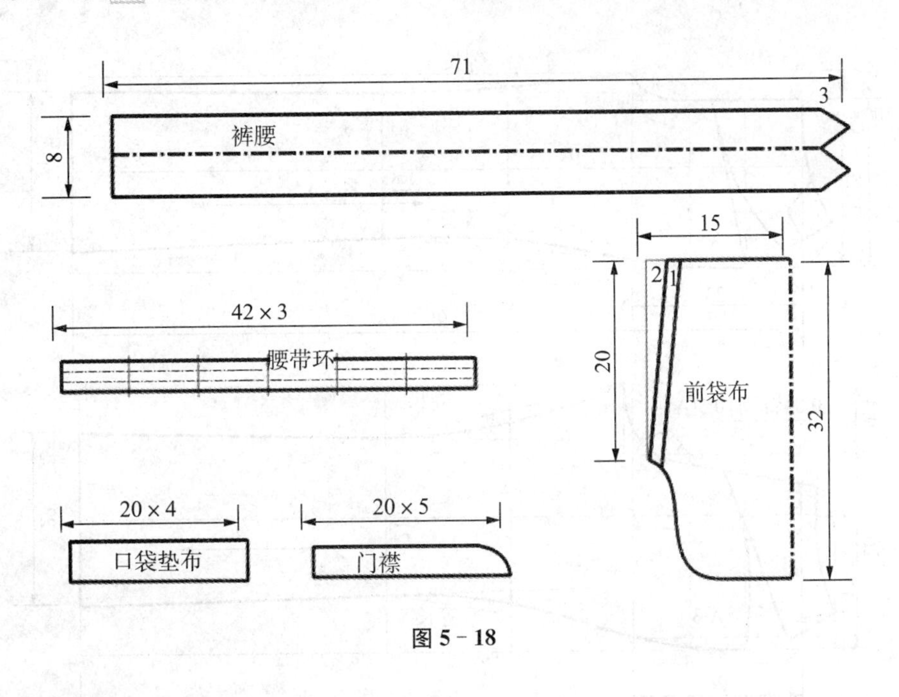

图5－18

5.3 牛仔裤数字化制图

一、款式分析

牛仔裤由一个裤腰、两个裤筒（裤筒由前裤片和后裤片缝合而成）构成，裤筒上部设计分割线。另外配备两个前插袋、两个后贴袋和6个腰带环。为了穿脱需要，在前裆开口，安装拉链形成门襟。款式如图5－19所示。

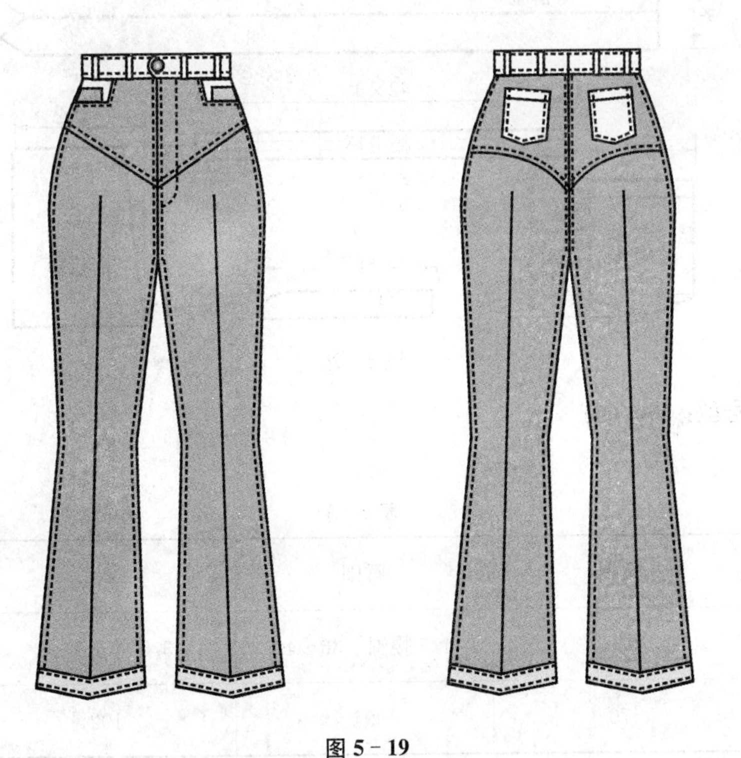

图5－19

二、裁剪图

如图 5－20 所示。

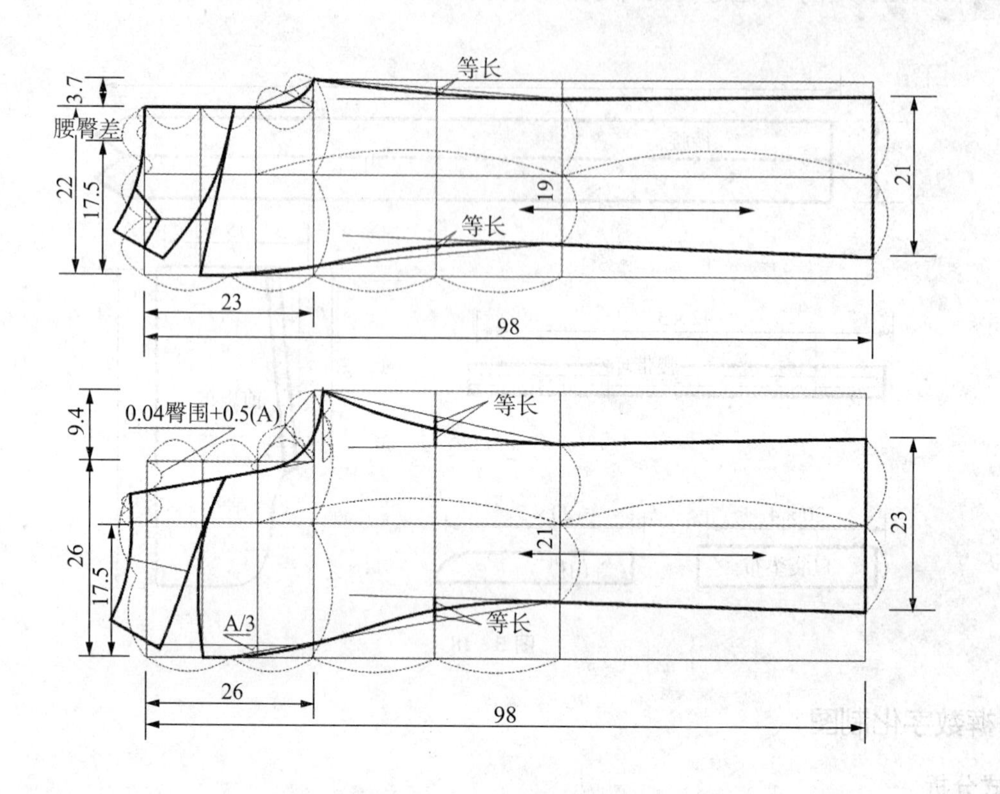

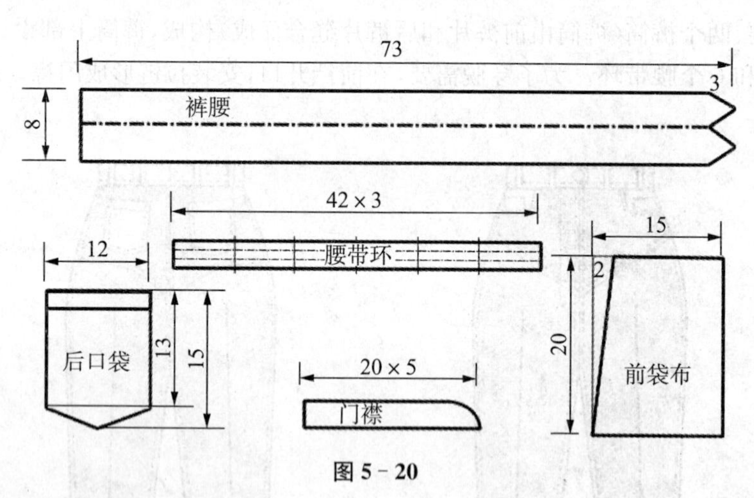

图 5－20

三、公式和数据(号型：160/66)

1. 规格数据

表 5－3

单位：cm

项目	腰围	臀围	裤长	腰宽
计算公式	型＋4	4/5 腰围＋36～40	3/5 号＋6～8	3～4
规格数据	70	94	102	4

2. 制图公式和数据

表 5-4

单位：cm

项目	前片公式	前片数据	后片公式	后片数据	裙腰公式	裙腰数据
裤长	裤长—腰宽	98	裤长—腰宽	98		
腰宽	腰围/4	17.5	腰围/4	17.5		
项目	前片公式	前片数据	后片公式	后片数据	裙腰公式	裙腰数据
臀宽	臀围/4－1	22	臀围/4＋1	24		
立裆线	1.35/8 号－腰宽	23	1.35/8 号－腰宽	23		
后翘			0.025 臀围	2.35		
后裆斜度			0.04 臀围＋0.5	4.26		
后臀增减			后裆斜度/3	1.42		
裆宽	臀围/20－1	3.7	臀围/10	9.4		
中裆宽	臀围/5＋1	19	臀围/5＋3	21		
裤口宽	臀围/5＋2	21	臀围/5＋5	23		
腰长					腰围＋搭门	71
腰宽					3～4	4
搭门宽					3～4	3

四、图纸的设置

图纸的设置包括：图纸规格的设置、图纸方向的设置、绘图单位的设置、绘图比例的设置等 4 项设置。根据绘图的要求，我们设置为：A4 图纸、竖向摆放、绘图单位为 cm、绘图比例为 1∶5。

五、牛仔裤前片的制图方法

1. 原点和辅助线设置：鼠标按在原点设置图标上，拖动鼠标，将其放置在图纸中左部适当的位置。通过辅助线设置对话框，参照制图数据，分别设置基本辅助线（图 5-21）。

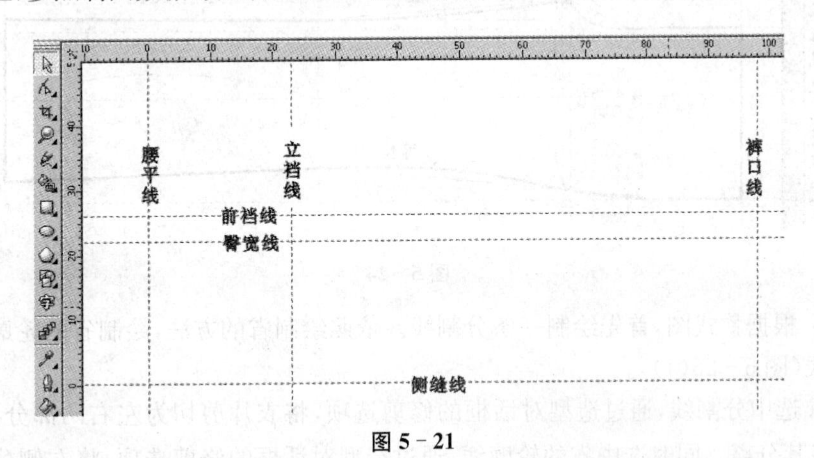

图 5-21

2. 绘制直线框图：单击交互式属性栏的对齐辅助线图标，使其具有吸附作用。参照辅助线，利用手绘工具，绘制一个多段、连续、封闭的直线框图（图 5-22）。

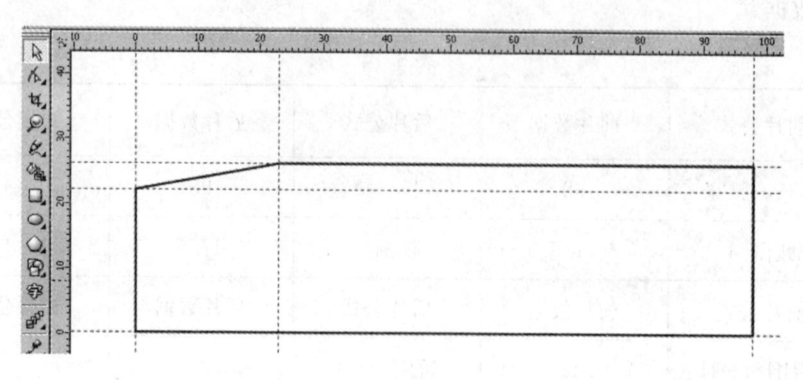

图 5－22

3. 调整直线框图：首先绘制三等分线和两等分线。利用等分线确定臀位线的位置、中裆线的位置、挺缝线的位置。参照制图数据，利用两等分线确定中裆宽度和裤口宽度。然后利用形状工具，通过增加节点、移动节点的方法，调整直线框图的形状(图 5－23)。

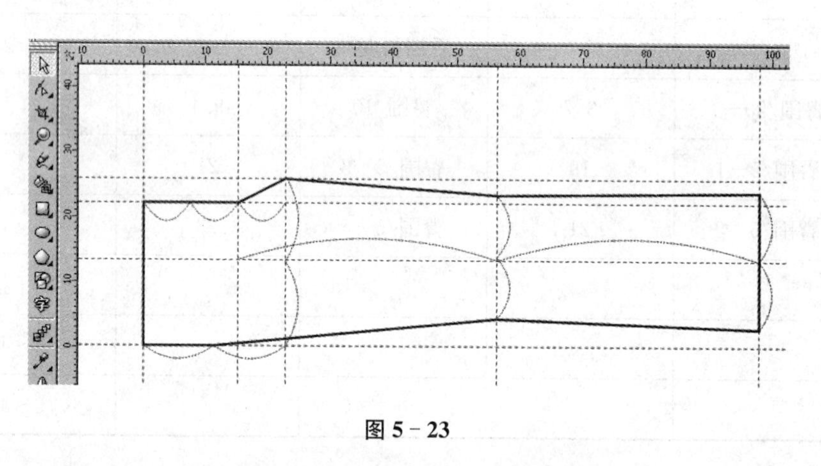

图 5－23

4. 修画相关曲线：确定前裆线弯曲的参考点、下裆线和侧缝线上部弯曲的参考点。利用形状工具，分别将相关线段转换为曲线，拖动鼠标将其弯曲为流畅的曲线(图 5－24)。

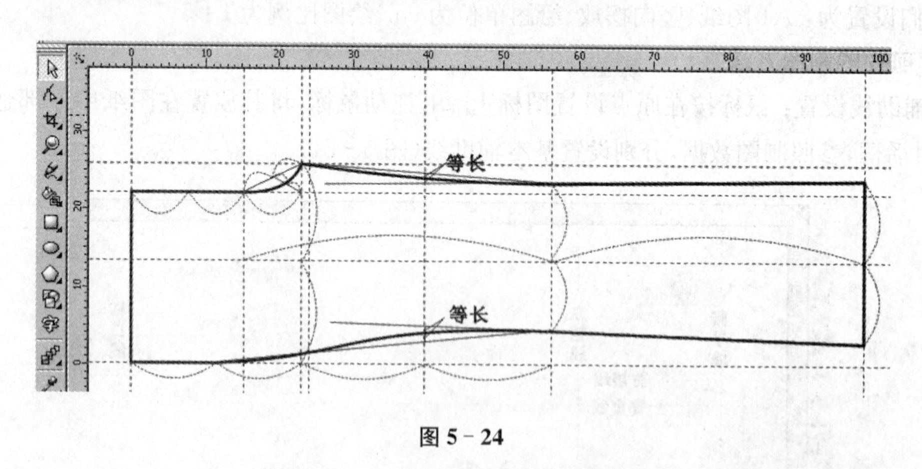

图 5－24

5. 绘制分割线：根据款式图，首先绘制一条分割线。依照绘制省的方法，绘制省的轮廓线。注意这些线条都要超出衣片轮廓线(图 5－25(1))。

利用挑选工具选中分割线，通过造型对话框的修剪选项，将衣片剪切为左右两部分，并单击交互式属性栏的拆分图标，将其分离。同时选中省的轮廓线，通过造型对话框的修剪选项，将左侧分割片再分割为 5 个部分，包括：三个分割片和两个省。并单击交互式属性栏的拆分图标，将其分离(图 5－25(2))。

利用挑选工具，选中并删除两个省。同时选中分割片下部的两个部分，再单击一次鼠标，使其处于旋转

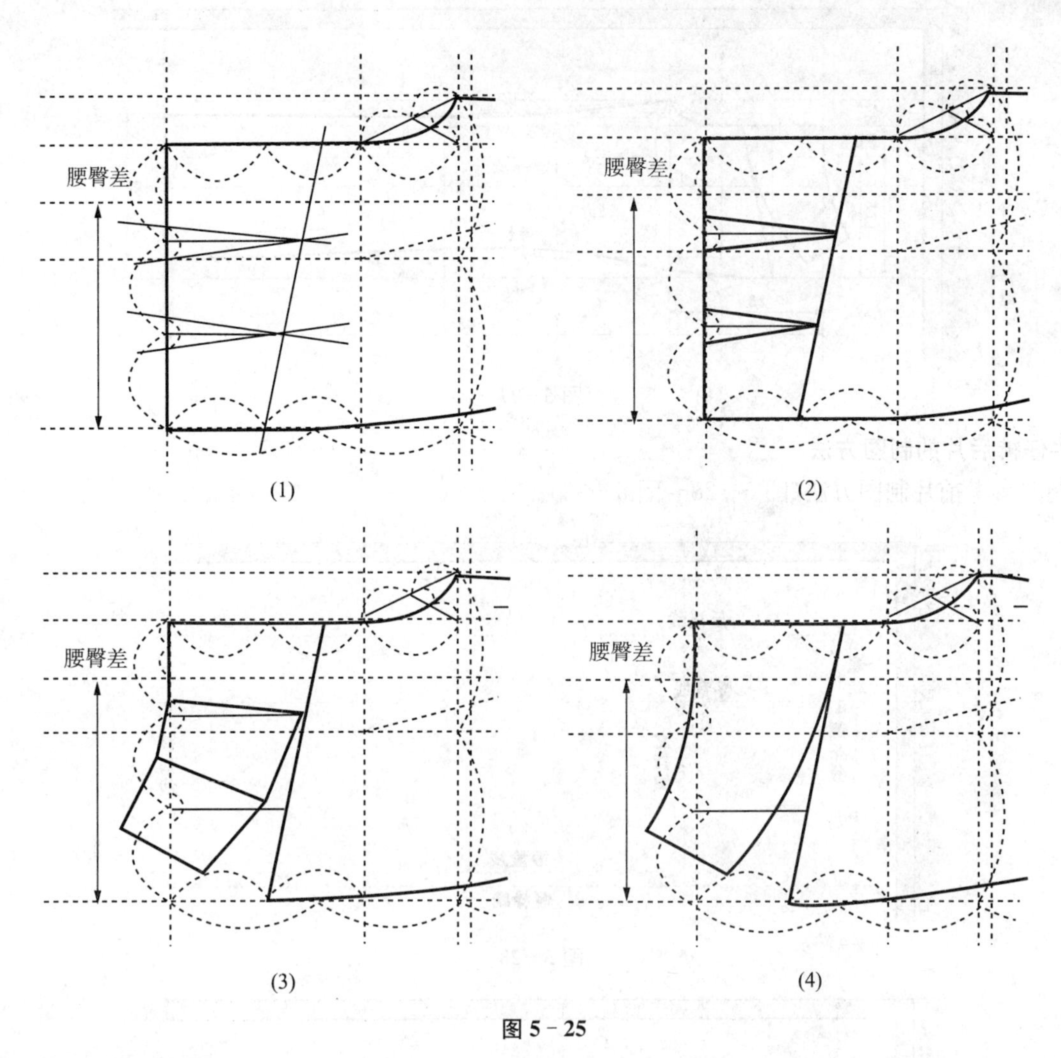

图 5－25

状态，将旋转中心移动到选中图形的右上角，拖动旋转控制柄，使其逆时针旋转，将第一个省合并。利用同样的方法，将第二个省合并(图 5－25(3))。

利用挑选工具，同时选中分割片的三个部分，单击交互式属性栏的结合图标，将其结合为一个图形。利用形状工具，通过增加节点、选中节点、删除节点的方法，删除多余的线条。利用形状工具，选中并删除分割片中间的所有节点，调整分割片的轮廓形状，使其圆顺流畅(图 5－25(4))。

6. 绘制前插袋：利用手绘工具，参照图示绘制插袋的袋口形状(图 5－26)。

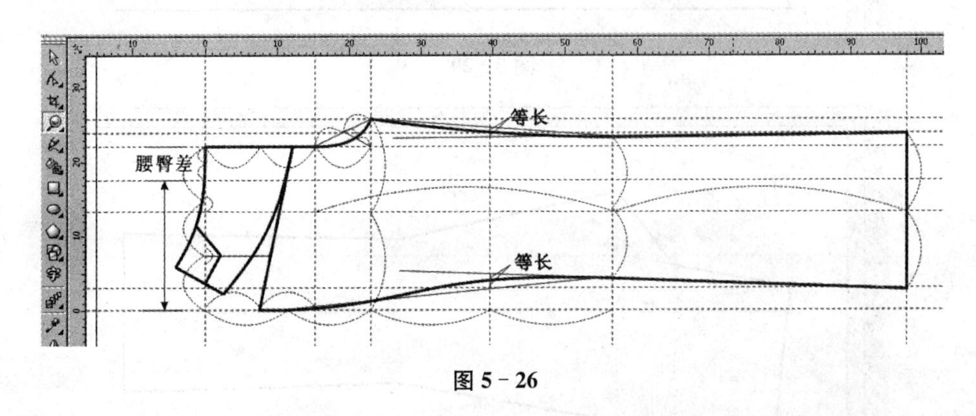

图 5－26

7. 相关标注：一个完整的数据标注包括：起止线、尺寸线、箭头和数据四项要素。利用手绘工具，通过交互式属性栏的轮廓和样式选项，分别绘制各个数据标注，绘制经线方向标注(图 5－27)。

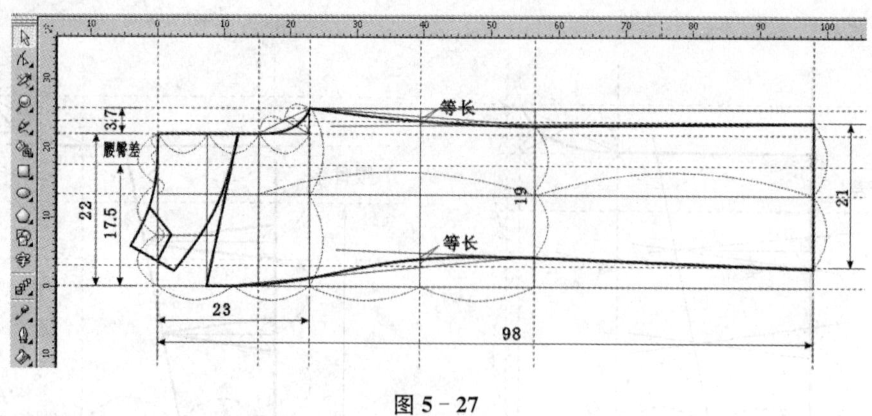

图 5－27

六、牛仔裤后片的制图方法

后片制图参考前片制图方法(图 5－28～图 5－33)。

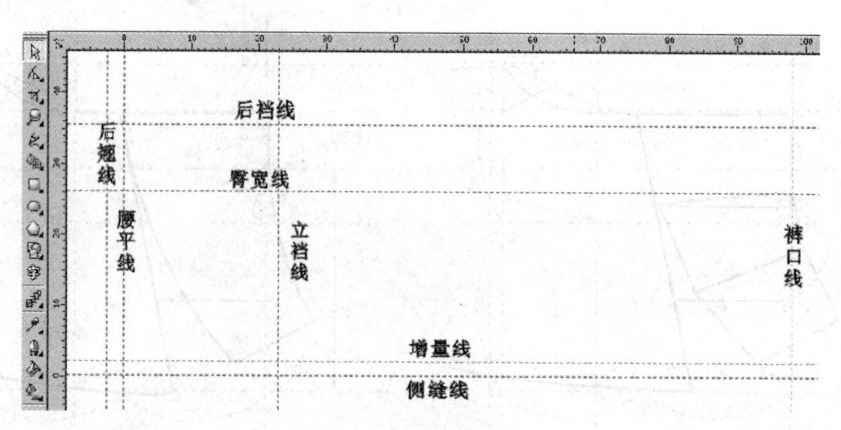

图 5－28

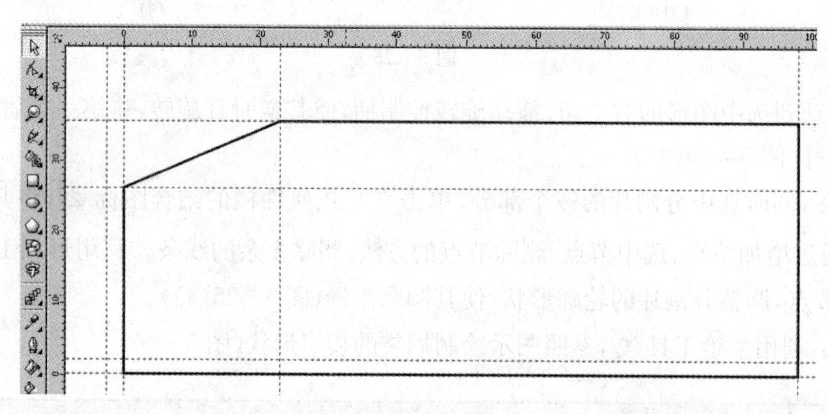

图 5－29

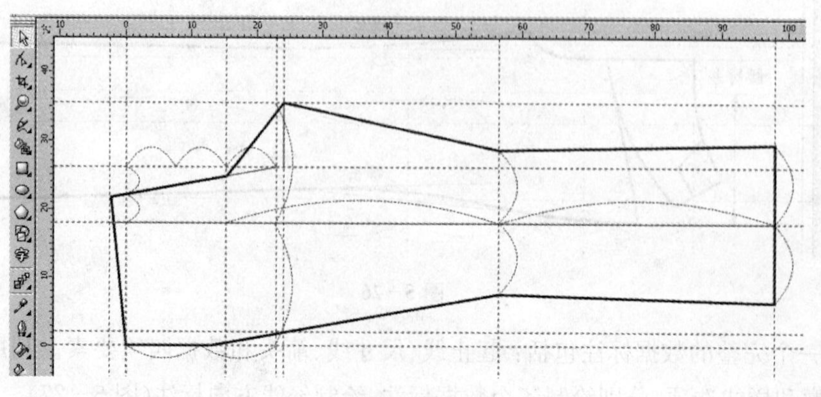

图 5－30

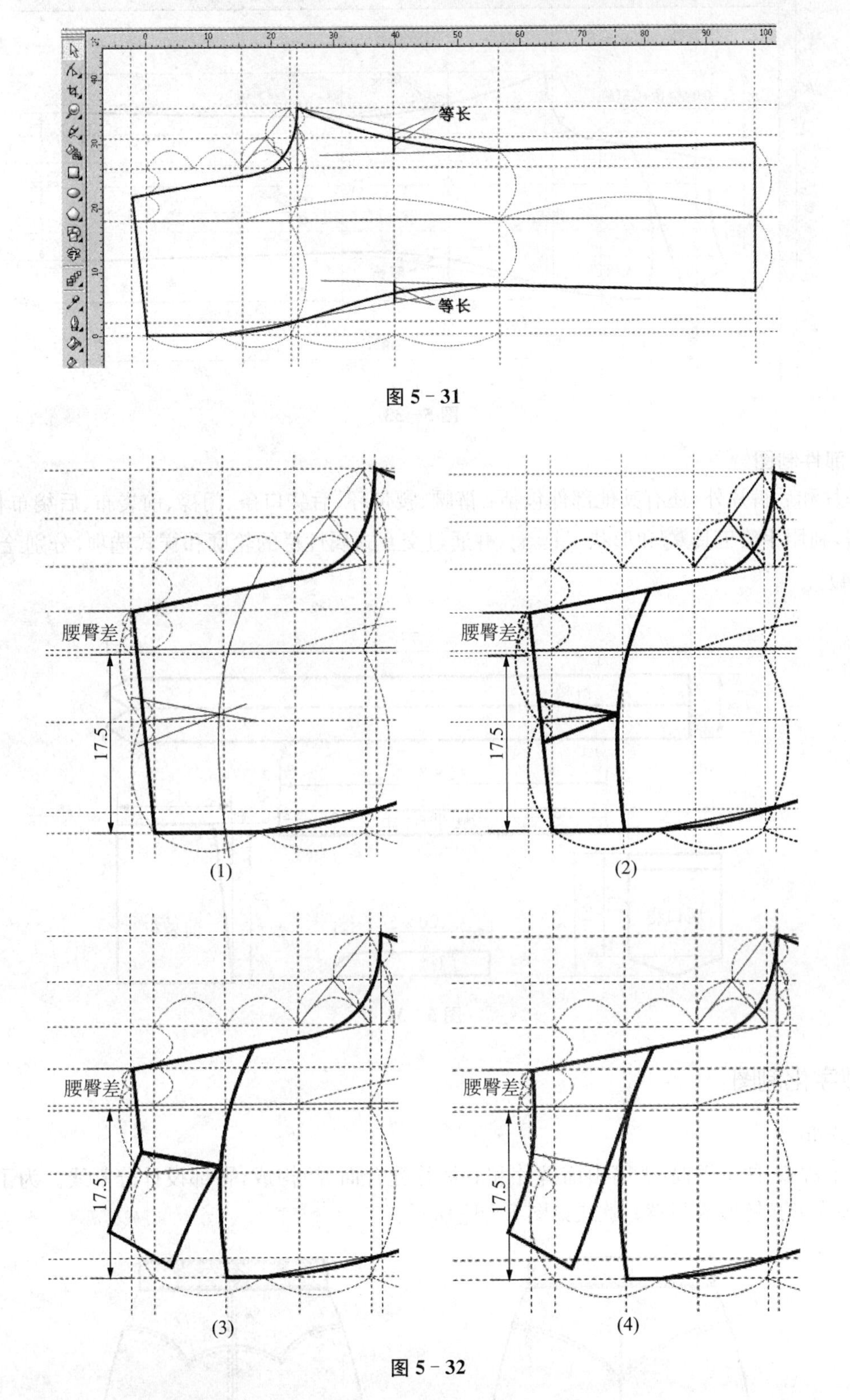

图 5－31

图 5－32

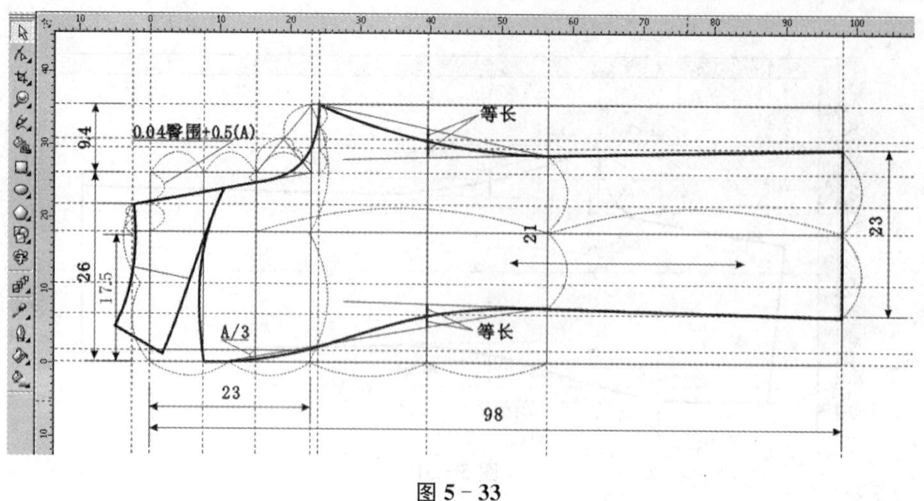

图 5-33

七、其他部件制图

除了前裤片和后裤片外，还有其他部件包括：裤腰、腰带环、后袋口条、门襟、前袋布、后袋布和前袋垫布等。参照制图数据，利用手绘工具和形状工具，并通过交互式属性栏的轮廓和样式选项，分别绘制其他部件裁剪图(图 5-34)。

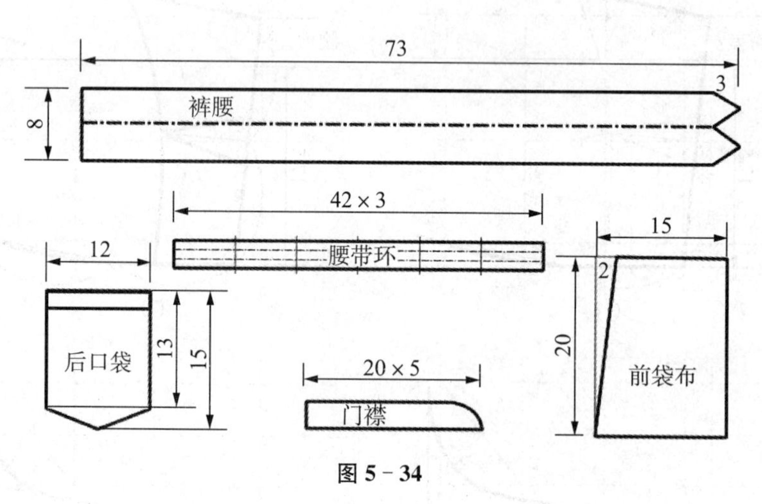

图 5-34

5.4 裙裤数字化制图

一、款式分析

裙裤由一个裤腰、两个裤筒(裤筒由前裤片和后裤片缝合而成)构成，臀部设计分割线。为了穿脱需要，在后裆开口，安装隐形拉链形成门襟。款式如图 5-35 所示。

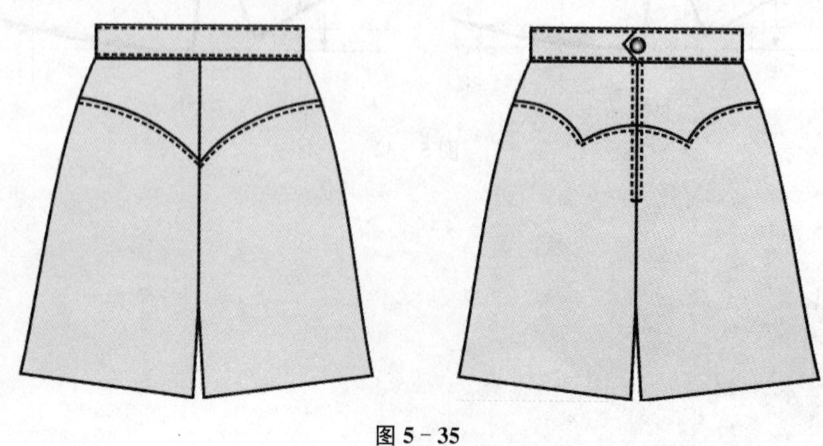

图 5-35

二、裁剪图

如图 5－36 所示。

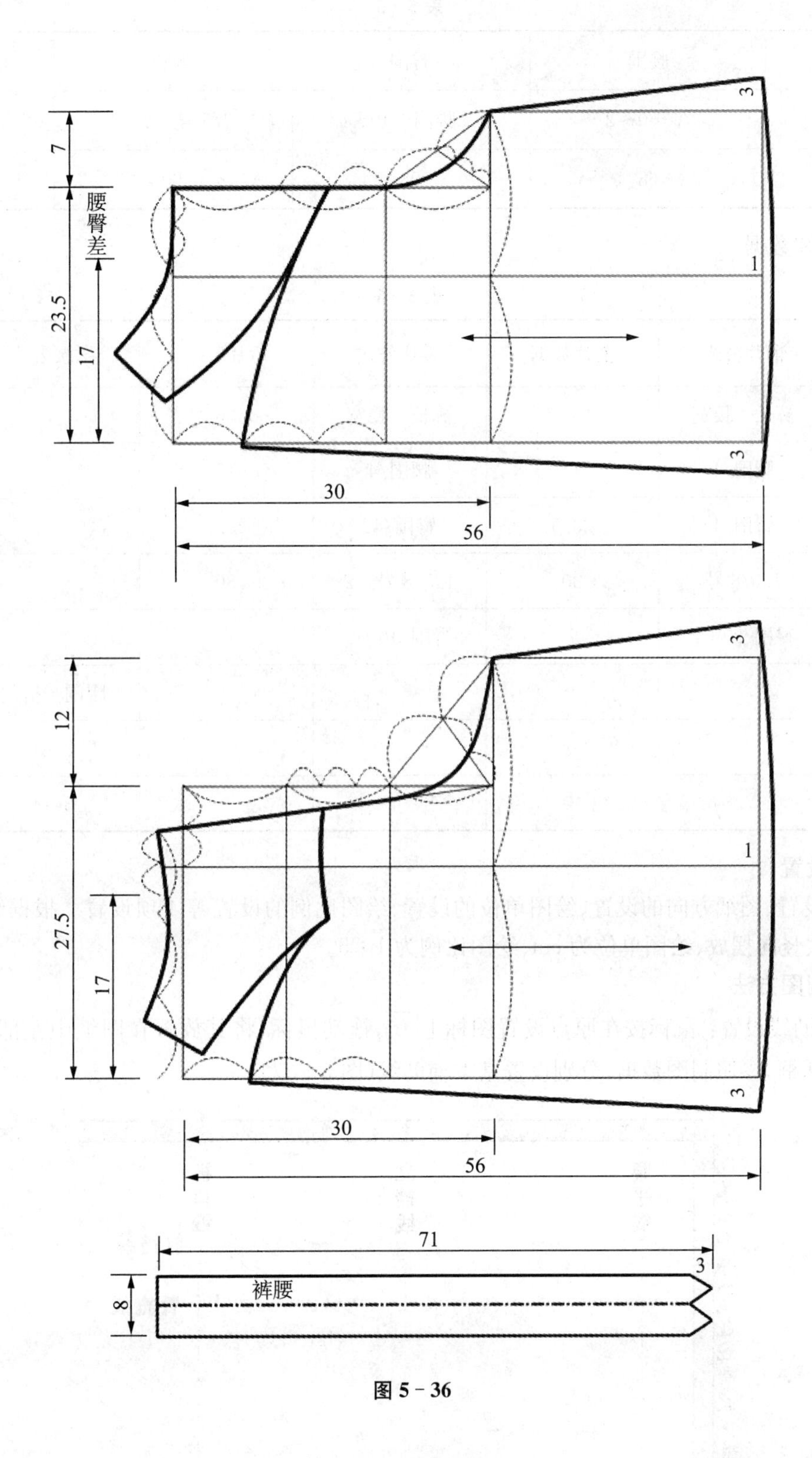

图 5－36

三、公式和数据(号型：160/66)

1. 规格数据

表 5-5

单位：cm

项目	腰围	臀围	裤长	腰宽
计算公式	型+0～2	4/5 腰围+40～44	2/5 号-2～6	3～4
规格数据	68	98	60	4

2. 制图公式和数据

表 5-6

单位：cm

项目	前片公式	前片数据	后片公式	后片数据	裙腰公式	裙腰数据
裤长	裤长—腰宽	56	裤长—腰宽	56		
腰宽	腰围/4	17	腰围/4	17		
臀宽	臀围/4	23.5	臀围/42	25.5		
立裆线	1.5/8 号	30	1.5/8 号-2	30		
裆宽	臀围/20+2	7	臀围/10+2	12		
腰长					腰围+搭门	71
腰宽					3～4	4
搭门宽					3～4	3

四、图纸的设置

图纸规格的设置、图纸方向的设置、绘图单位的设置、绘图比例的设置等 4 项设置。根据绘图的要求，我们设置为：A4 图纸、竖向摆放、绘图单位为 cm、绘图比例为 1∶5。

五、前片的制图方法

1. 原点和辅助线设置：鼠标按在原点设置图标上，拖动鼠标，将其放置在图纸中左部适当的位置。通过辅助线设置对话框，参照制图数据，分别设置基本辅助线(图 5-37)。

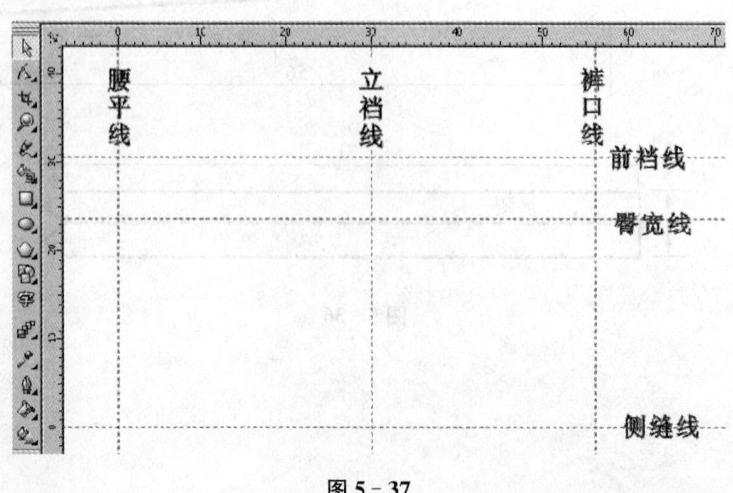

图 5-37

2. 绘制直线框图：单击交互式属性栏的对齐辅助线图标，使其具有吸附作用。参照辅助线，利用手绘工具，绘制一个多段、连续、封闭的直线框图(图 5－38)。

3. 调整直线框图：首先绘制三等分线和两等分线。利用等分线确定臀位线的位置、中档线的位置、挺缝线的位置。参照制图数据，利用两等分线确定中档宽度和裤口宽度。然后利用形状工具，通过增加节点、移动节点的方法，调整直线框图的形状(图 5－39)。

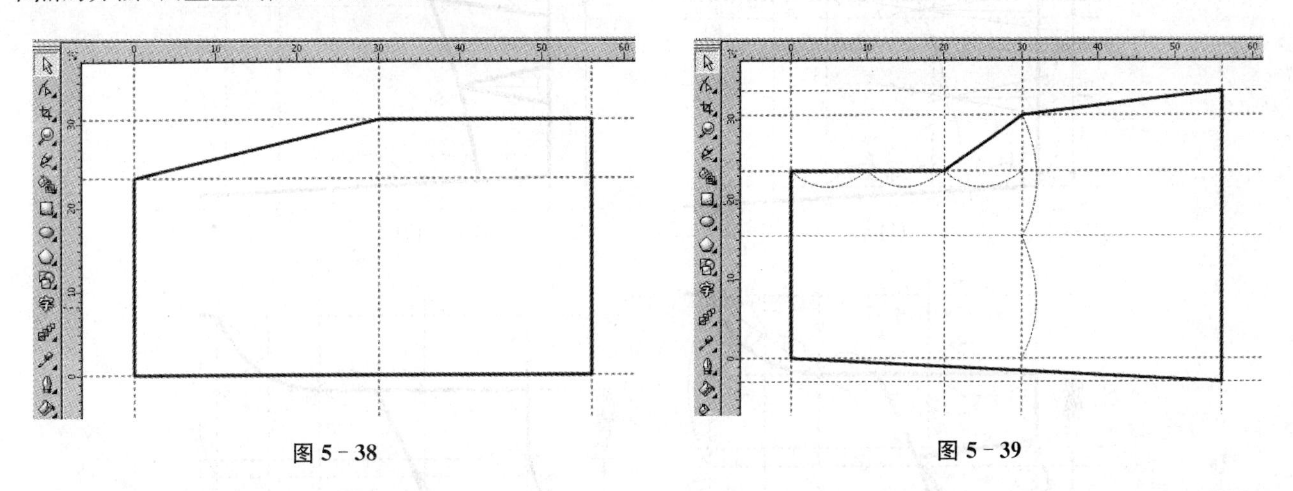

图 5－38　　**图 5－39**

4. 修画相关曲线：确定前裆线弯曲的参考点、下裆线和侧缝线上部弯曲的参考点。利用形状工具，分别将相关线段转换为曲线，拖动鼠标将其弯曲为流畅的曲线(图 5－40)。

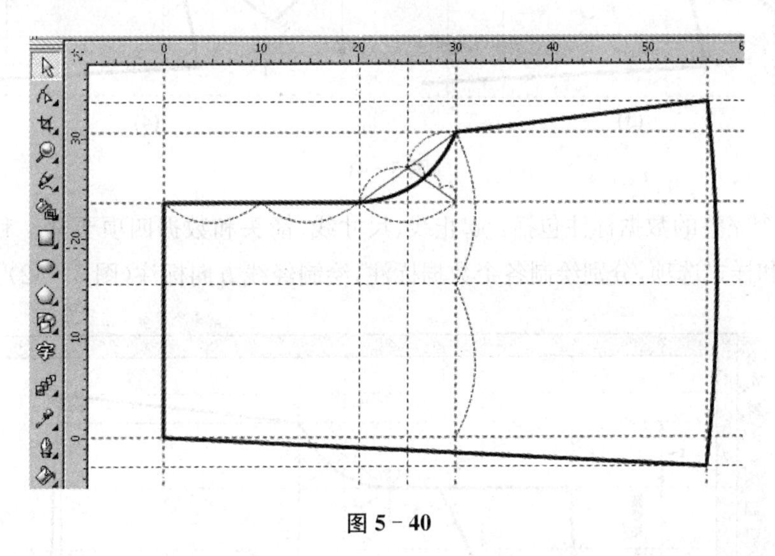

图 5－40

5. 绘制分割线：根据款式图，首先绘制一条分割线。依照绘制省的方法，绘制省的轮廓线。注意这些线条都要超出衣片轮廓线(图 5－41(1))。

利用挑选工具选中分割线，通过造型对话框的修剪选项，将衣片剪切为左右两部分，并单击交互式属性栏的拆分图标，将其分离。同时选中省的轮廓线，通过造型对话框的修剪选项，将左侧分割片再分割为 5 个部分，包括：三个分割片和两个省。并单击交互式属性栏的拆分图标，将其分离(图 5－41(2))。

利用挑选工具，选中并删除两个省。同时选中分割片下部的两个部分，再单击一次鼠标，使其处于旋转状态，将旋转中心移动到选中图形的右上角，拖动旋转控制柄，使其逆时针旋转，将第一个省合并。利用同样的方法，将第二个省合并(图 5－41(3))。

利用挑选工具，同时选中分割片的三个部分，单击交互式属性栏的结合图标，将其结合为一个图形。利用形状工具，通过增加节点、选中节点、删除节点的方法，删除多余的线条。利用形状工具，选中并删除分割片中间的所有节点，调整分割片的轮廓形状，使其圆顺流畅(图 5－41(4))。

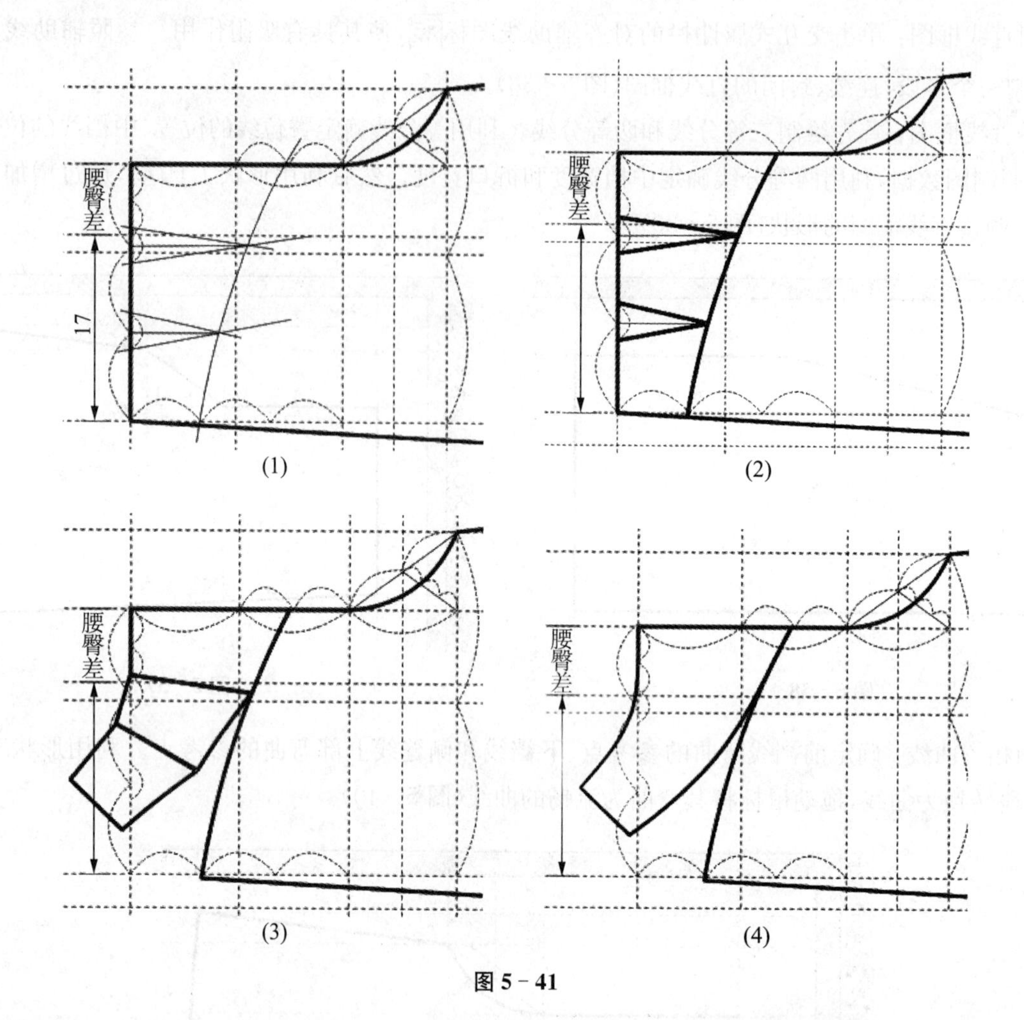

图 5－41

6. 相关标注：一个完整的数据标注包括：起止线、尺寸线、箭头和数据四项要素。利用手绘工具，通过交互式属性栏的轮廓和样式选项，分别绘制各个数据标注，绘制经线方向标注(图 5－42)。

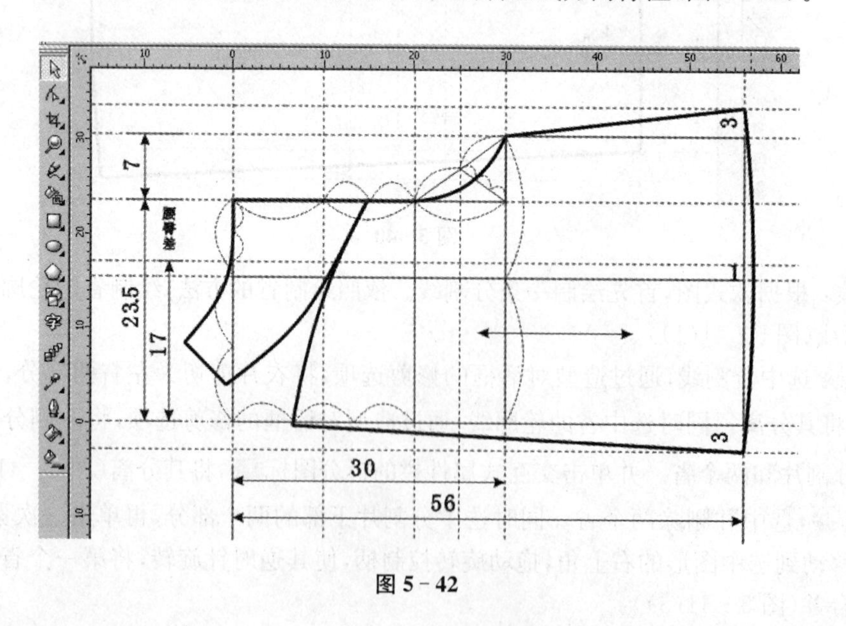

图 5－42

六、后片的制图方法

后片制图参考前片制图方法(图 5－43～图 5－48)。

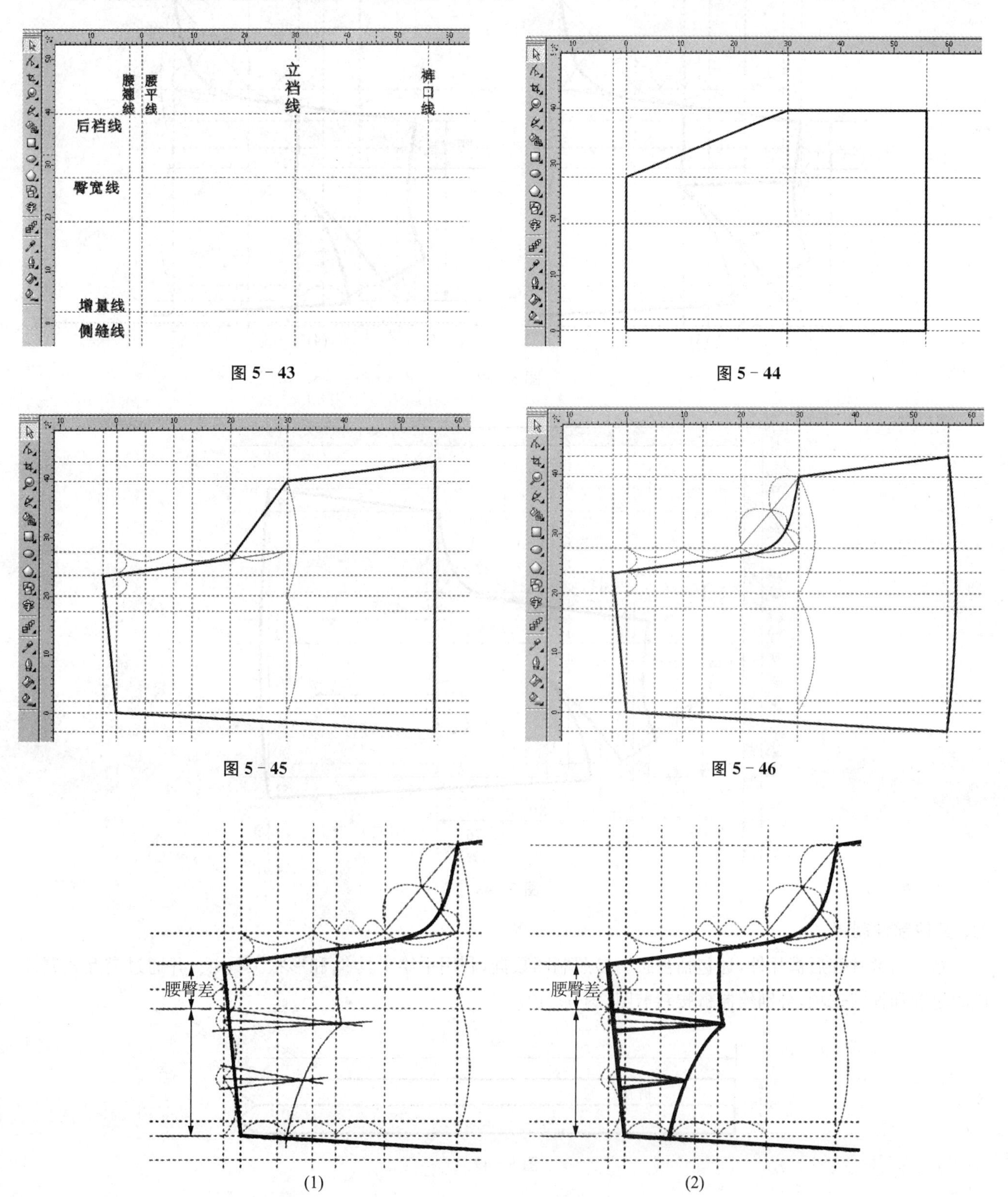

图 5－43

图 5－44

图 5－45

图 5－46

(1)

(2)

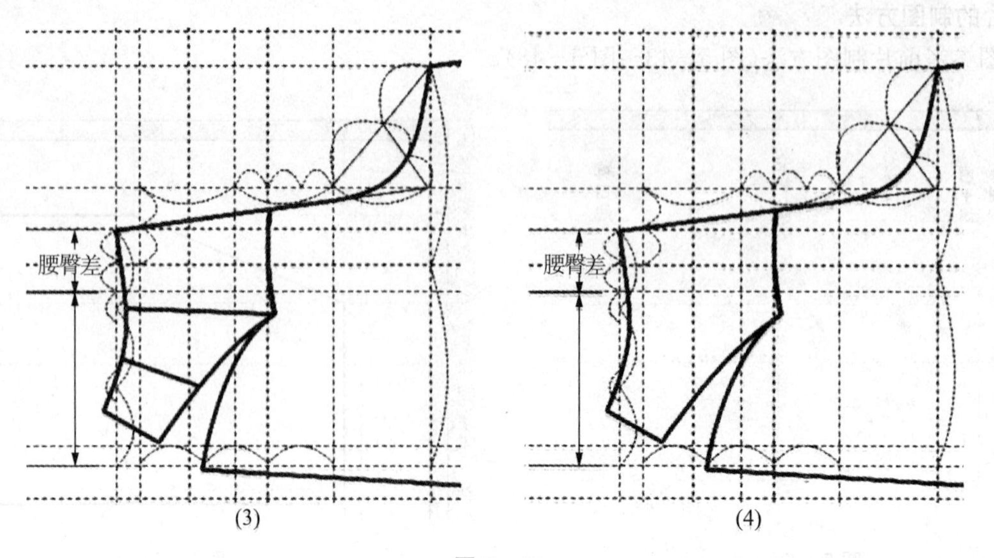

图 5－47

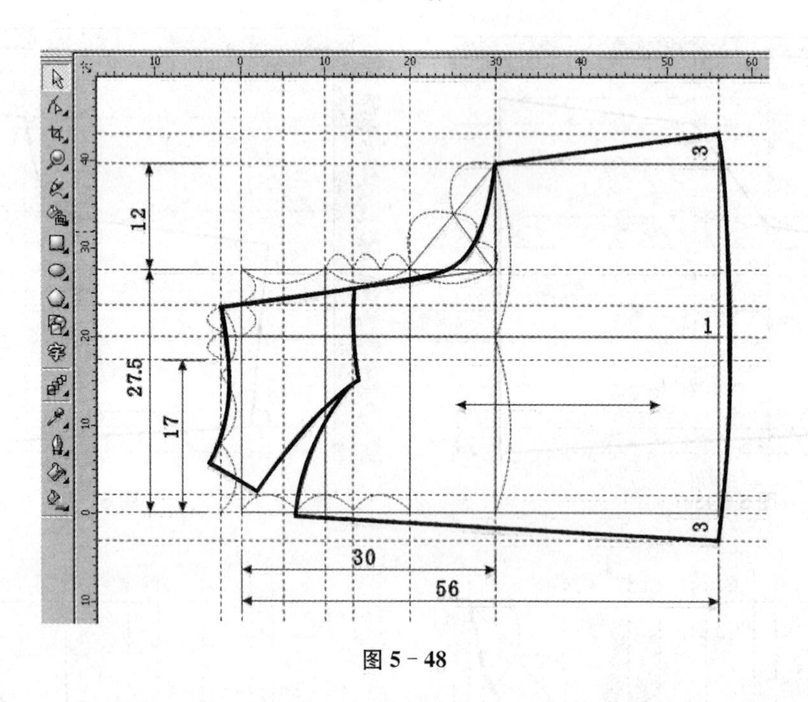

图 5－48

七、其他部件制图

除了前裤片和后裤片外，还包括裤腰。参照制图数据，利用手绘工具和形状工具，并通过交互式属性栏的轮廓和样式选项，分别绘制裤腰裁剪图(图 5－49)。

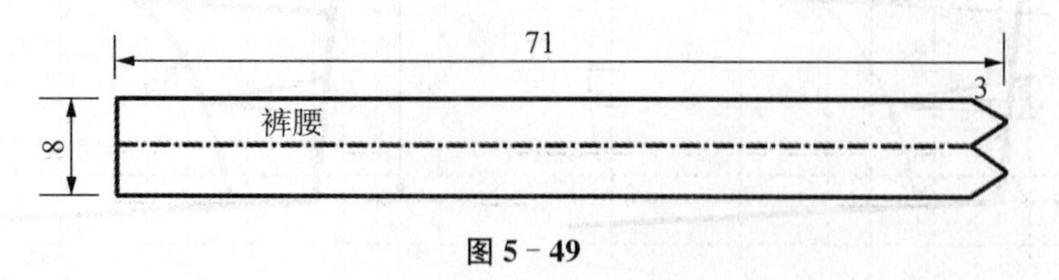

图 5－49

5.5 女短裤数字化制图

一、款式分析

短裤由一个裤腰、两个短裤筒(裤筒由前裤片和后裤片缝合而成)构成。另外配备两个前插袋、两个后挖袋和 6 个腰带环。每个前片有两个活褶，每个后片有两个省。为了穿脱需要，在前裆开口，安装拉链形成门襟。

短裤款式图如图 5－50 所示。

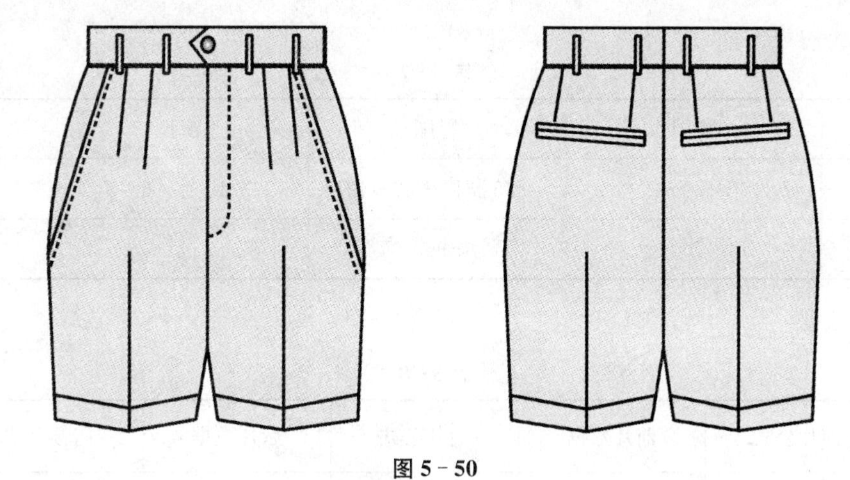

图 5－50

二、裁剪图

如图 5－51 所示。

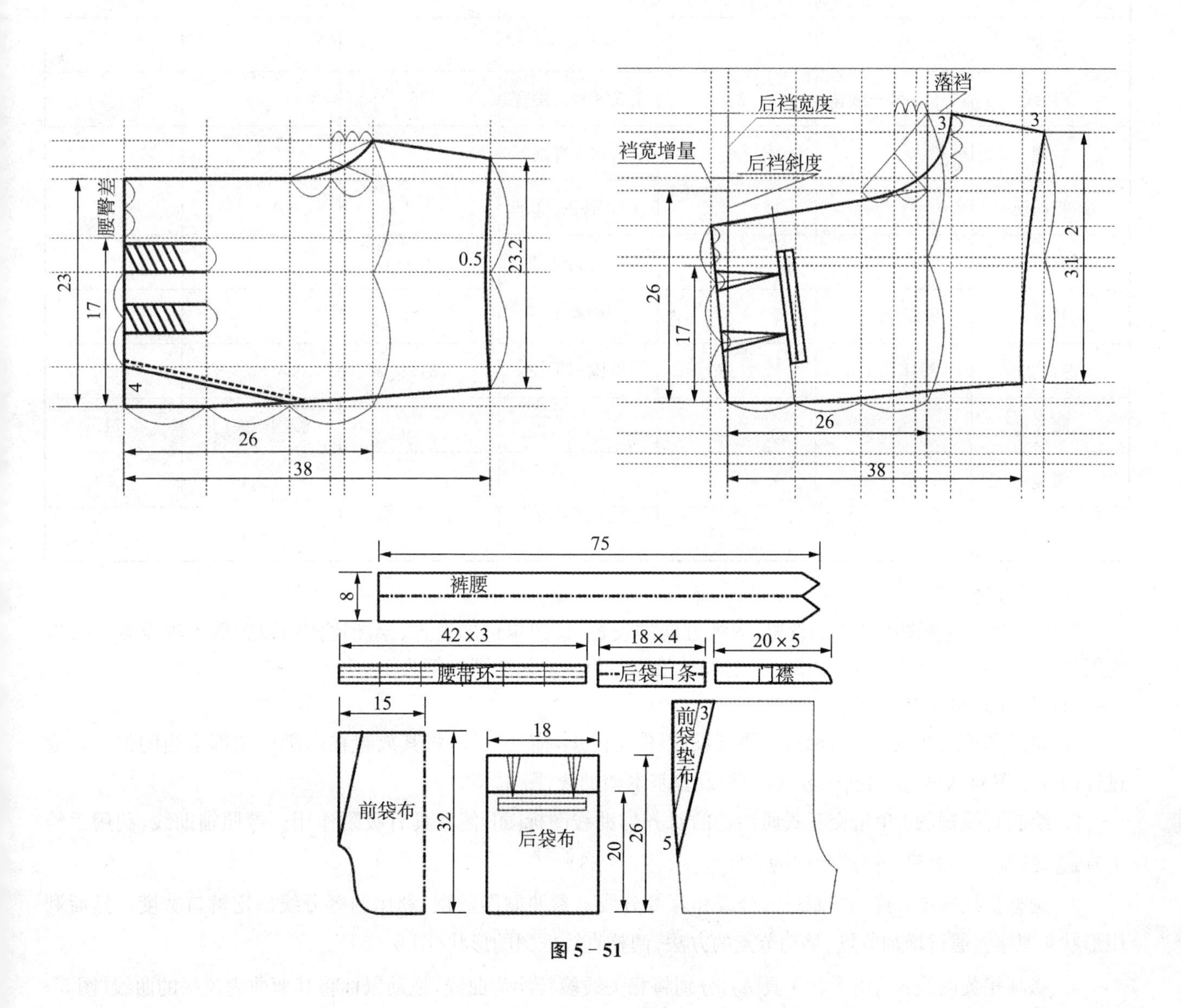

图 5－51

三、公式和数据(号型：160/66)

1. 规格数据

表 5－7

单位：cm

项目	腰围	臀围	裤长	腰宽
计算公式	型＋0～2	4/5 腰围＋38～42	3/10 号－6～8	3～4
规格数据	70	96	42	4

2. 制图公式和数据

表 5－8

单位：cm

项目	前片公式	前片数据	后片公式	后片数据	裙腰公式	裙腰数据
裤长	裤长—腰宽	38	裤长—腰宽	38		
腰宽	腰围/4	17	腰围/4	17		
臀宽	臀围/4－1	23	臀围/4＋1	25		
立裆线	1.5/8 号—腰宽	26	1.5/8 号—腰宽	26		
后翘			0.025 臀围	2.4		
后裆斜度			0.04 臀围＋0.5	4.3		
臀宽增量			后裆斜度/3	1.4		
裆宽	臀围/20－1	3.8	臀围/10	9.6		
裤口宽	臀围/5＋4	23.2	臀围/5＋12	31.2		
腰长					腰围＋搭门	71
腰宽					3～4	4
搭门宽					3～4	3

四、图纸的设置

图纸的设置包括图纸规格的设置、图纸方向的设置、绘图单位的设置、绘图比例的设置等 4 项设置。根据绘图的要求，我们设置为：A4 图纸、竖向摆放、绘图单位为 cm、绘图比例为 1∶5。

五、前片的制图方法

1. 原点和辅助线设置：鼠标按在原点设置图标上，拖动鼠标，将其放置在图纸中左部适当的位置。通过辅助线设置对话框，参照制图数据，分别设置基本辅助线(图 5－52)。

2. 绘制直线框图：单击交互式属性栏的对齐辅助线图标，使其具有吸附作用。参照辅助线，利用手绘工具，绘制一个多段、连续、封闭的直线框图(图 5－53)。

3. 调整直线框图：首先绘制三等分线和两等分线。参照制图数据，利用两等分线确定裤口宽度。然后利用形状工具，通过增加节点、移动节点的方法，调整直线框图的形状(图 5－54)。

4. 修画相关曲线：利用形状工具，分别将相关线段转换为曲线，拖动鼠标将其弯曲为流畅的曲线(图 5－55)。

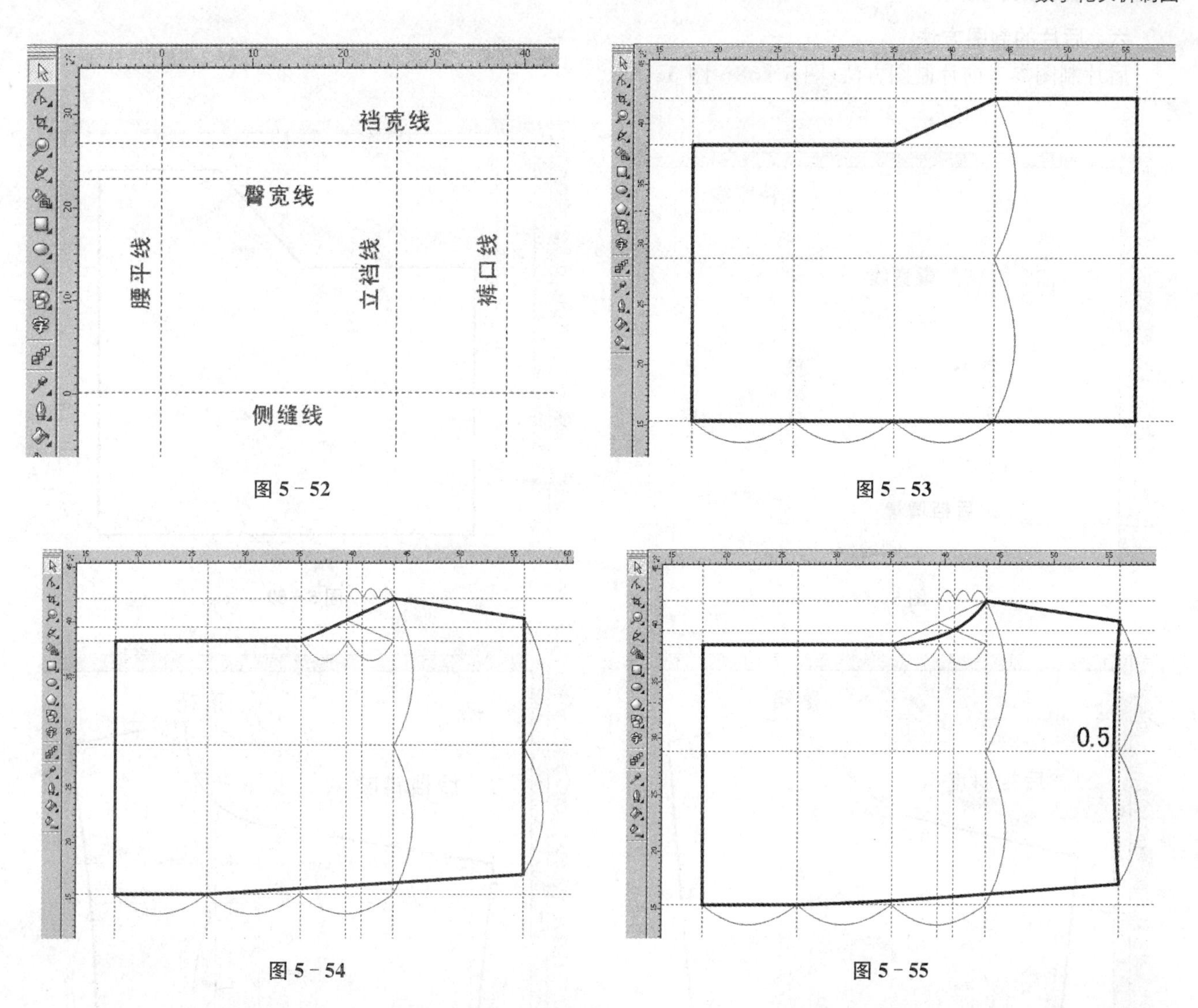

图 5－52

图 5－53

图 5－54

图 5－55

5. 绘制前袋口和活褶：利用手绘工具，参照图示绘制插袋的袋口虚线。确定前片腰宽和腰臀差，利用等分线将腰臀差分为两份，每一份为一个活褶的量。其中一个活褶绘制在挺缝线的上部，另一个活褶绘制在距离挺缝线 4 cm 处。利用手绘工具和变换对话框的位置选项，绘制活褶（图 5－56）。

6. 参照图示的方法，进行数据标注、文字标注和经线方向标注（图 5－57）。

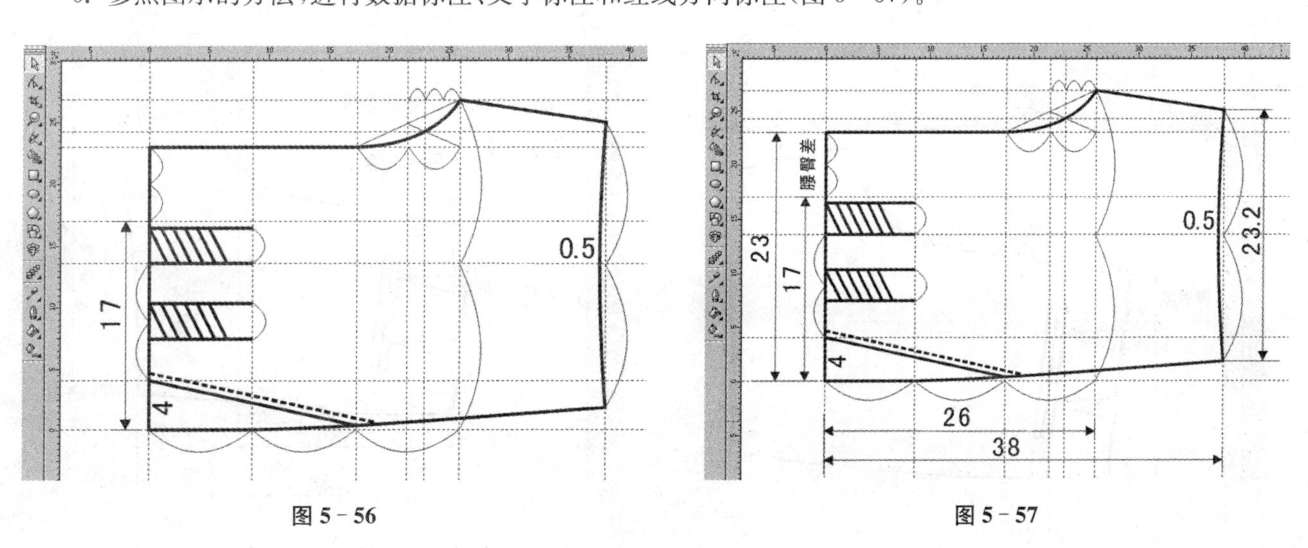

图 5－56

图 5－57

六、后片的制图方法

后片制图参考前片制图方法(图 5－58～图 5－63)。

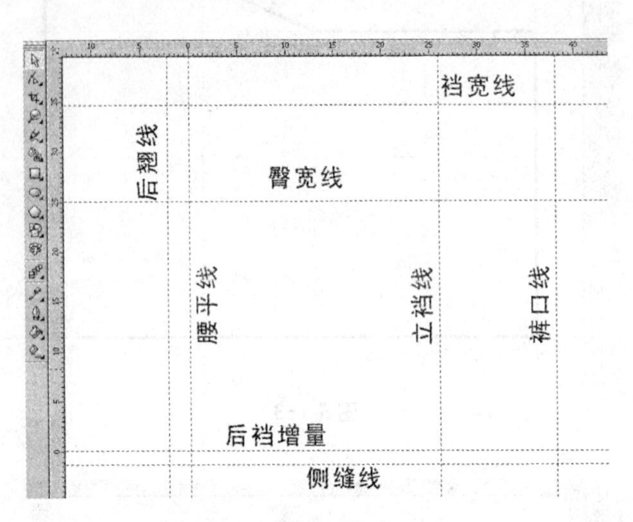

图 5－58

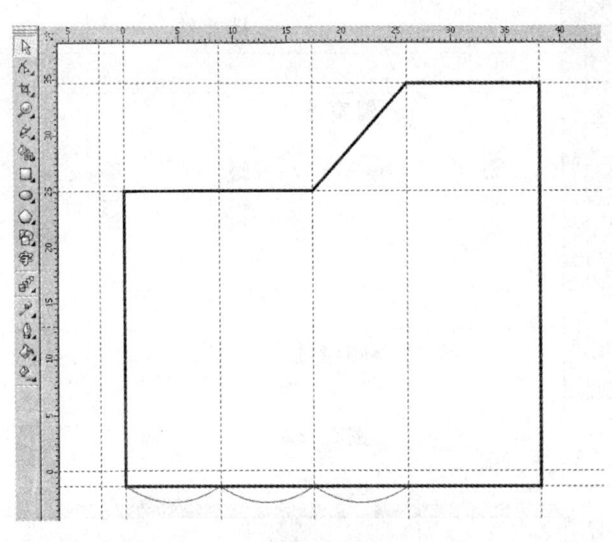

图 5－59

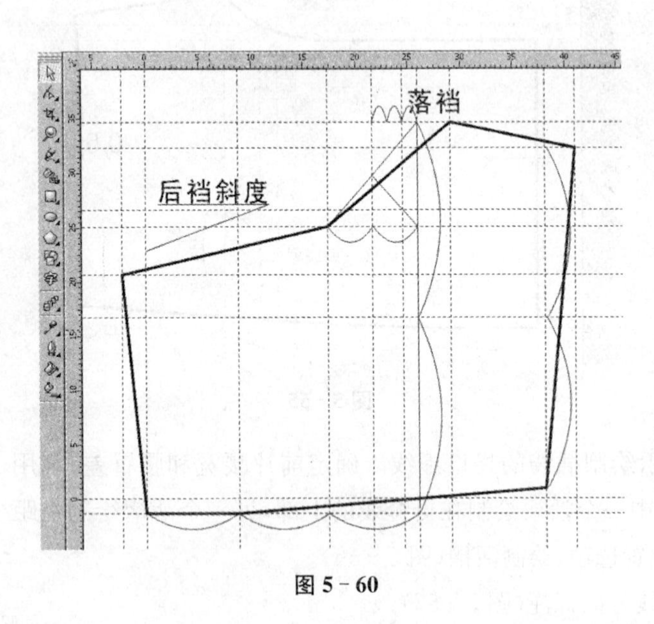

图 5－60

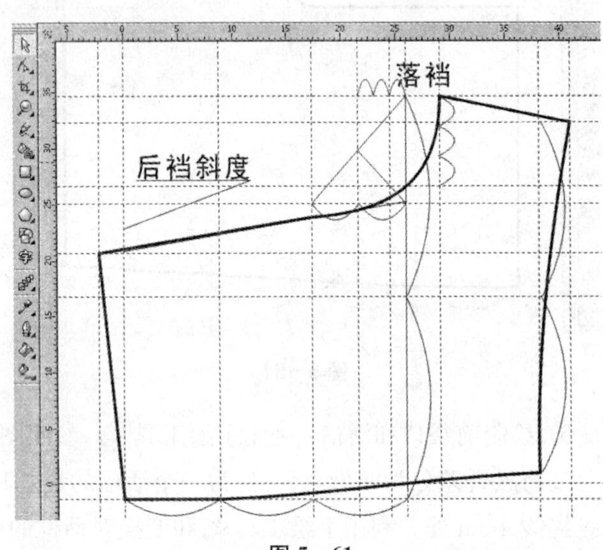

图 5－61

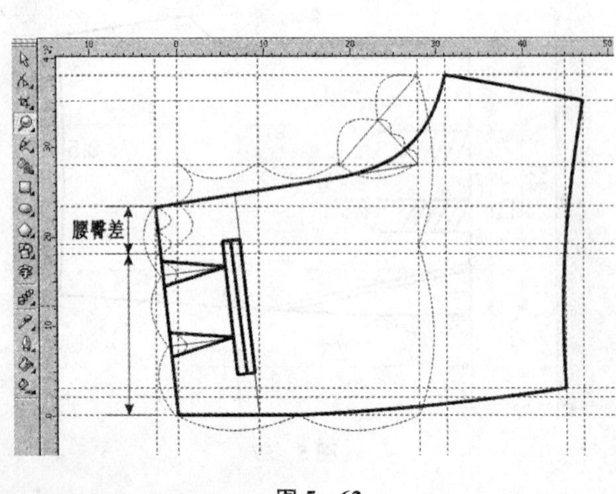

图 5－62

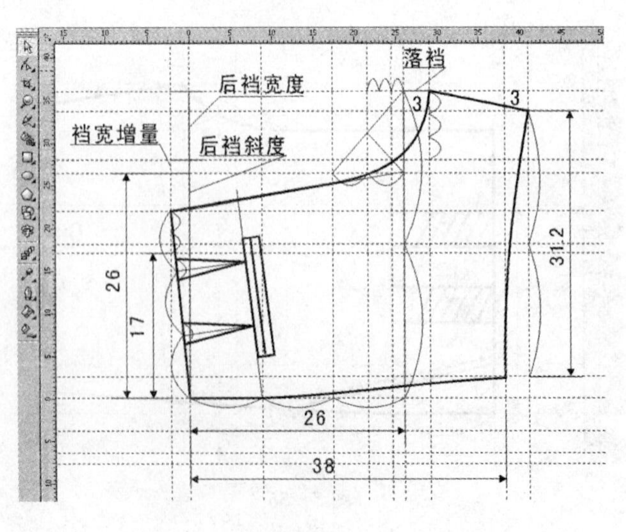

图 5－63

七、其他部件制图

除了前裤片和后裤片外，还有其他部件包括：裤腰、腰带环、门襟、前袋布和前袋垫布等。参照制图数据，利用手绘工具和形状工具，并通过交互式属性栏的轮廓和样式选项，分别绘制其他部件裁剪图（图5-64）。

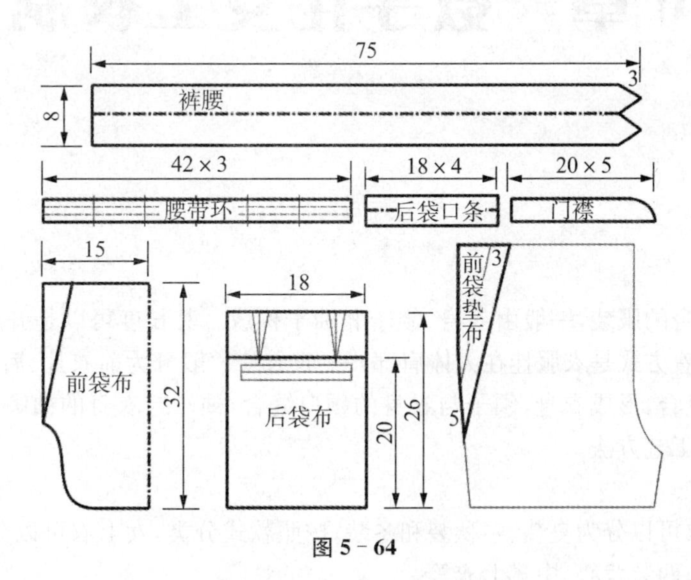

图5-64

第 6 章 数字化女上衣制图

6.1 女上衣概述

一、女上衣的结构

上衣是包覆人体上半身的服装，一般由衣身、领子和袖子构成。其长度可以是齐腰的短上衣、到臀部左右的普通上衣等。上衣的穿着方式是衣服挂在人体肩部。上衣衣片一般分为前衣片、后衣片、领片和袖片。前后衣片的肩线、侧缝线分别缝合，形成衣身，领子与衣身的领口缝合，袖子与衣身的袖窿缝合。为了穿脱方便，采用一处开口或加大领口的工艺方法。

二、女上衣的分类

按照季节分类，女上衣可以分为夏装、春秋装和冬装；按照款式分类，女上衣可以分为短袖衬衣、长袖衬衣、无领无袖上衣、茄克、西装、西装背心、中式上衣等。

三、女上衣的长度比例

成年女子的身高一般是 7.5 个头长，在服装结构造型时，考虑到美学原理的黄金分割率，一般按照 8 头比例确定相应服装部位的长度(图 6－1)。

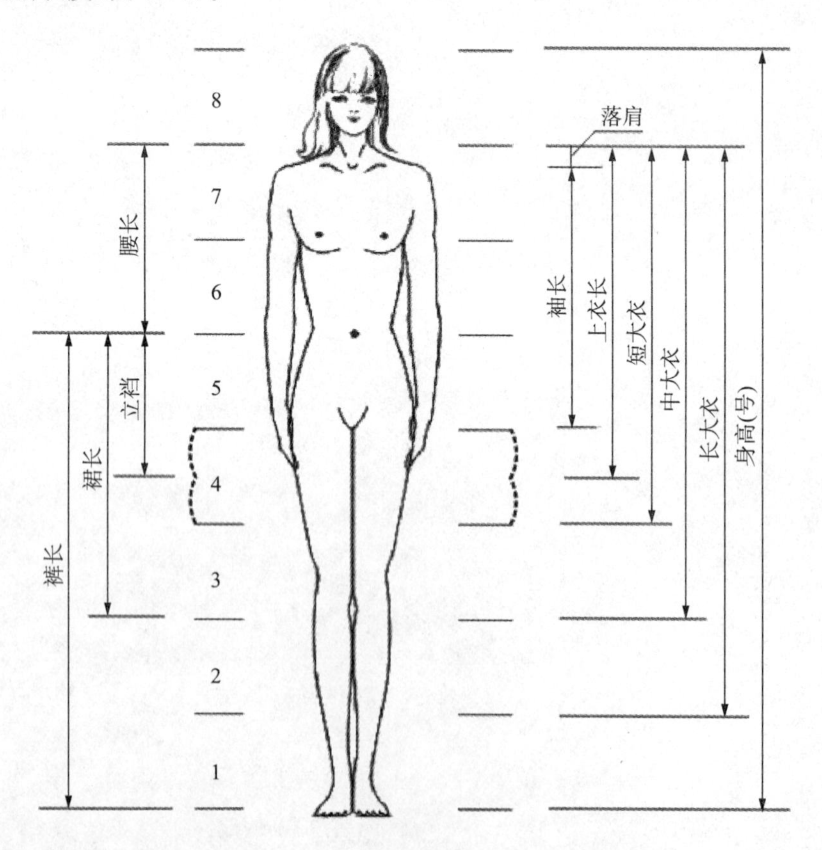

图 6－1

女上衣的长度参考比例如图 6－2 所示。

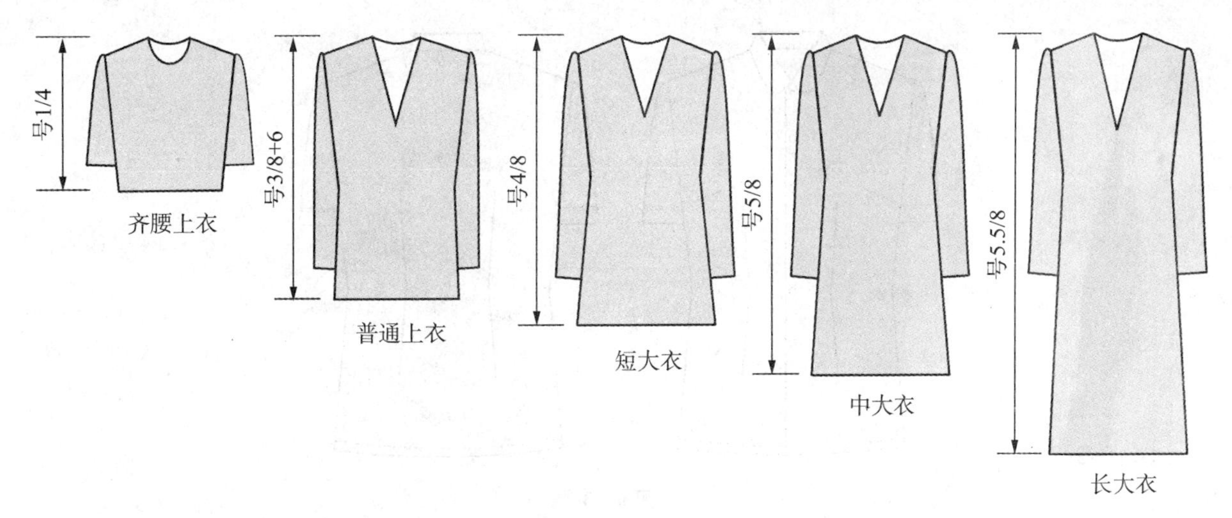

图6-2

四、女上衣关键部位数据分析

女上衣制图需要的数据包括号型数据、规格数据和制图数据三种。

1. 号型数据：包括号(人体身高)、型(人体净胸围),可以通过查询相关号型标准获得。

2. 规格数据：包括胸围、肩宽、衣长、袖长、领大等,可以通过相应的计算公式计算或查询相关标准获得。

3. 制图数据：包括制图需要的所有定点、定位数据,可以通过制图公式计算获得。

五、女上衣的制图程序

1. 前衣片制图程序

(1) 根据前片胸围、衣长、袖窿深、腰长等数据,绘制一个长方形;

(2) 根据肩宽、胸宽、落肩、开领等数据,确定绘制领口和袖窿参考点和辅助线。根据门襟数据,绘制门襟辅助线。确定绘制腰部收缩和下摆放大参考线;

(3) 根据相关参考线,用粗实线绘制衣片轮廓线;

(4) 绘制省位和纽扣;

(5) 进行数据、符号、文字和经线方向标注。

2. 后衣片的制图程序

(1) 根据前片胸围、衣长、袖窿深、腰长等数据,绘制一个长方形;

(2) 根据肩宽、胸宽、落肩、开领等数据,确定绘制领口和袖窿参考点和辅助线。根据门襟数据,绘制门襟辅助线。确定绘制腰部收缩和下摆放大参考线;

(3) 根据相关参考线,用粗实线绘制衣片轮廓线;

(4) 绘制省位;

(5) 进行数据、符号、文字和经线方向标注。

3. 领子的制图程序：参照第二章部件制图内容或参照具体案例制图;

4. 袖子的制图程序：参照第二章部件制图内容或参照具体案例制图。

6.2 短袖女衬衣数字化制图

一、款式分析

女衬衣由两个前衣片、一个后衣片、两个袖子、一个领子构成。其中前片有腰省和腋下省,后片有腰省,袖子为短袖,袖口有贴边,领子为衬衣驳领。为了穿脱需要,在前中线开口,形成搭门门襟,扣子系合。款式如图6-3所示。

二、裁剪图

如图6-4所示。

图 6－3

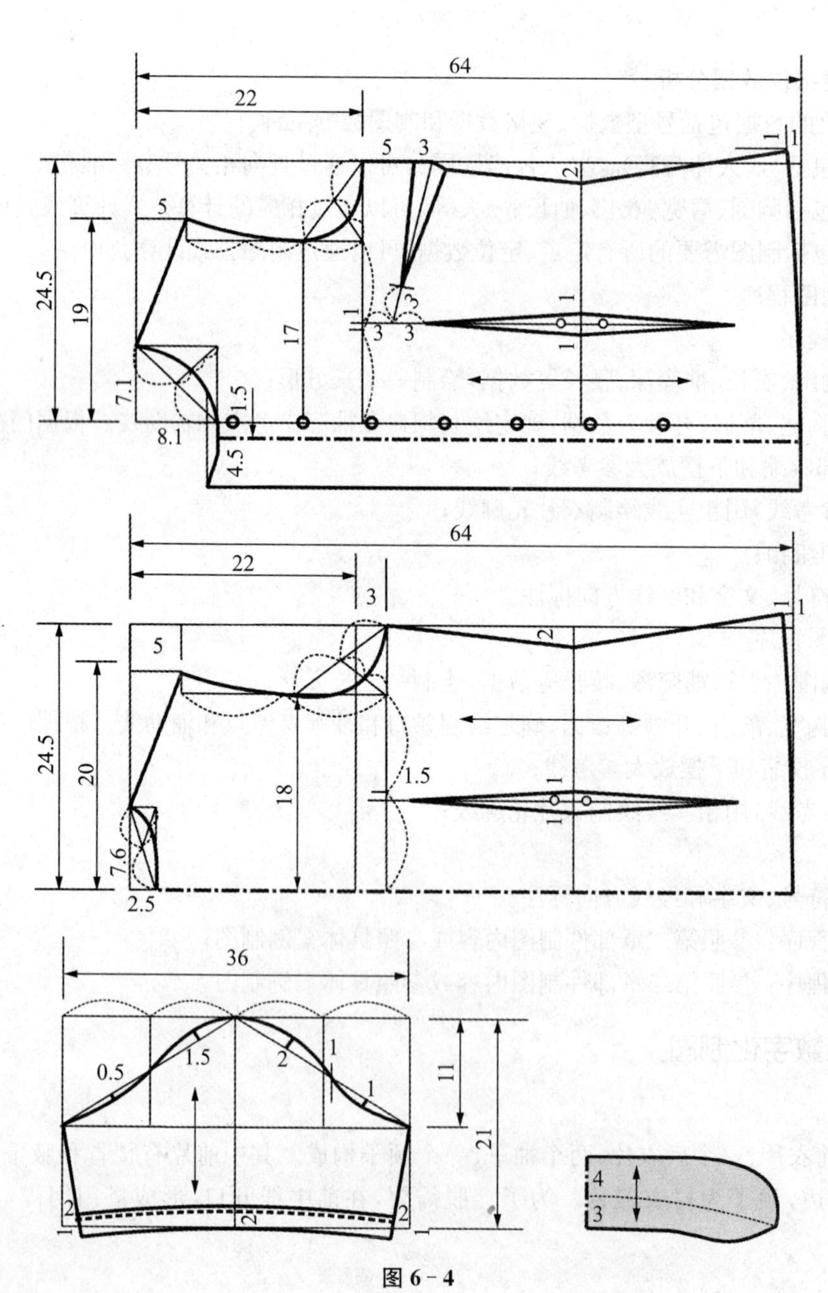
64
22
5
3
1
2
24.5
19
17
7.1
8.1
1.5
4.5
64
22
3
1
5
2
24.5
20
18
1.5
7.6
2.5
36
0.5
1.5
2
1
11
21
4
3

图 6－4

三、公式和数据(号型：160/84)

1. 规格数据

表 6-1

单位：cm

项目	衣长	胸围(X)	肩宽	袖长	领大
计算公式	2/5 号	型+12～14	3/10 X+10～11	1/10 号+4～6	3/10 X+9
规格数据	64	98	40	22	38

2. 制图公式和数据

表 6-2

单位：cm

项目	前片公式	前片数据	后片公式	后片数据	袖子公式	袖子数据
胸围	胸围/4	24.5	胸围/4	24.5		
袖窿深	号/8+2	22	号/8+2	22		
肩宽	肩宽/2	19	肩宽/2+1	20		
胸、背宽	肩宽-2	17	肩宽-2	18		
领宽	L/5-0.5	7.1	L/5	7.6		
领深	L/5+0.5	8.1	L1/3	2.5		
落肩	5	5	5	5		
腰节线	号 2/8+3	43				
背长线			号 2/8	40		
袖肥 1					袖山斜线-7	
袖肥 2					胸围/5-1	18.6
袖山高					袖肥/2	9.3

四、图纸的设置

图纸的设置包括图纸规格的设置、图纸方向的设置、绘图单位的设置、绘图比例的设置等 4 项设置。根据绘图的要求，我们设置为：A4 图纸、竖向摆放、绘图单位为 cm、绘图比例为 1∶5。

五、前片的制图方法

1. 原点和辅助线设置：鼠标按在原点设置图标上，拖动鼠标，将其放置在图纸中左部适当的位置。通过辅助线设置对话框，参照制图数据，分别设置基本辅助线(图 6-5)。

2. 绘制前片矩形：单击交互式属性栏的对齐辅助线图标，使其具有吸附作用。参照辅助线，利用矩形工具，绘制一个长度为衣长、宽度为前片胸围的矩形，单击交互式属性栏的转换为曲线图标，将其转换为曲线图形(图 6-6)。

3. 调整直线框图：首先绘制等分线。利用等分线确定前袖点的位置，然后利用形状工具，通过增加节点、移动节点的方法，将前片矩形调整为前片的直线框图(图 6-7)。

4. 修画相关曲线：利用等分线的方法，确定袖窿曲线和领口曲线的弯曲参考点，利用形状工具，分别将相关线段转换为曲线，拖动鼠标将其弯曲为流畅的曲线(图 6-8)。

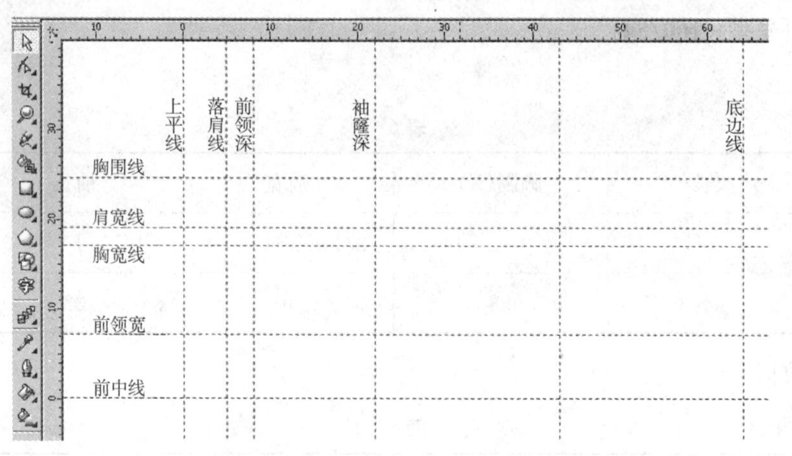

图 6－5

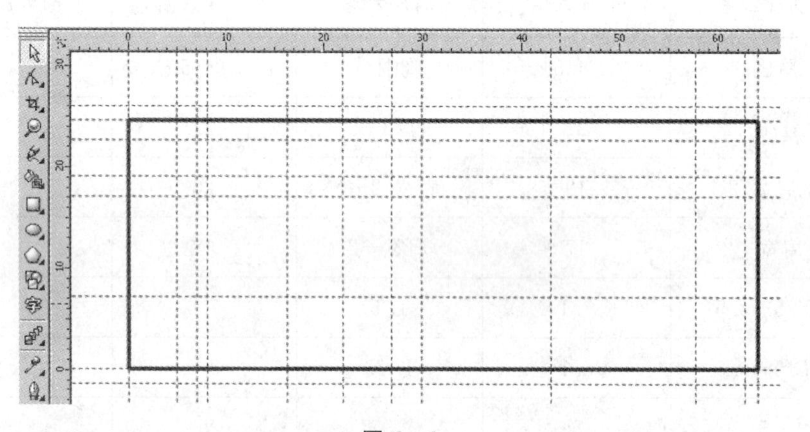

图 6－6

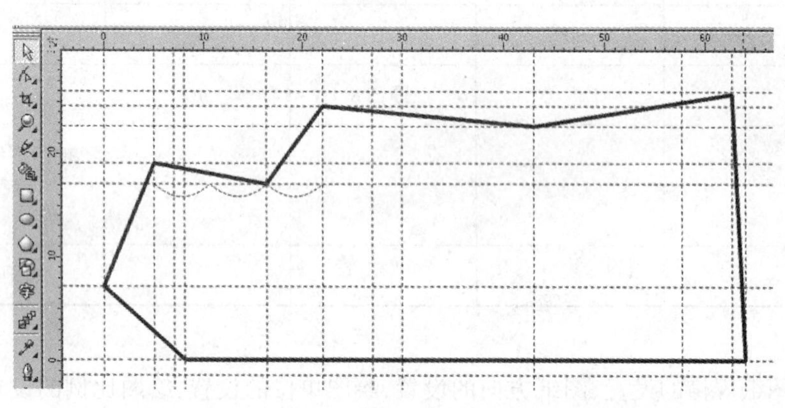

图 6－7

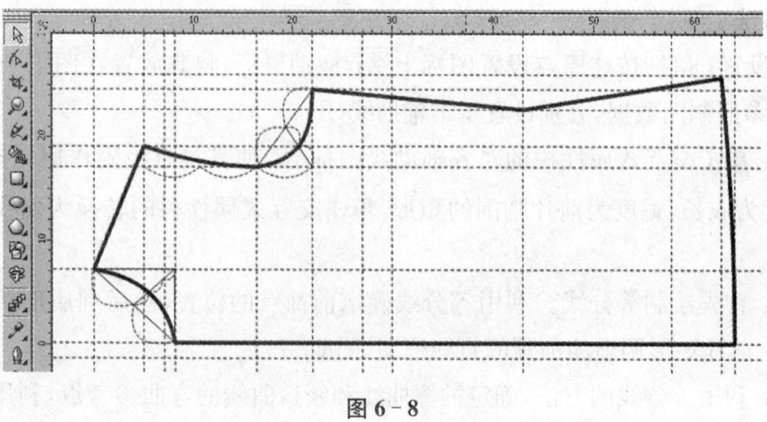

图 6－8

5. 绘制省位、门襟和贴边：参照下图，确定胸高点的位置，胸高点距离袖窿深线 3 cm。所有前片省的方向都要着胸高点。腋下省位置距离袖窿深线 5 cm、大小是 3 cm、顶点距离胸高点 3 cm。腰省参照下图绘制。利用形状工具，调整绘制门襟和贴边。利用椭圆工具，绘制扣子。利用手绘工具，通过交互式属性栏的轮廓选项，绘制折叠门襟线(图 6－9)。

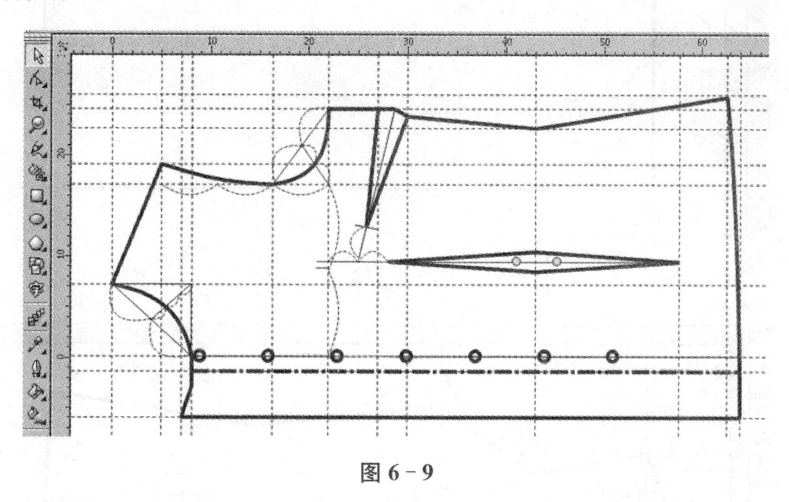

图 6－9

6. 相关标注：一个完整的数据标注包括：起止线、尺寸线、箭头和数据四项要素。利用手绘工具，通过交互式属性栏的轮廓和样式选项，分别绘制各个数据标注，绘制经线方向标注(图 6－10)。

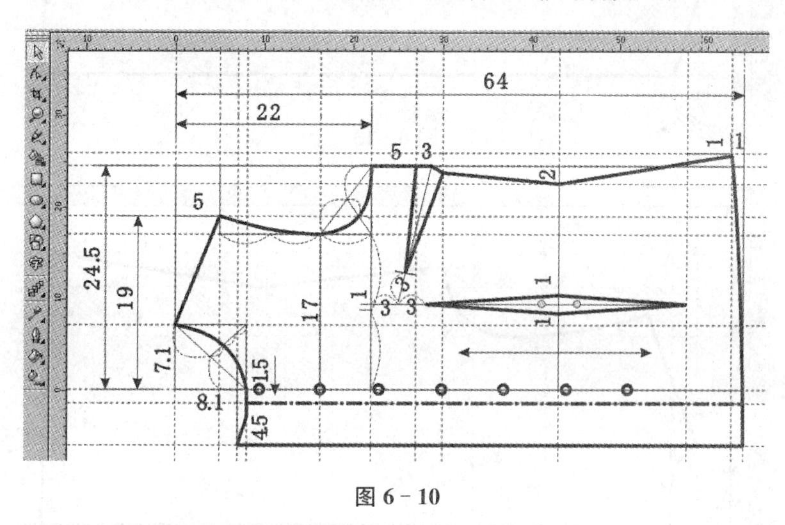

图 6－10

六、后片的制图方法

后片制图方法可参照前片方法(图 6－11～图 6－16)。

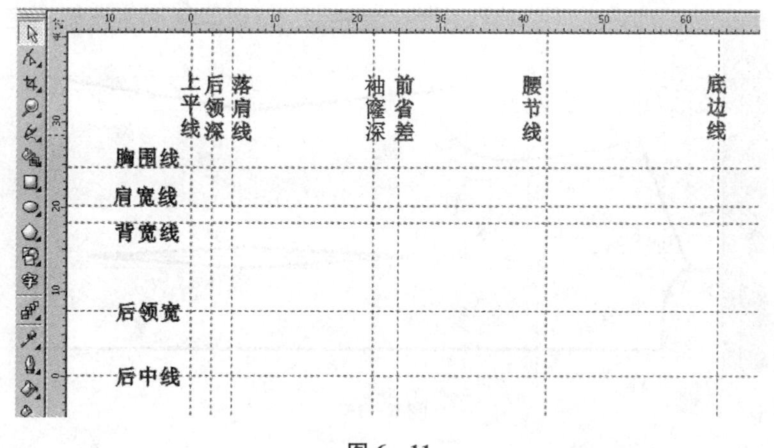

图 6－11

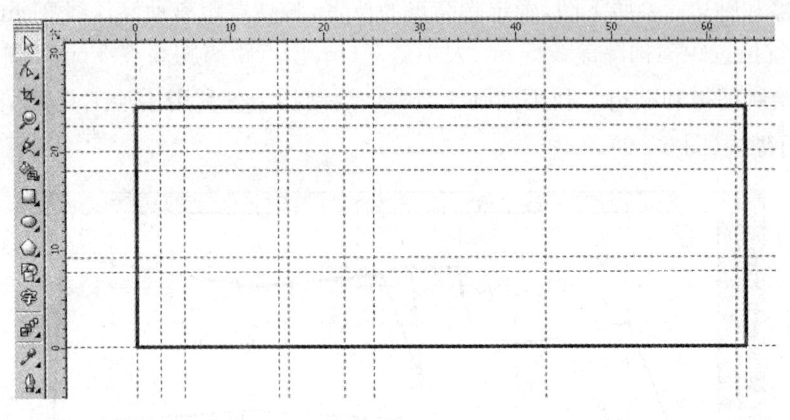

图 6－12

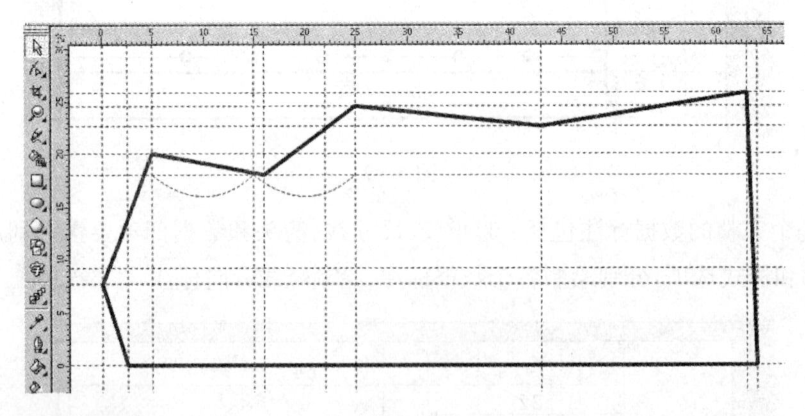

图 6－13

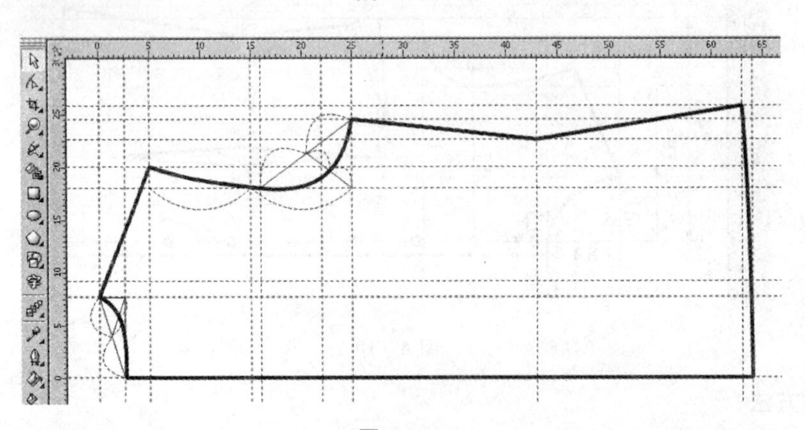

图 6－14

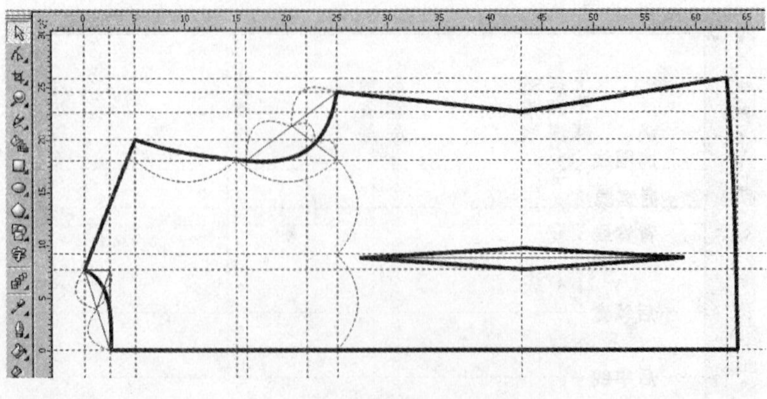

图 6－15

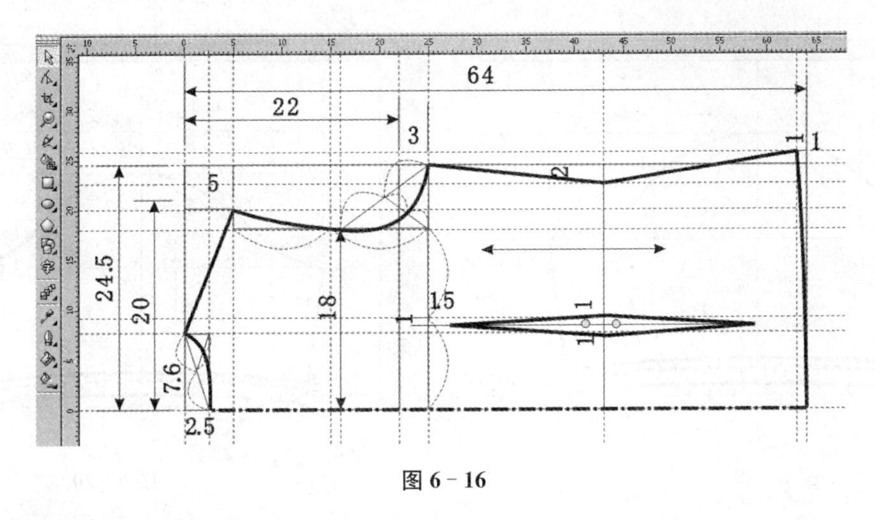

图 6 - 16

七、袖子的制图方法

1. 设置原点和辅助线，绘制辅助框图：鼠标按在原点设置图标上，拖动鼠标，将其放置在图纸中上部适当的位置。通过辅助线设置对话框，参照制图数据，分别设置基本辅助线。利用矩形工具和手绘工具，绘制如图所示的辅助框图(图 6 - 17)。

2. 绘制袖片框图：利用手绘工具，绘制如图所示的袖片框图，并将轮廓设置为 3.5 mm。同时绘制如图所示的等分线和辅助线(图 6 - 18)。

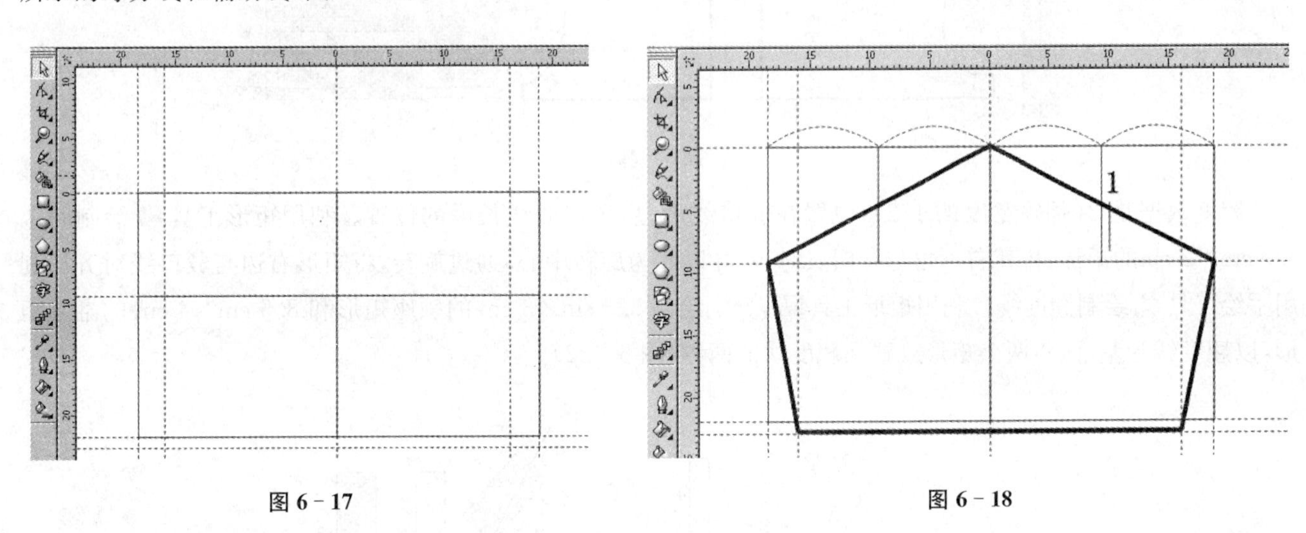

图 6 - 17　　图 6 - 18

3. 修画曲线，绘制袖开衩：利用等分线的方法，确定曲线弯曲参考点。利用形状工具，在袖山斜线和袖山曲线的交点增加节点。单击交互式属性栏的转换直线为曲线臂部，将袖山斜线转换为曲线。并参照下图将袖山线弯曲为如图所示的流畅曲线。利用手绘工具，绘制袖口贴边图形(图 6 - 19)。

4. 相关标注：一个完整的数据标注包括：起止线、尺寸线、箭头和数据四项要素。利用手绘工具，通过交互式属性栏的轮廓和样式选项，分别绘制各个数据标注，绘制经线方向标注(图 6 - 20)。

八、领子的制图方法

1. 衬衣驳领制图要点：衬衣驳领也是驳领，其制图方法与一般驳领制图相同。其程序是：确定开门点、驳口点、绘制驳口线、确定翘度、绘制翘度线、测量后领口曲线长度、绘制领座矩形、绘制翻领矩形、绘制衬衣驳领框图、修画相关曲线、绘制后中双折线。

2. 具体绘制方法：衬衣驳领是在前片领口基础上来绘制的。利用手绘工具，绘制肩线延长线，距离肩颈点 2 cm(领座宽度的 2/3)为开门点，前领点即是驳口点，通过开门点和驳口点绘制驳口线。利用周长测量插件，测量后领口曲线长度为 8.5 cm(图 6 - 21)。

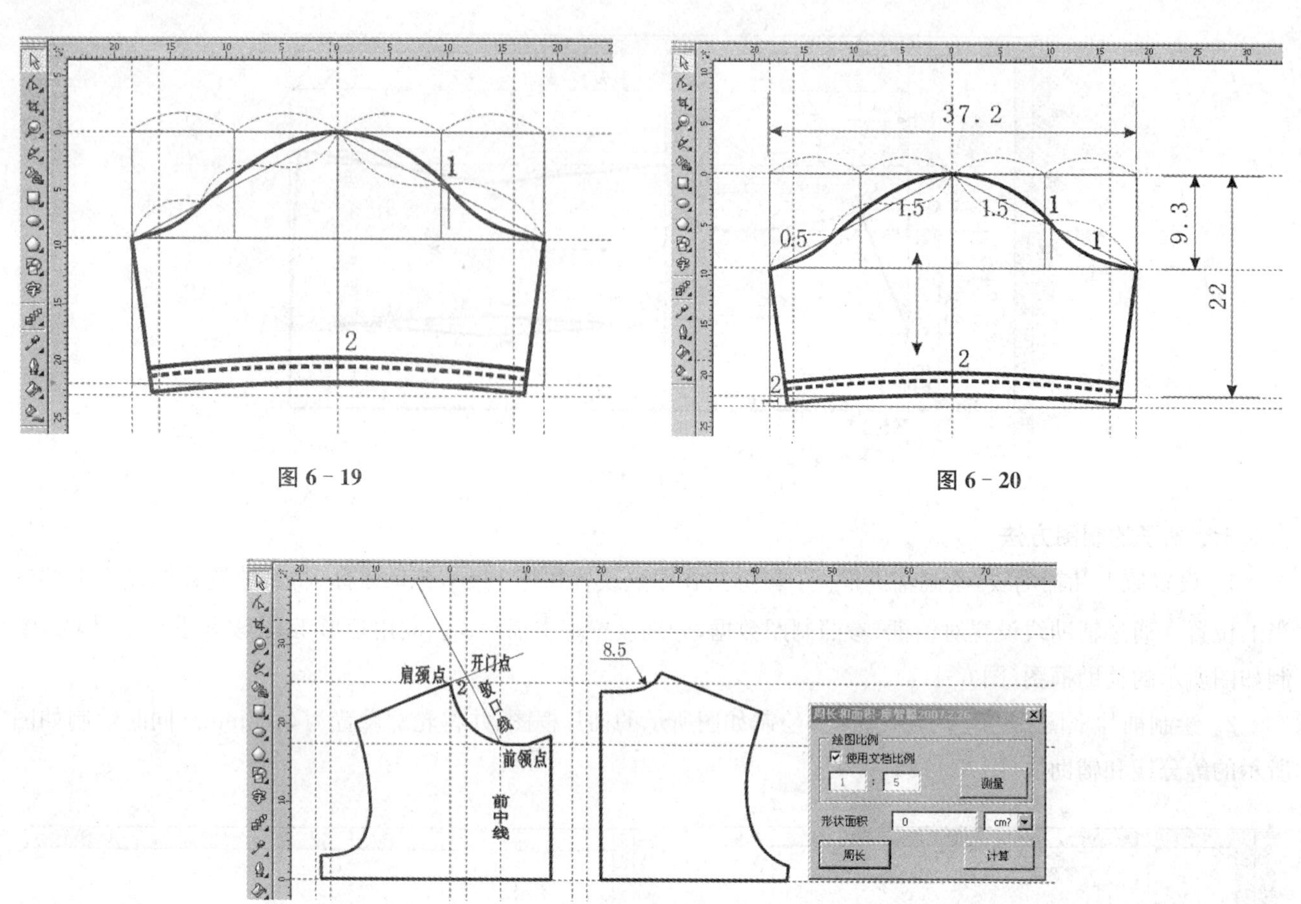

图 6－19

图 6－20

图 6－21

翘度数据是 2(翻领宽度的 1/2),位置在驳口线上、后领口曲线长度的位置。利用矩形工具绘制一个 8. 5 cm×2 cm的矩形,将其右下角与开门点对齐,并以此为旋转中心,通过旋转,将矩形右边与驳口线对齐。利用手绘工具绘制翘度线。利用矩形工具,分别绘制 8. 5 cm×3 cm 的领座矩形和 8. 5 cm×4 cm 的翻领矩形,以翘度线为基准,将两个矩形放置在翘度线的两侧(图 6－22)。

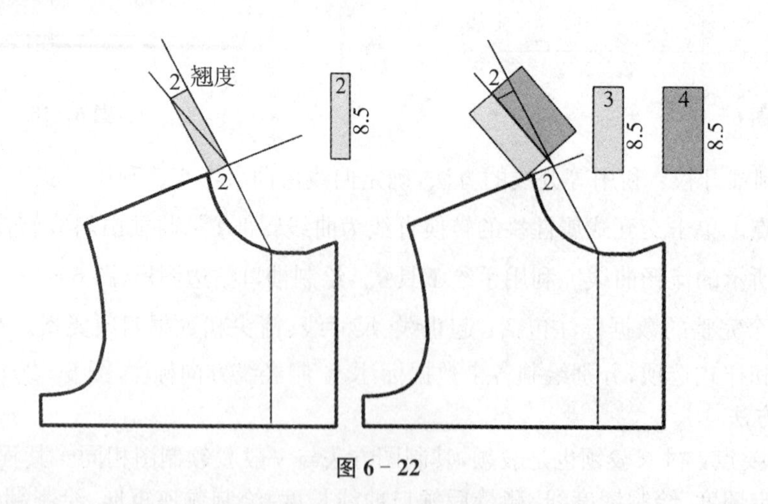

图 6－22

利用手绘工具,参照下图绘制驳领的轮廓框图。利用形状工具,参照款式图的领子形状,将相关线条进行弯曲修画,形成线条流畅的领子造型(图 6－23)。

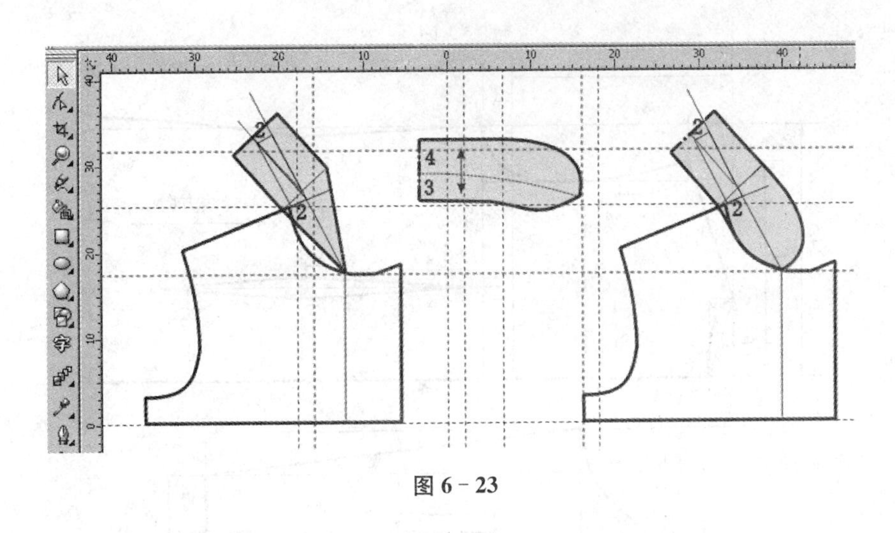

图 6-23

6.3 长袖女衬衣数字化制图

一、款式分析

长袖女衬衣由两个前衣片、一个后衣片、袖子、领子构成。其中前片有腰省和腋下省，后片有腰省，袖子为长袖，袖口为紧袖头，领子为领座和翻领分离式中式立领。为了穿脱需要，在前中线开口，形成搭门门襟，扣子系合。女衬衣款式图如 6-24 所示。

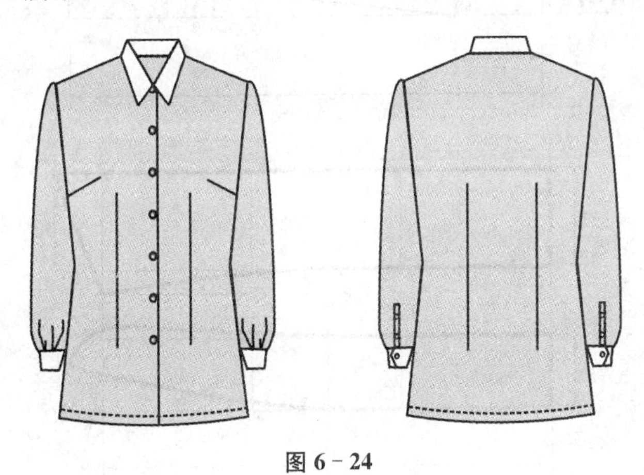

图 6-24

二、裁剪图

如图 6-25 所示。

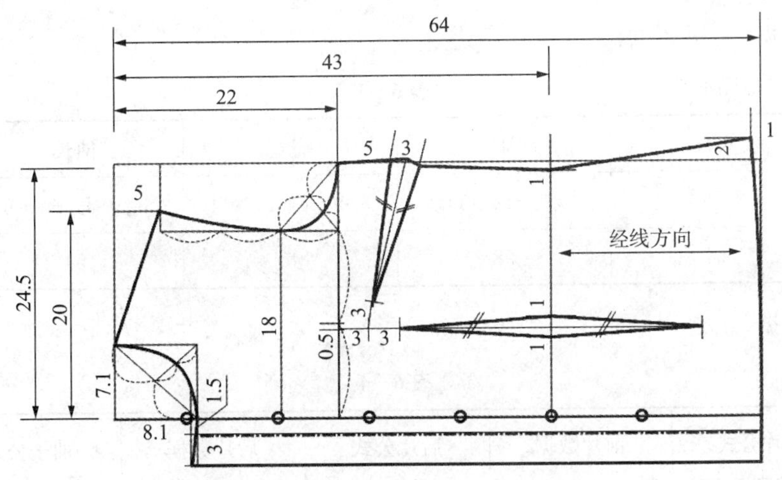

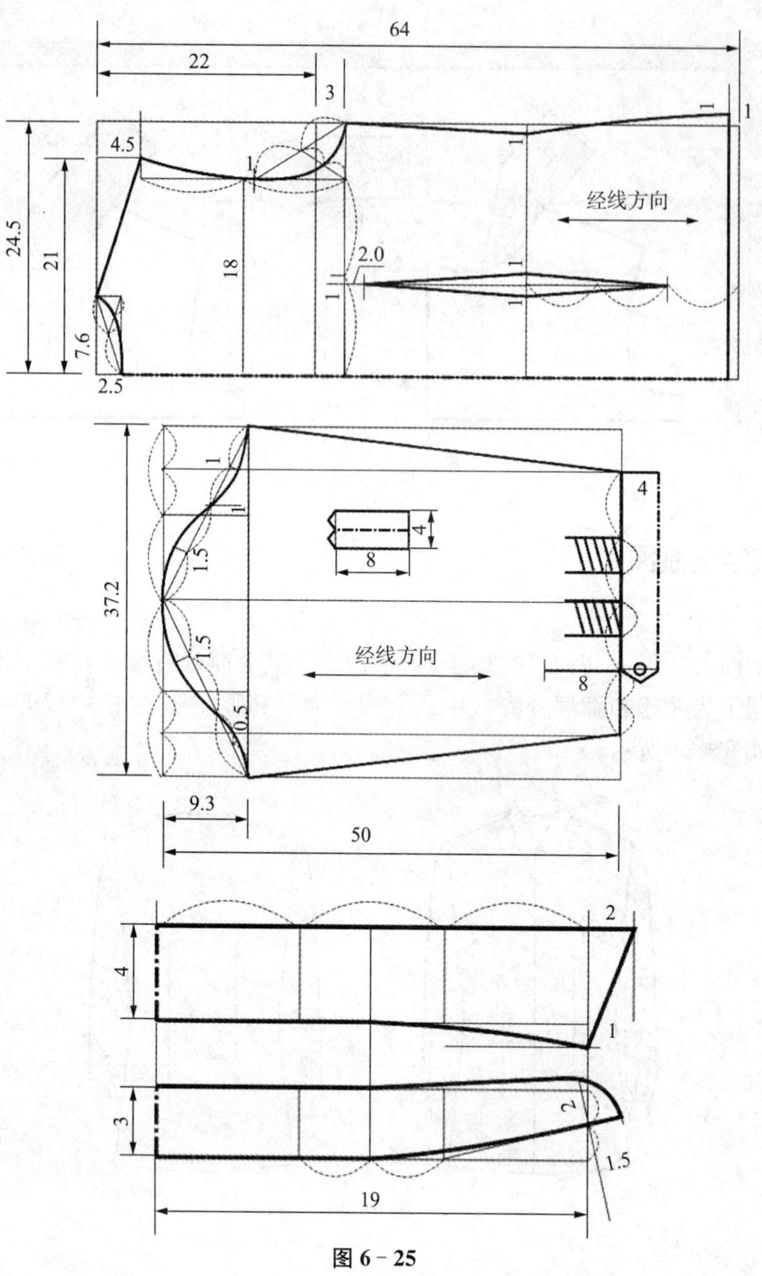

图 6 - 25

三、公式和数据(号型：160/84)

1. 规格公式和数据

表 6 - 3

单位：cm

项目	衣长	胸围(X)	肩宽	袖长	领大
计算公式	2/5 号	型＋12～14	3/10 X＋10～11	3/10 号＋4～6	3/10 X＋9
规格数据	64	98	40	54	38

2. 制图公式和数据

表 6 - 4

单位：cm

项目	前片公式	前片数据	后片公式	后片数据	袖子公式	袖子数据
胸围	胸围/4	24.5	胸围/4	24.5		

(续表)

项目	前片公式	前片数据	后片公式	后片数据	袖子公式	袖子数据
袖窿深	号/8+2	22	号/8+2	22		
肩宽	肩宽/2	20	肩宽/2+1	21		
胸、背宽	肩宽−2	18	肩宽−2	19		
领宽	L/5−0.5	7.1	L/5	7.6		
领深	L/5+0.5	8.1	后领宽/3	2.5		
落肩	肩宽/10+1	5	肩宽/10+1	5		
腰长	号2/8+3	43				
背长			号2/8	40		
袖头宽						4
袖片长					袖长—袖头	50
袖肥					胸围/5−1	18.6
袖山高					袖肥/2	9.3

四、图纸的设置

图纸的设置包括图纸规格的设置、图纸方向的设置、绘图单位的设置、绘图比例的设置等4项设置。根据绘图的要求，我们的设置是：A4图纸、竖向摆放、绘图单位为cm、绘图比例为1∶5。

五、前片的制图方法

1. 原点和辅助线设置：鼠标按在原点设置图标上，拖动鼠标，将其放置在图纸中左部适当的位置。通过辅助线设置对话框，参照制图数据，分别设置上平线、前中线、底边线、侧缝线、袖窿深线和腰长线(图6-26)。

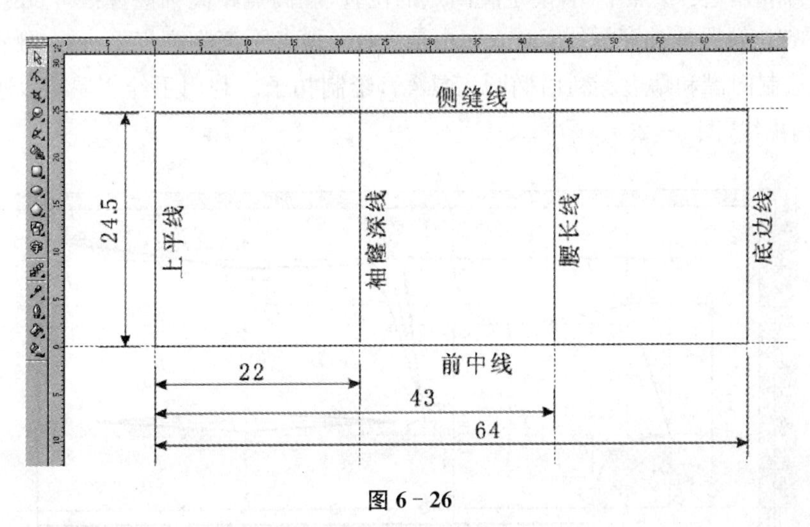

图6-26

2. 参照图示的方法，根据相关数据，确定肩宽、领宽、领深、胸宽和落肩，绘制胸宽线、落肩线、门襟线和贴边线；参照图示的方法，确定收腰位置、下摆放大位置和下摆起翘位置；参照图示的方法，确定袖窿曲线参考点和领口曲线参考点。单击交互式属性栏的对齐辅助线图标，使其具有吸附作用。利用手绘工具，绘制直线框图(图6-27)。

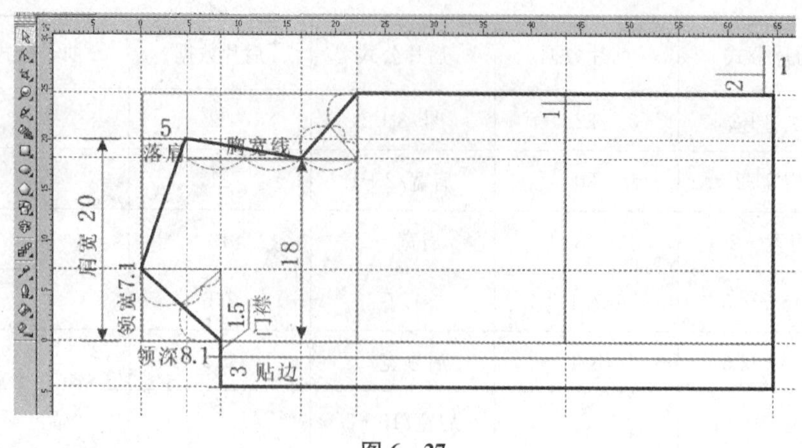

图 6－27

3. 修画相关曲线：利用形状工具，分别将相关线段转换为曲线，拖动鼠标将其弯曲为流畅的曲线（图 6－28）。

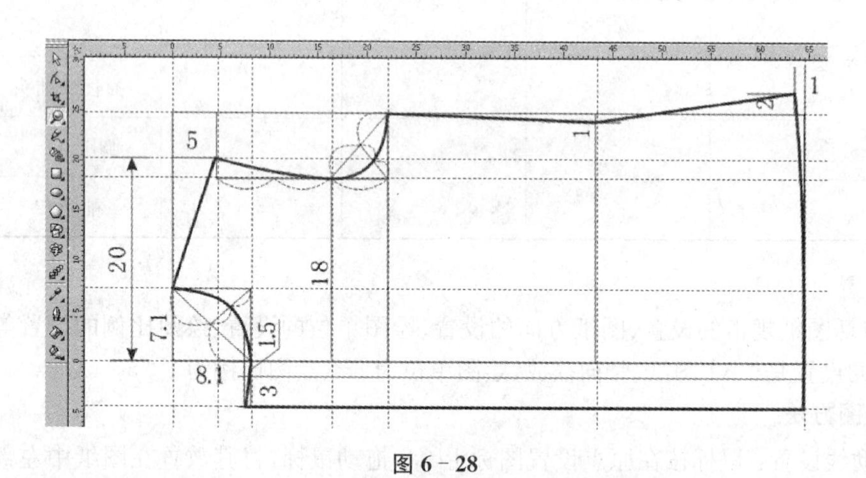

图 6－28

4. 绘制省位、门襟和贴边：参照下图，确定胸高点的位置，胸高点距离袖窿深线 3 cm。所有前片省的方向都要着胸高点。腋下省位置距离袖窿深线 5 cm、大小是 3 cm、顶点距离胸高点 3 cm。腰省参照下图绘制。利用形状工具，调整绘制门襟和贴边。利用椭圆工具，绘制扣子。利用手绘工具，通过交互式属性栏的轮廓选项，绘制折叠门襟线（图 6－29）。

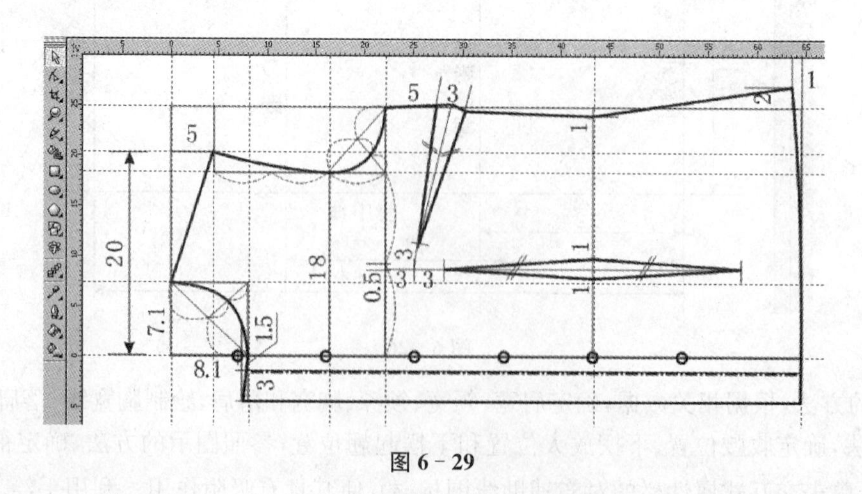

图 6－29

5. 一个完整的数据标注包括：起止线、尺寸线、箭头和数据四项要素。利用手绘工具，通过交互式属性栏的轮廓和样式选项，分别绘制各个数据标注，绘制经线方向标注（图 6－30）。

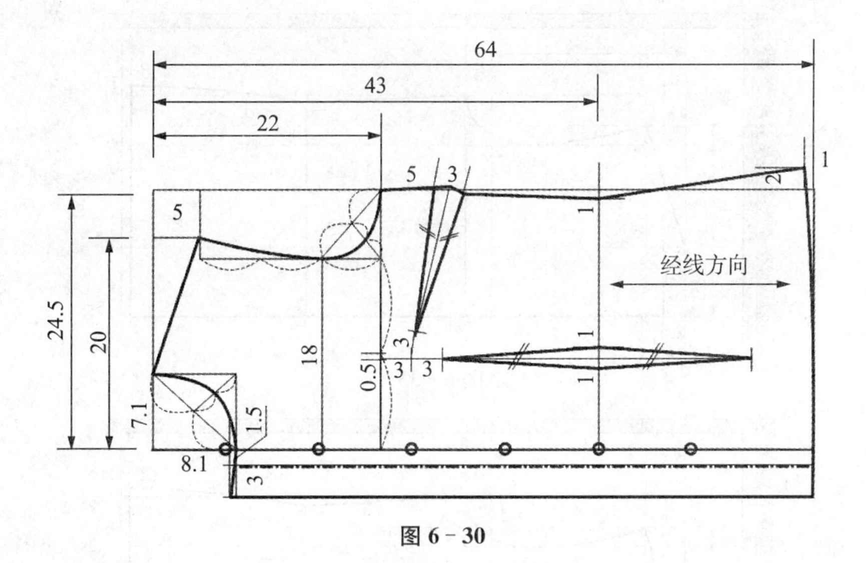

图 6-30

六、后片的制图方法

后片制图方法可参照前片方法(图 6-31~图 6-35)。

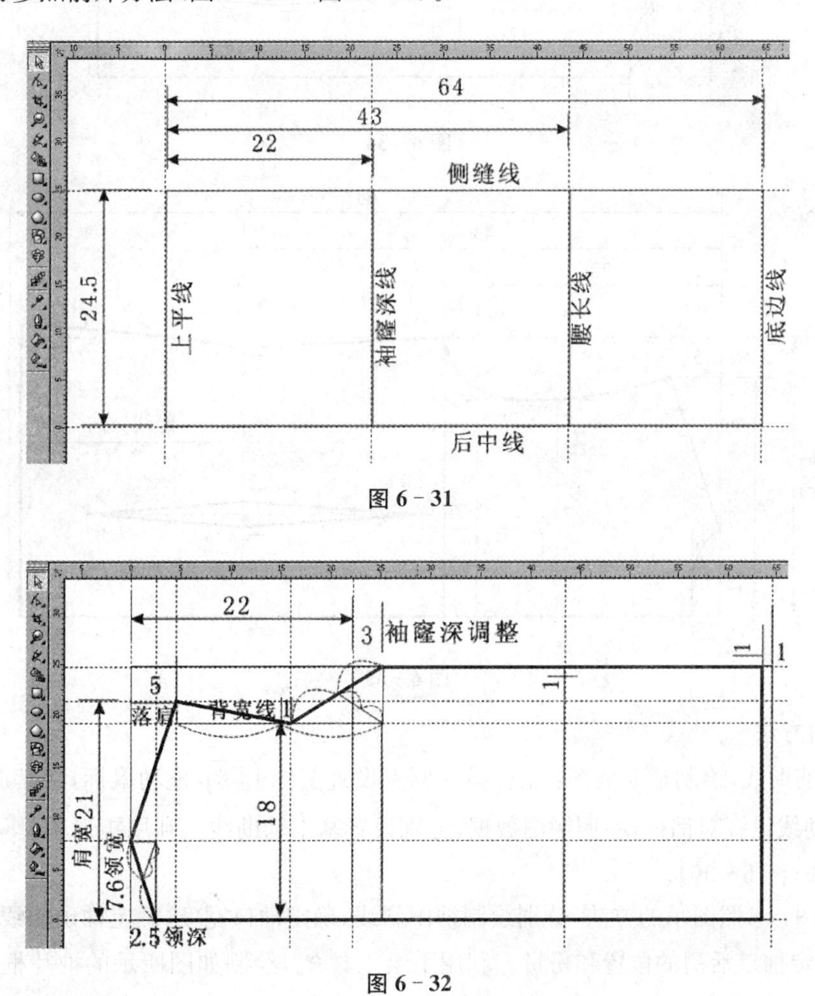

图 6-31

图 6-32

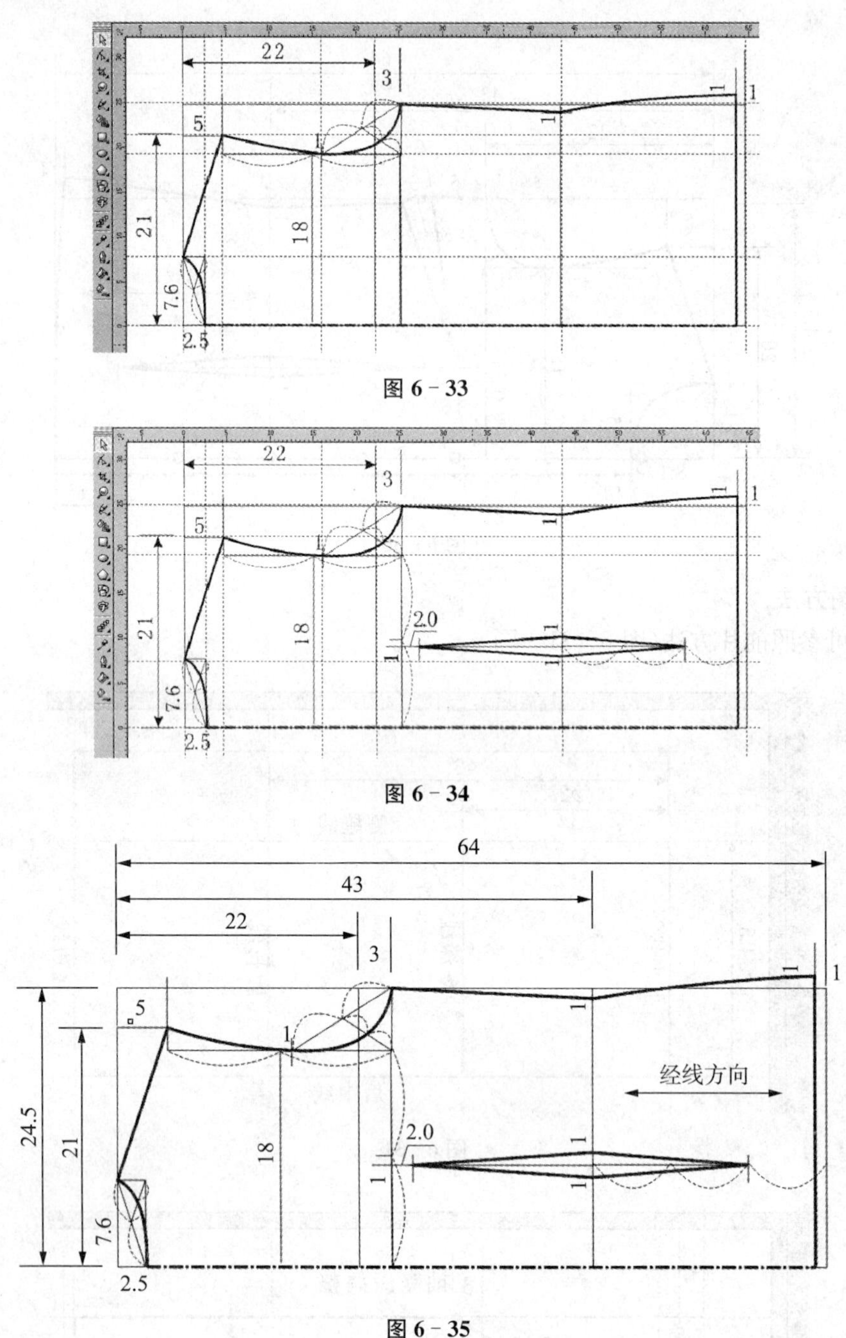

图 6 - 33

图 6 - 34

图 6 - 35

七、袖片的制图方法

1. 设置原点和辅助线，绘制辅助框图：鼠标按在原点设置图标上，拖动鼠标，将其放置在图纸中上部适当的位置。通过辅助线设置对话框，参照制图数据，分别设置基本辅助线。利用矩形工具和手绘工具，绘制如图所示的辅助线(图 6 - 36)。

2. 绘制袖片框图：参照图示的方法，分别绘制袖山斜线，确定袖口宽度，确定袖山曲线的参考点，确定袖开衩的位置和长度，确定袖口活褶的位置和份量。利用手绘工具，绘制如图所示的袖片框图，并将轮廓设置为 3.5 mm。同时绘制如图所示的等分线和辅助线(图 6 - 37)。

3. 修画曲线，绘制袖开衩：利用等分线的方法，确定曲线弯曲参考点；利用形状工具，在袖山斜线和袖山曲线的交点增加节点；单击交互式属性栏的转换直线为曲线臀部，将袖山斜线转换为曲线；并参照下图将袖山线弯曲为如图所示的流畅曲线；利用手绘工具，绘制袖口贴边图形(图 6 - 38)。

4. 依据除去活褶后的袖口余量，绘制袖头图形，这里的袖头图形是双折图形。依据袖开衩长度，绘制袖开衩贴边图形。参照图示的方法，进行数据标注、符号标注、文字标注和经线方向标注（图 6－39）。

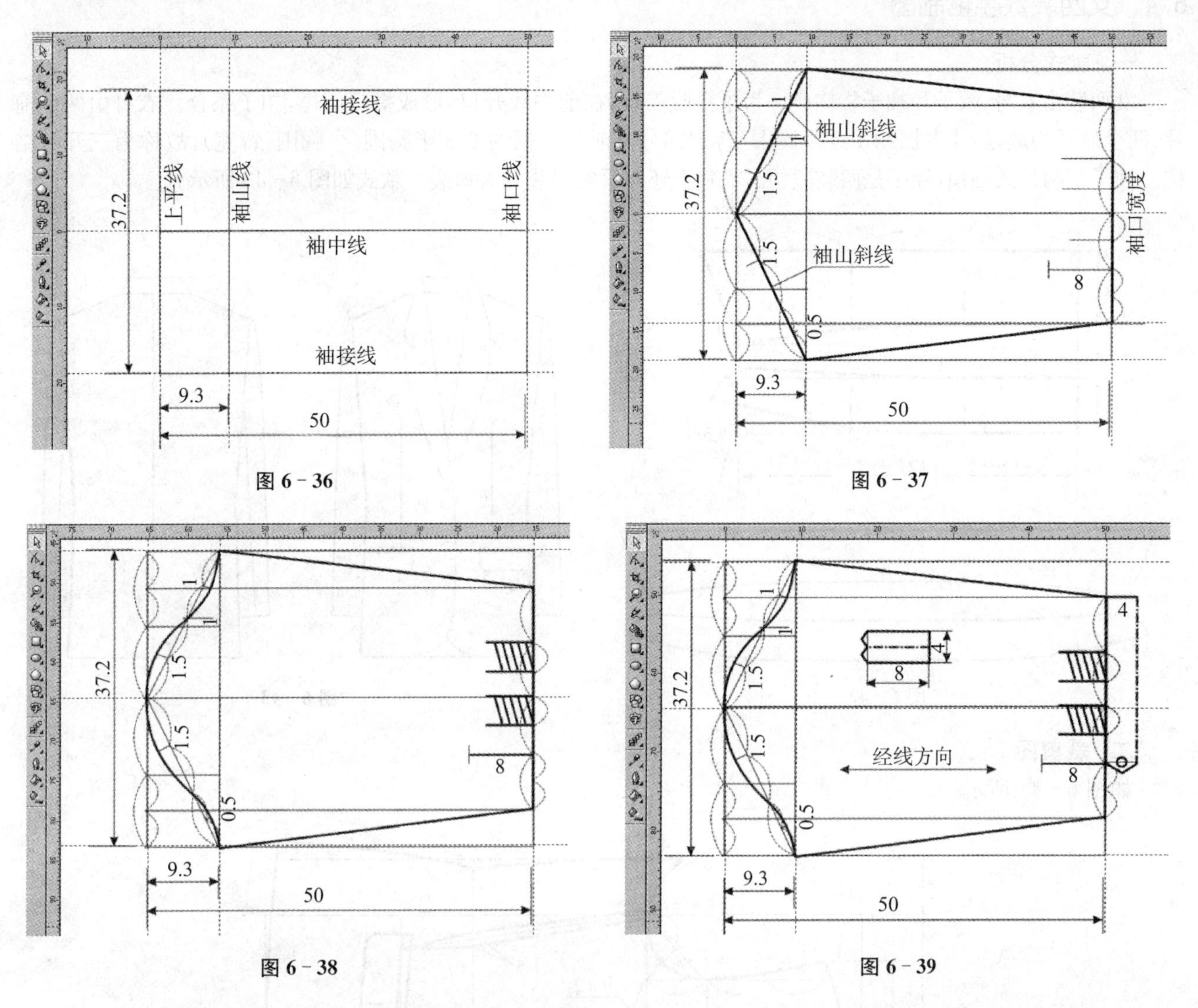

图 6－36　图 6－37　图 6－38　图 6－39

六、领子的制图方法（领座、翻领分离式中式立领）

1. 根据 1/2 领大数据 19 cm、领座宽度 3 cm、翻领宽度 4 cm，分别绘制领座矩形和翻领矩形（图 6－40）。

2. 参照图示的方法，确定领座翘度、门襟宽度、领咀宽度，确定翻领领角宽度 2 cm，确定相关曲线的参考点（图 6－41）。

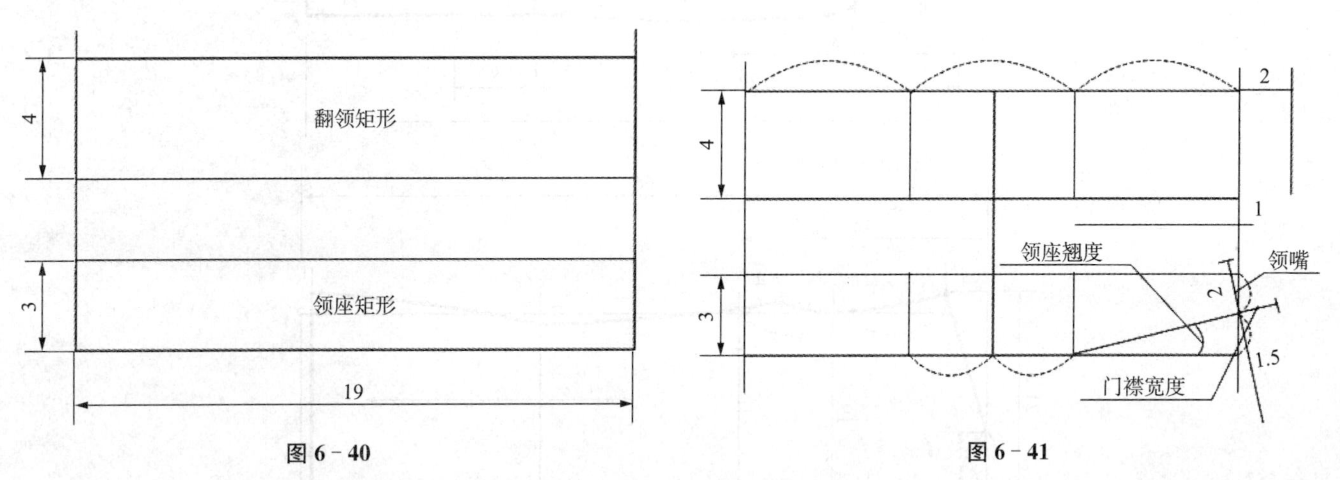

图 6－40　图 6－41

3. 依据上述参考线和参考点，用粗实线分别绘制领座和翻领轮廓，形成领子图形，领子后中线要用点划线绘制（图 6－42）。

6.4 女西装数字化制图

一、款式分析

女西装由衣身、领子和袖子袋构成。为了穿脱需要，在前中线开口，形成搭门门襟，扣子系合。衣身由两个前片、两个后片构成，后片占据约 1/3 半胸围(背宽部分)，前片占据约 2/3 半胸围(半胸围-背宽)，故称为三开身结构。袖子是两片式圆袖，领子是西装驳领。衣片上还有手帕口袋和大口袋。款式如图 6－43 所示。

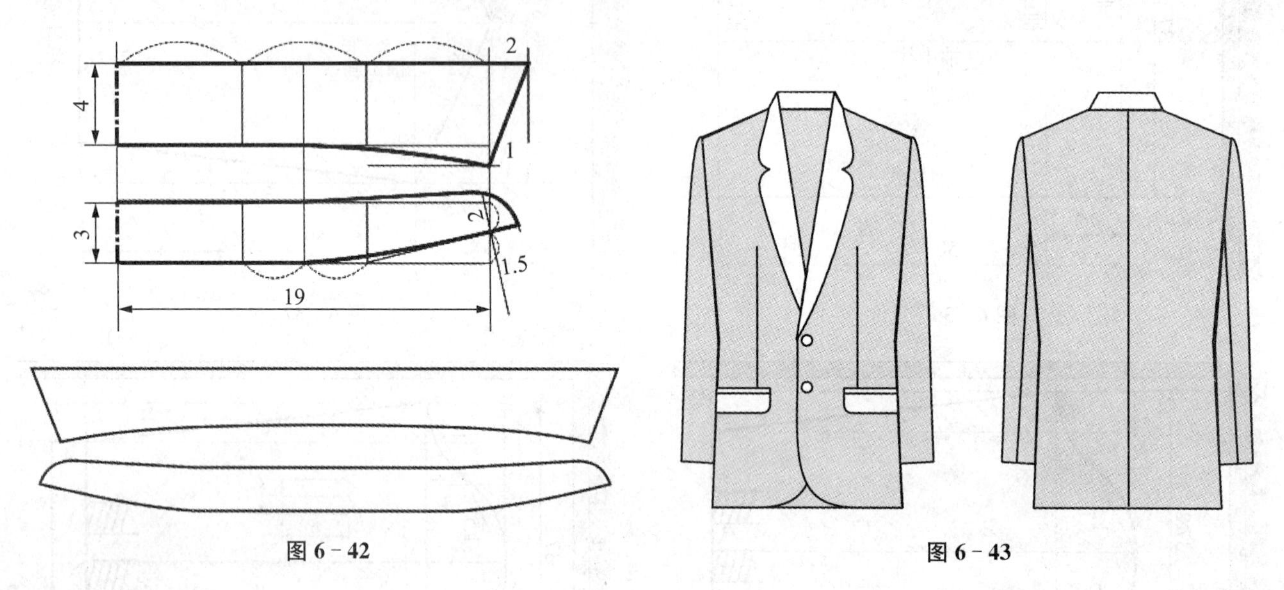

图 6－42　　　　图 6－43

二、裁剪图

如图 6－44 所示。

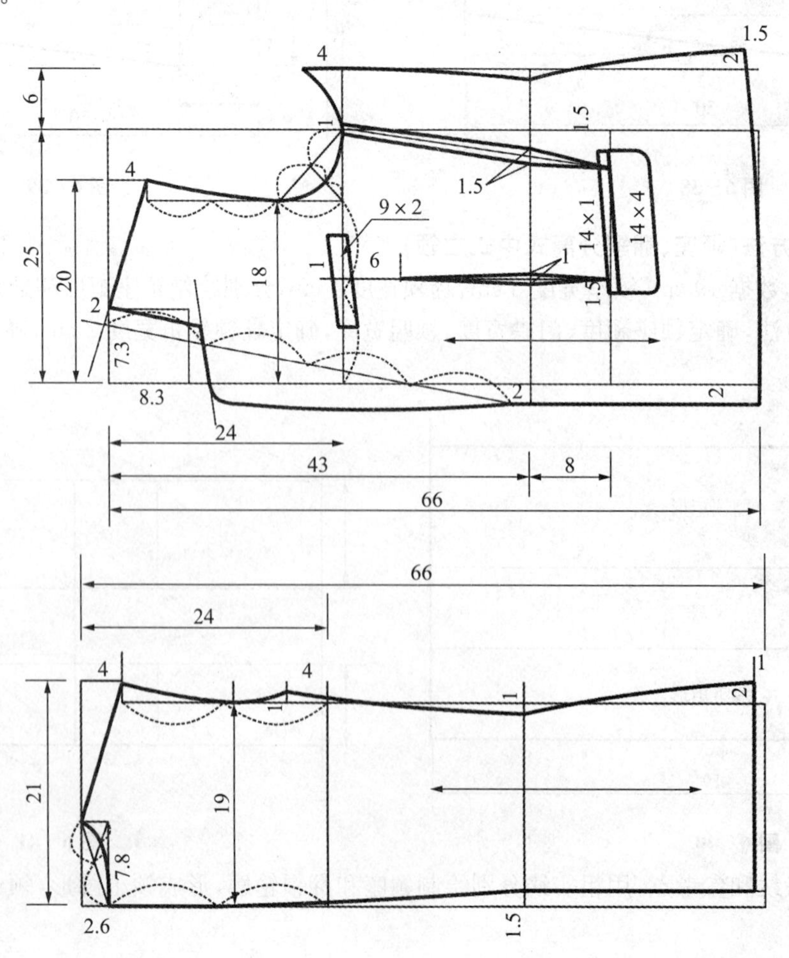

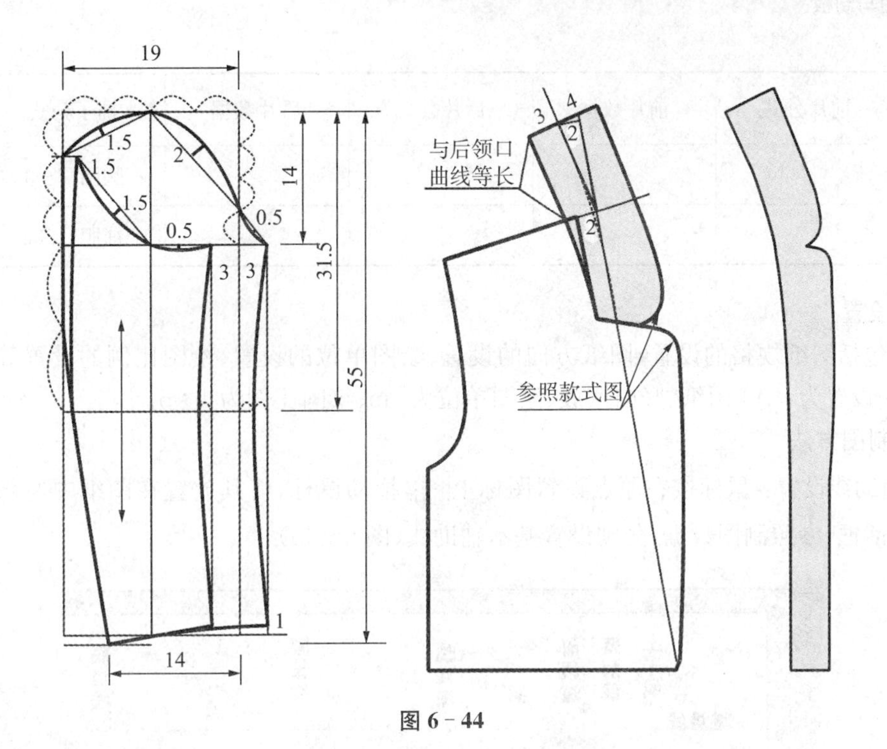

图 6-44

三、公式和数据(号型：160/84)

1. 规格公式和数据

表 6-5

单位：cm

项目	衣长	胸围(X)	肩宽	袖长	领大
计算公式	2/5 号+2	型+14～16	3/10X+10～11	3/10 号+5～7	3/10 X+9
规格数据	66	100	40	55	39

2. 制图公式和数据

表 6-6

单位：cm

项目	前片公式	前片数据	后片公式	后片数据	袖子公式	袖子数据
胸围	胸围/4	25	胸围/4	25		
袖窿深	号/8+4	24	号/8+4	24		
肩宽	肩宽/2	20	肩宽/2+1	21		
胸、背宽	肩宽－2	18	肩宽－2	19		
领宽	L/5－0.5	7.3	L/5(L1)	7.8		
领深	L/5+0.5	8.3	L1/3	2.6		
落肩	5(垫肩 1)	4	4(垫肩 1)	3		
腰节线	号 2/8+3	43				
背长线			号 2/8	40		
袖肥 1					袖山斜线－5	

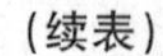
（续表）

项目	前片公式	前片数据	后片公式	后片数据	袖子公式	袖子数据
袖肥 2					胸围/5－1	19
袖山高					袖肥/1.35	14

四、图纸的设置

图纸的设置包括图纸规格的设置、图纸方向的设置、绘图单位的设置、绘图比例的设置等 4 项设置。根据绘图的要求，我们设置为：A4 图纸、竖向摆放、绘图单位为 cm、绘图比例为 1∶5。

五、前片的制图方法

1. 原点和辅助线设置：鼠标按在原点设置图标上，拖动鼠标，将其放置在图纸中左部适当的位置。通过辅助线设置对话框，参照制图数据，分别设置基本辅助线（图 6－45）。

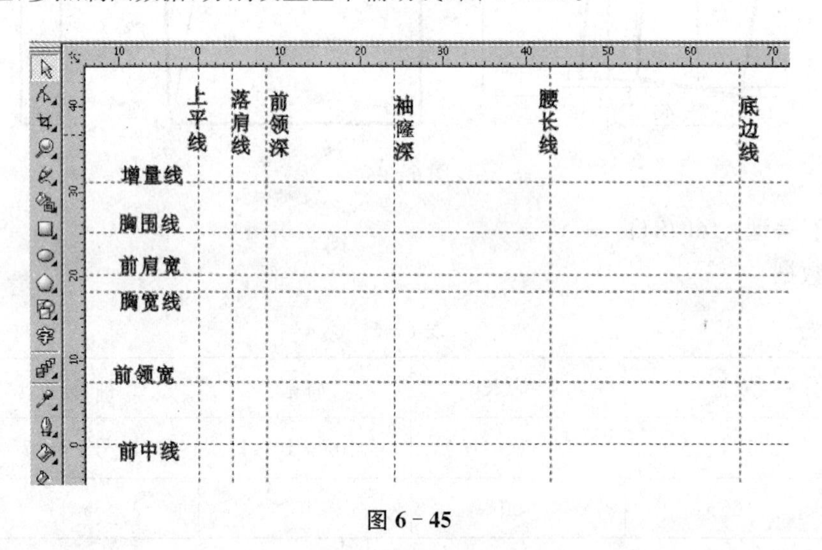

图 6－45

2. 绘制前片矩形：单击交互式属性栏的对齐辅助线图标，使其具有吸附作用。参照辅助线，利用矩形工具，绘制一个长度为衣长、宽度为前片胸围的矩形，单击交互式属性栏的转换为曲线图标，将其转换为曲线图形（图 6－46）。

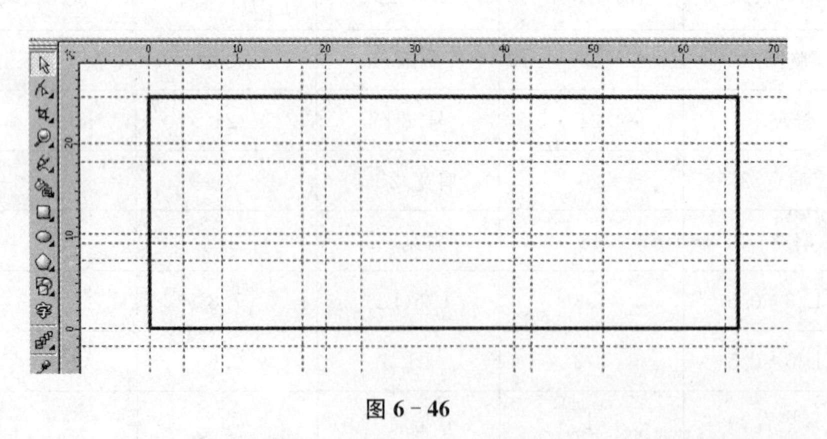

图 6－46

3. 调整直线框图：首先绘制等分线。利用等分线确定前袖点的位置，然后利用形状工具，通过增加节点、移动节点的方法，将前片矩形调整为前片的直线框图（图 6－47）。

4. 修画相关曲线：利用等分线的方法，确定袖笼曲线和领口曲线的弯曲参考点，利用形状工具，分别将相关线段转换为曲线，拖动鼠标将其弯曲为流畅的曲线（图 6－48）。

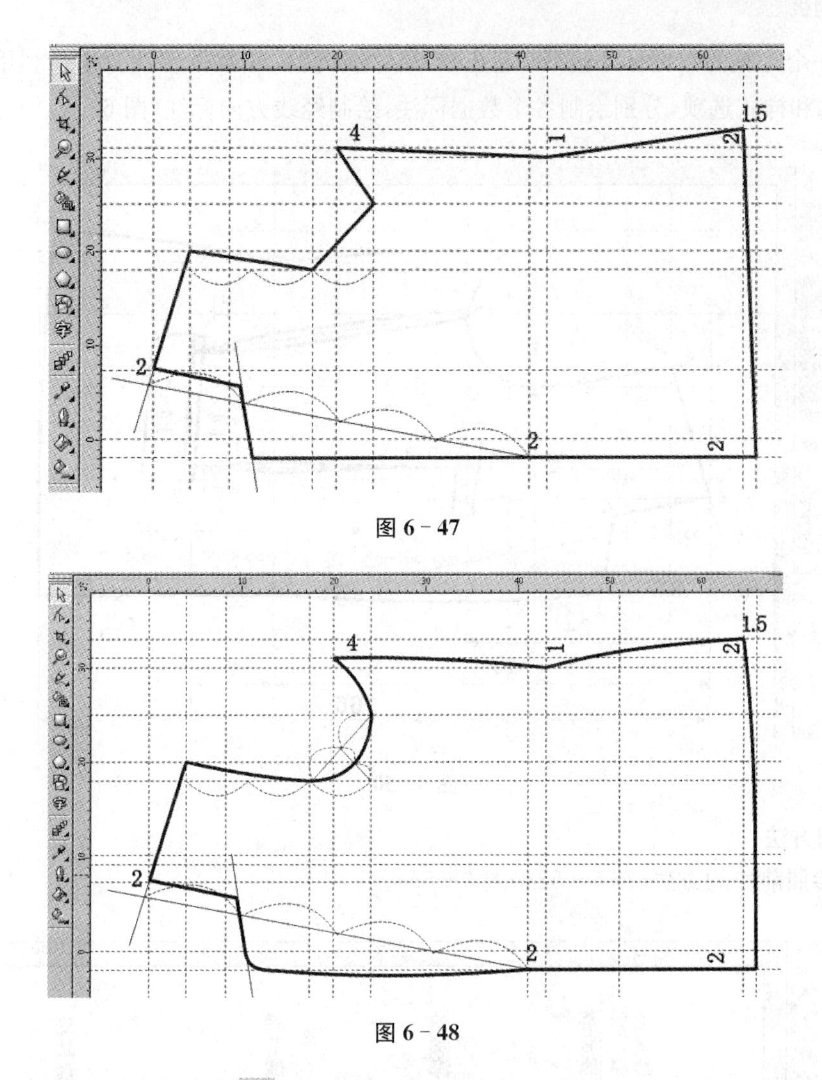

图 6-47

图 6-48

5. 绘制口袋和省位：利用矩形工具，绘制手帕袋的袋口。绘制一个 10 cm×2 cm 的矩形，在旋转状态下，将其进行斜切变换，并放置在如图所示的位置。

利用同样的方法，绘制 15 cm×5 cm 的大口袋袋盖和口条，并放置在如图所示的位置。

利用手绘工具和形状工具，绘制腋下竖省和腰省。上口位置是胸围/4 与袖窿深线的交叉点，右侧顶点距离袋盖边 1.5 cm，上口宽度是 1 cm，腋下竖省在腰线处的宽度是 1.5 cm。腰省中心线的位置是胸宽中心上侧 1 cm 处的上平线，腰省左侧顶点距离袖窿深线 6 cm，右侧顶点距离大口袋边 1.5 cm，腰省在腰线处的宽度是 1 cm(图 6-49)。

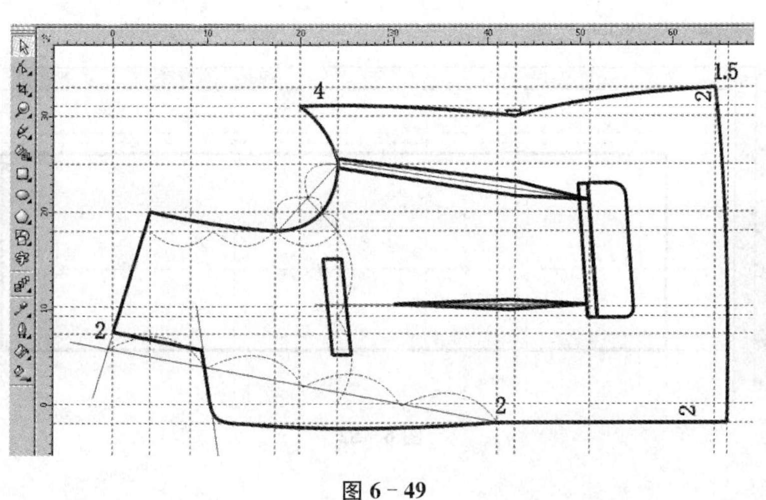

图 6-49

6. 相关标注：一个完整的数据标注包括：起止线、尺寸线、箭头和数据四项要素。利用手绘工具，通过交互式属性栏的轮廓和样式选项，分别绘制各个数据标注，绘制经线方向标注(图 6-50)。

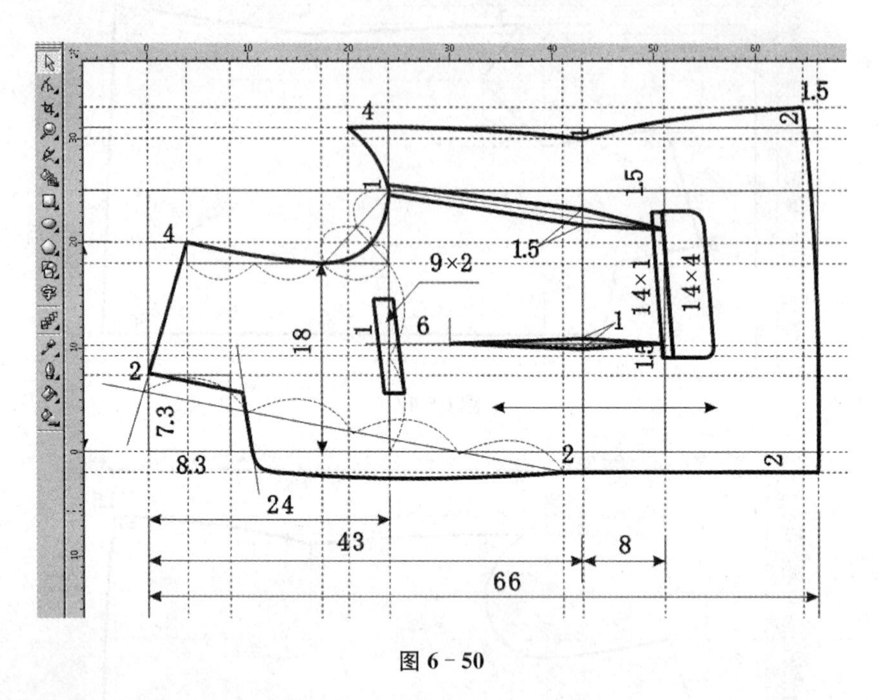

图 6-50

六、后片的制图方法

后片制图方法参照前片的方法(图 6-51～图 6-55)。

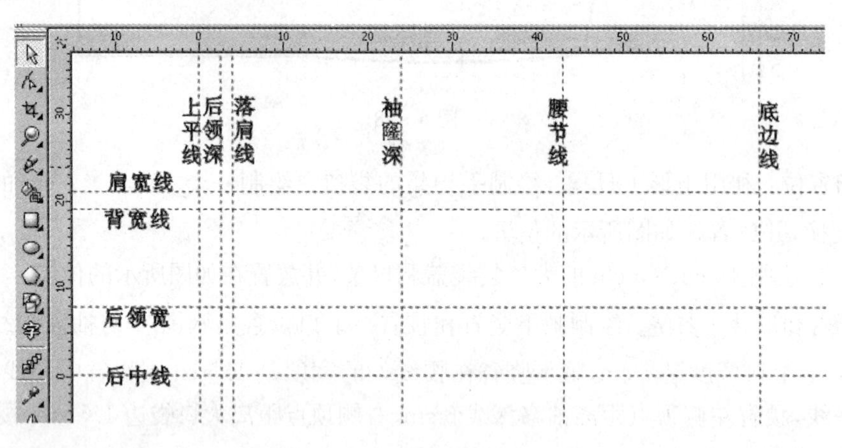

图 6-51

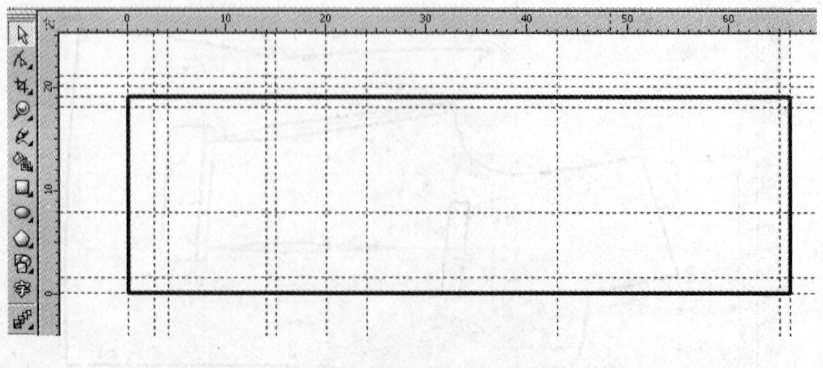

图 6-52

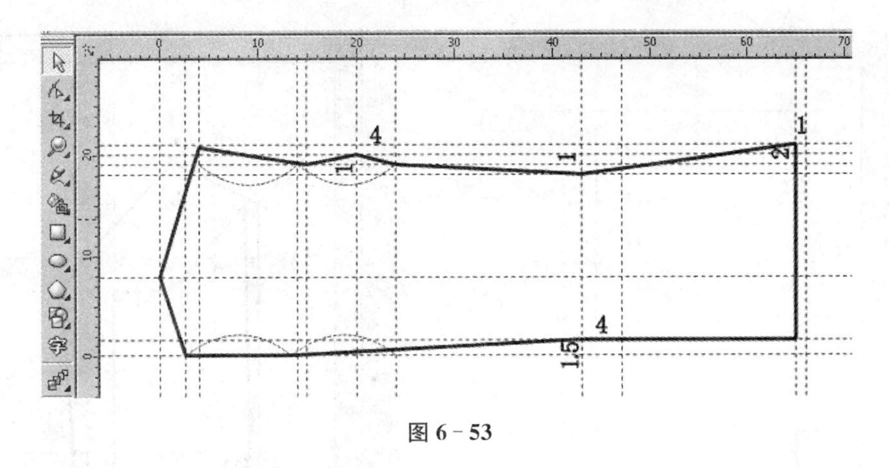

图 6－53

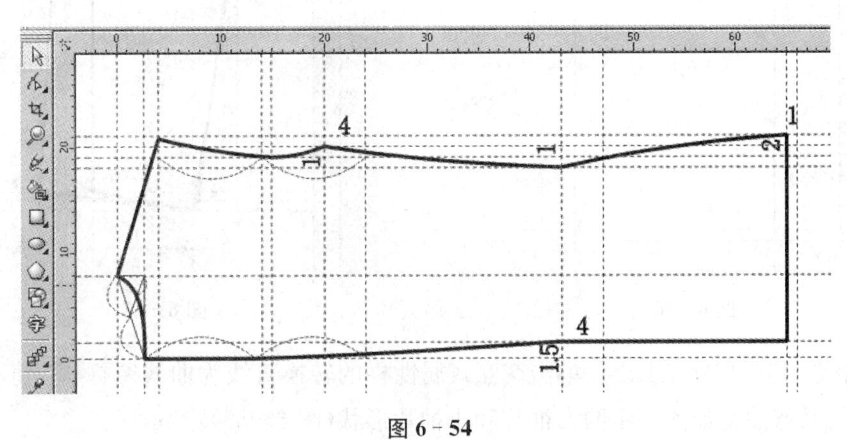

图 6－54

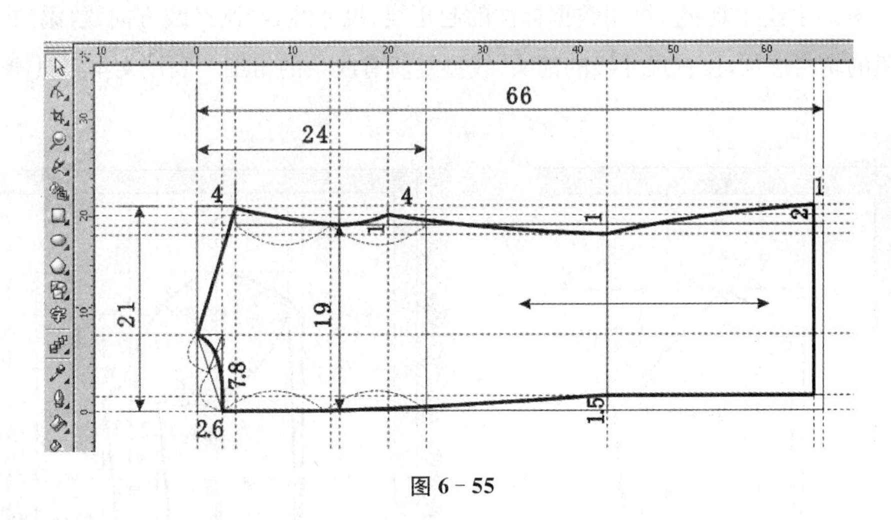

图 6－55

七、袖子的制图方法

西装袖子是两片式圆袖，绘制袖子图形首先绘制大袖片，然后在大袖片基础上绘制小袖片。

1. 设置原点、辅助线，绘制大袖片矩形：将原点设置在图纸上部中间位置。过肩袖子数据，设置上平线、袖口线、袖山线、袖肘线等水平辅助线，设置袖中线、袖肥线、偏袖线袖口宽度线等竖向辅助线；并利用矩形工具，绘制一个袖长为高度、袖肥为宽度的矩形（图 6－56）。

2. 绘制袖片框图：利用等分线的方法，确定如图所示的相应定位参考点，利用手绘工具，绘制如图所示的大袖片框图和小袖片框图，并将其轮廓设置为粗实线（图 6－57）。

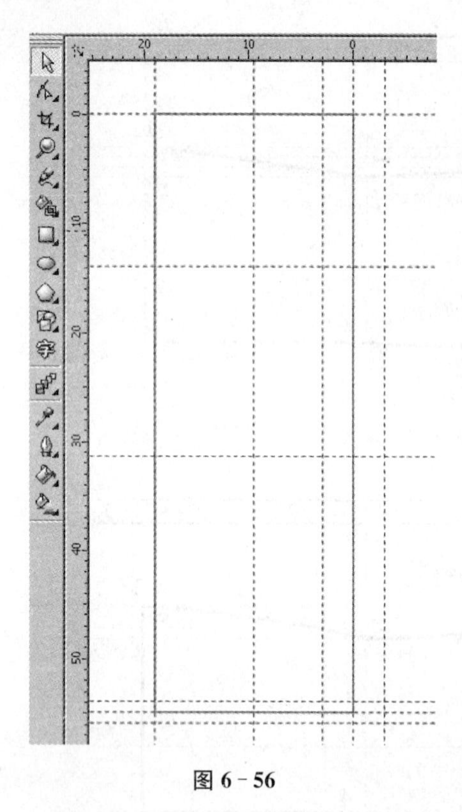

图 6 - 56

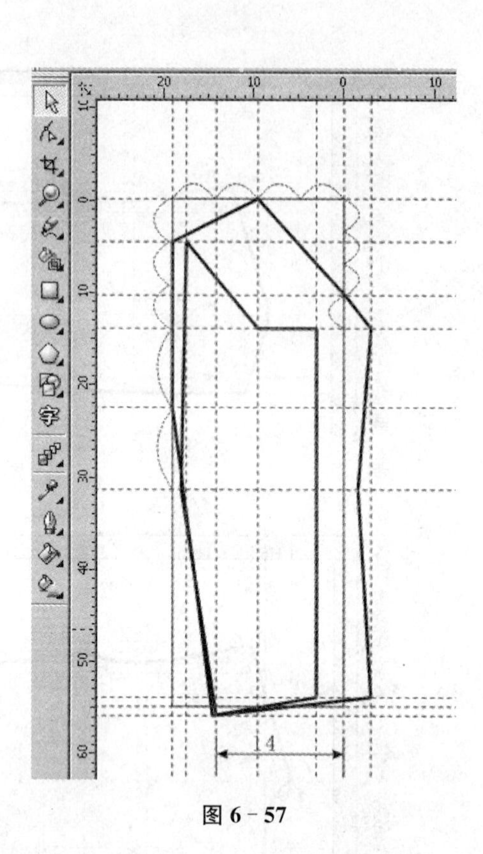

图 6 - 57

3. 修画相关曲线：利用形状工具，单击交互式属性栏的转换直线为曲线图标，将相关线条转换为曲线，拖动相关曲线，将其弯曲为如图所示的大袖片和小袖片形状(图 6 - 58)。

4. 相关标注：利用手绘工具，绘制数据标注的起止线、尺寸线，绘制经线方向线，添加绘制相关辅助线。通过交互式属性栏的轮廓选项，设置尺寸线的箭头、线型及所有线条的粗细。利用文本工具，书写数据、文字等(图 6 - 59)。

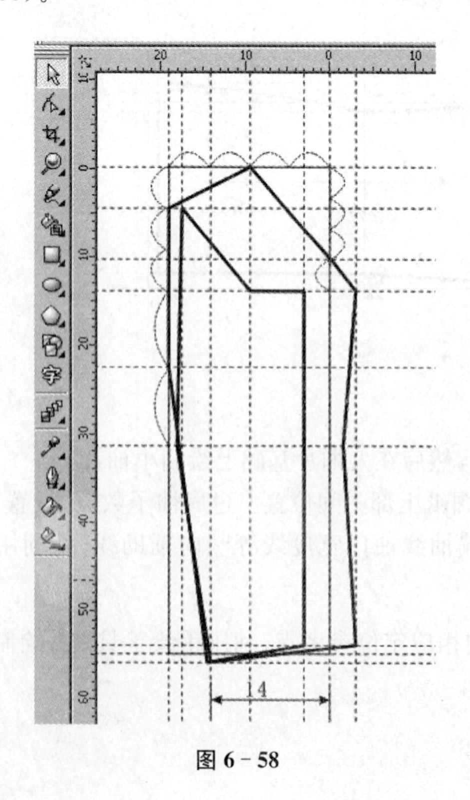

图 6 - 58

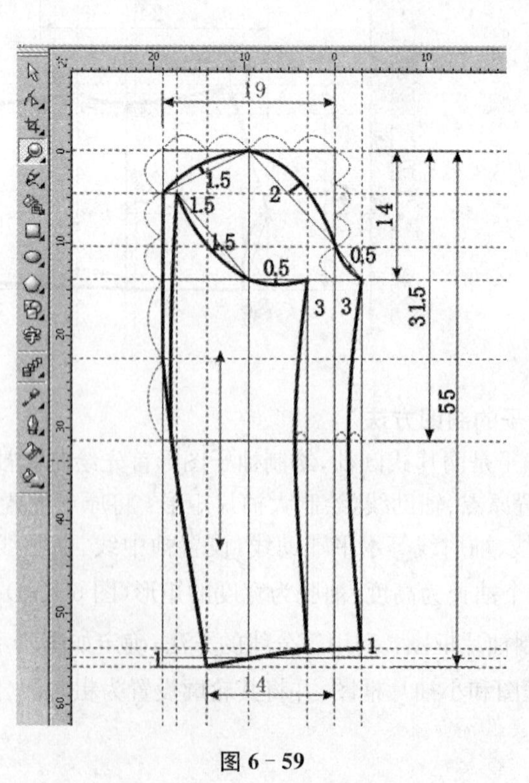

图 6 - 59

八、领子和贴边的制图方法

1. 驳领是在前片领口基础上来绘制的。利用手绘工具，绘制肩线延长线，距离肩颈点 2 cm(领座宽度的 2/3)为开门点，门襟线上与腰线以上 2 cm 即是驳口点，通过开门点和驳口点绘制驳口线。利用周长测量插件，测量后领口曲线长度为 9 cm(图 6－60)。

2. 翘度数据是 2(翻领宽度的 1/2)，位置在驳口线上、后领口曲线长度的位置。利用矩形工具绘制一个 8.5 cm×2 cm 的矩形，将其右下角与开门点对齐，并以此为旋转中心，通过旋转，将矩形右边与驳口线对齐。利用手绘工具，绘制翘度线。利用矩形工具，分别绘制 9 cm×3 cm 的领座矩形和 9 cm×4 cm 的翻领矩形，以翘度线为基准，将两个矩形放置在翘度线的两侧(图 6－61)。

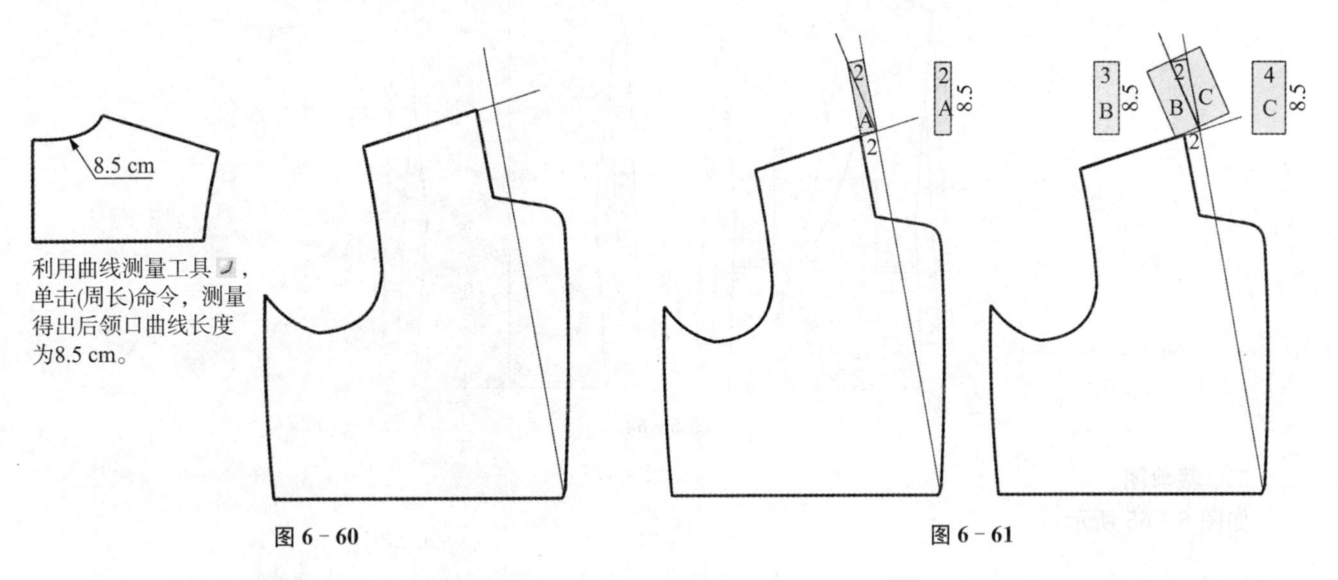

图 6－60　　图 6－61

3. 利用手绘工具，参照下图绘制驳领的轮廓框图。利用形状工具，参照款式图的领子形状，将相关线条进行弯曲修画，形成线条流畅的领子造型(图 6－62)。

4. 这里的领子和贴边是连在一起的，是在前片领口和领子基础上绘制的。将前片和领子图形复制到新的文件图纸中，贴边、底边和腰线部位的宽度约 6 cm，利用手绘工具和形状工具，绘制贴边图形(图 6－63)。

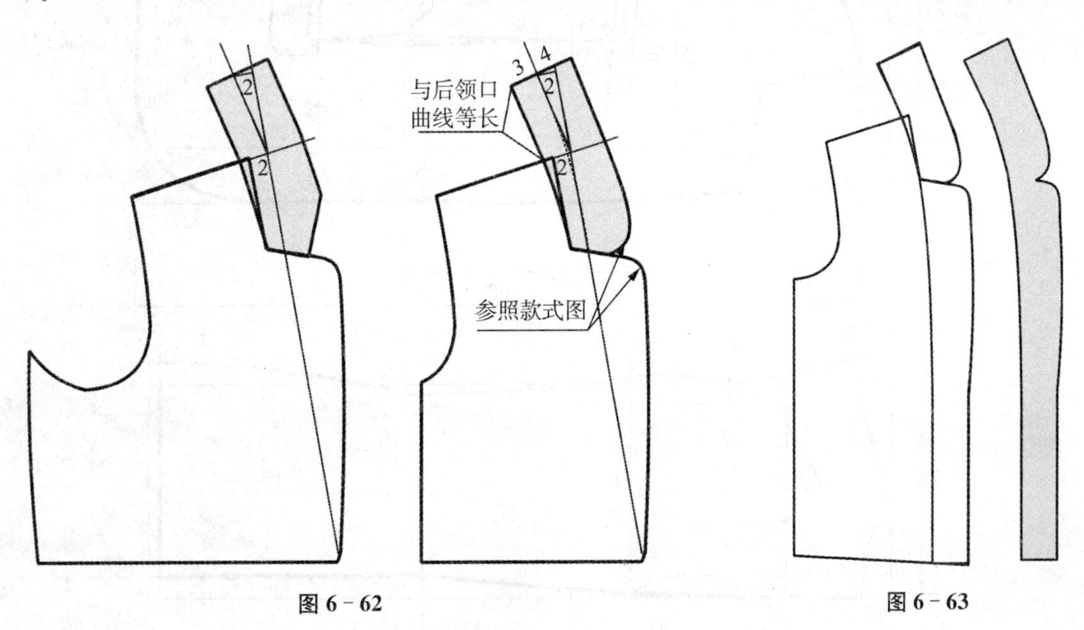

图 6－62　　图 6－63

6.5 双排扣女西装数字化制图

一、款式分析

双排扣女西装由衣身、领子和袖子构成。为了穿脱需要，在前中线开口，形成搭门门襟，双排扣扣子系合。衣身由两个前片、两个后片构成，后片占据约 1/3 半胸围（背宽部分），前片占据约 2/3 半胸围（背宽），故称为三开身结构。袖子是两片式圆袖，领子是西装驳领。衣片上还有手帕口袋和大口袋。西装需要安装垫肩。款式图如图 6 - 64 所示。

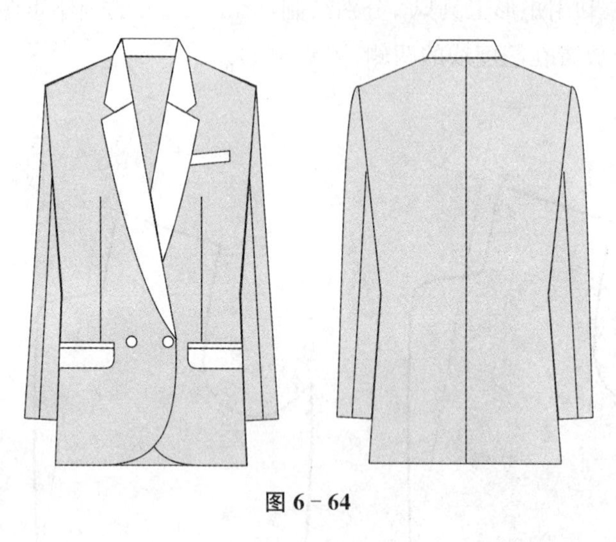

图 6 - 64

二、裁剪图

如图 6 - 65 所示。

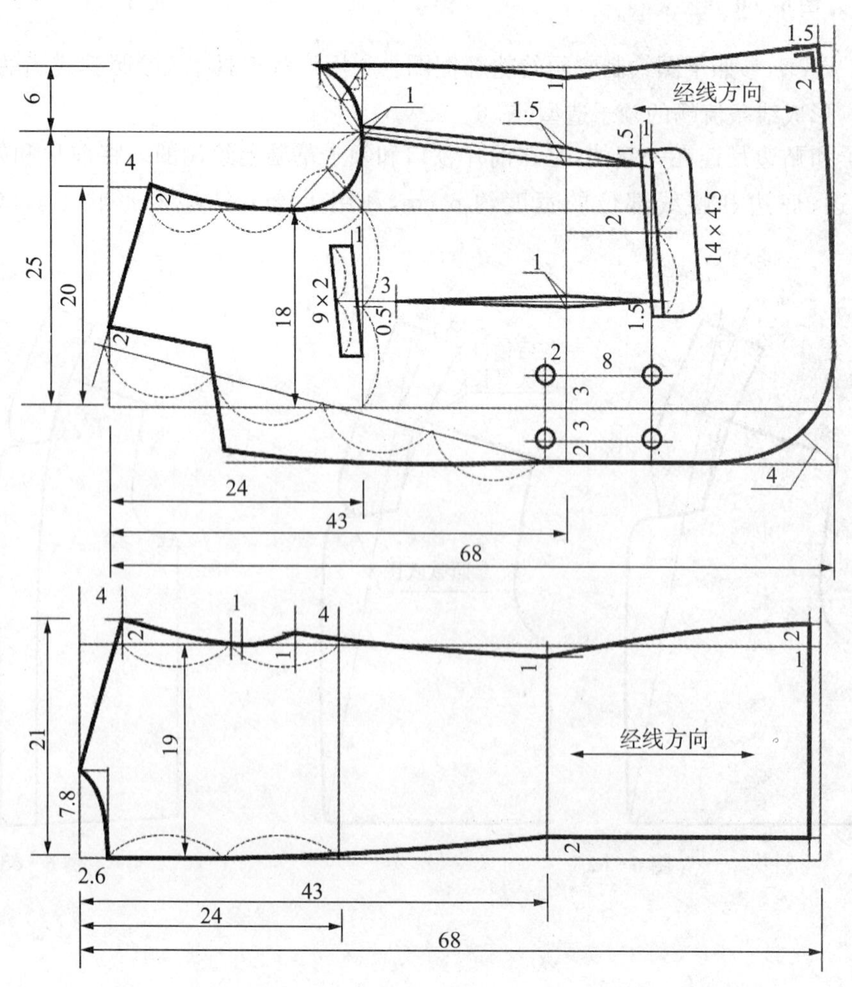

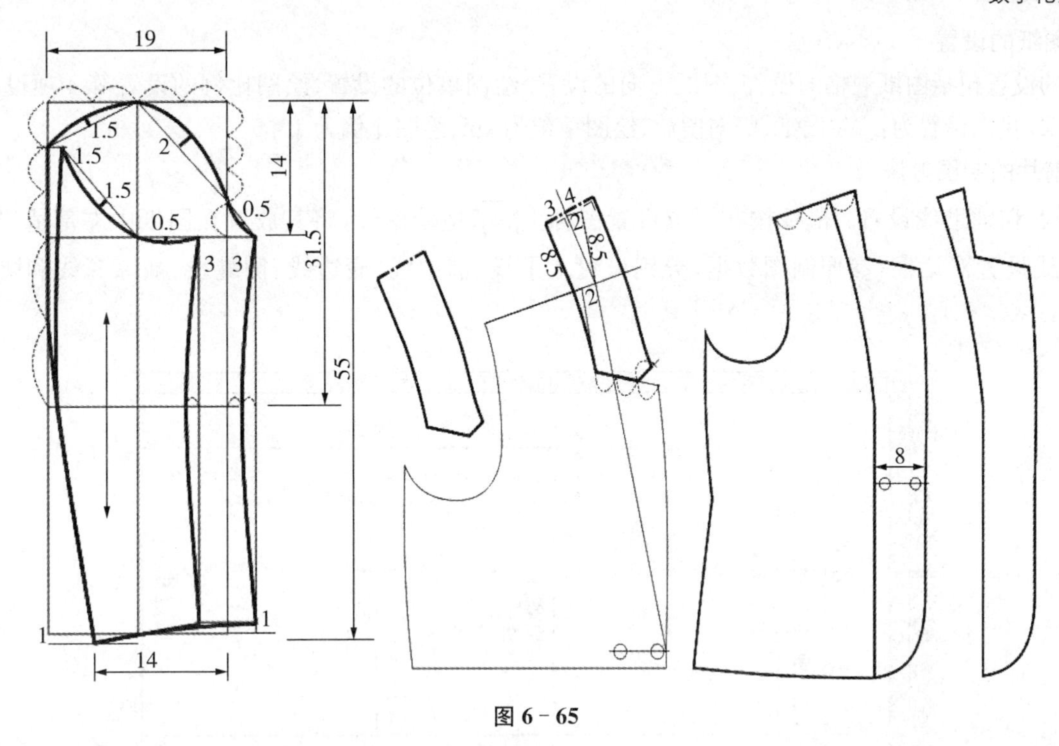

图 6－65

三、数据和公式(号型：160/84)

1. 规格公式和数据

表 6－7

单位：cm

项目	衣长	胸围(X)	肩宽	袖长	领大
计算公式	2/5 号＋4	型＋14～16	3/10X＋10～11	3/10 号＋5～7	3/10 X＋9
规格数据	68	100	40	55	39

2. 制图公式和数据

表 6－8

单位：cm

项目	前片公式	前片数据	后片公式	后片数据	袖子公式	袖子数据
胸围	胸围/4	25	胸围/4	25		
袖窿深	号/8＋4	24	号/8＋4	24		
肩宽	肩宽/2	20	肩宽/2＋1	21		
胸、背宽	前肩宽－2	18	后肩宽－2	19		
领宽	领大/5－0.5	7.3	领大/5	7.8		
领深	～～	～～	领宽/3	2.6		
落肩	肩宽/10	4	肩宽/10	4		
腰节线	号 2/8＋3	43				
袖肥 2					胸围/5－1	19
袖山高					袖肥/1.35	14

四、图纸的设置

图纸的设置包括图纸规格的设置、图纸方向的设置、绘图单位的设置、绘图比例的设置等4项设置。根据绘图的要求，我们设置为：A4图纸、竖向摆放、绘图单位为cm、绘图比例为1∶5。

五、前片的制图方法

1. 原点和辅助线设置：鼠标按在原点设置图标上，拖动鼠标，将其放置在图纸中左部适当的位置。通过辅助线设置对话框，参照制图数据，分别设置上平线、前中线、底边线、侧缝线、袖窿深线和腰长线(图6－66)。

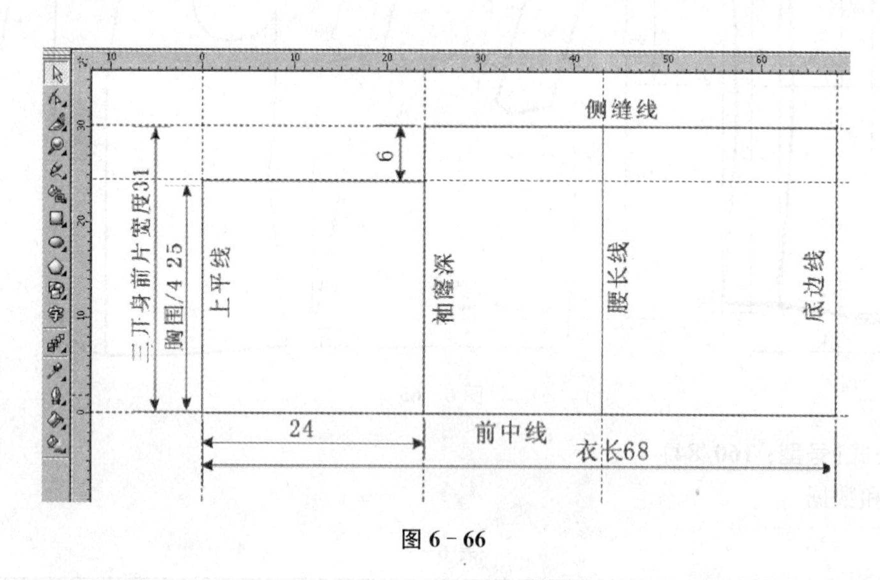

图6－66

2. 参照图示的方法，根据相关数据，确定肩宽、领宽、领深、胸宽、落肩、开门点和扣子位置，绘制胸宽线、落肩线、门襟线；参照图示的方法，绘制驳口线、串口线，确定收腰位置、下摆放大位置和下摆起翘位置；参照图示的方法，确定袖窿曲线参考点等。利用手绘工具，绘制衣片的直线框图(图6－67)。

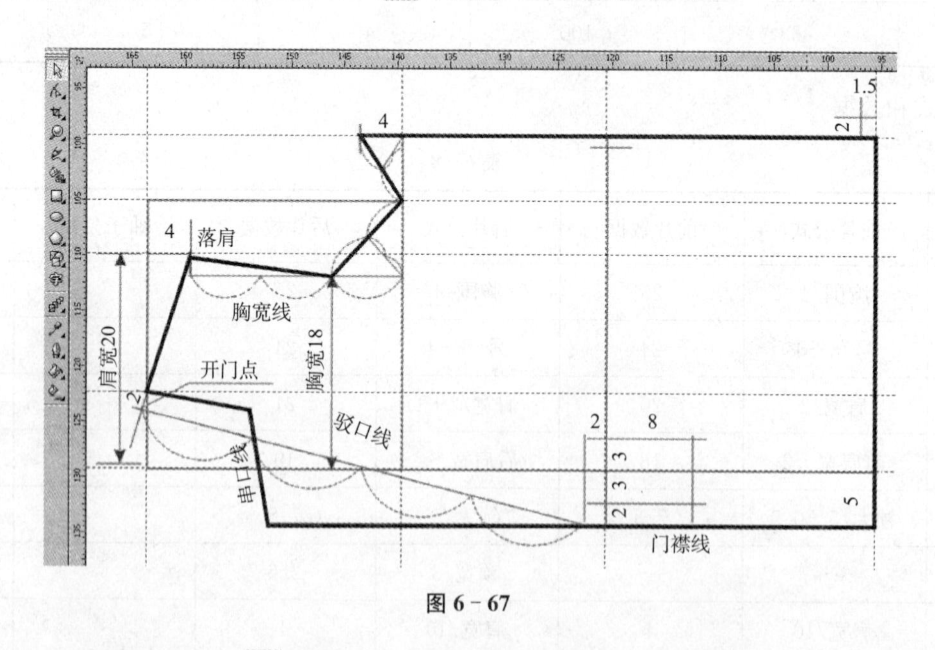

图6－67

3. 修画相关曲线：利用形状工具，分别将相关线段转换为曲线，拖动鼠标将其弯曲为流畅的曲线(图6－68)。

4. 参照图示的方法，利用手绘工具分别绘制大口袋、小口袋、腰省和腋下竖省(图6－69)。

5. 相关标注：一个完整的数据标注包括：起止线、尺寸线、箭头和数据四项要素。利用手绘工具，通过交互式属性栏的轮廓和样式选项，分别绘制各个数据标注，绘制经线方向标注(图6－70)。

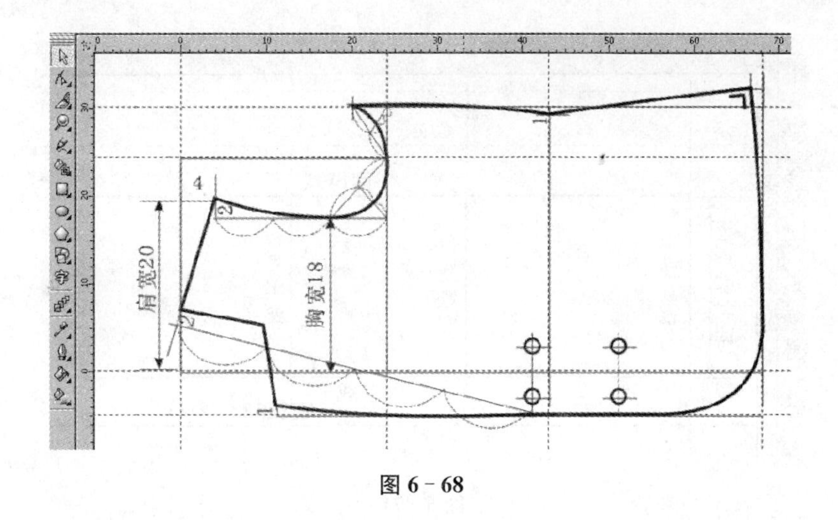

图 6 - 68

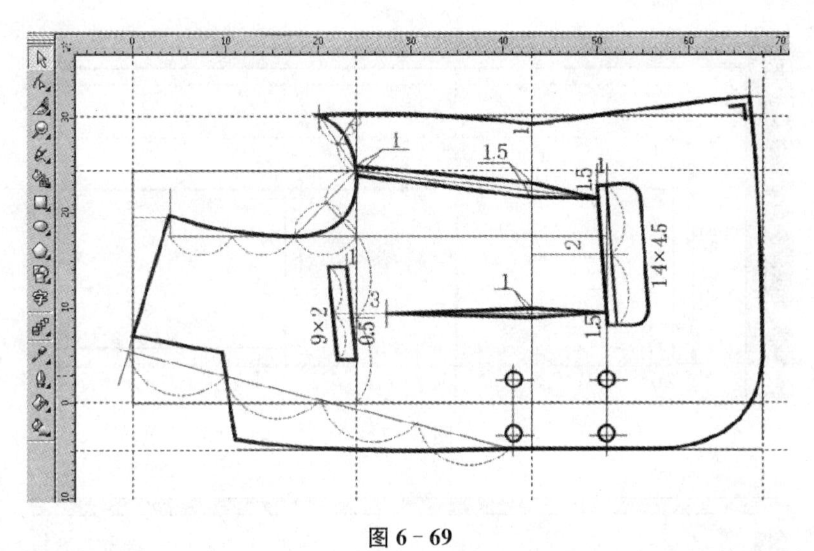

图 6 - 69

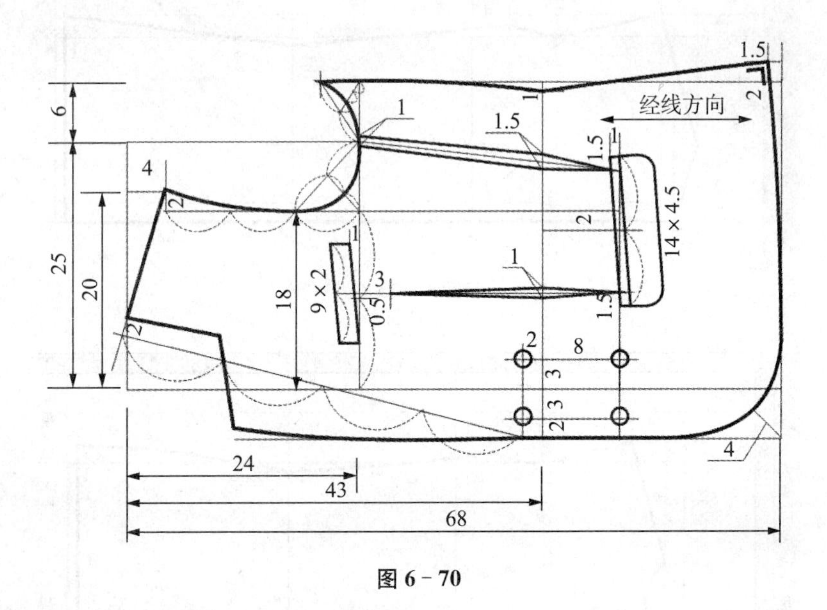

图 6 - 70

六、后片的制图方法

后片制图方法参照前片方法(图 6 - 71～图 6 - 75)。

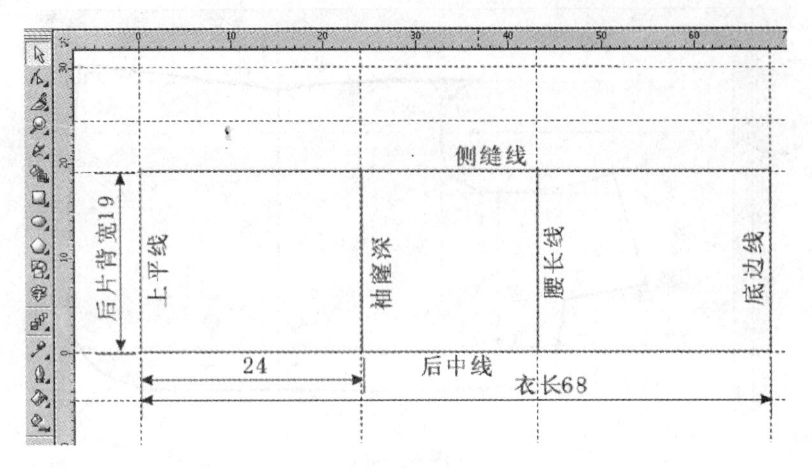

图 6－71

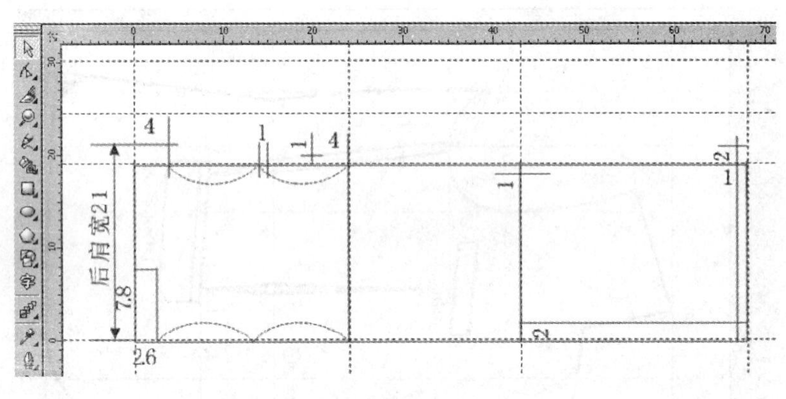

图 6－72

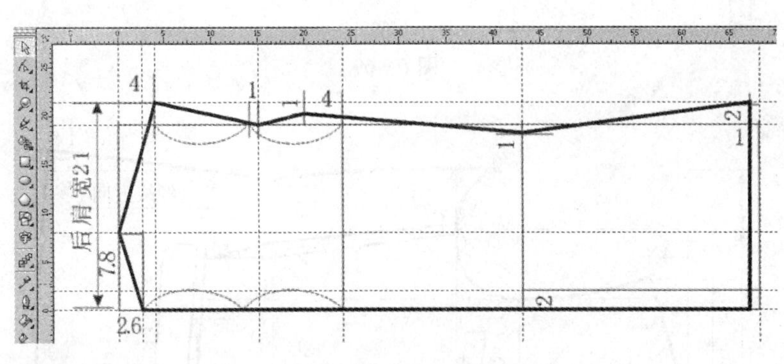

图 6－73

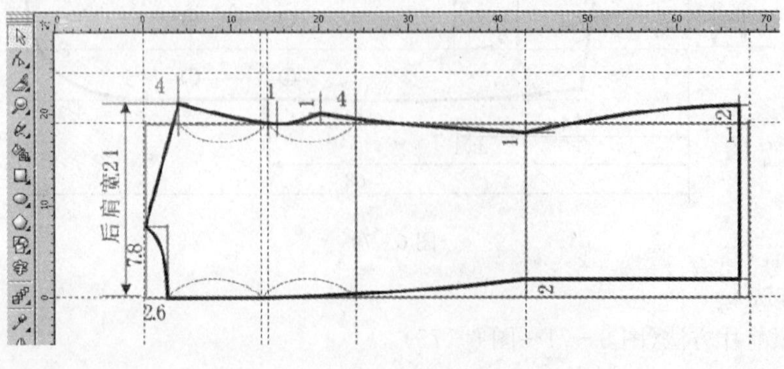

图 6－74

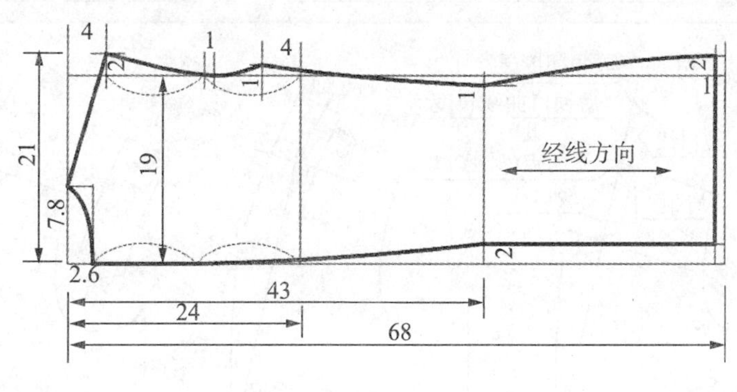

图 6-75

七、袖片的制图方法

1. 参照图示的方法，根据相关数据，分别绘制上平线、内缝线、外缝线、袖口线、袖山线和袖肘线；参照图示的方法，分别绘制袖山斜线，确定袖口宽度，确定袖山曲线的参考点，确定袖口曲线参考点，确定大小袖片的偏袖位置等；利用手绘工具，分别绘制袖片框图(图 6-76)。

2. 修画相关曲线：将袖片框图轮廓设置为粗实线，利用形状工具，将相关框图直线，改变为曲线，修画为大袖片和小袖片轮廓图形；并进行数据、符号、文字和经线方向标注(图 6-77)。

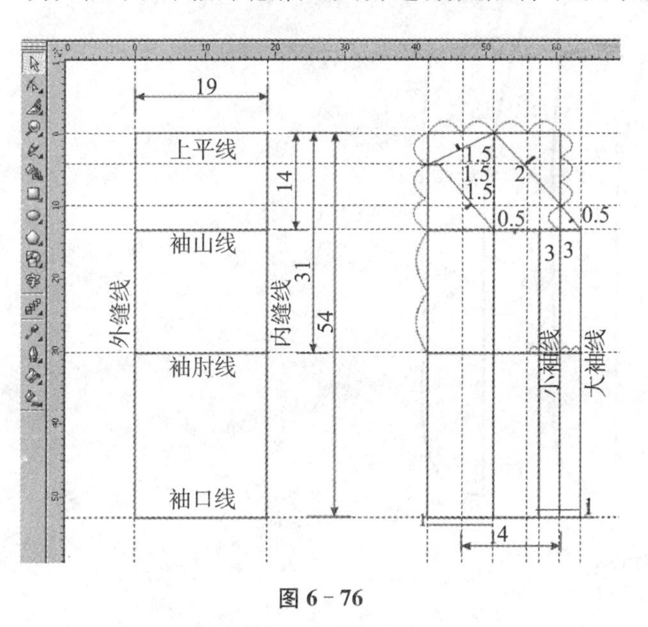

图 6-76

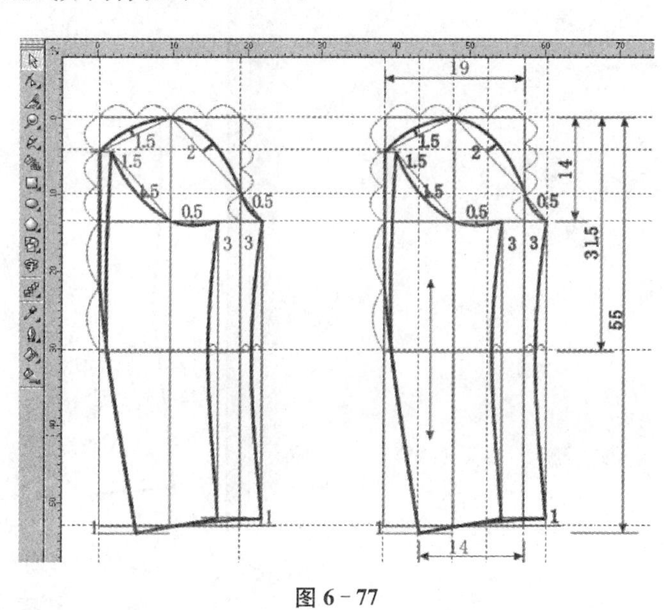

图 6-77

八、领子和贴边的制图方法(西装驳领)

参照图示的方法，在衣片领口基础上，确定开门点、绘制驳口线、确定驳领翘度、绘制开门点以上的驳口线；依据领座宽度、翻领宽度和后领口曲线长度，参照图示的方法，绘制领子框图；依据上述参考线和参考点，用粗实线绘制领子轮廓，形成领子图形，领子后中线要用点划线绘制(图 6-78)。

参照图示的方法，绘制西装门襟的贴边(图 6-79)。

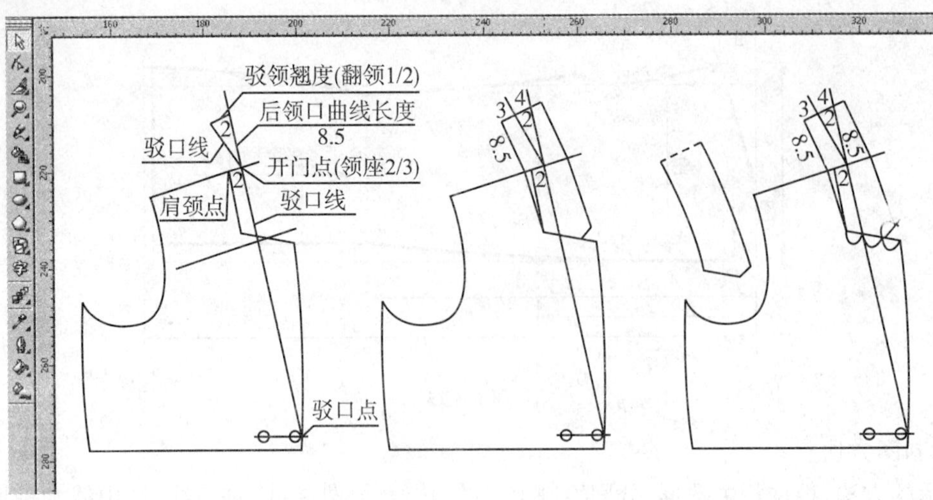

图 6-78

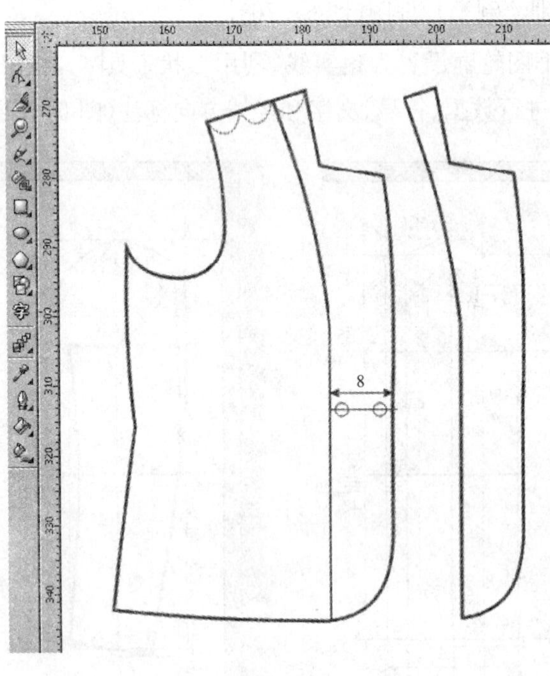

图 6-79

6.6 U领女装数字化制图

一、款式分析

U 型领女装由衣身和袖子构成。为了穿脱需要，在前中线开口，形成搭门门襟，扣子系合。衣身由两个前片、一个后片构成，前后片宽度各占半胸围的 1/2，前片和后片均设置刀背分割。袖子是两片式圆袖；领子属于无领领口形式；衣片上有斜置大口袋，需要安装垫肩。U 型领女装款式图如图 6-80 所示。

图 6-80

二、裁剪图

如图 6－81 所示。

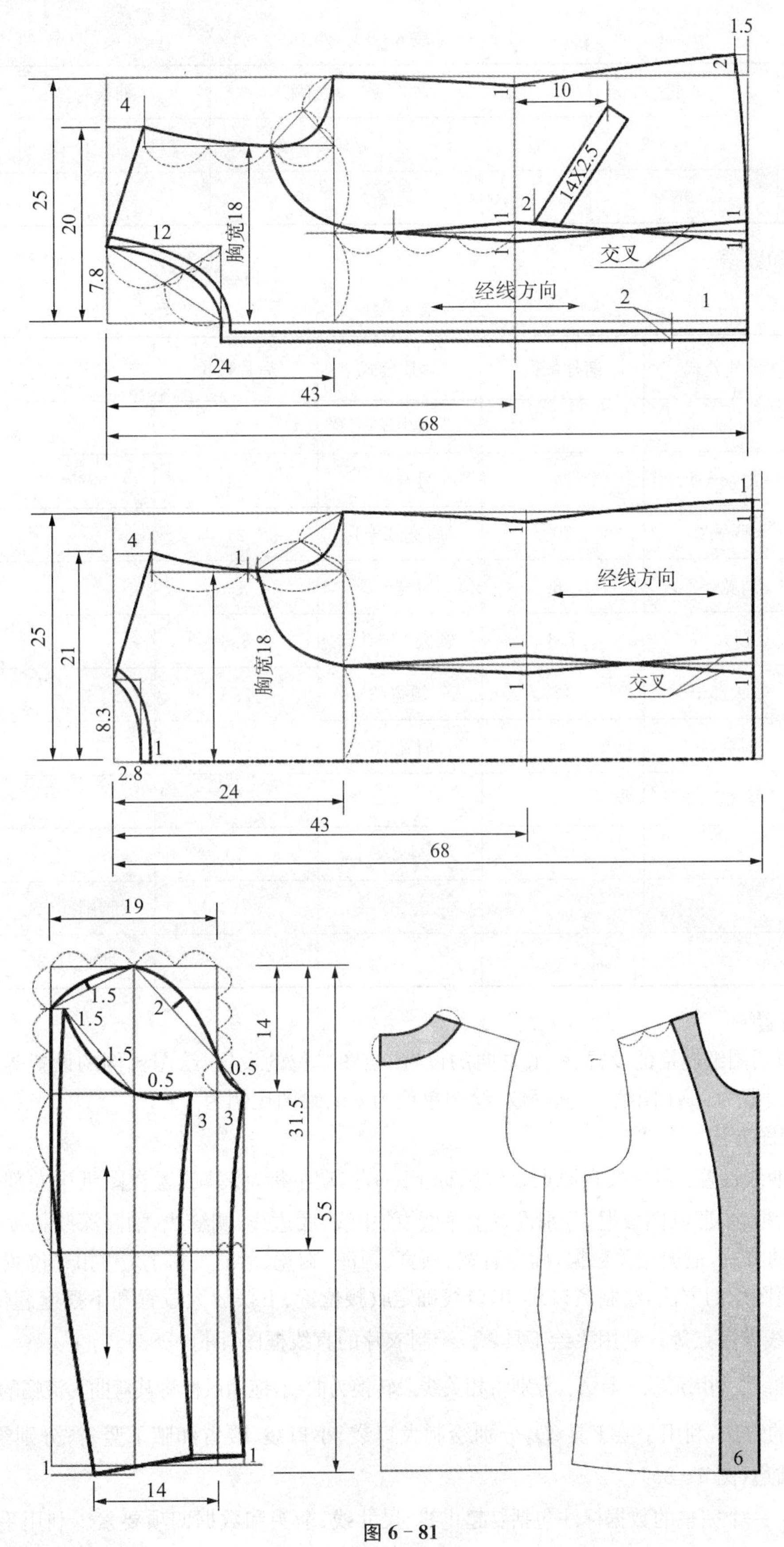

图 6－81

三、数据和公式(号型 160/84)

1. 规格数据

表 6 - 9

单位：cm

项目	衣长	胸围(X)	肩宽	袖长	领大
计算公式	2/5 号+2	型+14～16	3/10X+10～11	3/10 号+5～7	3/10 X+9
规格数据	66	100	40	55	39

2. 制图公式和数据

表 6 - 10

单位：cm

项目	前片公式	前片数据	后片公式	后片数据	袖子公式	袖子数据
胸围	胸围/4	25	胸围/4	25		
袖窿深	号/8+4	24	号/8+4	24		
肩宽	肩宽/2	20	肩宽/2+1	21		
胸、背宽	肩宽－2	18	肩宽－2	19		
领宽	领大/5	7.8	领大/5+0.5	8.3		
领深	领大/5+5	12	领宽/3	2.8		
落肩	肩宽/10	4	肩宽/10	4		
腰节线	号 2/8+3	43				
背长线			号 2/8	40		
袖肥 2					胸围/5－1	19
袖山高					袖肥/1.35	14

四、图纸的设置

图纸的设置包括图纸规格的设置、图纸方向的设置、绘图单位的设置、绘图比例的设置等 4 项设置。根据绘图的要求，我们设置为：A4 图纸、竖向摆放、绘图单位为 cm、绘图比例为 1∶5。

五、前片的制图方法

1. 原点和辅助线设置：鼠标按在原点设置图标上，拖动鼠标，将其放置在图纸中左部适当的位置。通过辅助线设置对话框，参照制图数据，分别设置上平线、前中线、底边线、侧缝线、袖窿深线和腰长线(图 6 - 82)。

2. 参照图示的方法，根据相关数据，确定肩宽、领宽、领深、胸宽、落肩、开门点和扣子位置，绘制胸宽线、落肩线、门襟线；参照图示的方法，绘制驳口线、串口线确定收腰位置、下摆放大位置和下摆起翘位置；参照图示的方法，确定袖窿曲线参考点等。利用手绘工具，绘制衣片的直线框图(图 6 - 83)。

3. 修画相关曲线：利用形状工具，分别将相关线段转换为曲线，拖动鼠标将其弯曲为流畅的曲线(图 6 - 84)。

4. 参照图示的方法，利用手绘工具，分别绘制大口袋、小口袋、腰省和腋下竖省；分别绘制刀背分割线、门襟贴边和领口贴边(图 6 - 85)。

5. 相关标注：一个完整的数据标注包括：起止线、尺寸线、箭头和数据四项要素。利用手绘工具，通过交互式属性栏的轮廓和样式选项，分别绘制各个数据标注，绘制经线方向标注(图 6 - 86)。

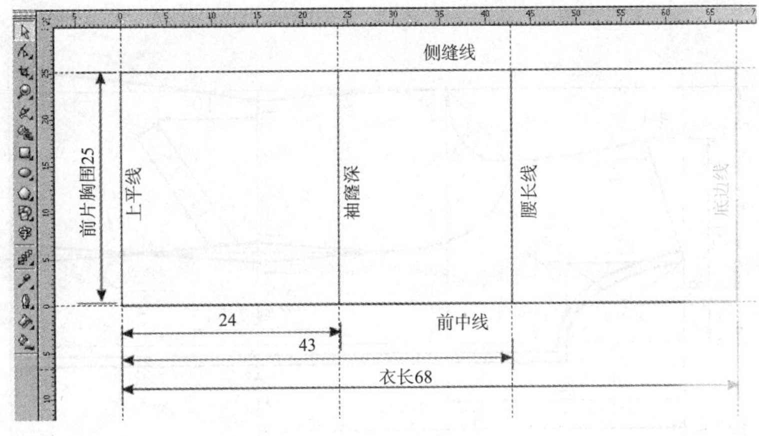

图 6－82

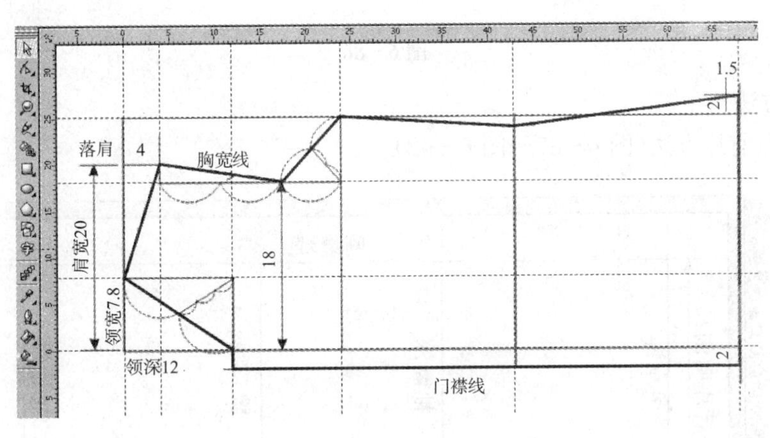

图 6－83

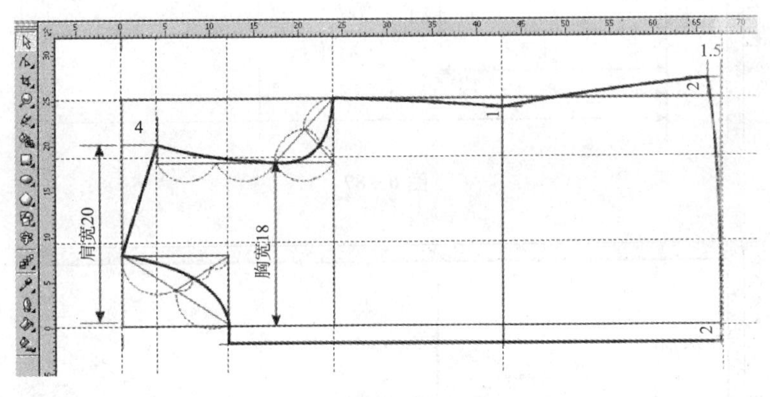

图 6－84

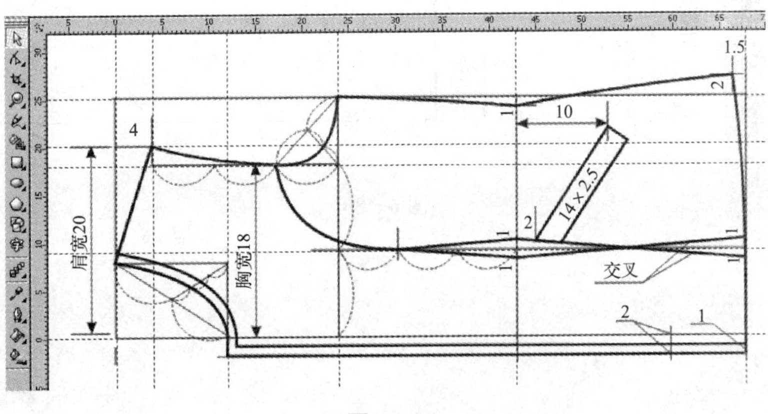

图 6－85

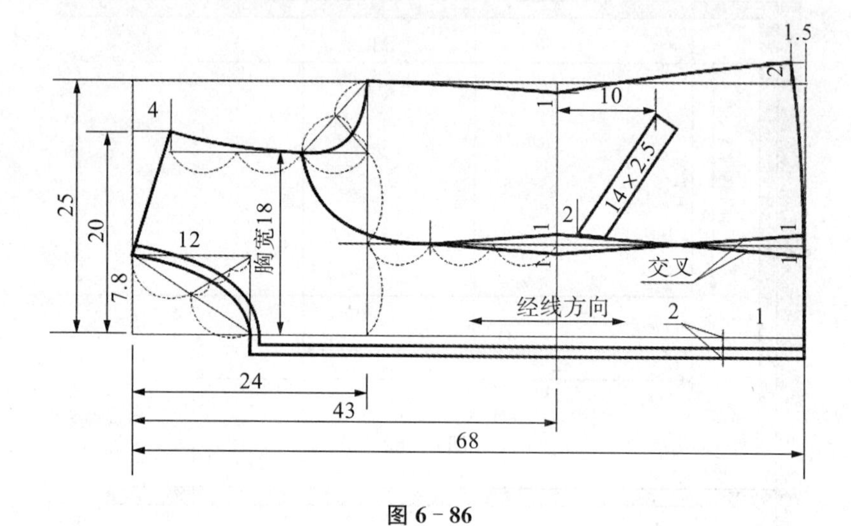

图 6-86

六、后片的制图方法

后片制图方法参照前片方法(图 6-87～图 6-92)。

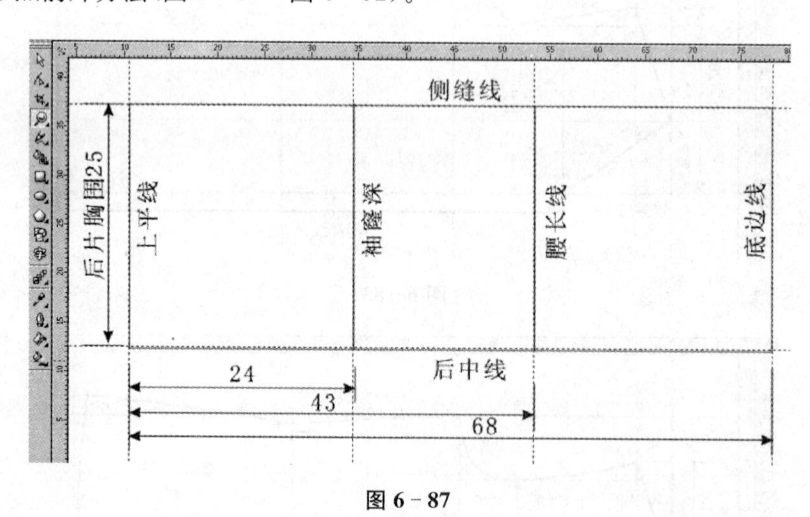

图 6-87

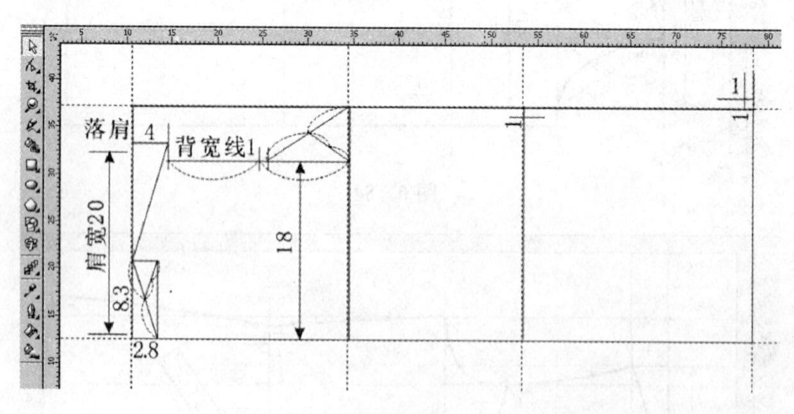

图 6-88

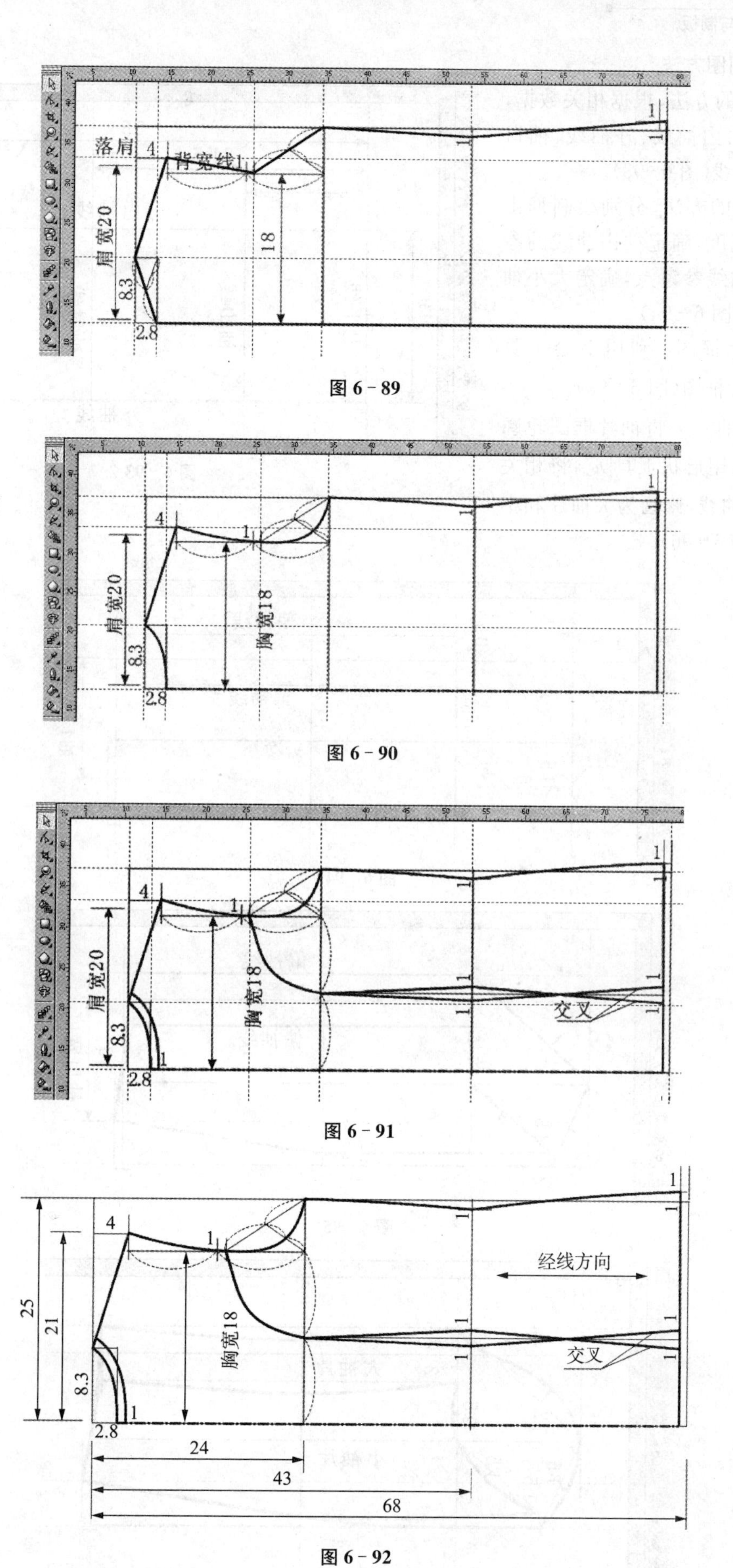

图 6－89

图 6－90

图 6－91

图 6－92

七、袖子的制图方法

1. 参照图示的方法，根据相关数据，分别设置上平线、内袖线、外袖线、袖口线、袖山线和袖肘线(图 6-93)。

2. 参照图示的方法，分别绘制袖山斜线，确定袖口宽度，确定袖山曲线的参考点，确定袖口曲线参考点，确定大小袖片的偏袖位置等(图 6-94)。

3. 绘制袖片框图：利用手绘工具，分别绘制袖片框图(图 6-95)。

4. 修画相关曲线：将袖片框图轮廓设置为粗实线，利用形状工具，将相关框图直线改变为曲线，修画为大袖片和小袖片轮廓图形(图 6-96)。

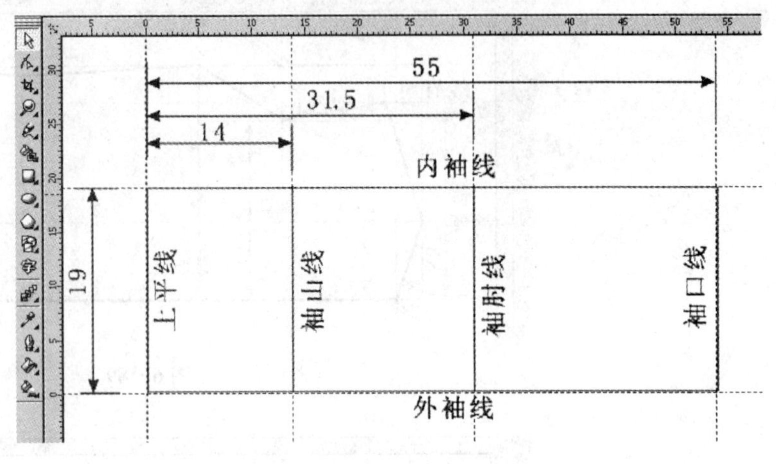

图 6-93

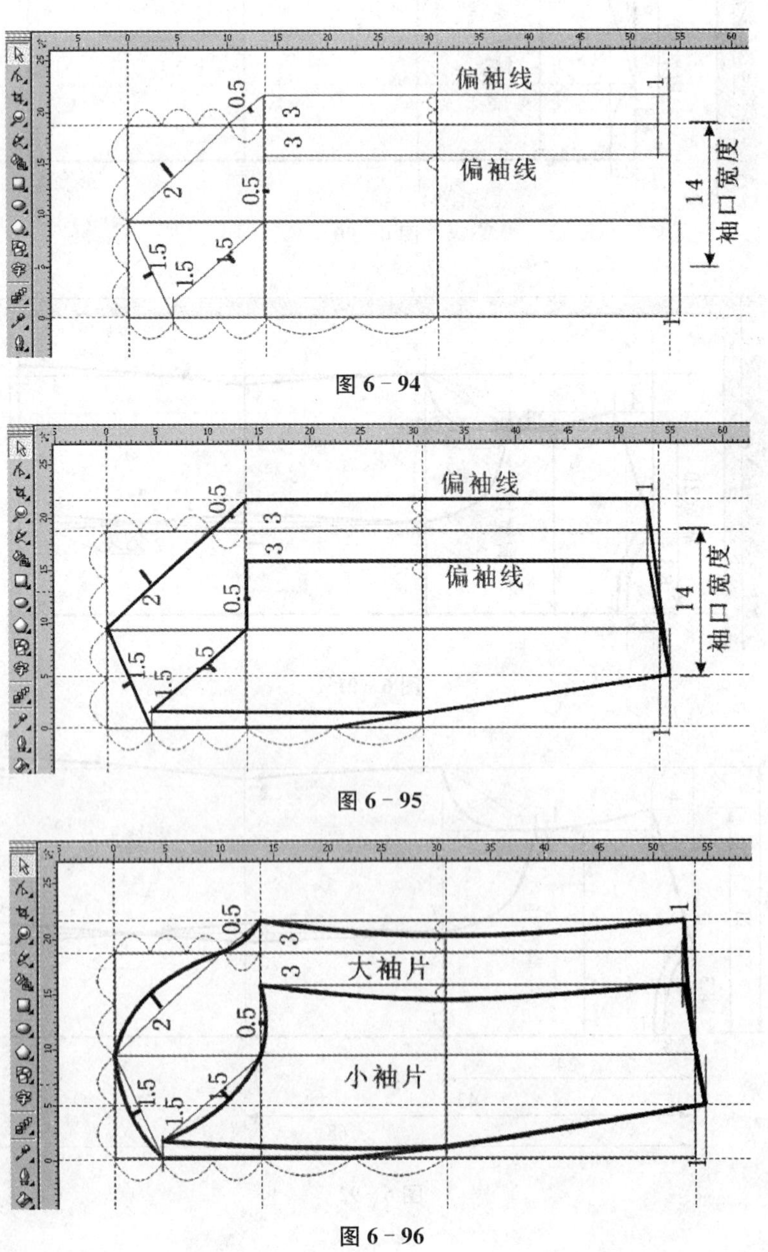

图 6-94

图 6-95

图 6-96

5. 参照图示的方法，进行数据、符号、文字和经线方向标注（图 6－97）。

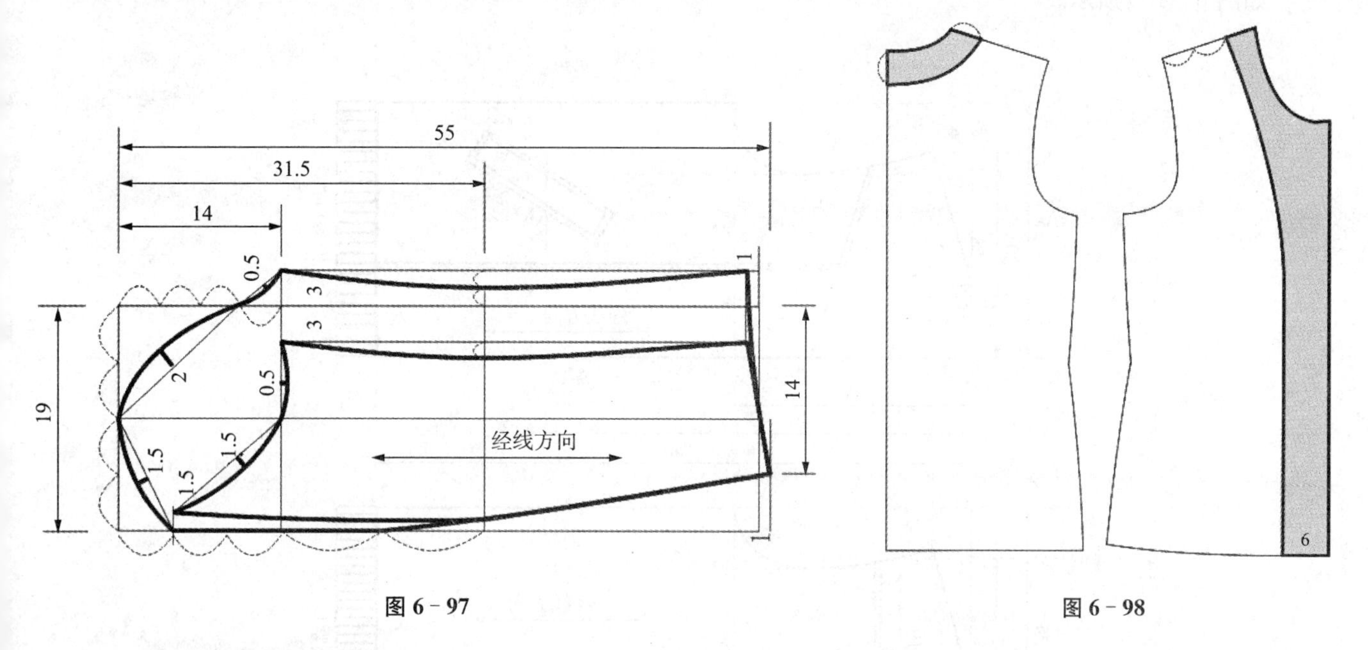

图 6－97

图 6－98

八、贴边的制图方法

参照图示的方法，绘制门襟的贴边（图 6－98）。

6.7 女茄克数字化制图

一、款式分析

女茄克由衣身、领子和袖子构成。为了穿脱需要，在前中线开口，形成搭门门襟，拉链系合；衣身由两个前片、一个后片构成，属于对开身结构；前后片均设置斜向分割和竖向分割，前片还设置斜向口袋；衣片下摆拼接松劲口；袖子是一片式平袖，袖口是松紧口；领子是中式立领；需要安装垫肩。款式如图 6－99 所示。

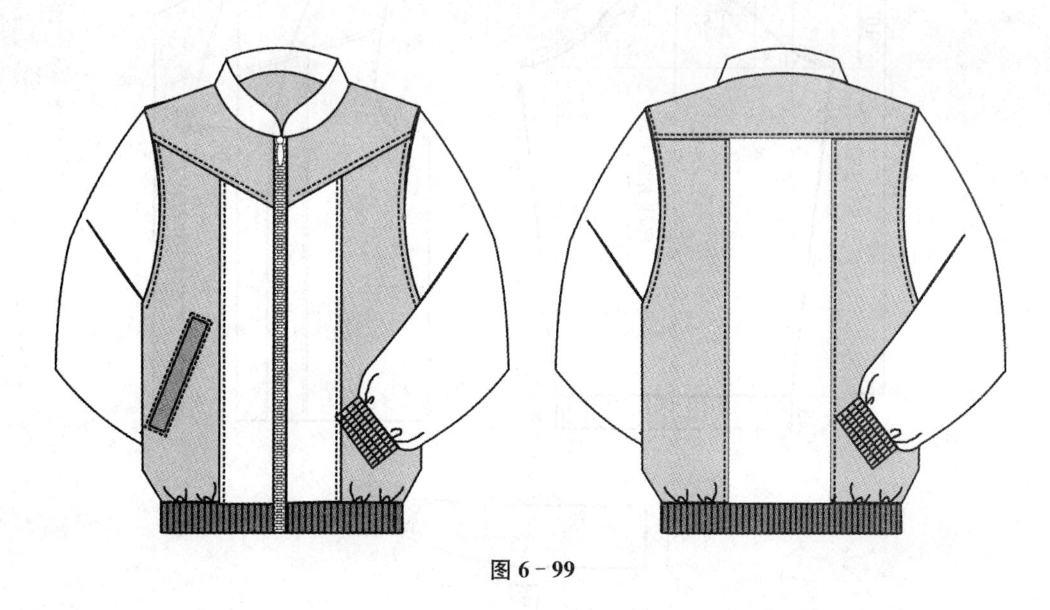

图 6－99

二、裁剪图

如图 6－100 所示。

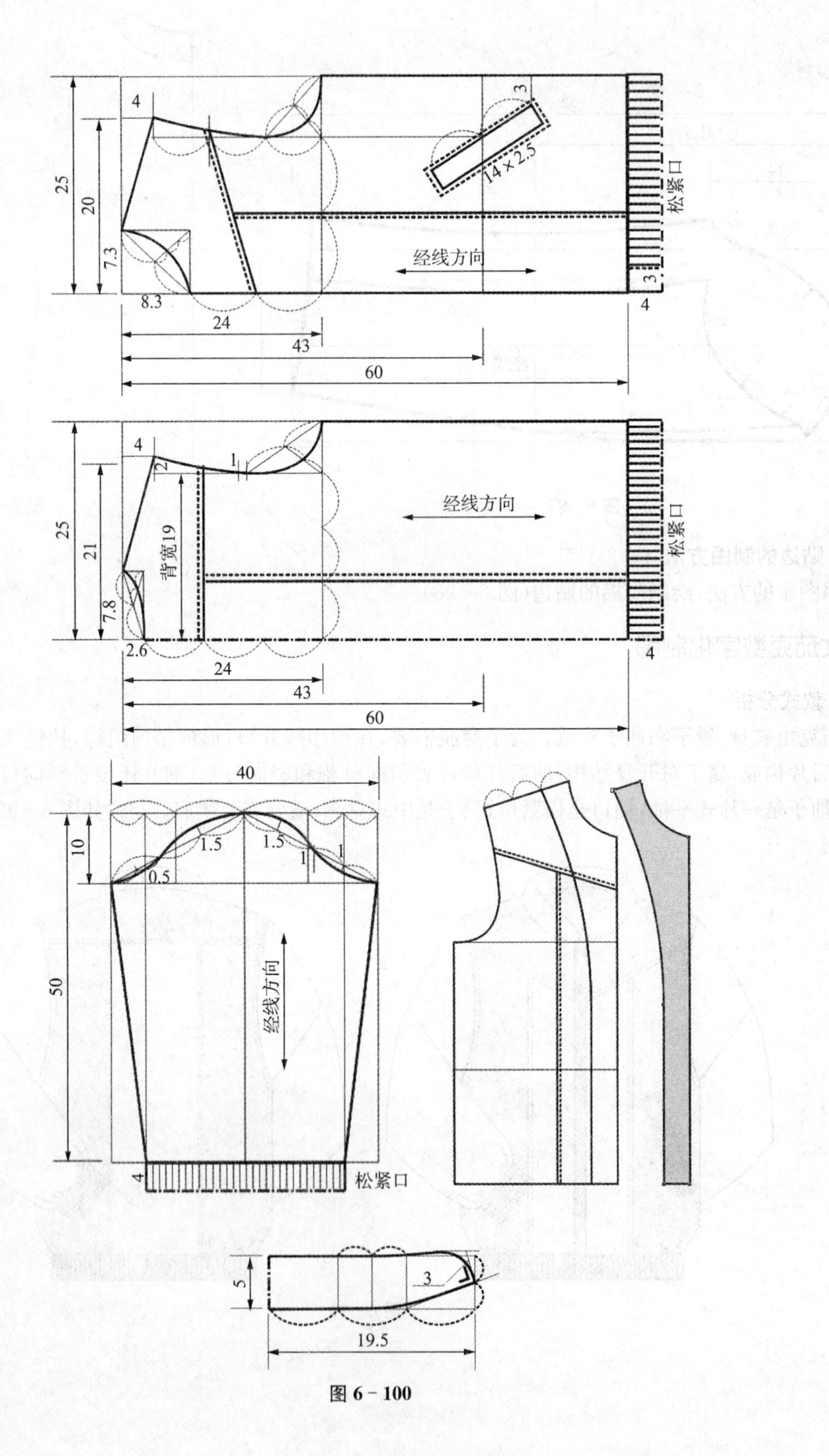

图 6－100

三、公式和数据(号型：160/84)

1. 规格公式和数据

表 6-11　　单位：cm

项目	衣长	胸围(X)	肩宽	袖长	领大
计算公式	2/5 号	型＋14～16	3/10X＋10～11	3/10 号＋5～7	3/10 X＋9
规格数据	64	100	40	54	39

2. 制图公式和数据

表 6-12　　单位：cm

项目	前片公式	前片数据	后片公式	后片数据	袖子公式	袖子数据
胸围	胸围/4	25	胸围/4	25		
袖窿深	号/8＋4	24	号/8＋4	24		
肩宽	肩宽/2	20	肩宽/2＋1	21		
胸、背宽	肩宽－2	18	肩宽－2	19		
领宽	领大/5－0.5	7.3	领大/5	7.8		
领深	领大/5＋0.5	8.3	领宽/3	2.6		
落肩	肩宽/10	4	肩宽/10	4		
腰节线	号 2/8＋3	43				
背长线			号 2/8	40		
下摆宽度		4		4		
袖肥 2					胸围/5	20
袖山高					袖肥/2	10

四、图纸的设置

图纸的设置包括图纸规格的设置、图纸方向的设置、绘图单位的设置、绘图比例的设置等 4 项设置。根据绘图的要求，我们的设置是：A4 图纸、竖向摆放、绘图单位为 cm、绘图比例为 1∶5。

五、前片的制图方法

1. 原点和辅助线设置：鼠标按在原点设置图标上，拖动鼠标，将其放置在图纸中左部适当的位置。通过辅助线设置对话框，参照制图数据，分别设置上平线、前中线、底边线、侧缝线、袖窿深线和腰长线(图 6-101)。

2. 参照图示的方法，根据相关数据，确定肩宽、领宽、领深、胸宽、落肩，绘制胸宽线、落肩线；参照图示的方法，确定袖窿曲线参考点和领口曲线参考点(图 6-102)。

3. 绘制衣片框图：利用手绘工具，绘制衣片的直线框图(图 6-103)。

4. 利用形状工具，分别将相关线段转换为曲线，拖动鼠标将其弯曲为流畅的曲线(图 6-104)。

5. 参照图示的方法，利用手绘工具，分别绘制斜向分割线、竖向分割线，利用矩形工具绘制大口袋。

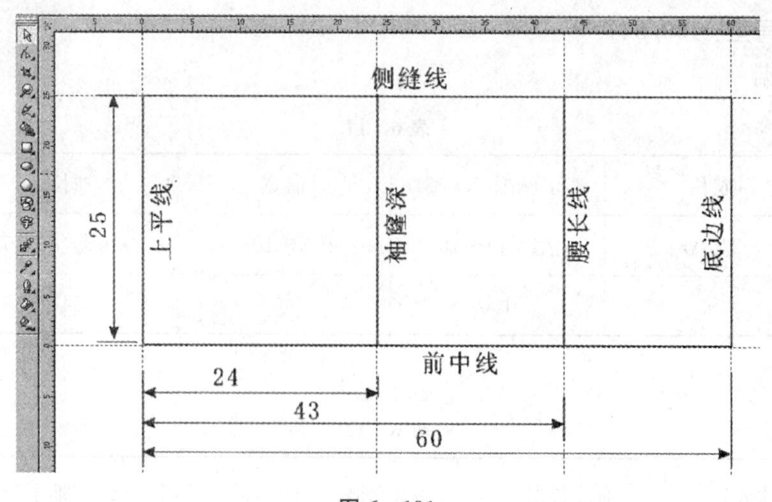

图 6－101

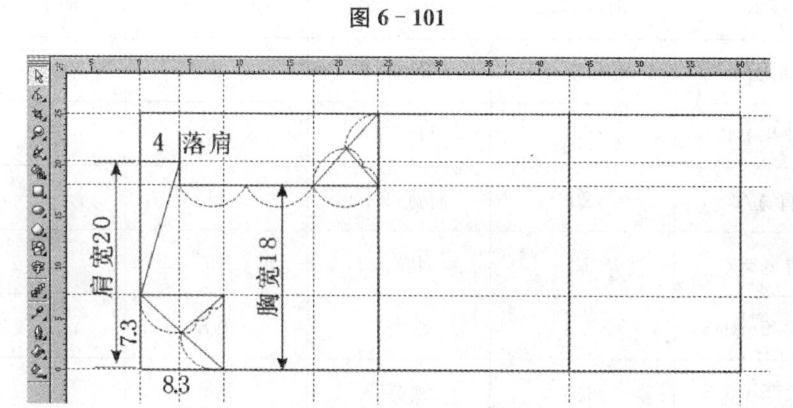

图 6－102

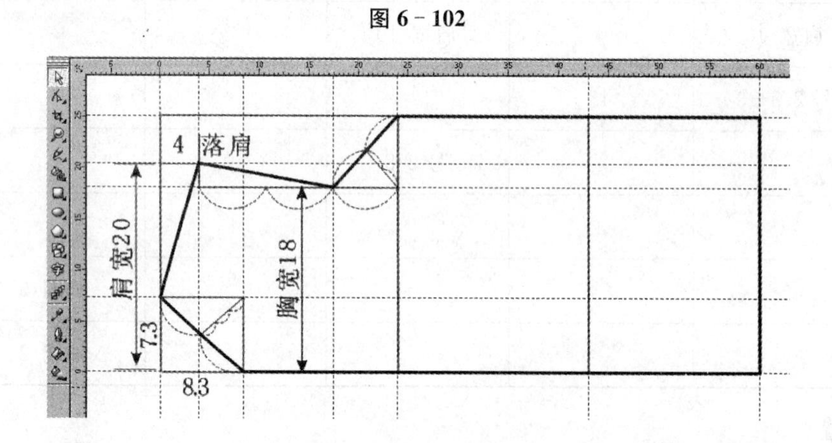

图 6－103

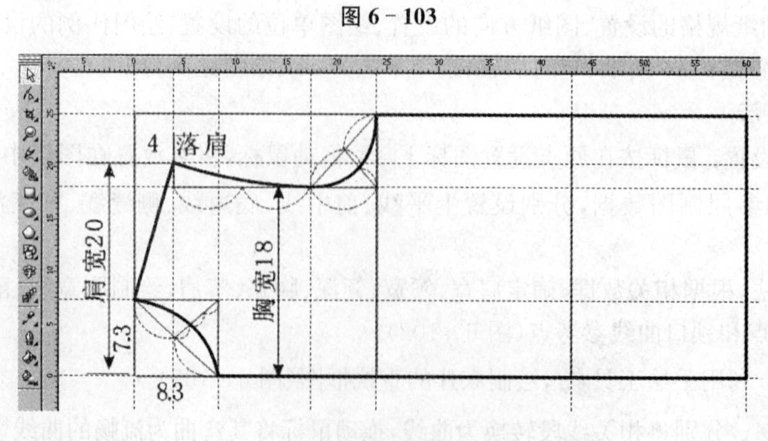

图 6－104

利用矩形工具和调和工具绘制下摆松紧口(图 6－105)。

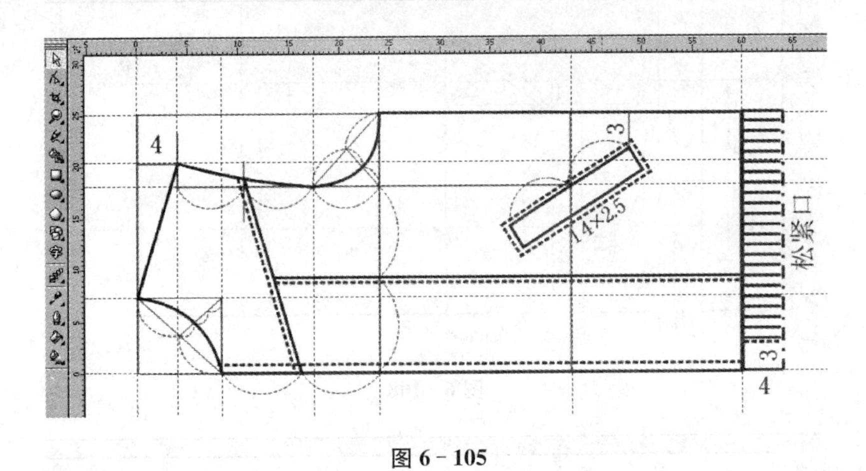

图 6－105

6. 参照图示的方法,进行数据标注、文字标注、符号标注和经线方向标注(图 6－106)。

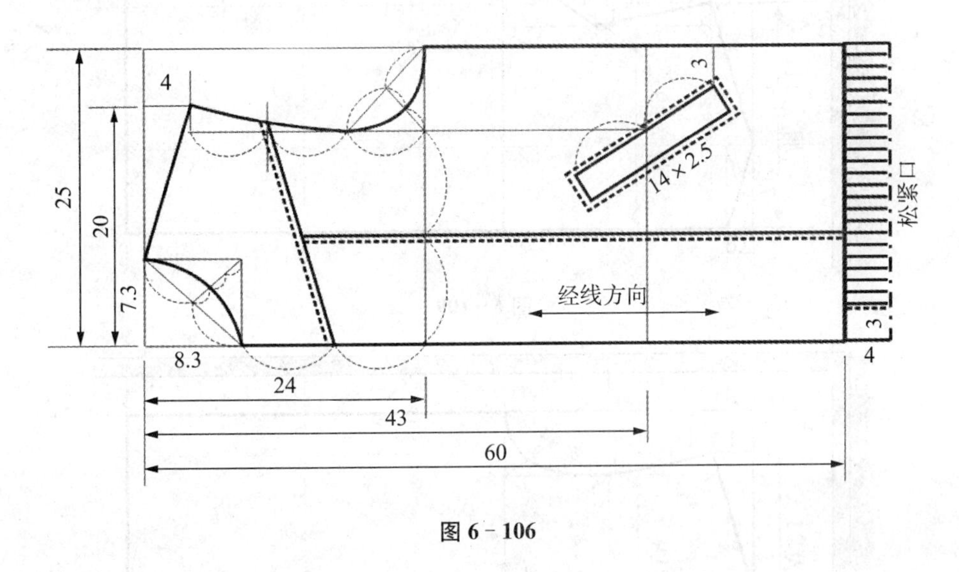

图 6－106

六、后片的制图方法

后片制图方法参照前片方法(图 6－107～图 6－112)。

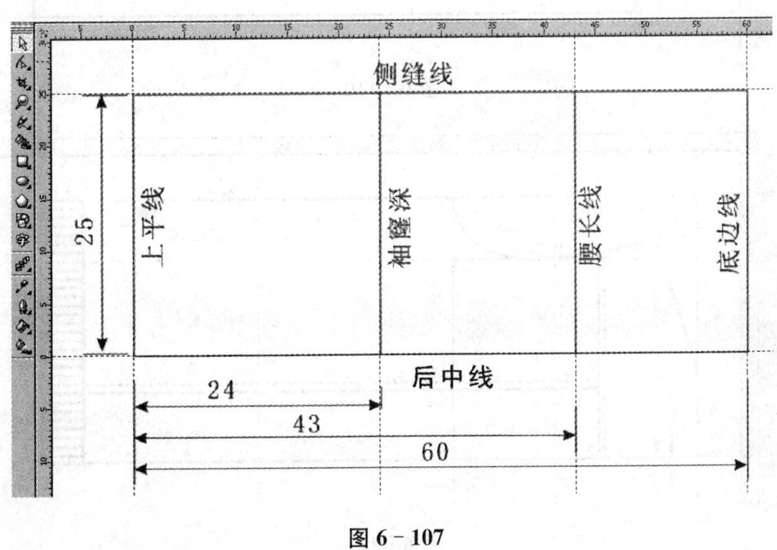

图 6－107

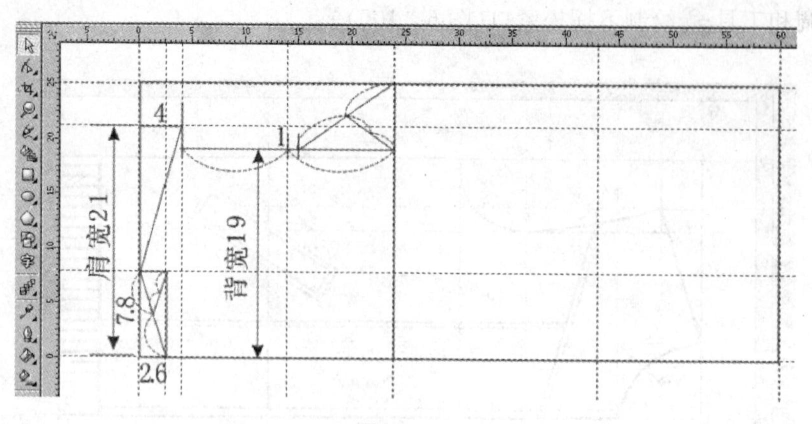

图 6－108

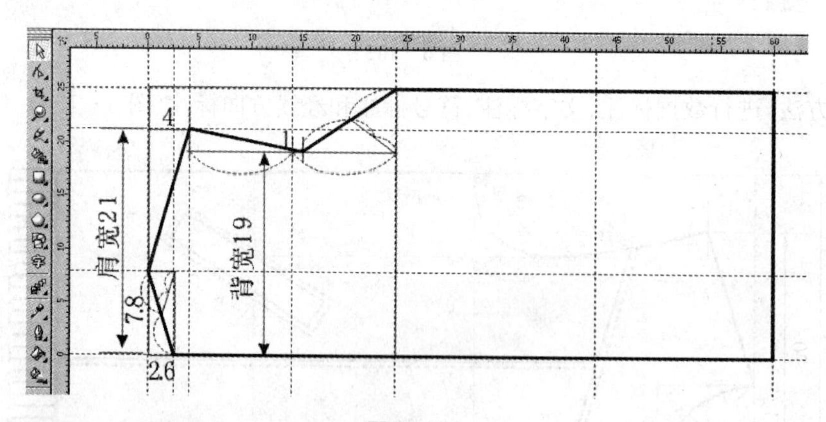

图 6－109

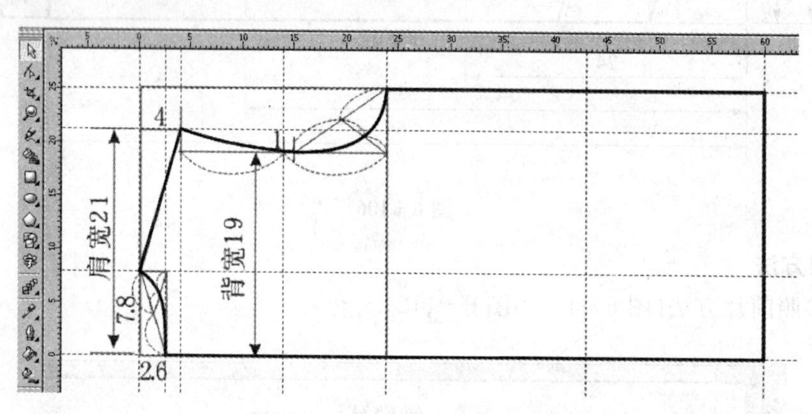

图 6－110

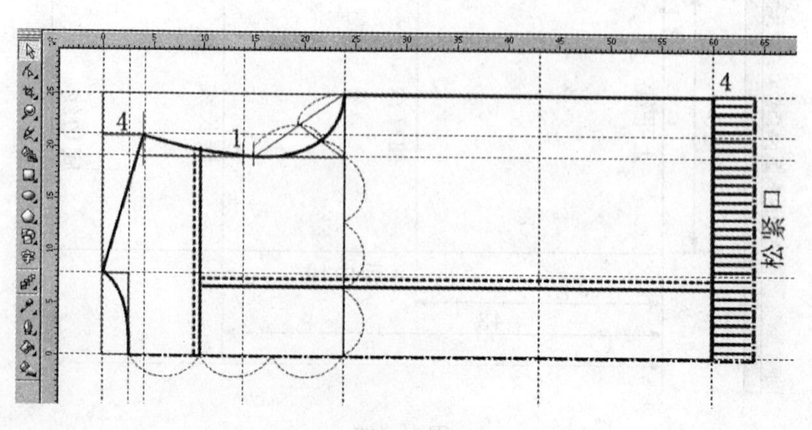

图 6－111

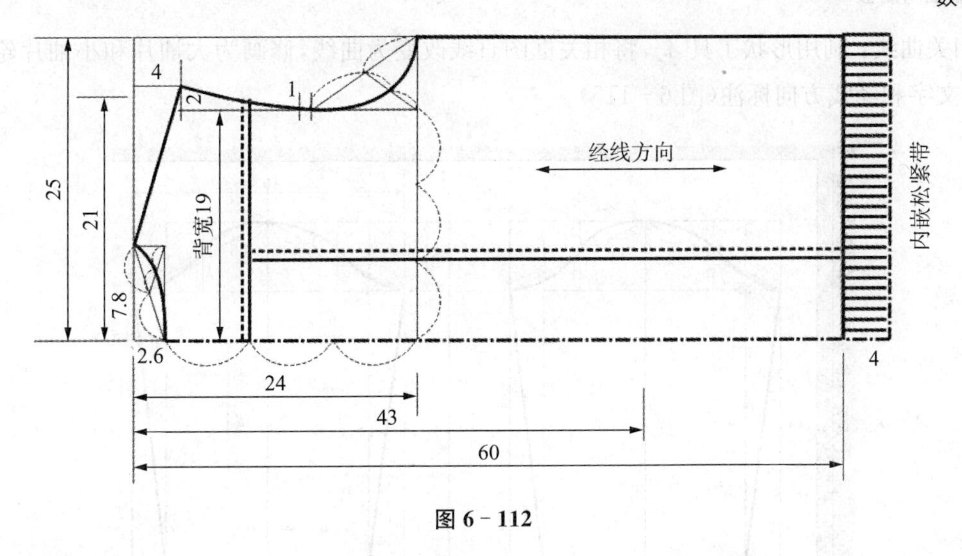

图 6-112

七、袖子的制图方法

1. 参照图示的方法，根据相关数据，分别绘制上平线、内缝线、外缝线、袖口线、袖山线和袖肘线；参照图示的方法，分别绘制袖山斜线，确定袖口宽度，确定袖山曲线的参考点，确定袖口曲线参考点，确定大小袖片的偏袖位置等(图 6-113)。

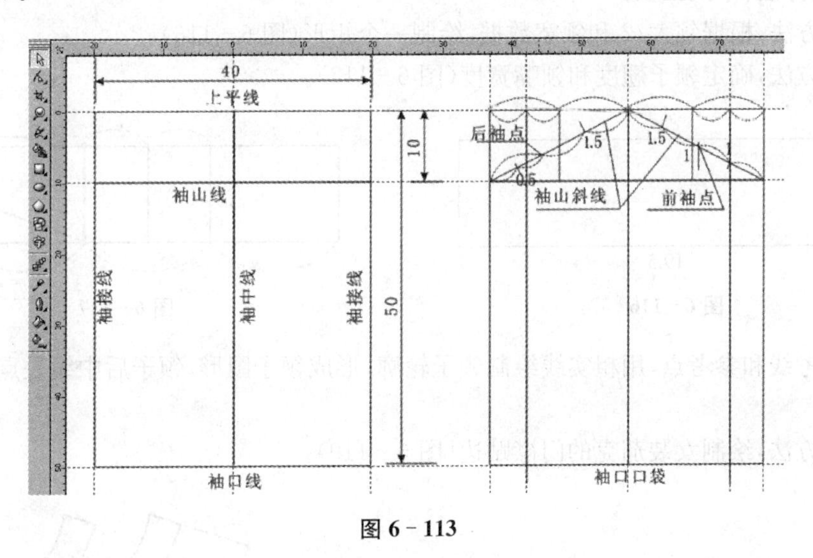

图 6-113

2. 利用手绘工具，分别绘制袖片框图，将袖片框图轮廓设置为粗实线(图 6-114)。

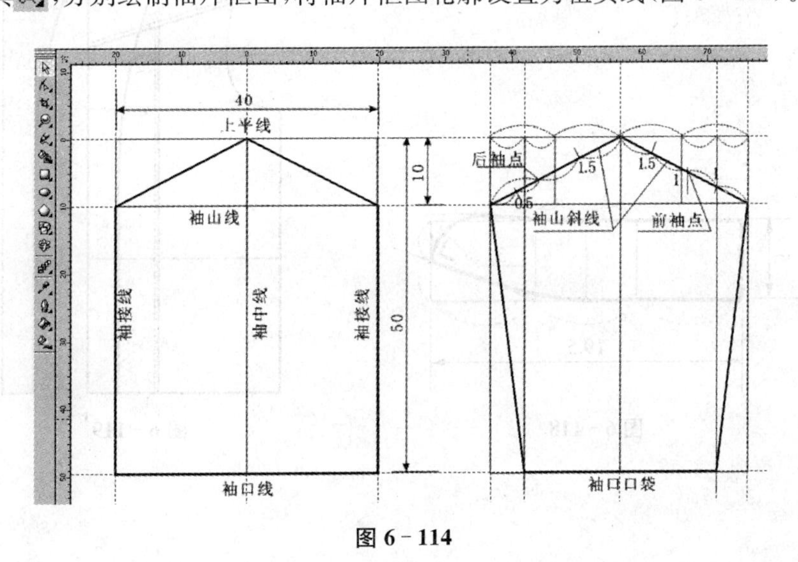

图 6-114

3. 修画相关曲线：利用形状工具，将相关框图直线改变为曲线，修画为大袖片和小袖片轮廓图形；并进行数据、符号、文字和经线方向标注(图 6－115)。

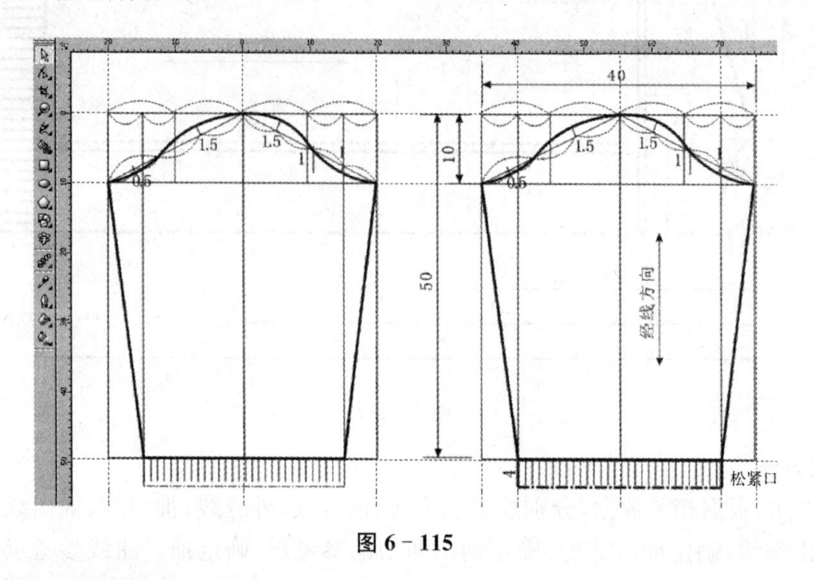

图 6－115

八、领子的制图方法(中式立领)

1. 参照图示的方法，根据领大/2 和领宽数据，绘制一个矩形(图 6－116)。

2. 参照图示的方法，确定领子翘度和领嘴宽度(图 6－117)。

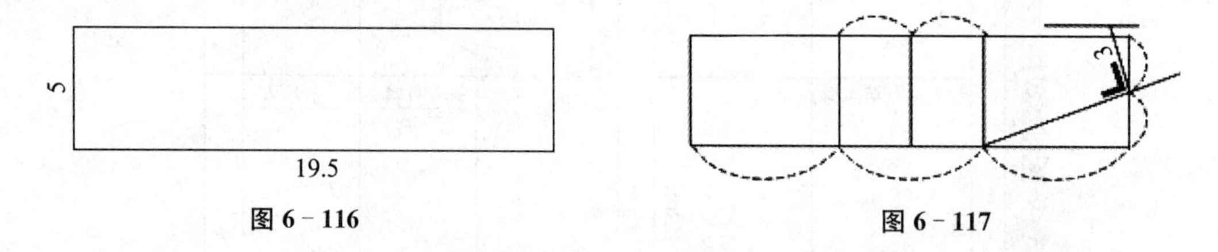

图 6－116　　图 6－117

3. 依据上述参考线和参考点，用粗实线绘制领子轮廓，形成领子图形，领子后中线是点划线；并进行相关标注(图 6－118)。

4. 参照图示的方法，绘制女装茄克的门襟贴边(图 6－119)。

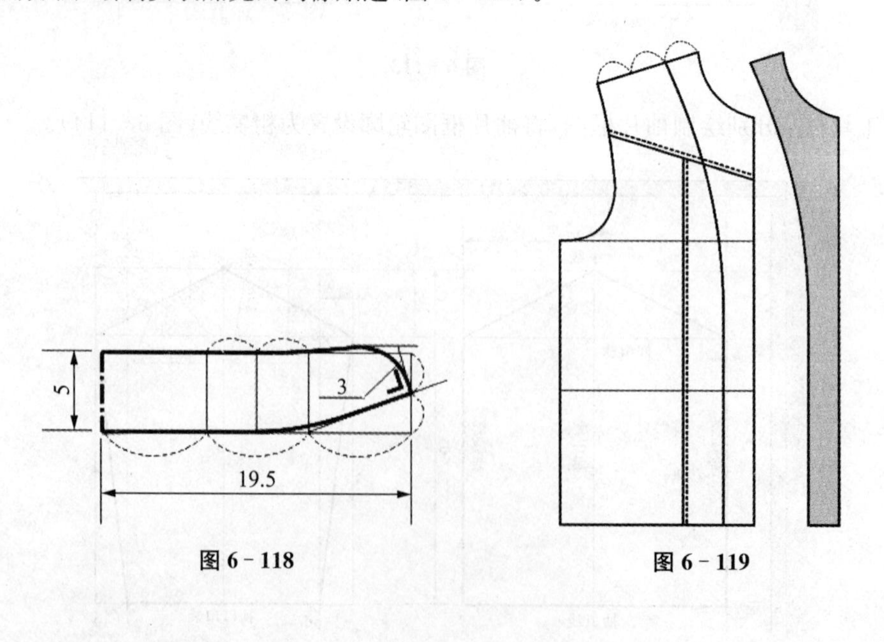

图 6－118　　图 6－119

6.8 中式女上衣数字化制图

一、款式分析

中式女上衣由衣身、领子和袖子构成。为了穿脱需要，在前中线开口，形成对门门襟，扣子系合。衣身由两个前片、一个后片构成，属于对开身结构；前片设置刀背分割和两个斜向口袋，后片设置刀背分割；袖子是两片式圆袖，领子是中式立领；需要安装垫肩。中式女上衣款式图如图 6－120 所示。

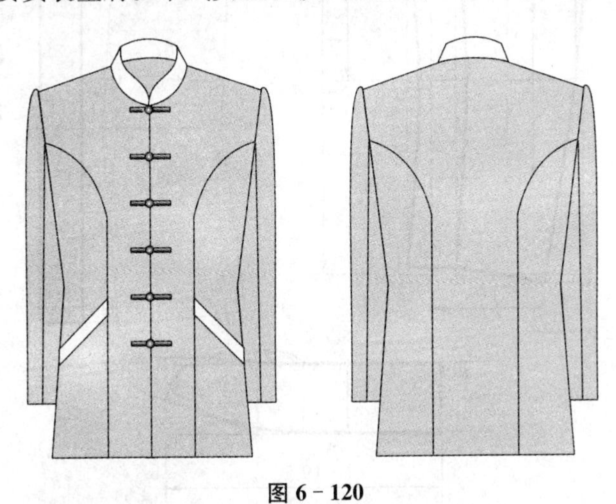

图 6－120

二、裁剪图

如图 6－121 所示。

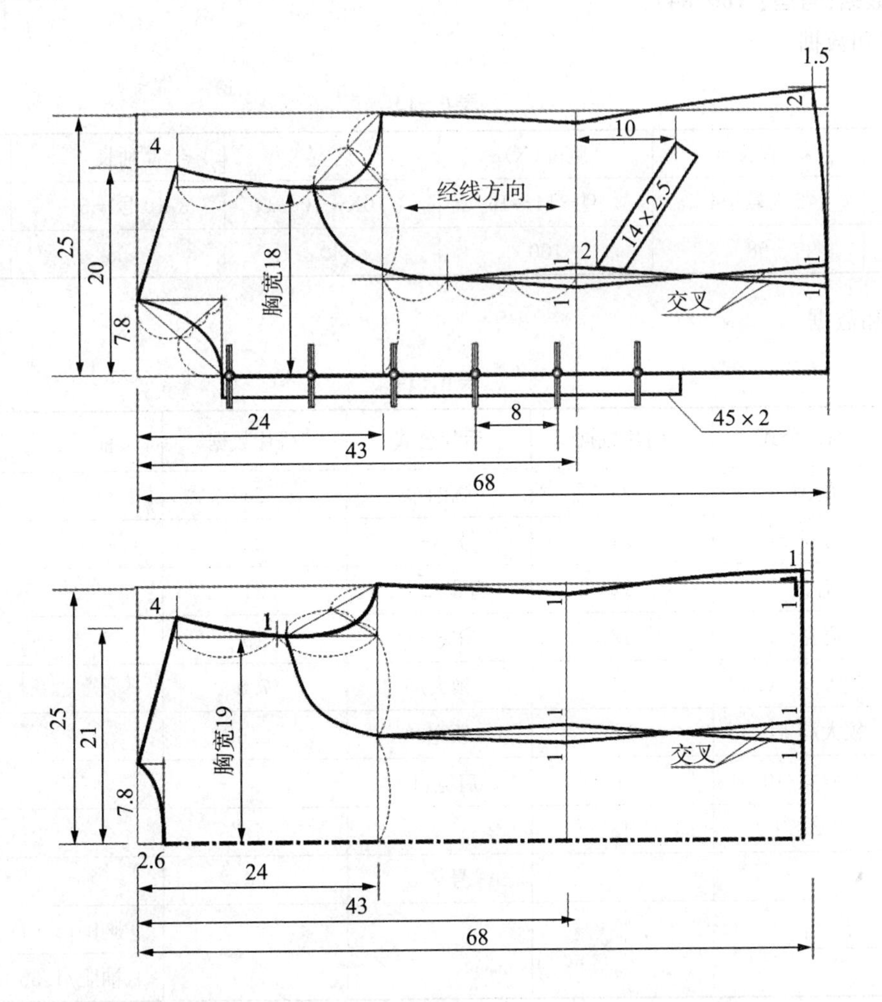

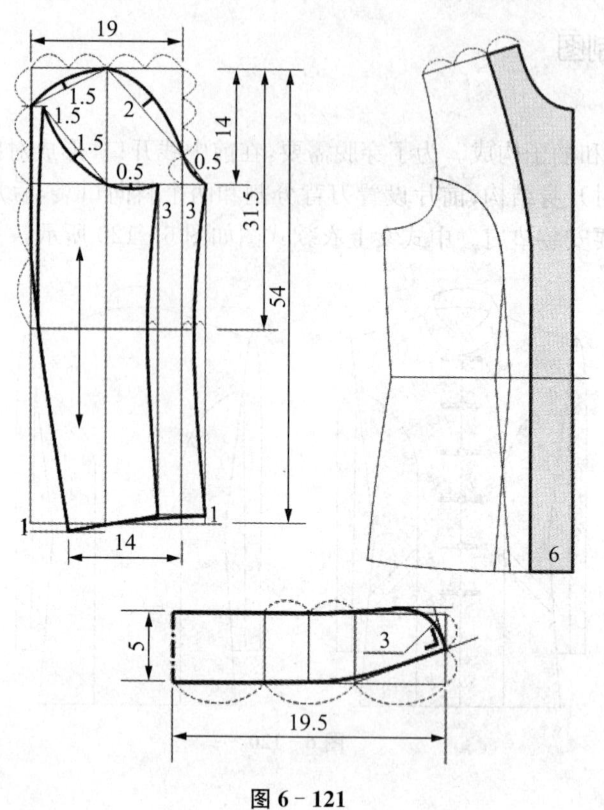

图 6－121

三、公式和数据(号型：160/84)

1. 规格公式和数据

表 6－13

单位：cm

项目	衣长	胸围(X)	肩宽	袖长	领大
计算公式	2/5 号＋4	型＋14～16	3/10X＋10～11	3/10 号＋5～7	3/10 X＋9
规格数据	68	100	40	55	39

2. 制图公式和数据

表 6－14

单位：cm

项目	前片公式	前片数据	后片公式	后片数据	袖子公式	袖子数据
胸围	胸围/4	25	胸围/4	25		
袖窿深	号/8＋4	24	号/8＋4	24		
肩宽	肩宽/2	20	肩宽/2＋1	21		
胸、背宽	肩宽－2	18	肩宽－2	19		
领宽	领大/5－0.5	7.3	领大/5	7.8		
领深	领大/5＋0.5	8.3	领宽/3	2.6		
落肩	肩宽/10	4	肩宽/10	4		
腰节线	号 2/8＋3	43				
背长线			号 2/8	40		
袖肥 2					胸围/5－1	19
袖山高					袖肥/1.35	14

四、图纸的设置

图纸的设置包括图纸规格的设置、图纸方向的设置、绘图单位的设置、绘图比例的设置等4项设置。根据绘图的要求，我们设置为：A4图纸、竖向摆放、绘图单位为cm、绘图比例为1∶5。

五、前衣片的制图方法

1. 原点和辅助线设置：鼠标按在原点设置图标上，拖动鼠标，将其放置在图纸中左部适当的位置。通过辅助线设置对话框，参照制图数据，分别设置上平线、前中线、底边线、侧缝线、袖窿深线和腰长线（图6-122）。

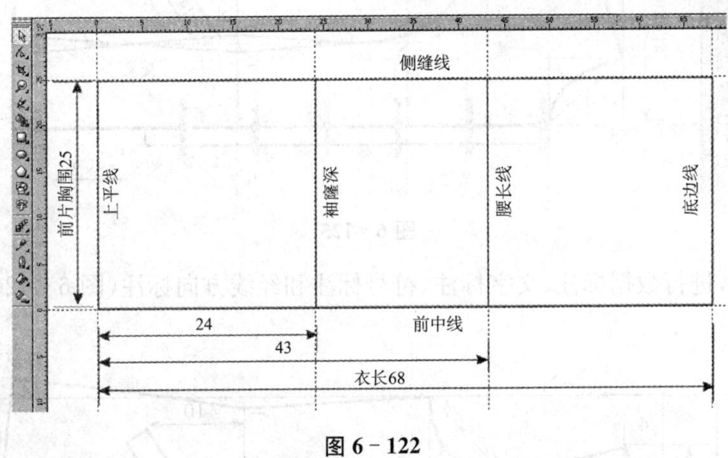

图6-122

2. 参照图示的方法，根据相关数据，确定肩宽、领宽、领深、胸宽、落肩、开门点和扣子位置，绘制胸宽线、落肩线、门襟线；参照图示的方法，绘制驳口线、串口线确定收腰位置、下摆放大位置和下摆起翘位置；参照图示的方法，确定袖窿曲线参考点等。利用手绘工具，绘制衣片的直线框图（图6-123）。

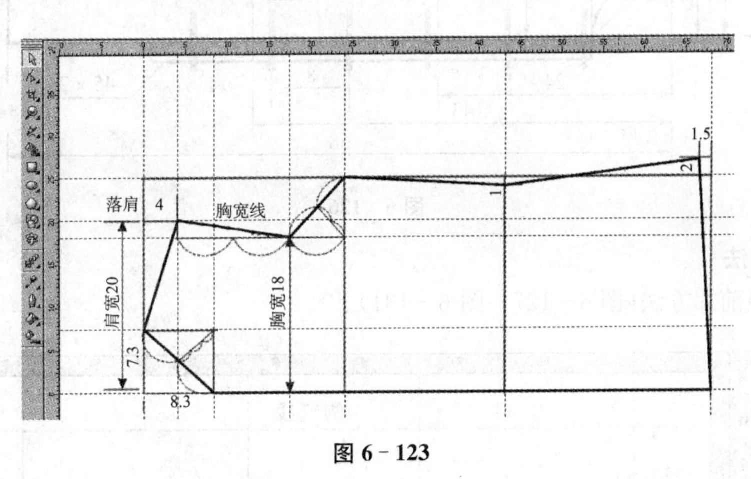

图6-123

3. 修画相关曲线：利用形状工具，分别将相关线段转换为曲线，拖动鼠标将其弯曲为流畅的曲线（图6-124）。

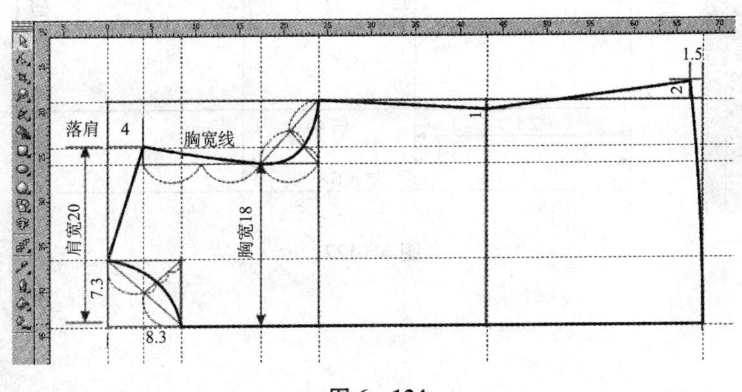

图6-124

4. 参照图示的方法，利用手绘工具，分别绘制大口袋、小口袋、刀背分割线，大口袋绘制扣子和底襟（图125）。

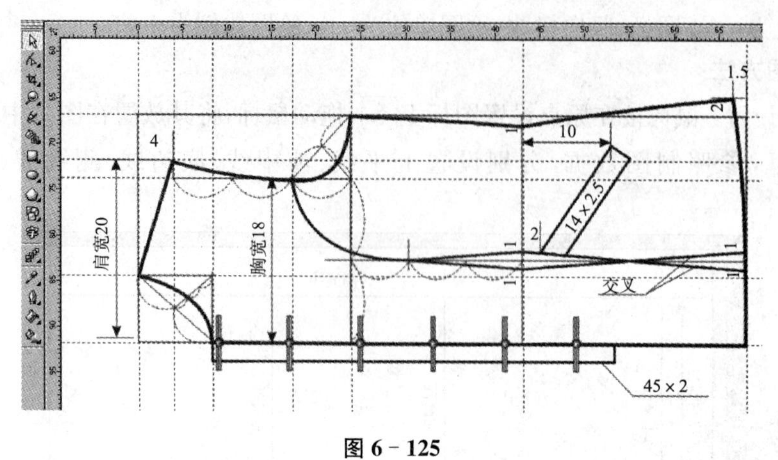

图 6－125

5. 参照图示的方法，进行数据标注、文字标注、符号标注和经线方向标注（图 6－126）。

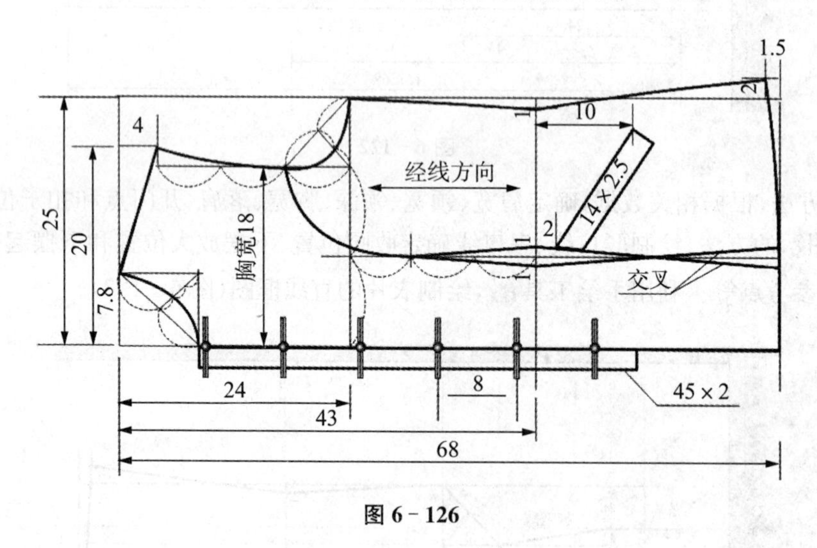

图 6－126

六、后片的制图方法

后片制图方法参照前片方法（图 6－127～图 6－131）。

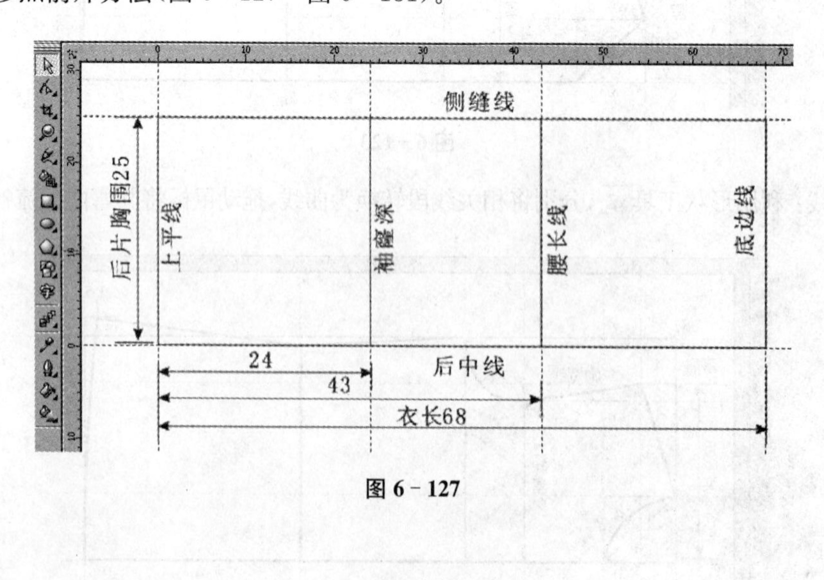

图 6－127

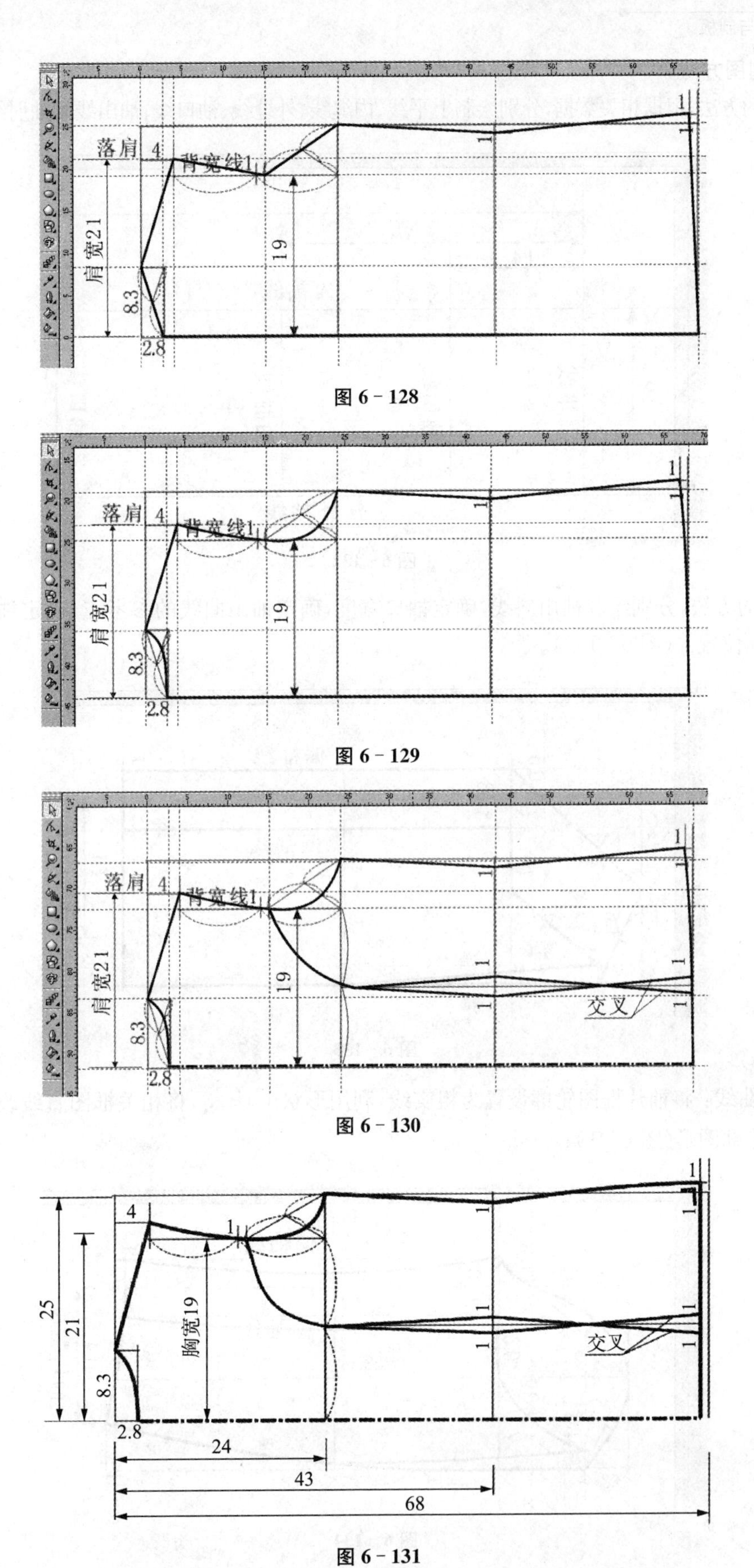

图 6-128

图 6-129

图 6-130

图 6-131

七、袖子的制图方法

1. 参照图示的方法，根据相关数据，分别绘制上平线、内缝线、外缝线、袖口线、袖山线和袖肘线(图 6－132)。

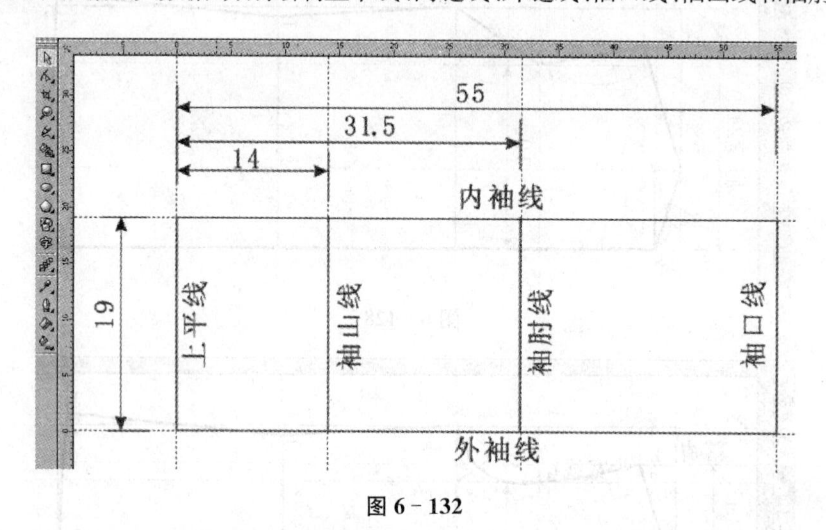

图 6－132

2. 参照图示的方法，分别绘制袖山斜线，确定袖口宽度，确定袖山曲线的参考点，确定袖口曲线参考点，确定大小袖片的偏袖位置等(图 6－133)。

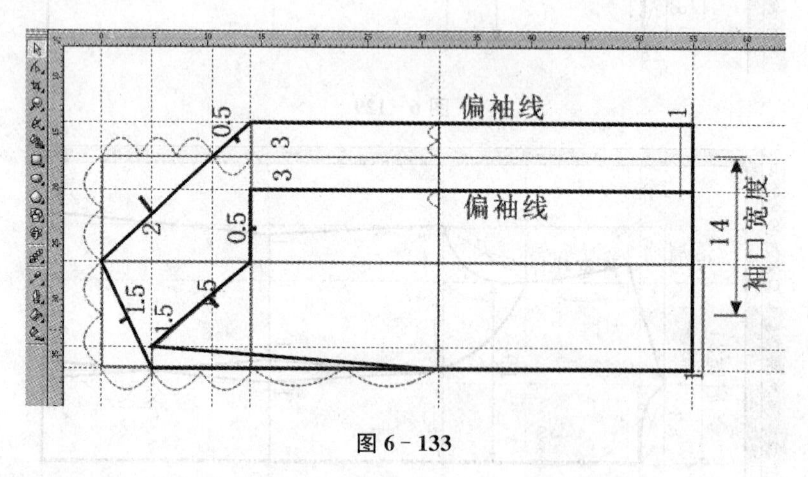

图 6－133

3. 修画相关曲线：将袖片框图轮廓设置为粗实线，利用形状工具，将相关框图直线改变为曲线，修画为大袖片和小袖片轮廓图形(图 6－134)。

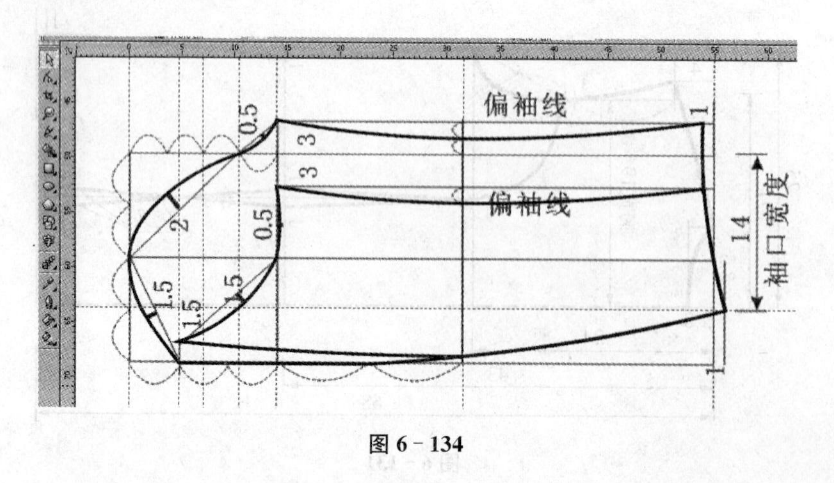

图 6－134

4. 参照图示的方法，进行数据、符号、文字和经线方向标注(图 6－135)。

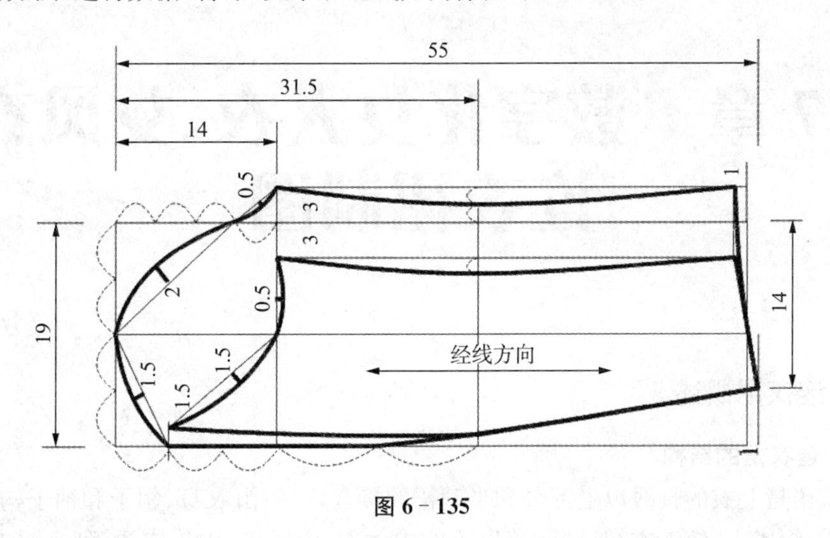

图 6－135

八、领子的制图方法(中式立领)

1. 参照图示的方法，根据领大/2 和领宽数据，绘制一个矩形(图 6－136)。

2. 参照图示的方法，确定领子翘度和领嘴宽度(图 6－137)。

3. 依据上述参考线和参考点，用粗实线绘制领子轮廓，形成领子图形，领子后中线是点划线；并进行相关标注(图 6－138)。

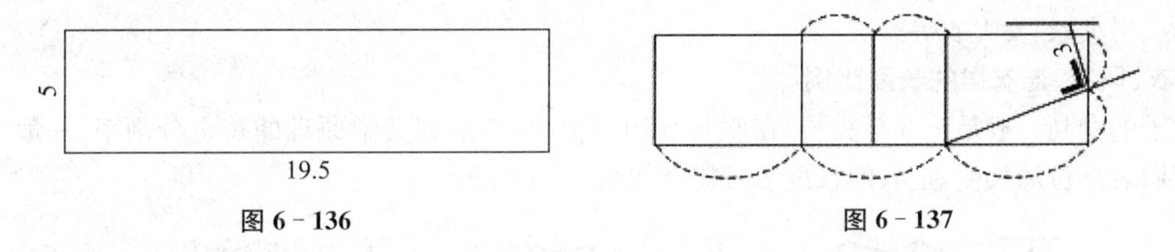

图 6－136　　图 6－137

九、贴边的制图方法

参照图示的方法，绘制门襟的贴边(图 6－139)。

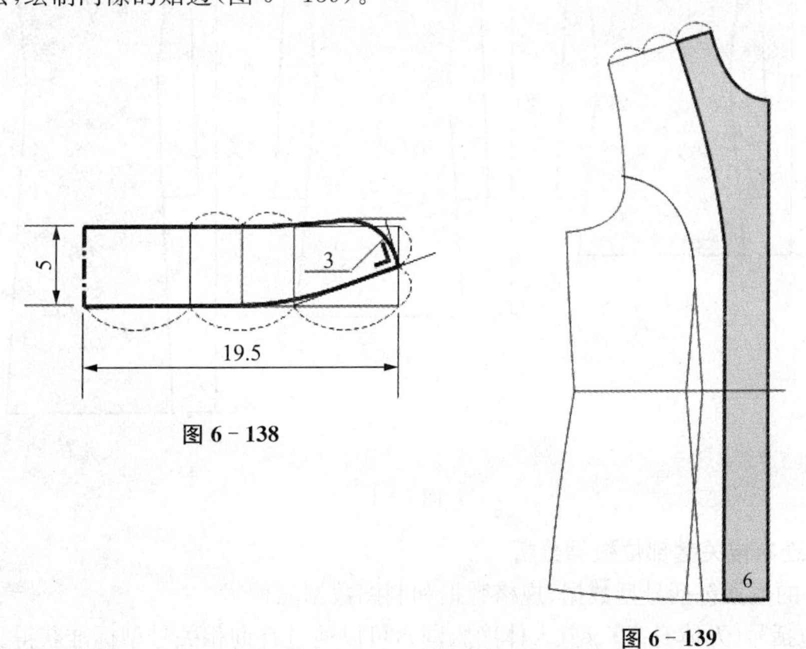

图 6－138　　图 6－139

第7章　数字化女大衣、女风衣、连衣裙制图

7.1　大衣、风衣、连衣裙概述

一、大衣、风衣、连衣裙的结构

大衣、风衣、连衣裙是上衣的腰线以上部分和半截裙的接合，一般由衣身、领子和袖子构成。其长度可以是到大腿中部的短大衣、短风衣、短连衣裙，到膝盖以下的中大衣、中风衣、中连衣裙，到小腿中部以下的长大衣、长风衣、长连衣裙等。该类服装的穿着方式是衣服挂在人体肩部，将衣服挂起来。其衣片一般分为前衣片、后衣片、领片和袖片。前后衣片的肩线、侧缝线分别缝合，形成衣身，领子与衣身的领口缝合，袖子与衣身的袖笼缝合。为了穿脱方便，一般采用前开口或加大领口的工艺方法。

二、大衣、风衣、连衣裙的分类

按照季节分类，风衣为春秋装、大衣为冬装，连衣裙为夏装；按照品种可以分为短袖连衣裙、长袖连衣裙、男风衣、女风衣、男大衣、女大衣等。

三、大衣、风衣、连衣裙的长度比例

成年女子的身高一般是7.5个头长，在服装结构造型时，考虑到美学原理的黄金分割率，一般按照8头比例确定相应服装部位的长度，上衣的长度参考比例如图7-1所示：

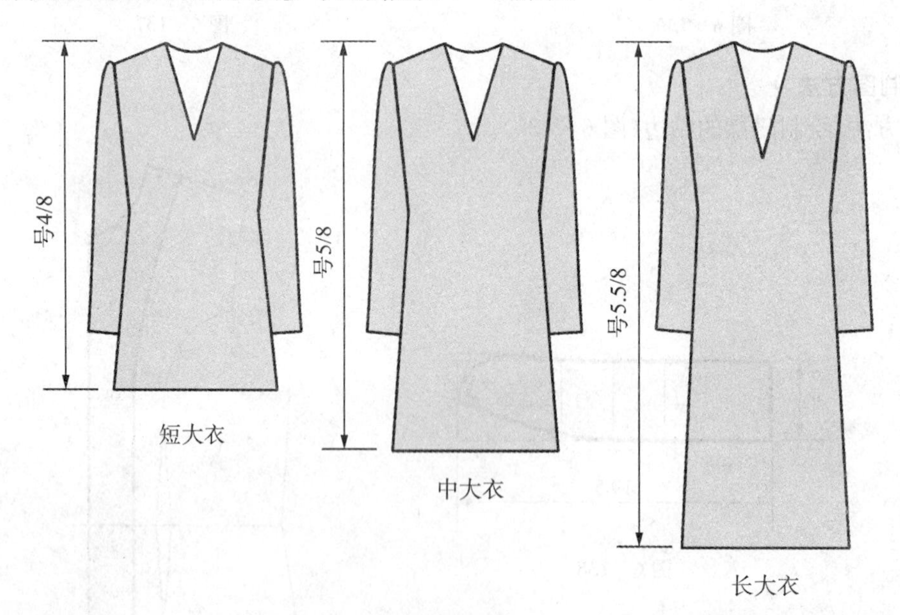

图7-1

四、大衣、风衣、连衣裙关键部位数据分析

女上衣制图需要的数据包括号型数据、规格数据和制图数据三种。

1. 号型数据：包括号(人体身高)、型(人体净胸围)，可以通过查询相关号型标准获得。
2. 规格数据：包括胸围、肩宽、衣长、袖长、领大等，可以通过相应的计算公式计算或查询相关标准获得。
3. 制图数据：包括制图需要的所有定点、定位数据，可以通过制图公式计算获得。

五、大衣、风衣、连衣裙的制图程序

1. 前衣片制图程序

(1) 根据前片胸围、衣长、袖窿深、腰长、臀长等数据，绘制一个长方形；

(2) 根据肩宽、胸宽、落肩、开领等数据，确定绘制领口和袖窿参考点和辅助线；根据门襟数据，绘制门襟辅助线；确定绘制腰部收缩和下摆放大参考线；

(3) 根据相关参考线，用粗实线绘制衣片轮廓线；

(4) 绘制衣片内部的分割线、省位、纽扣、口袋等；

(5) 进行数据、符号、文字和经线方向标注；

2. 后衣片的制图程序

(1) 根据前片胸围、衣长、袖窿深、腰长、臀长等数据，绘制一个长方形；

(2) 根据肩宽、胸宽、落肩、开领等数据，确定绘制领口和袖窿参考点和辅助线；根据门襟数据，绘制门襟辅助线；确定绘制腰部收缩和下摆放大参考线；

(3) 根据相关参考线，用粗实线绘制衣片轮廓线；

(4) 绘制衣片内部的分割线、省位、纽扣、口袋等；

(5) 进行数据、符号、文字和经线方向标注；

3. 领子的制图程序：参照第二章部件制图内容或参照具体案例制图；

4. 袖子的制图程序：参照第二章部件制图内容或参照具体案例制图。

7.2 无袖连衣裙数字化制图

一、款式分析

无领无袖连衣裙由一个前衣片、两个后衣片构成。其中前后片均有刀背分割。为了穿脱需要，在后中线开口，上部安装拉链。无领无袖连衣裙款式图如图 7－2 所示。

图 7－2

二、裁剪图

如图 7－3 所示。

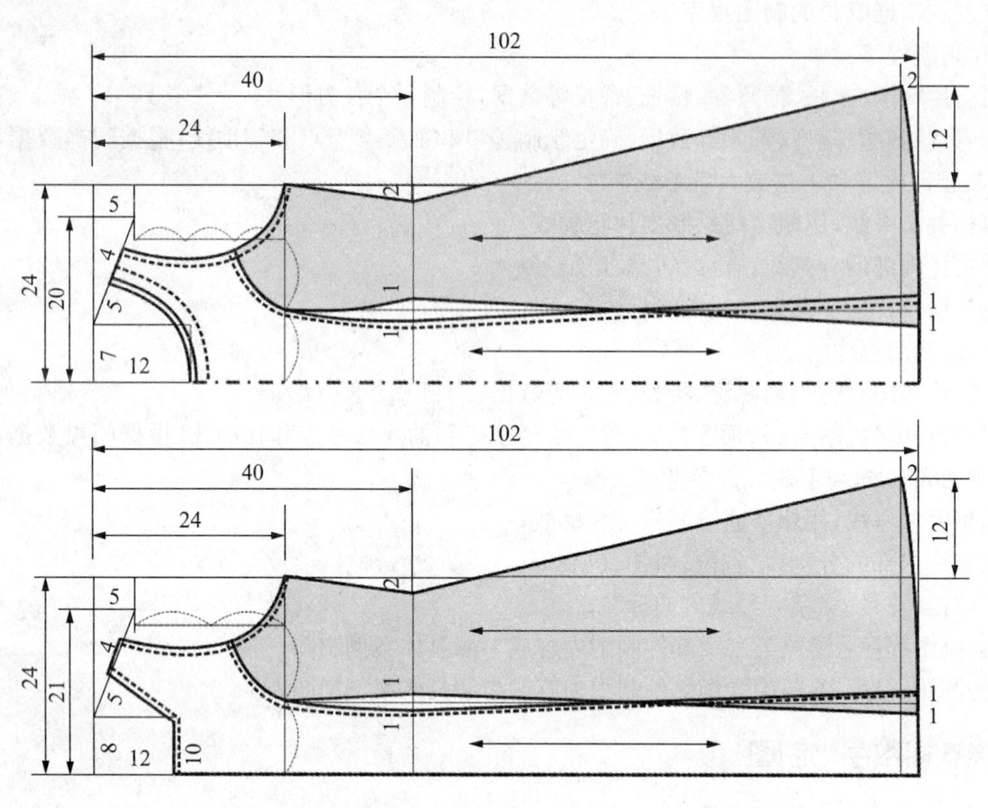

图 7－3

三、公式和数据(号型：160/84)

1. 规格公式和数据

表 7－1

单位：cm

项目	衣长	胸围(X)	肩宽	袖长	领大
计算公式	3/5 号＋6～8	型＋12～14	3/10 X＋10～11	3/10 号＋4～6	3/10 X＋9
规格数据	102	96	40	0	38

2. 制图公式和数据

表 7－2

单位：cm

项目	前片公式	前片数据	后片公式	后片数据	备注
胸围	胸围/4	24	胸围/4	24	
袖窿深	号/8＋4	24	号/8＋4	24	
肩宽	肩宽/2	20	肩宽/2＋1	21	
领宽	L/5－0.5	7	L/5(L1)	7.5	
领深	L/5＋0.5	8	L1/3	2.5	
落肩	5		4		
腰节线	号 2/8	40	号 2/8	40	

四、图纸的设置

根据制图需要，图纸设置为：A4 图纸、横向摆放、绘图单位 cm、绘图比例 1∶5。

五、前片的制图方法

1. 原点和辅助线设置：将原点设置在图纸左中部，左边留出适当的距离；鼠标按在原点设置图标上，拖动鼠标，将其放置在图纸左中部适当的位置；以原点为标准，参照制图数据，利用辅助线设置对话框，逐一设置辅助线（图 7－4）。

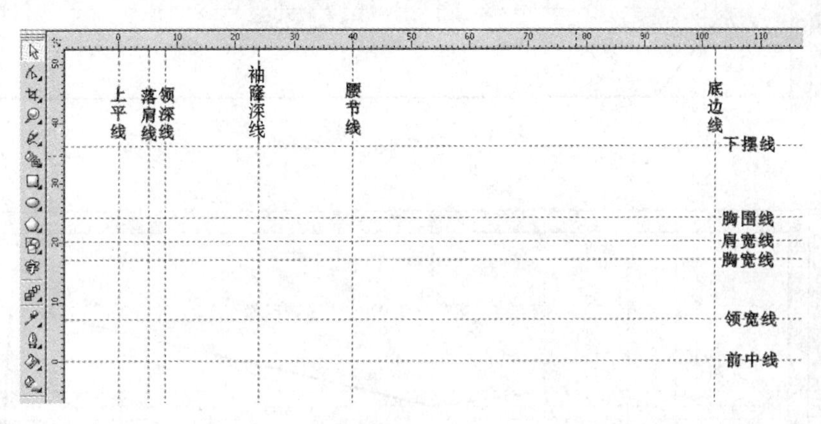

图 7－4

2. 绘制直线框图：单击对齐辅助线图标，利用手绘工具，按照辅助线的相应定点位置，参照下图，绘制连衣裙前片的直线框图（图 7－5）。

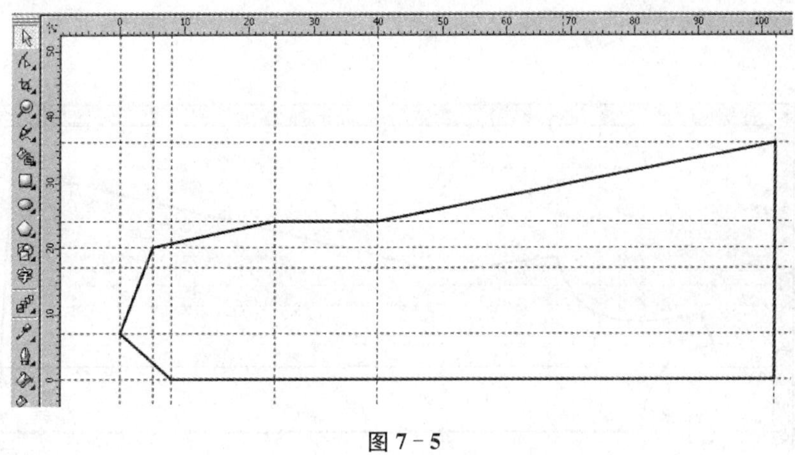

图 7－5

3. 调整图形：首先绘制三等分线，将其放置在如图所示的位置；利用形状工具，沿着原有肩线调整前片肩宽为 4～5 cm；增加前袖点，并将其移动到三等分线的右侧等分点处；将前领点移动到 12 cm 处；在腰部增加节点，并将其下移 2 cm；将底边上部节点左移 2 cm（图 7－6）。

4. 修画相关曲线：利用形状工具，将袖窿直线和领口直线转换为曲线。鼠标按在相关线条上，拖动鼠标，使其弯曲形成圆顺的领口曲线造型和袖窿曲线造型（图 7－7）。

5. 绘制分割线：利用手绘工具和形状工具，绘制一条刀背分割线（图 7－8）。

利用挑选工具，选中分割线，通过造型对话框的修剪选项，对裙片图形进行修剪，并将其拆分为前中片和前侧片两个衣片（图 7－9）。

利用形状工具，分别对两个衣片的腰部进行缩小，对下摆进行放大；利用手绘工具和形状工具，绘制领口双线（图 7－10）。

6. 绘制对折线和明线：利用手绘工具和形状工具，通过交互式属性栏的轮廓选项，分别绘制领口、袖笼和分割线的虚线、明线（图 7－11）。

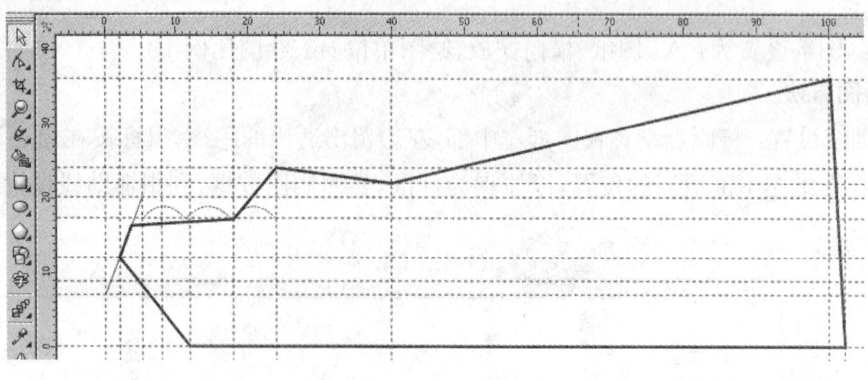

图 7－6

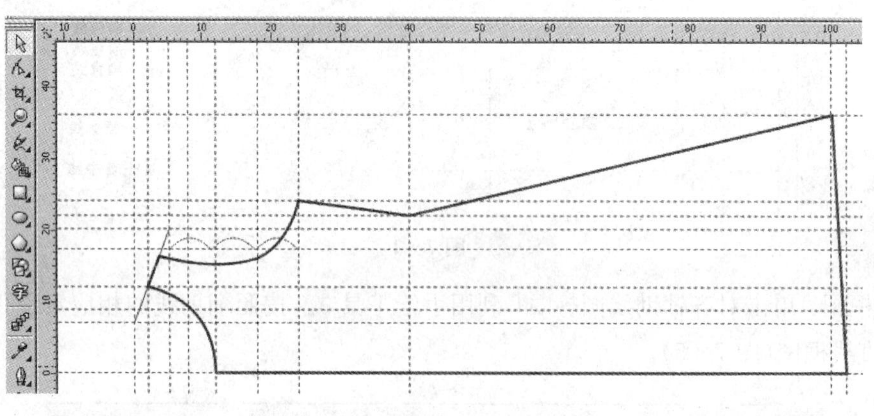

图 7－7

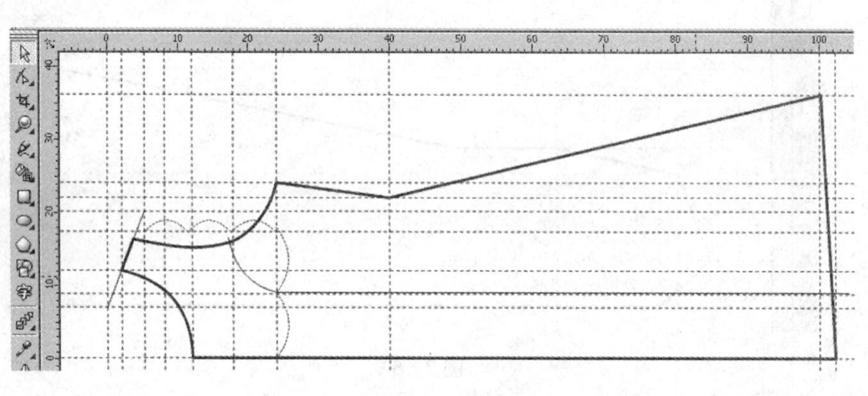

图 7－8

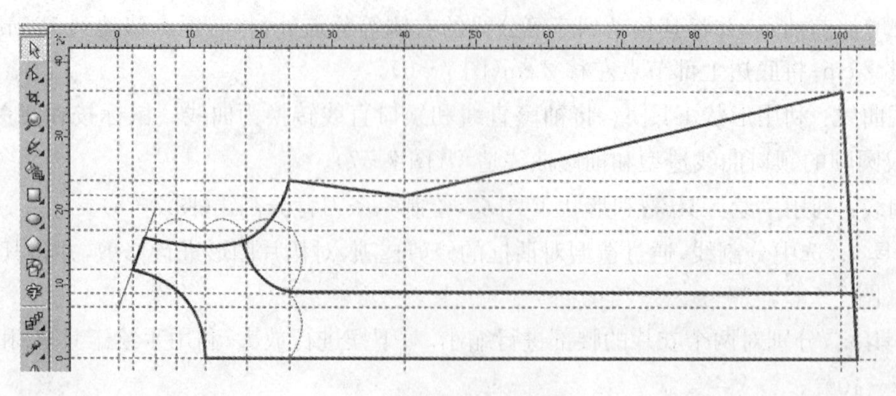

图 7－9

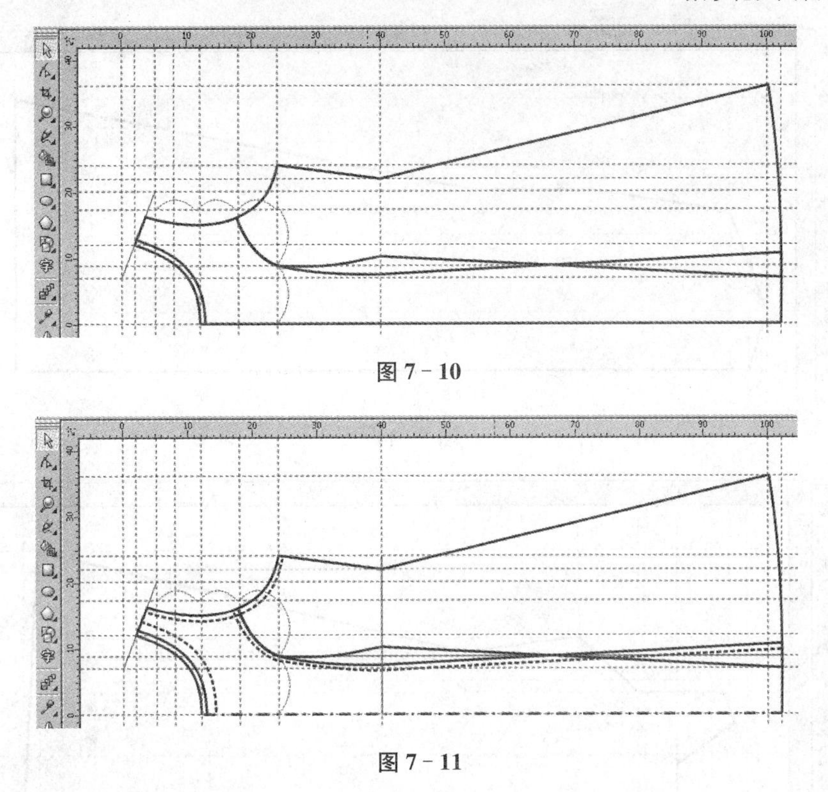

图 7－10

图 7－11

7. 填充颜色和标注：利用挑选工具，选中侧片，单击调色板的灰色图标，为其填充灰色。利用手绘工具，通过交互式属性栏的轮廓选项，参照下图进行数据标注和经线方向标注(图 7－12)。

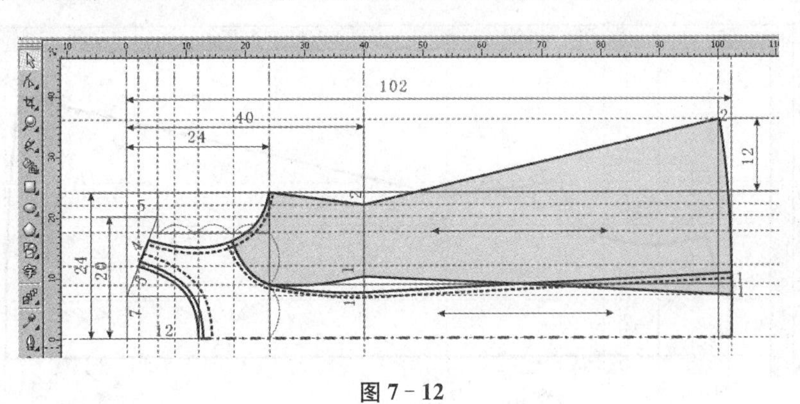

图 7－12

六、后片的制图方法

后片制图方法可参照前片方法(图 7－13～图 7－21)。

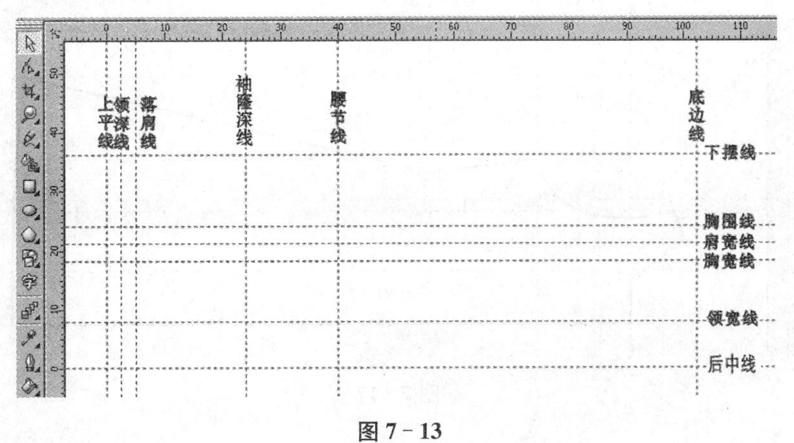

图 7－13

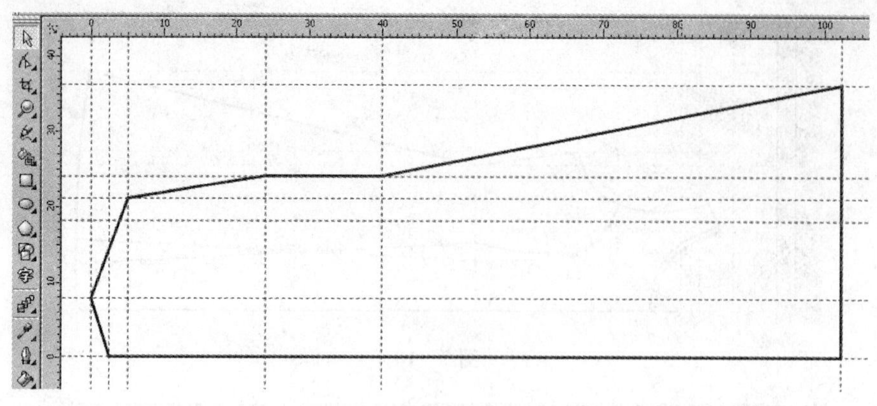

图 7－14

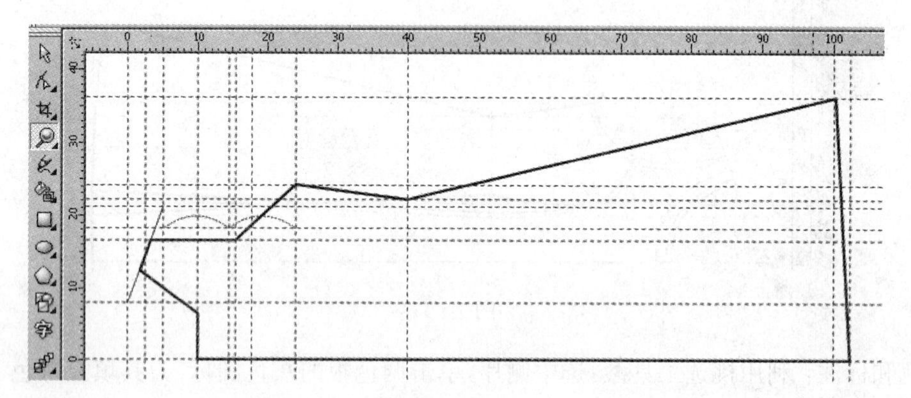

图 7－15

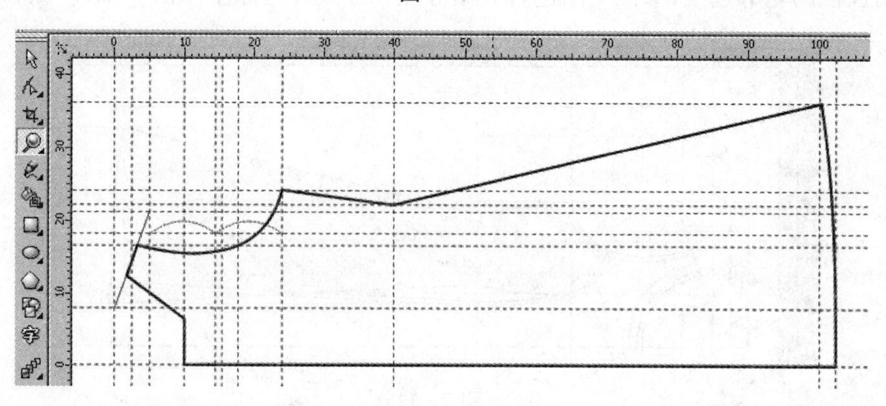

图 7－16

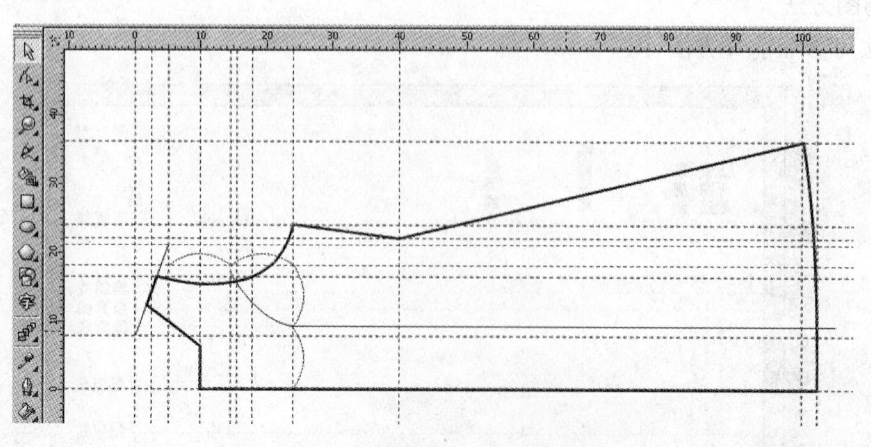

图 7－17

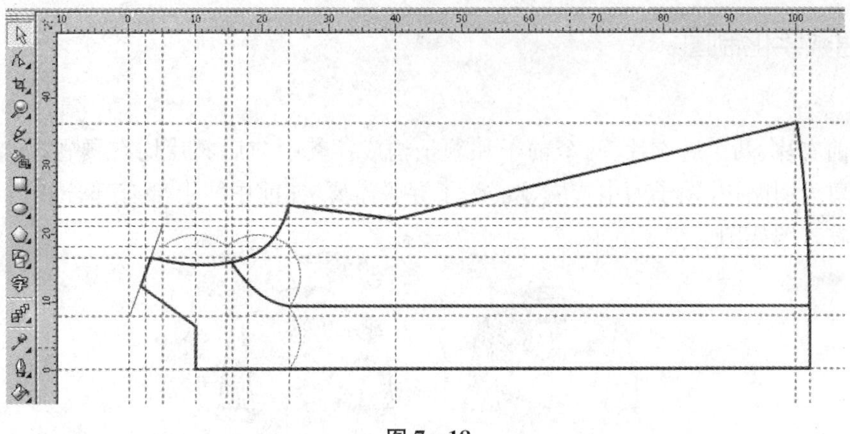

图 7－18

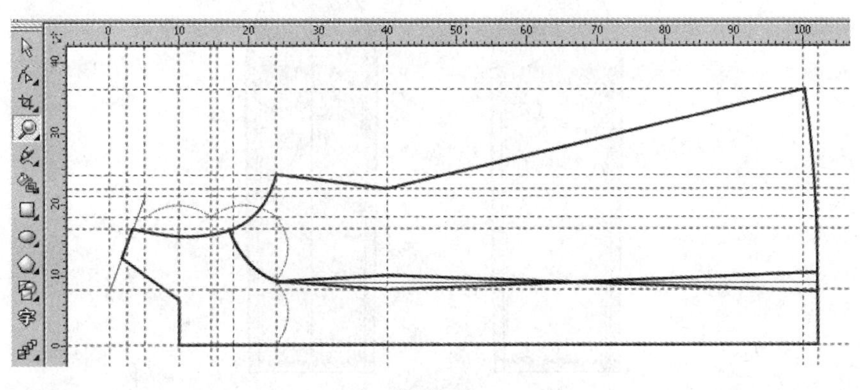

图 7－19

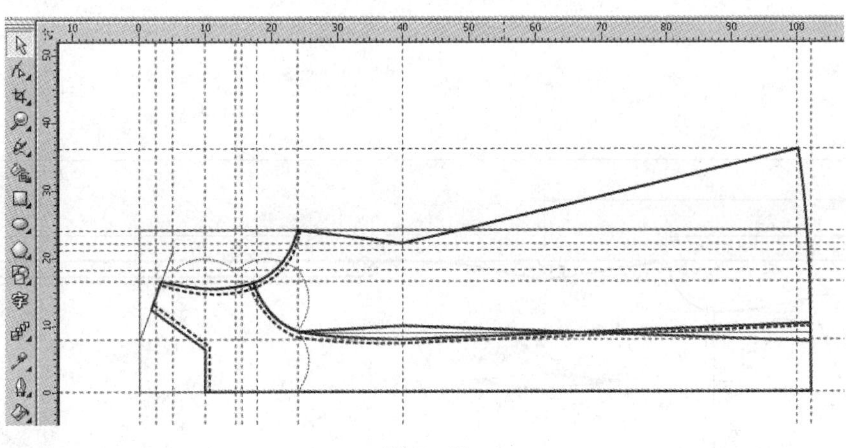

图 7－20

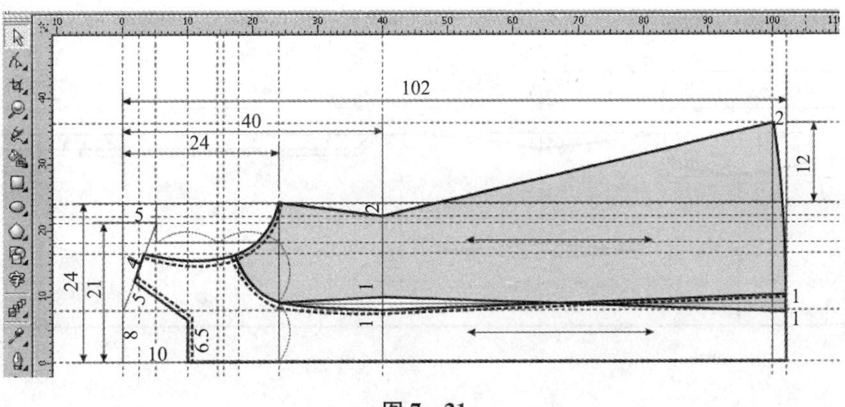

图 7－21

7.3 短袖旗袍裙数字化制图

一、款式分析

旗袍裙由一个前衣片、两个后衣片、两个袖子和领子构成。其中前后衣片均有腰省，前衣片上部有曲线分割，袖子为短袖，袖口为明贴边，领子为中式立领。为了穿脱需要，在前中线上部有部分开口，后中线安装拉链，拉链系合。旗袍裙款式图如图 7－22 所示。

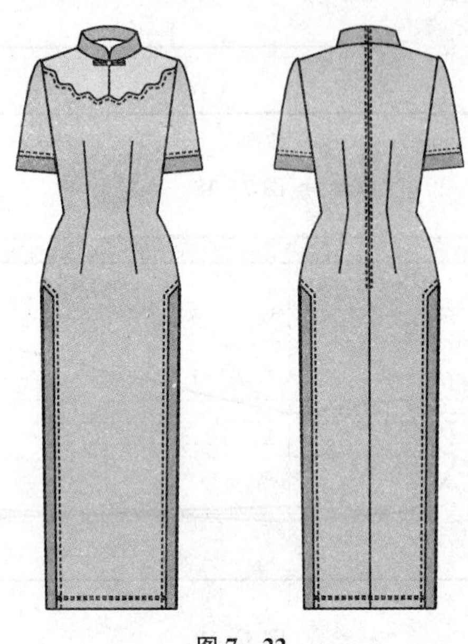

图 7－22

二、裁剪图

如图 7－23 所示。

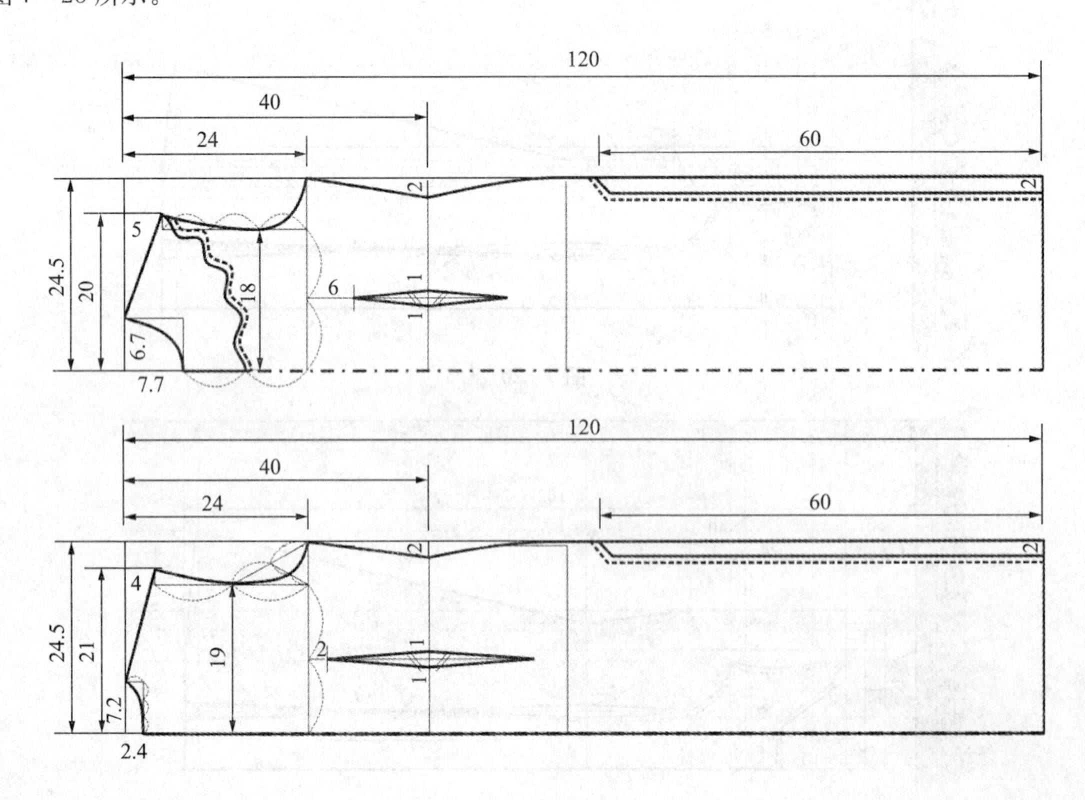

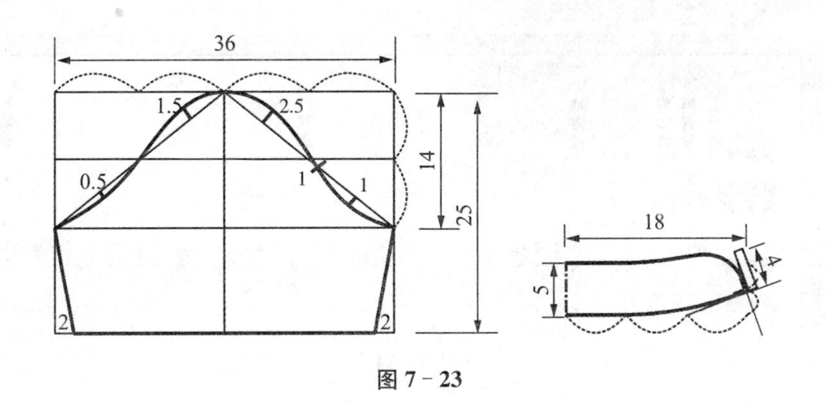

图 7-23

三、公式和数据(号型：160/84)

1. 规格公式和数据

表 7-3

单位：cm

项目	衣长	胸围(X)	肩宽	袖长	领大
计算公式	7/10 号+8	型+12～14	3/10 X+10～11	1.5/10 号+0～6	3/10 X+7
规格数据	120	98	40	25	36

2. 制图公式和数据

表 7-4

单位：cm

项目	前片公式	前片数据	后片公式	后片数据	备注
胸围	胸围/4	24.5	胸围/4	24.5	
袖窿深	号/8+4	24	号/8+4	24	
肩宽	肩宽/2	20	肩宽/2+1	21	
胸、背宽	肩宽/2−2	18	肩宽/2−1	19	
领宽	L/5−0.5	6.7	L/5(L1)	7.2	
领深	L/5+0.5	7.7	L1/3	2.4	
落肩	5		4		
腰节线	号 2/8	40	号 2/8	40	

四、图纸的设置

根据制图需要，我们设置为：A4 图纸、横向摆放、绘图单位 cm、绘图比例 1∶5。

五、前片的制图方法

1. 原点和辅助线设置：我们将原点设置在图纸左中部，左边留出适当的距离；鼠标按在原点设置图标上，拖动鼠标，将其放置在图纸左中部适当的位置；以原点为标准，参照制图数据，利用辅助线设置对话框，逐一设置辅助线(图 7-24)。

2. 绘制直线框图：单击对齐辅助线图标，利用手绘工具，按照辅助线的相应定点位置，参照下图，绘制旗袍前片的直线框图(图 7-25)。

3. 调整图形：首先绘制三等分线，将其放置在如图所示的位置；利用形状工具，增加前袖点，并将其移

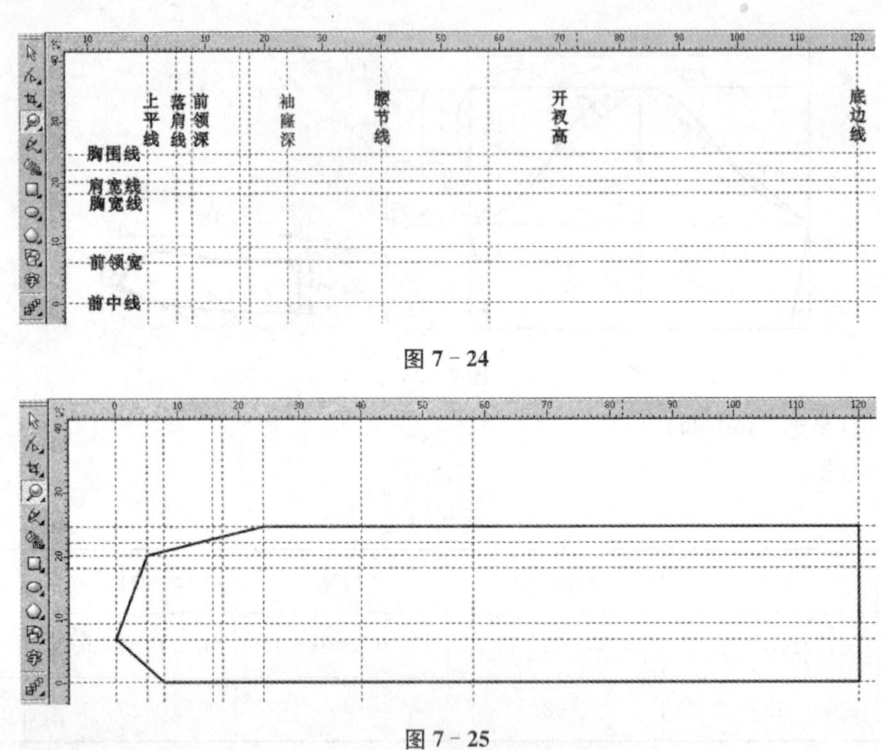

图 7－24

图 7－25

动到三等分线的右侧等分点处；在腰部增加节点，并将其下移 2 cm(图 7－26)。

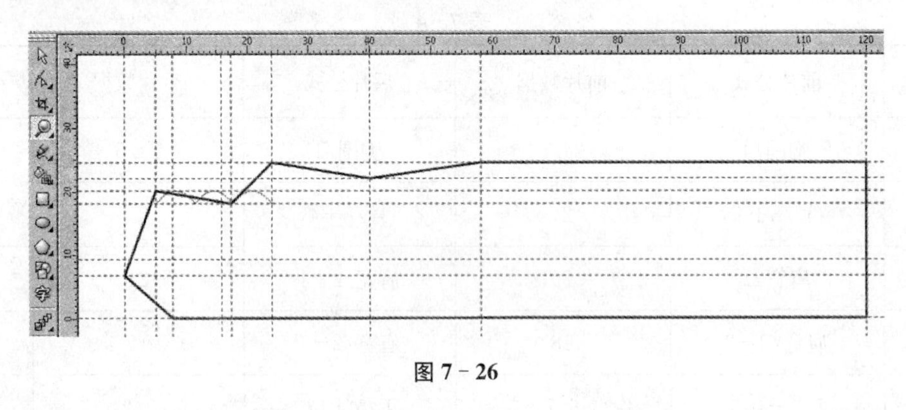

图 7－26

4. 修画相关曲线：利用形状工具，将袖窿直线和领口直线转换为曲线；鼠标按在相关线条上，拖动鼠标，使其弯曲形成圆顺的领口曲线造型和袖窿曲线造型(图 7－27)。

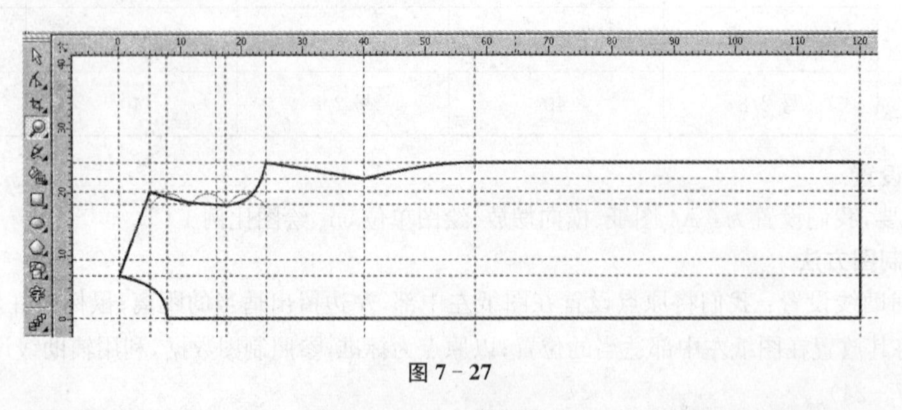

图 7－27

5. 绘制腰省和分割线：利用手绘工具和形状工具，绘制曲线过肩分割线，绘制腰省，绘制侧开衩分割线(图 7－28)。

6. 绘制对折线和明线：利用手绘工具和形状工具，通过交互式属性栏的轮廓选项，分别绘制曲线过

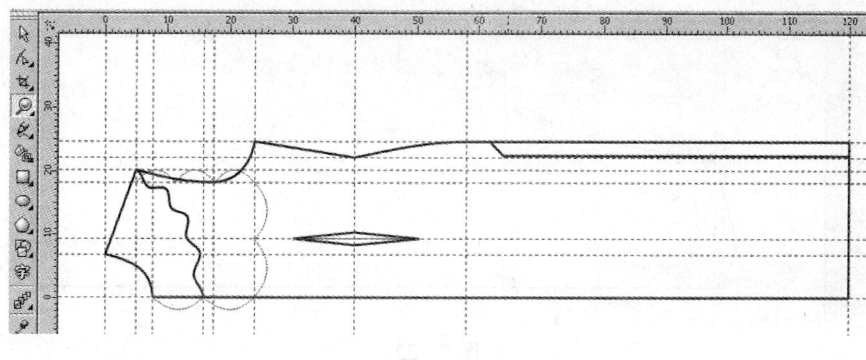

图 7－28

肩和侧开衩分割线的虚线、明线；通过线型工具，将前中线设置为点划线(图 7－29)。

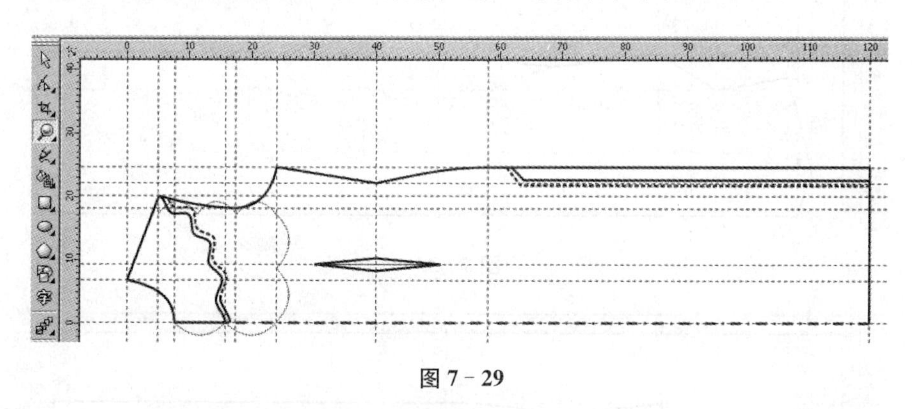

图 7－29

7. 相关标注：利用文本工具 和手绘工具 ，通过交互式属性栏的轮廓选项，参照下图进行数据标注和经线方向标注(图 7－30)。

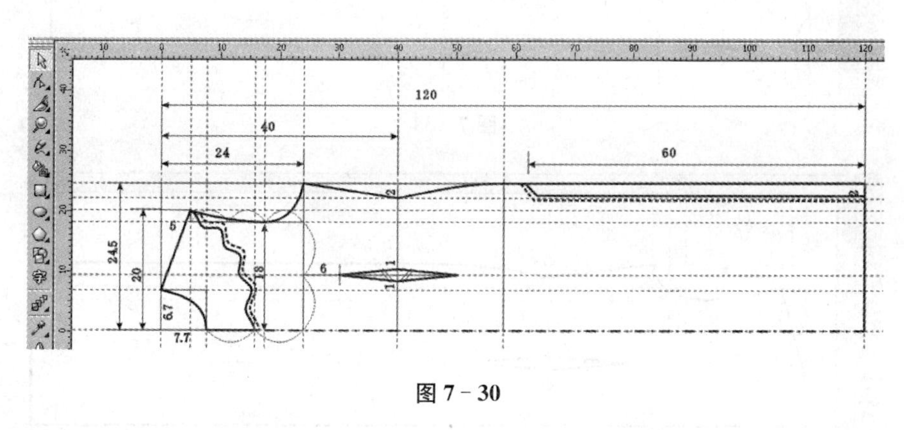

图 7－30

六、后片的制图方法

后片制图方法可参照前片方法(图 7－31～图 7－37)。

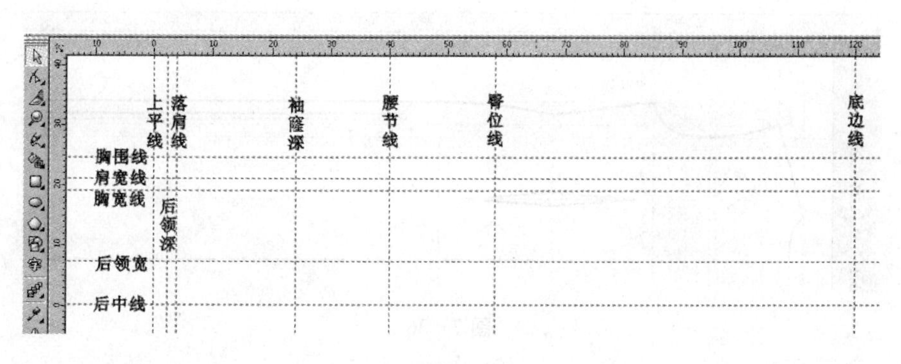

图 7－31

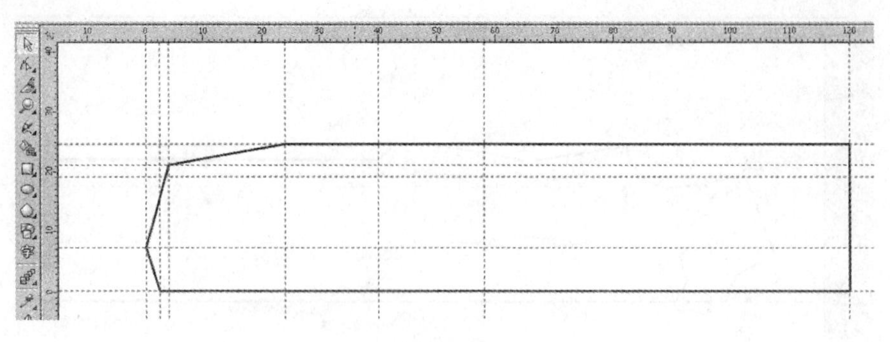

图 7－32

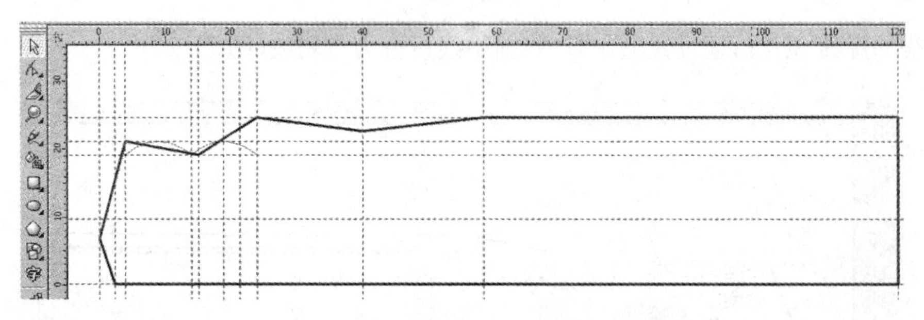

图 7－33

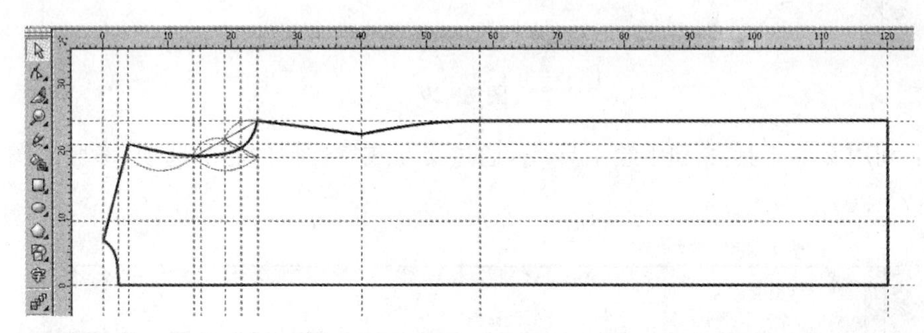

图 7－34

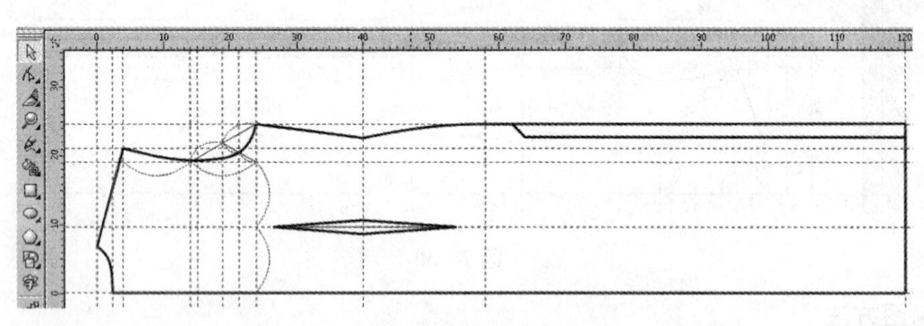

图 7－35

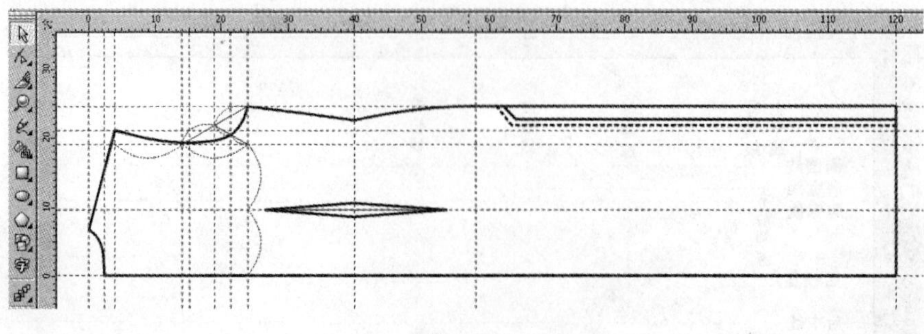

图 7－36

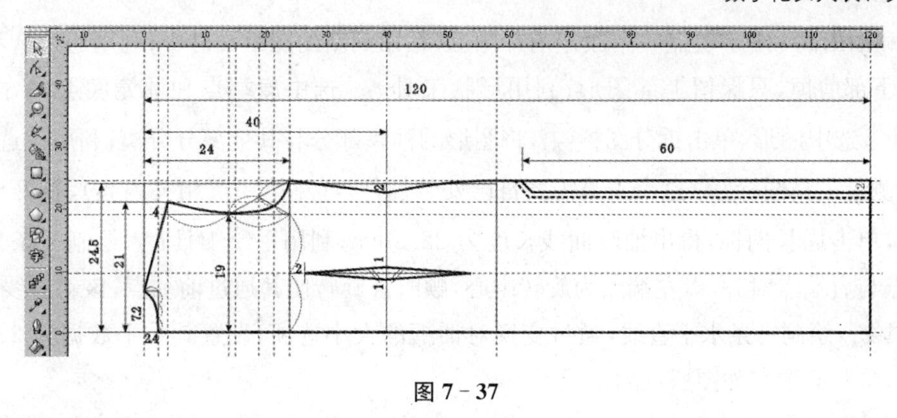

图 7 - 37

七、领子的制图方法

1. 领子裁剪图如图 7 - 38 所示。

2. 绘制领子矩形：领大为 36 cm，设置领子宽度为 5 cm。利用矩形工具，绘制一个矩形，通过变换对话框的大小选项，设置水平数据为领大/2=18 cm，垂直数据为 5 cm(图 7 - 39)。

3. 绘制辅助定点定位线：利用手绘工具和矩形工具，分别绘制三等分线、等分线、X1 的矩形、垂直标记等，通过移动位置、旋转角度将其分别放置在如图所示的位置(图 7 - 40)。

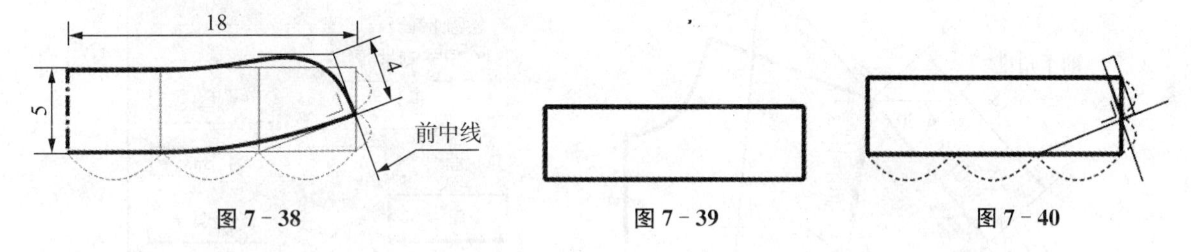

图 7 - 38　　图 7 - 39　　图 7 - 40

4. 绘制领子直线框图：利用形状工具，在领子长度的 1/3 处，两个边上增加两个节点；将矩形右侧的两个节点进行如图所示的移动(图 7 - 41)。

5. 修画曲线：利用形状工具，将相关部位直线转换为曲线，并弯曲为如图所示的领子形状(图 7 - 42)。

6. 绘制后中线：利用形状工具，将领子左侧两个节点选中，单击交互式属性栏的分割曲线图标，利用挑选工具，选中领子图形，单击交互式属性栏的拆分图标，选中后中线，通过交互式属性栏的轮廓选项，将后中线设置为点划线(图 7 - 43)。

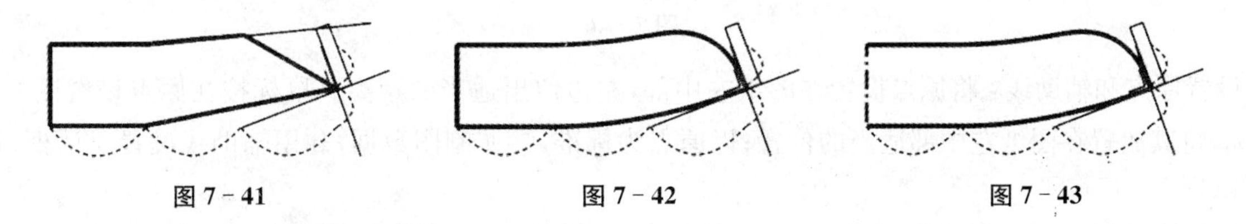

图 7 - 41　　图 7 - 42　　图 7 - 43

7. 相关标注：利用文本工具和手绘工具，通过交互式属性栏的轮廓选项，参照下图进行数据标注(图 7 - 44)。

八、袖子的制图方法

1. 袖子裁剪图如图 7 - 45 所示：

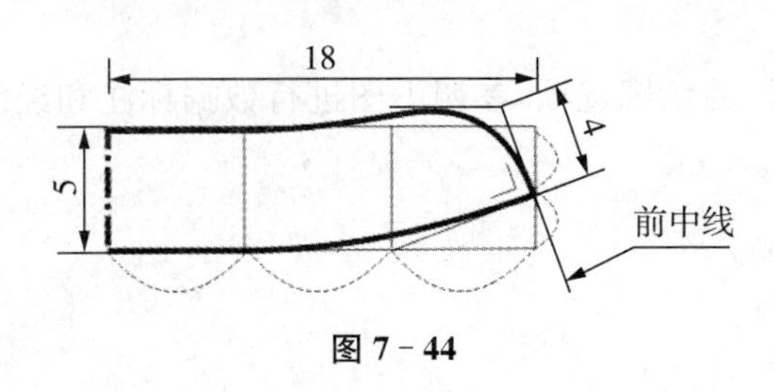

图 7 - 44

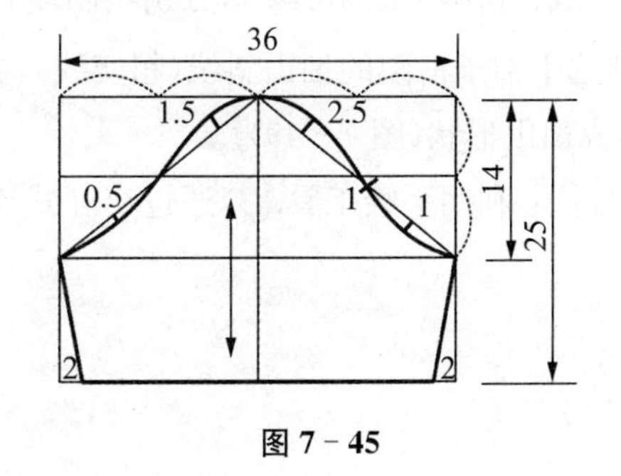

图 7 - 45

2. 获取袖肥和袖山高数据：复制一个旗袍前片图形，粘贴到新的图纸文件中；利用通过造型对话框的修剪选项，将旗袍前片下部剪掉，只保留上部图形；利用形状工具，选中肩端点和袖笼底点，单击分割曲线图标；利用挑选工具选中图形，单击拆分图标，将图形的袖窿部分与其他部分分离；利用挑选工具，选中袖窿曲线，单击曲线测量工具图标（这个工具需要自己安装插件，详见第一章相关内容），打开周长和面积对话框，进行适当设置，单击周长图标，得出袖窿曲线长度为 22.5 cm；利用手绘工具，绘制一条 22.5 cm 的水平直线。将其左端点与肩端点对齐，以左端点为旋转中心，顺时针旋转使其通过前袖点，该斜直线即是袖山斜线。

利用手绘工具，绘制一条水平直线，通过变换对话框的大小选项，设置其水平数据为 22.5 cm。通过移动位置、旋转角度，将其放置在如图所示的位置。

利用手绘工具，自肩端点开始向左绘制一条水平直线，以肩端点为旋转中心，通过变换对话框的旋转选项，将其逆时针旋转 50°；绘制一个直角三角形，同样旋转 50°，将其一个直角边与 50°斜直线对齐，另一个直角边通过袖山斜线的下端点；利用手绘工具分别绘制 AO 直线（袖山高）和 BO 直线（袖肥），将两条直线分别移动到空白处，分别将其旋转为水平直线或垂直直线，通过变换对话框读取袖山高为 14 cm，袖肥为 18 cm（图 7-46）。

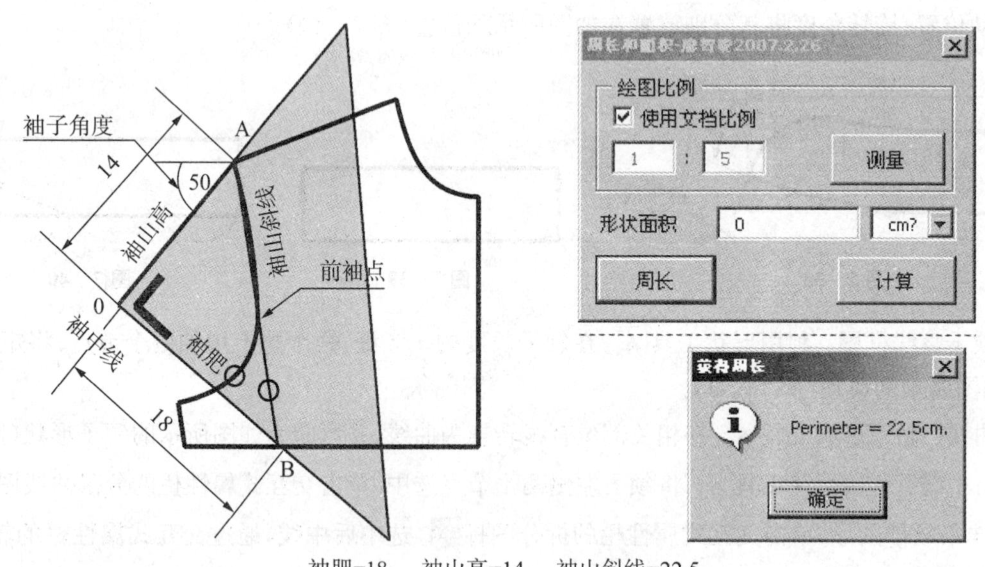

图 7-46

3. 设置原点和辅助线：将原点设置在图纸左中部，左边留出适当的距离。鼠标按在原点设置图标上，拖动鼠标，将其放置在图纸左中部适当的位置；以原点为标准，参照制图数据，利用辅助线设置对话框，逐一设置辅助线（图 7-47）。

4. 绘制袖子框图：利用手绘工具，参照下图绘制如图所示的袖子框图（图 7-48）。

5. 修画曲线：利用手绘工具，分别绘制左右两条袖山斜线（细实线），并分别确定它们的中心；利用形状工具，分别选中袖子框图的袖山斜线（粗实线），在前后袖点增加节点，并将它们转换为曲线，分别将 4 段曲线进行弯曲，形成袖山形状（图 7-49）。

6. 相关标注：利用手绘工具，通过交互式属性栏的轮廓选项，参照下图进行数据标注和经线方向标注（图 7-50）。

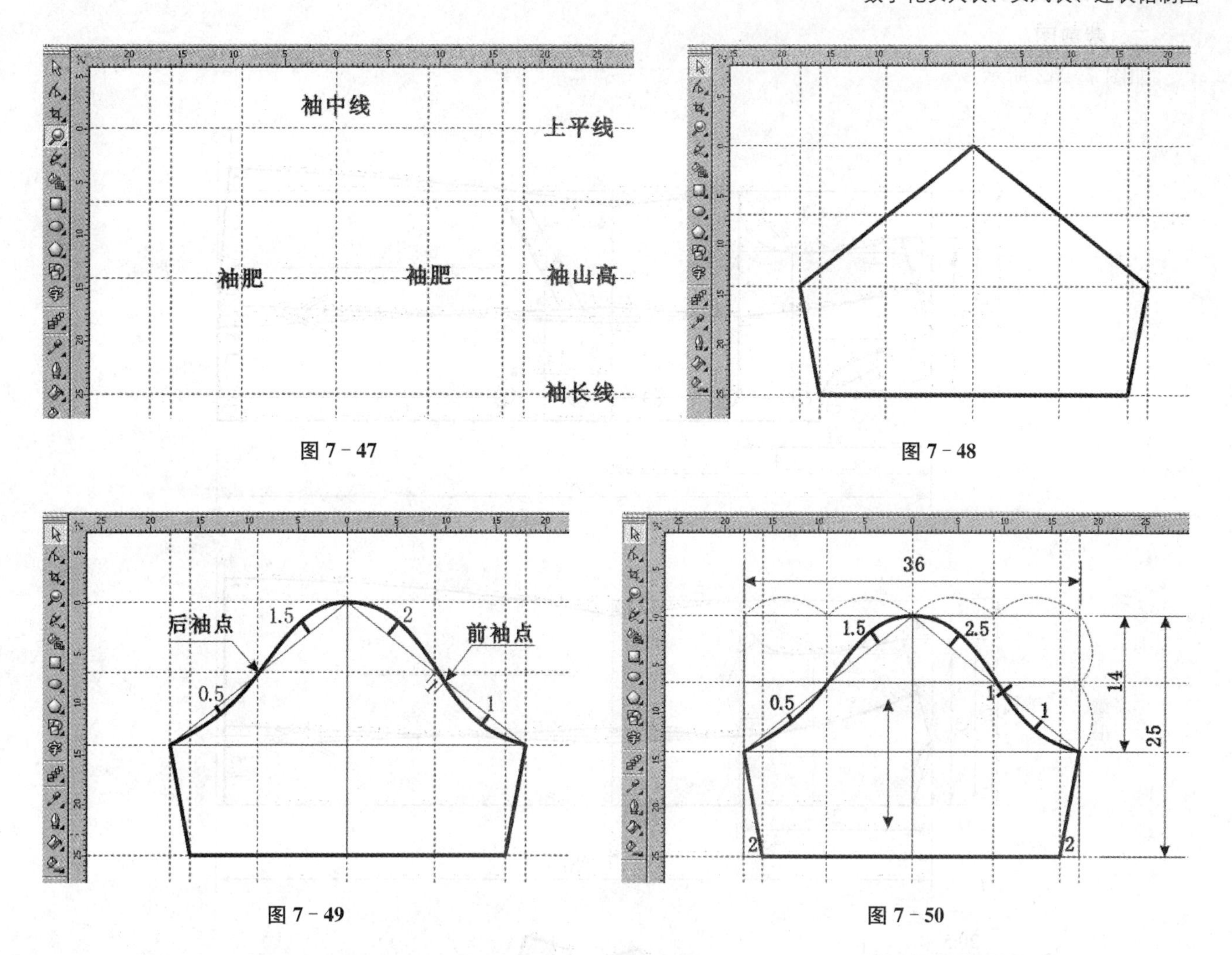

图 7－47 图 7－48

图 7－49 图 7－50

7.4 贴身领女大衣数字化制图

一、款式分析

女中大衣由衣身、领子和袖子等部件构成。为了穿脱需要，在前中线开口，形成搭门门襟，扣子系合。衣身由四个前片、三个后片构成。袖子是两片式圆袖，领子是贴身领。衣片上还有大口袋。款式图如图 7－51 所示。

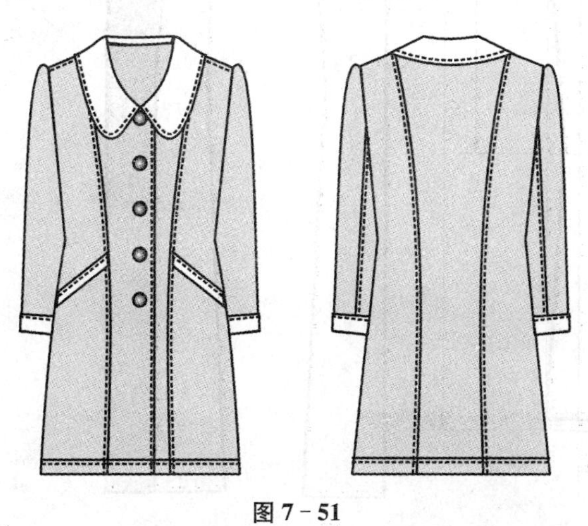

图 7－51

二、裁剪图

如图 7－52 所示。

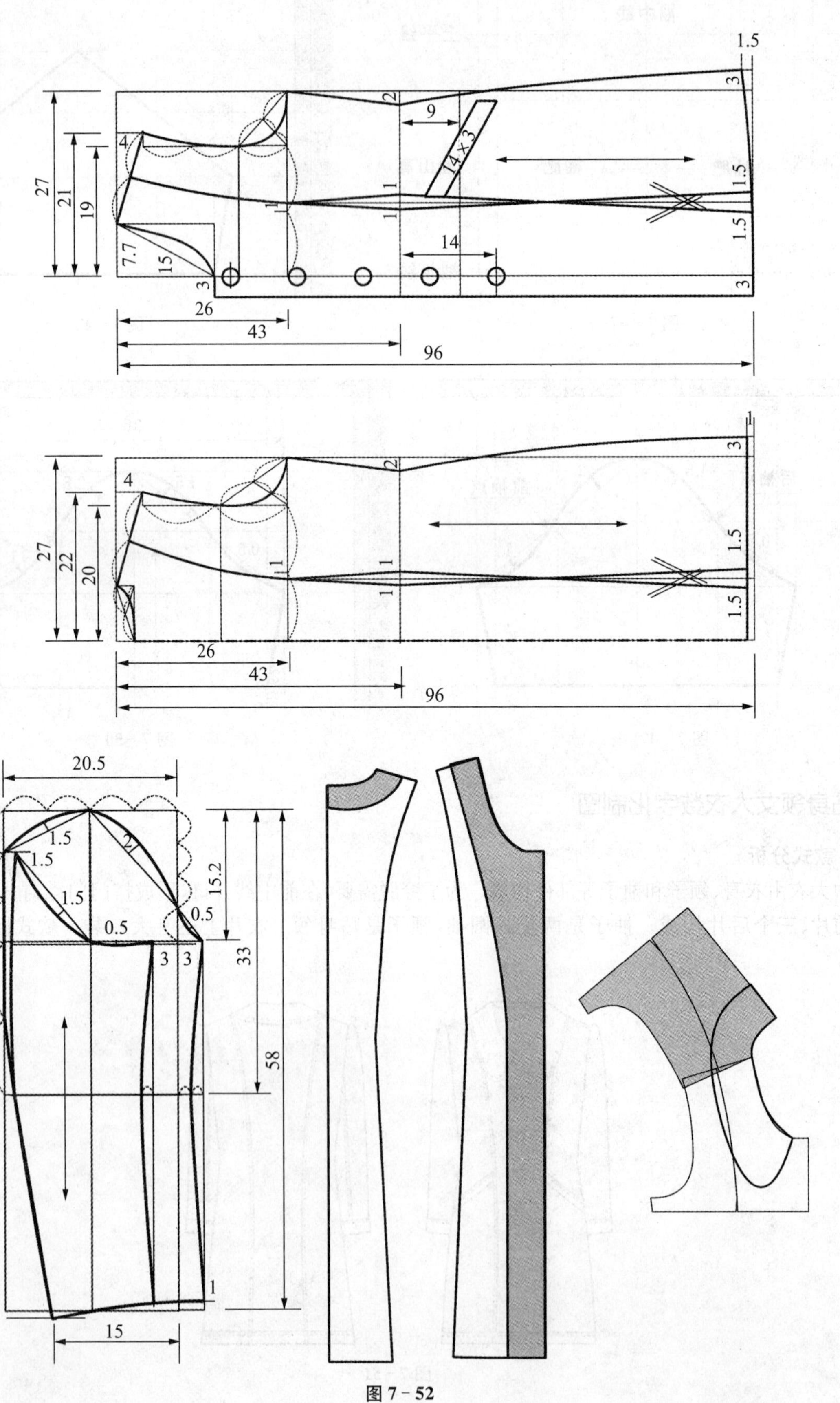

图 7－52

三、公式和数据(号型：160/84)

1. 规格公式和数据

表 7－5

单位：cm

项目	衣长	胸围(X)	肩宽	袖长	领大
计算公式	3/5 号	型＋20～26	3/10 X＋10～11	3/10 号＋8～10	3/10 X＋9
规格数据	96	108	42	58	41

2. 制图公式和数据

表 7－6

单位：cm

项目	前片公式	前片数据	后片公式	后片数据	袖子公式	袖子数据
胸围	胸围/4	27	胸围/4	27		
袖窿深	号/8＋6	26	号/8＋6	26		
肩宽	肩宽/2	21	肩宽/2＋1	22		
胸、背宽	肩宽－2	19	肩宽－2	20		
领宽	L/5－0.5	7.7	L/5(L1)	8.2		
领深	L/5＋0.5	8.7	L1/3	2.7		
落肩	5(垫肩 1)	4	4(垫肩 1)	3		
背长线			号 2/8	40		
腰长线	号 2/8＋3	43				
袖肥 1					袖山斜线－5	
袖肥 2					胸围/5－1	20.6
袖山高					袖肥/1.35	15.2

四、图纸的设置

根据制图需要，图纸设置为：A4 图纸、横向摆放、绘图单位是 cm、绘图比例是 1∶5。

五、前片的制图方法

1. 原点和辅助线设置：鼠标按在原点设置图标上，拖动鼠标，将其放置在图纸中左部适当的位置。通过辅助线设置对话框，参照制图数据，分别设置基本辅助线(图 7－53)。

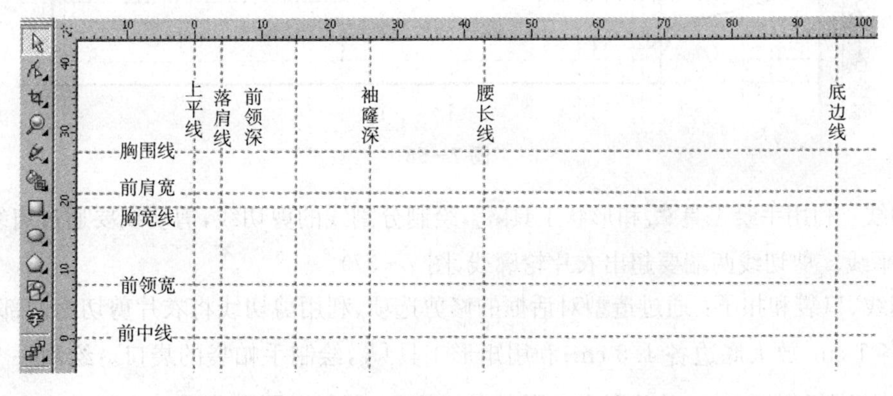

图 7－53

2. 绘制前片矩形：单击交互式属性栏的对齐辅助线图标，使其具有吸附作用。参照辅助线，利用矩形工具，绘制一个长度为衣长、宽度为前片胸围的矩形，单击交互式属性栏的转换为曲线图标，将其转换为曲线图形(图 7－54)。

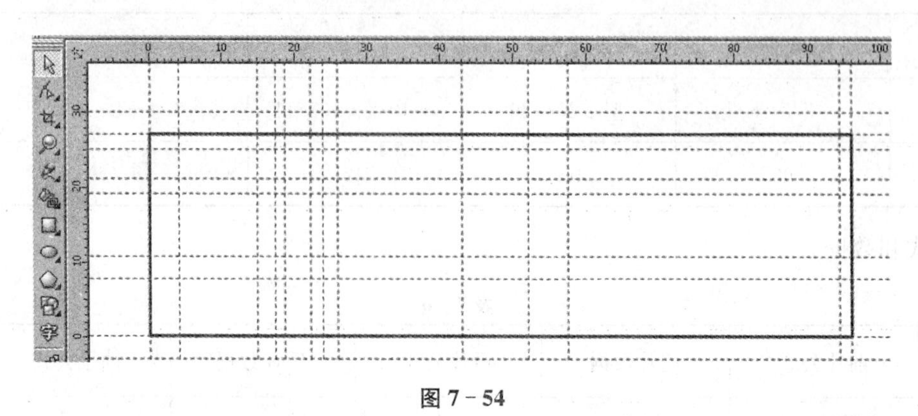

图 7－54

3. 绘制前片直线框图：首先绘制等分线。利用等分线确定前袖点的位置，然后利用形状工具，通过增加节点、移动节点的方法，将前片矩形调整为前片的直线框图(图 7－55)。

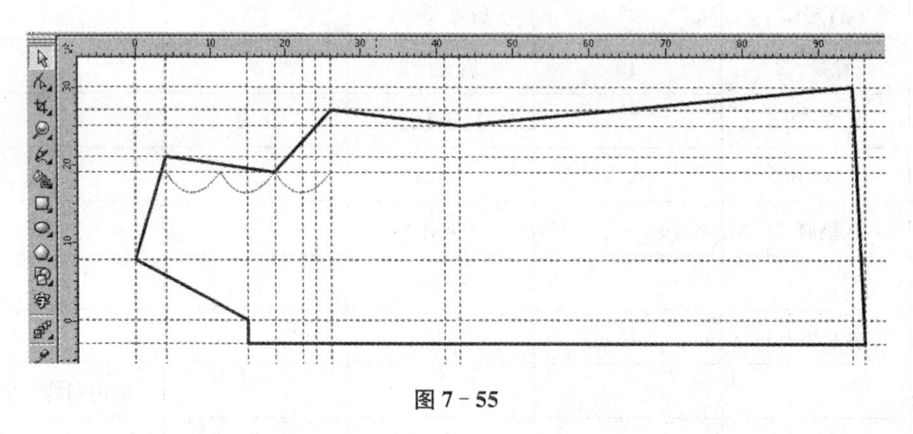

图 7－55

4. 修画相关曲线：利用等分线的方法，确定袖窿曲线和领口曲线的弯曲参考点，利用形状工具，分别将相关线段转换为曲线，拖动鼠标将其弯曲为流畅的曲线(图 7－56)。

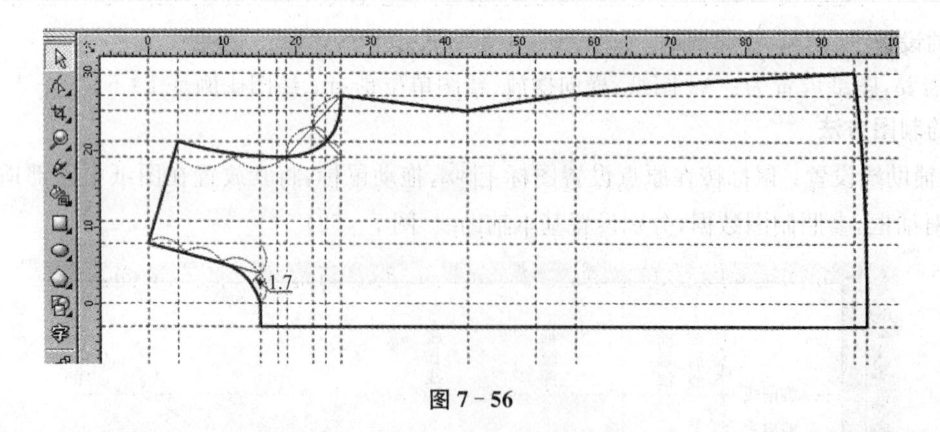

图 7－56

5. 绘制剪切线：利用手绘工具和形状工具，绘制分割线的剪切线，剪切线要通过肩线中心和胸高点，胸高点以下是水平线。剪切线两端要超出衣片轮廓线(图 7－57)。

6. 绘制分割线、口袋和扣子：通过造型对话框的修剪选项，利用剪切线将衣片剪切为两部分。利用形状工具，收缩腰部各 1 cm、放大底边各 1.5 cm；利用矩形工具，绘制手帕袋的袋口。绘制一个 14×3 的矩形，在旋转状态下，将其进行斜切变换，并放置在如图所示的位置；利用椭圆工具，绘制 5 个直径为 2.5 cm 的圆

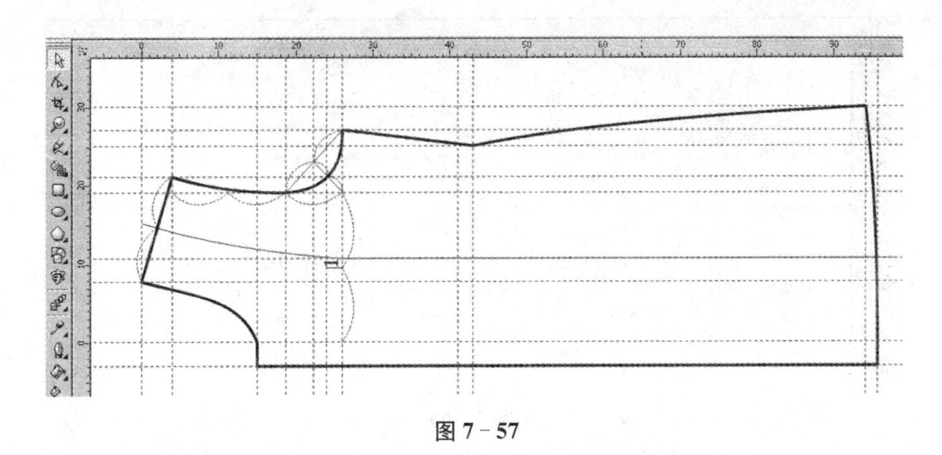

图 7－57

形扣子，并将其放置在如图所示的位置(图 7－58)。

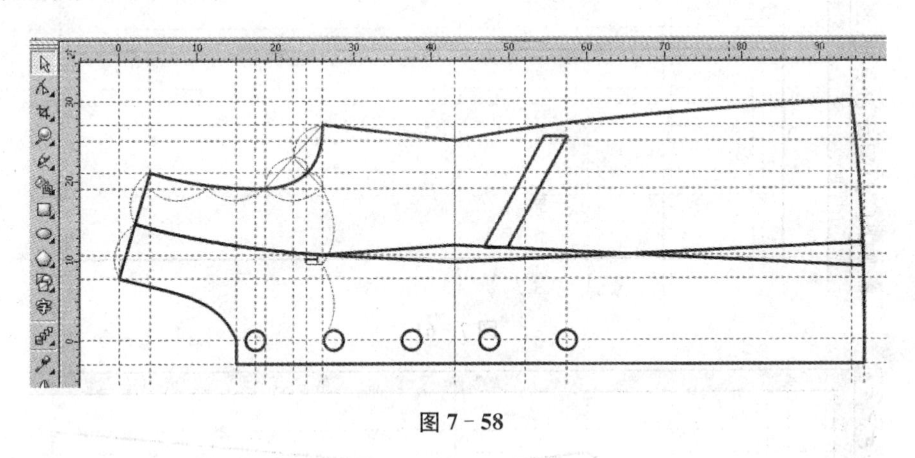

图 7－58

7. 相关标注：一个完整的数据标注包括：起止线、尺寸线、箭头和数据四项要素。利用手绘工具，通过交互式属性栏的轮廓和样式选项，分别绘制各个数据标注，绘制经线方向标注(图 7－59)。

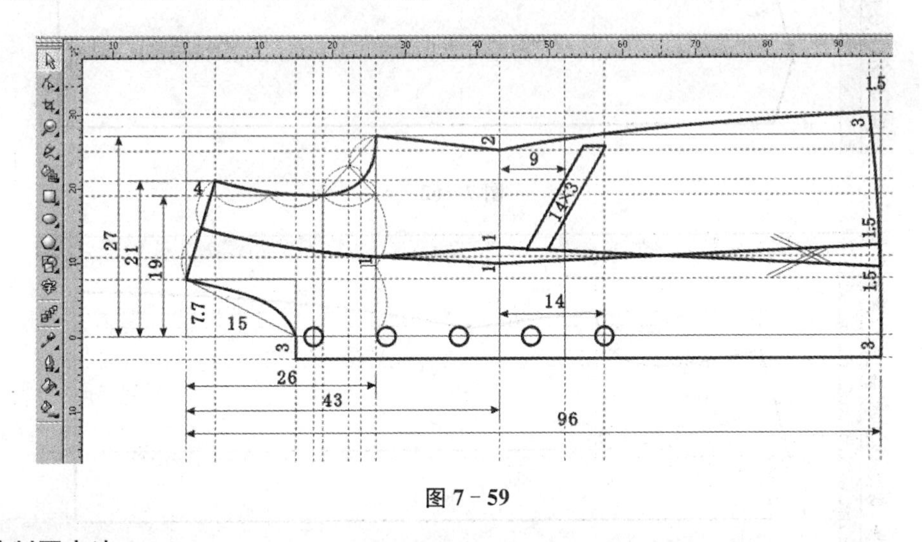

图 7－59

六、后片的制图方法

后片制图方法可参照前片方法(图 7－60～图 7－65)。

七、袖子的制图方法

大衣袖子是两片式圆袖，绘制袖子图形首先绘制大袖片，然后在大袖片基础上绘制小袖片。

1. 设置原点、辅助线，绘制大袖片矩形：将原点设置在图纸上部中间位置。过肩袖子数据，设置上平线、袖口线、袖山线、袖肘线等水平辅助线，设置袖中线、袖肥线、偏袖线袖口宽度线等竖向辅助线。并利用矩形工具，绘制一个袖长为高度、袖肥为宽度的矩形(图 7－66)。

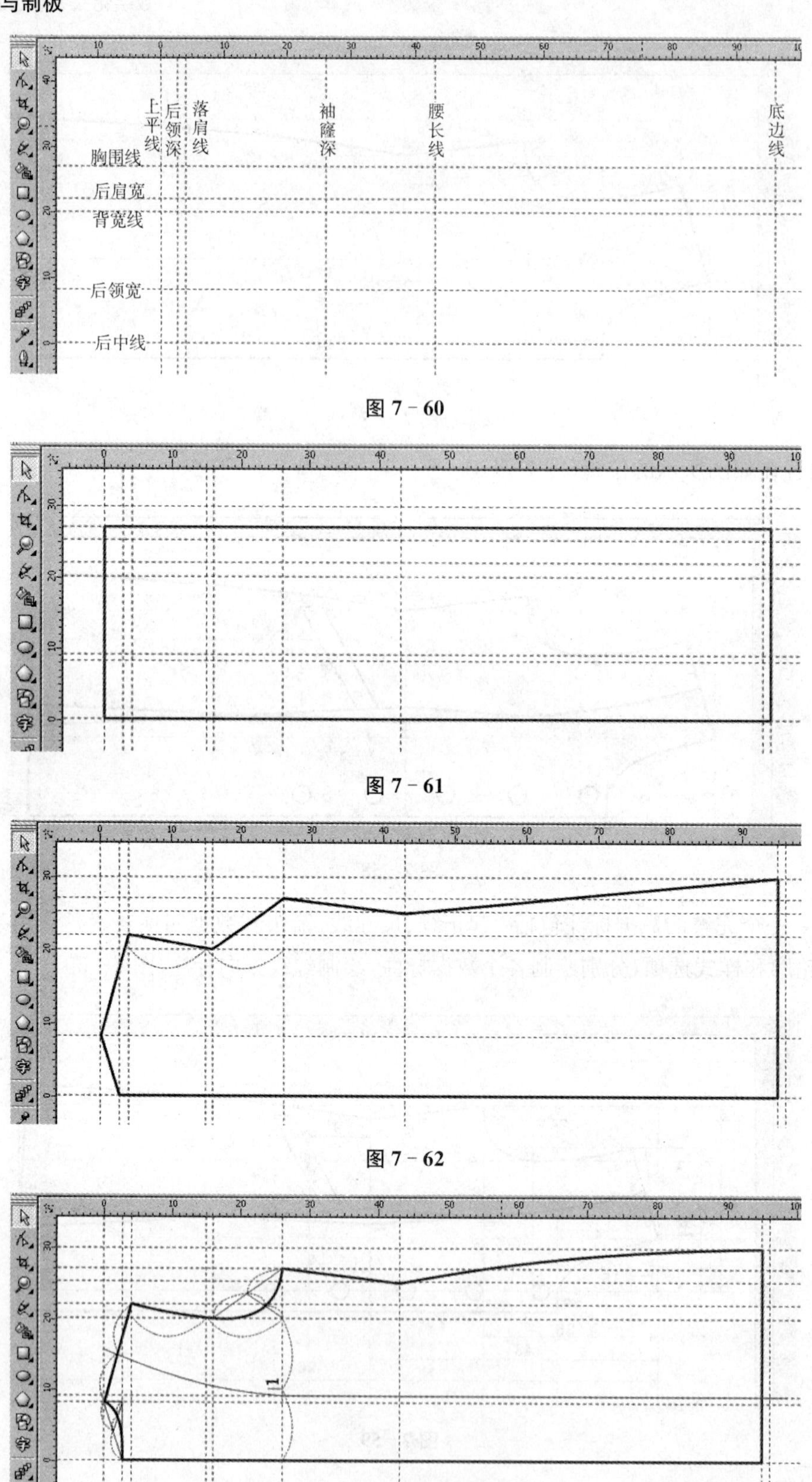

图 7－60

图 7－61

图 7－62

图 7－63

2. 绘制袖片框图：利用等分线的方法，确定如图所示的相应定位参考点，利用手绘工具，绘制如图所示的大袖片和小袖片框图，并将其轮廓设置为粗实线(图 7－67)。

3. 修画相关曲线：利用形状工具，单击交互式属性栏的转换直线为曲线图标，将相关线条转换为曲线，拖动相关曲线，将其弯曲为如图所示的大袖片和小袖片形状(图 7－68)。

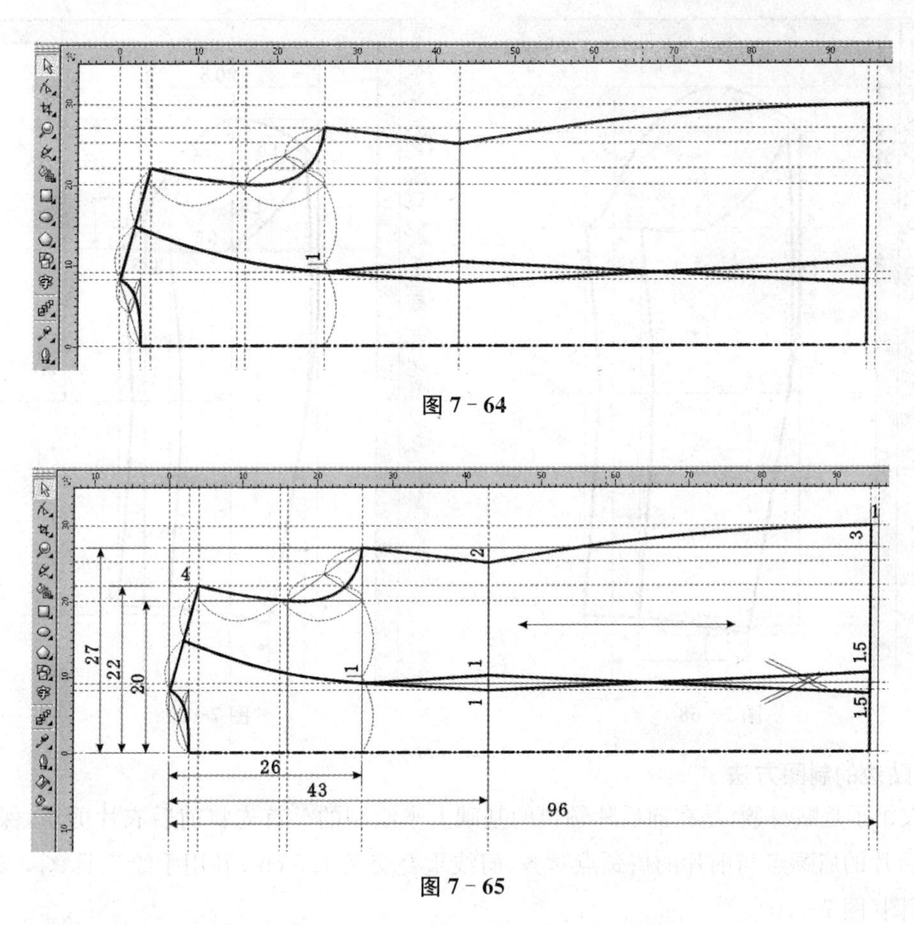

图 7 - 64

图 7 - 65

4. 相关标注：利用手绘工具，绘制数据标注的起止线、尺寸线，绘制经线方向线，添加绘制相关辅助线。通过交互式属性栏的轮廓选项，设置尺寸线的箭头、线型及所有线条的粗细。利用文本工具，书写数据、文字等(图 7 - 69)。

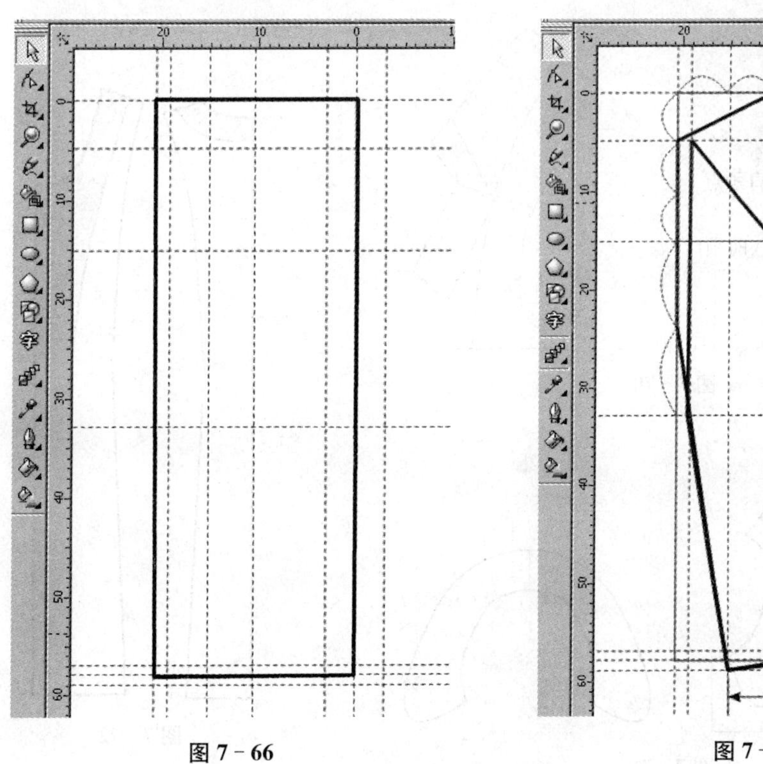

图 7 - 66

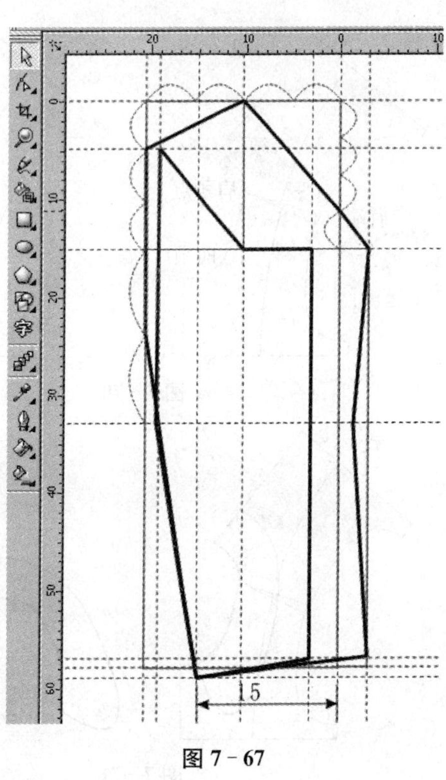

图 7 - 67

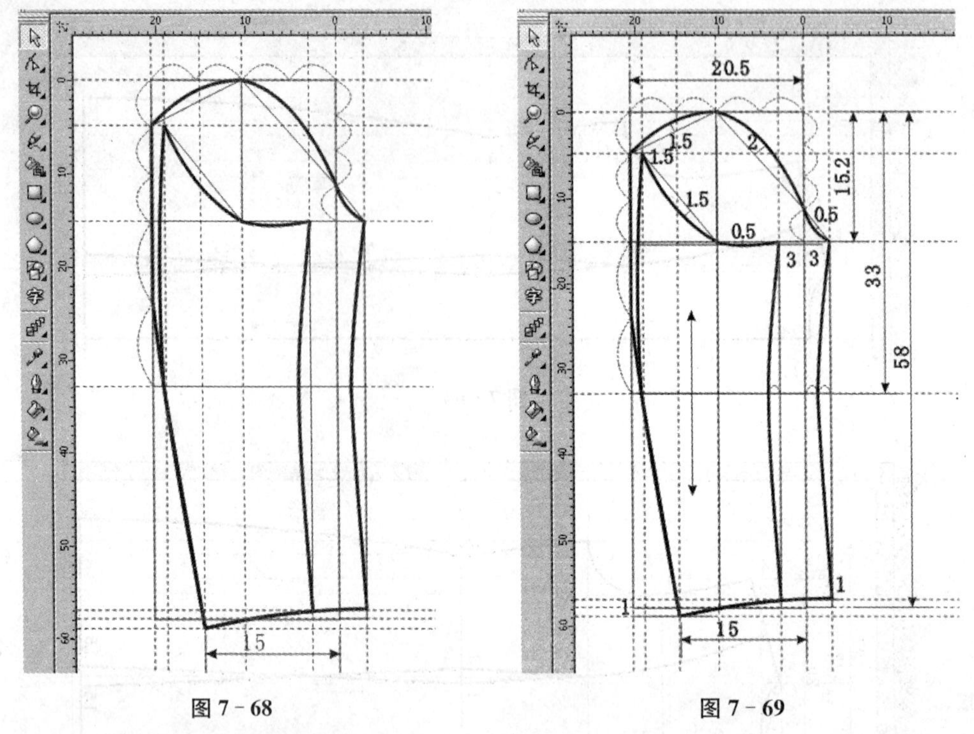

图 7-68　　　　图 7-69

八、领子和贴边的制图方法

1. 本款大衣领子是贴身领，是在前后片领口的基础上来绘制的。首先将前后衣片剪切，保留上部衣片；以前片为基准，将后片的肩颈点与前片的肩颈点对齐，肩线重叠交叉 1.5 cm；利用手绘工具，参照款式图，绘制贴身领的直线框图（图 7-70）。

2. 利用形状工具，参照款式图的领子形状，将相关线条进行弯曲修画，形成线条流畅的领子造型（图7-71）。

3. 贴边是在前后片领口的基础上绘制的。将前后片靠近中心线的衣片图形复制到新的文件图纸中，利用手绘工具和形状工具，绘制贴边图形。贴边肩部宽度是 5 cm 左右，贴边底边和腰线部位的宽度是 6 cm 左右（图 7-72）。

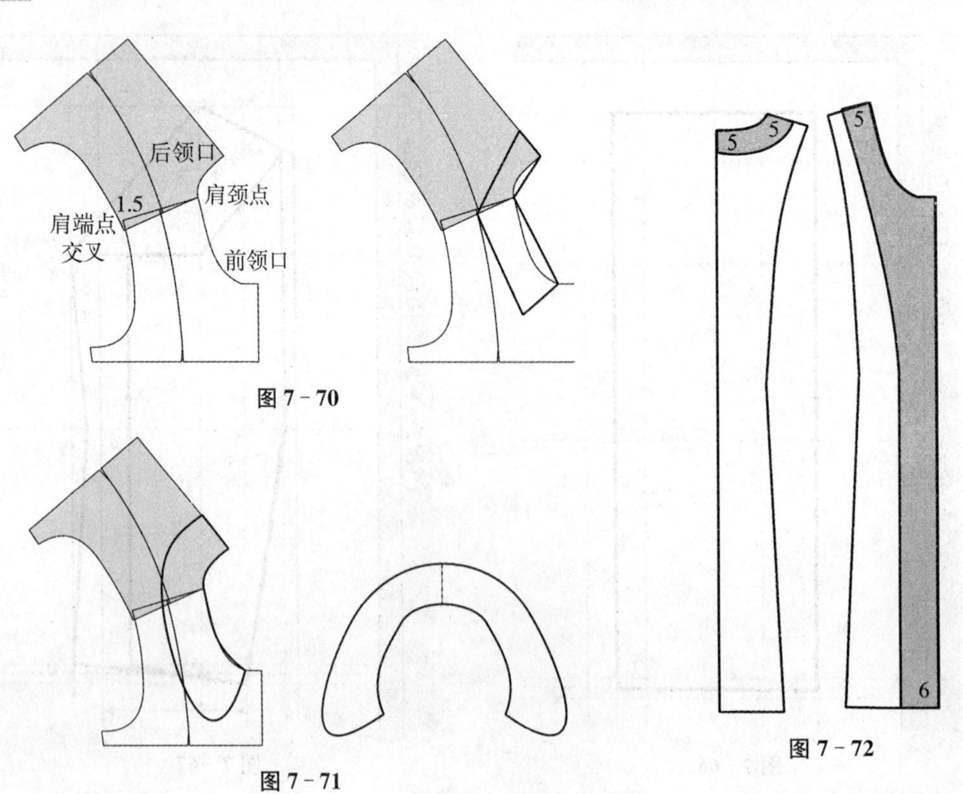

图 7-70

图 7-71

图 7-72

7.5 短袖连衣裙数字化制图

一、款式分析

短袖连衣裙由一个齐腰前衣片、两个齐腰后衣片、两个喇叭短袖、一个前裙片、两个后裙片构成。其中前后片腰线腰上均为刀背分割，前领口为加大圆领口，后领口为加大方领口。为了穿脱需要，在后中线开口，安装拉链，形成拉链门襟。短袖连衣裙款式如图 7－73 所示。

图 7－73

二、裁剪图

如图 7－74 所示。

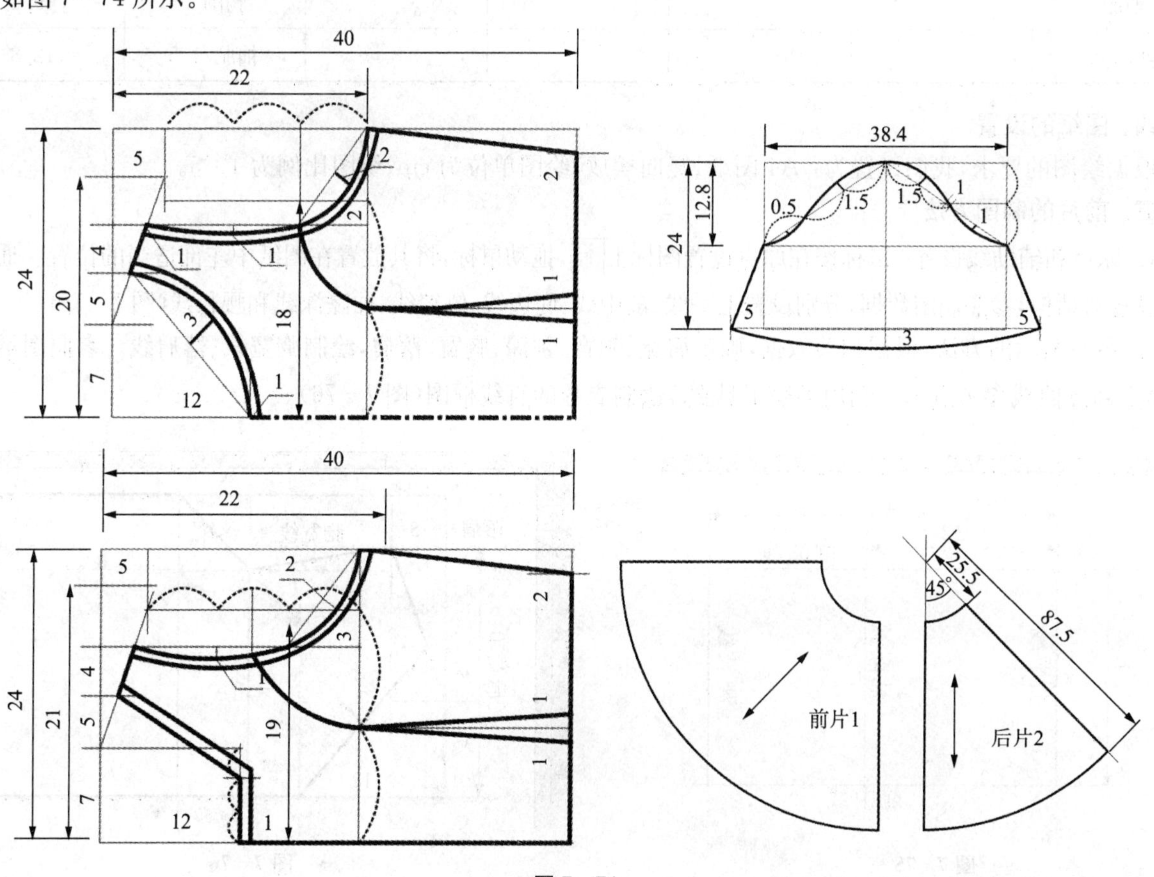

图 7－74

三、公式和数据(号型：160/84)

1. 规格公式和数据

表 7－7　　单位：cm

项目	衣长	胸围(X)	肩宽	袖长	领大
计算公式	3/5 号＋6～8	型＋12～14	3/10 X＋10～11	1/10 号＋4～6	3/10 X＋9
规格数据	102	96	40	24	38

2. 制图公式和数据

表 7－8　　单位：cm

项目	前片公式	前片数据	后片公式	后片数据	袖子公式	袖子数据
胸围	胸围/4	24	胸围/4	24		
袖窿深	号/8＋2	22	号/8＋2	22		
肩宽	肩宽/2	20	肩宽/2＋1	21		
胸、背宽	肩宽－2	18	肩宽－2	19		
腰长	号 2/8	40				
领宽	L/5－0.5	7	L/5－0.5	7		
领深	L/5＋4.5	12	L/5＋4.5	12		
落肩	肩宽/10＋1	5	肩宽/10＋1	5		
袖肥					胸围/5	19.2
袖山高					袖肥/1.5	12.8

四、图纸的设置

根据绘图的要求，我们设置为：A4 图纸、竖向摆放、绘图单位为 cm、绘图比例为 1∶5。

五、前片的制图方法

1. 原点和辅助线设置：鼠标按在原点设置图标上，拖动鼠标，将其放置在图纸中左部适当的位置。通过辅助线设置对话框，参照制图数据，分别设置上平线、前中线、底边线、侧缝线、袖窿深线和腰长线(图 7－75)。

2. 参照图示的方法，根据相关数据，确定肩宽、领宽、领深、胸宽、落肩，绘制胸宽线、落肩线。参照图示的方法，确定袖窿曲线参考点等。利用手绘工具，绘制衣片的直线框图(图 7－76)。

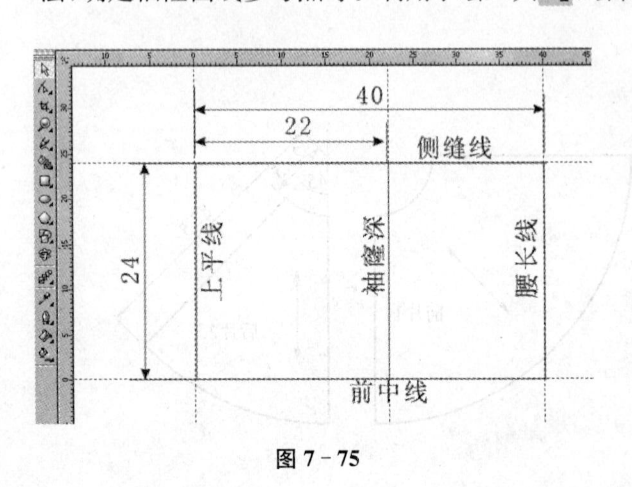

图 7－75

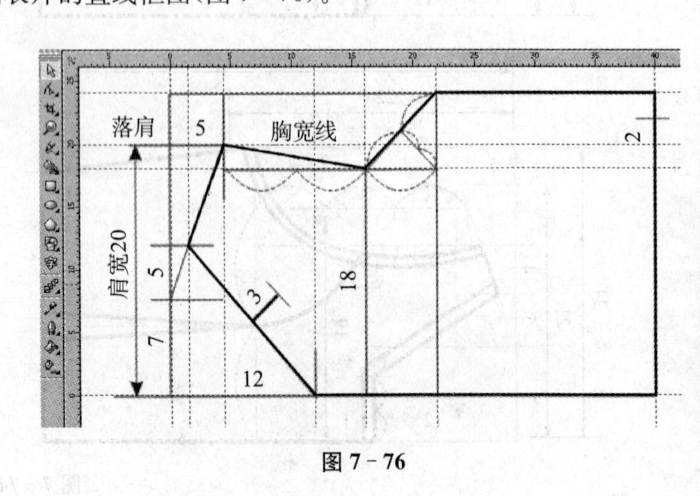

图 7－76

3. 修画相关曲线：利用形状工具，分别将相关线段转换为曲线，拖动鼠标将其弯曲为流畅的曲线，前中线为点划线(图 7－77)。

4. 参照图示的方法，利用手绘工具和形状工具，分别绘制刀背分割线、绘制领口滚边线(图 7－78)。

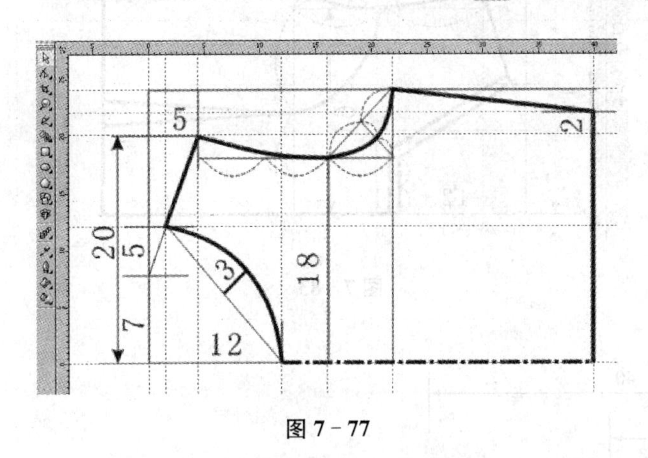

图 7－77

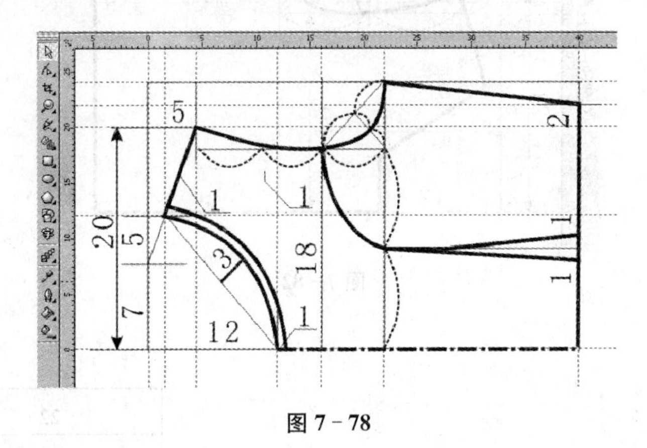

图 7－78

5. 参照图示的方法，进行数据标注、文字标注、符号标注和经线方向标注(图 7－79)。

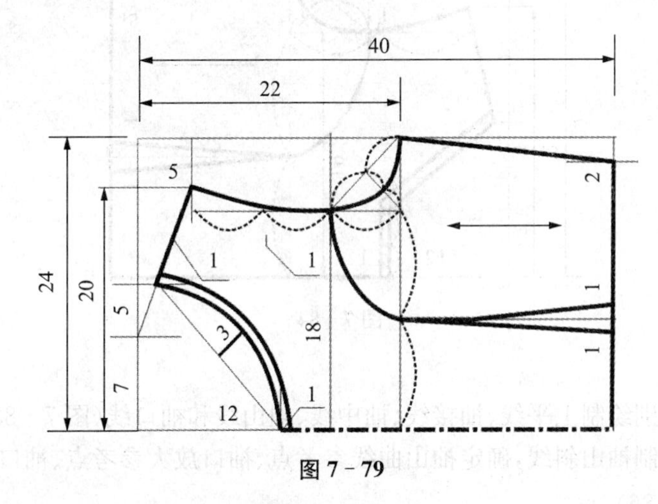

图 7－79

六、后片的制图方法

后片制图方法可参照前片方法(图 7－80～图 7－84)。

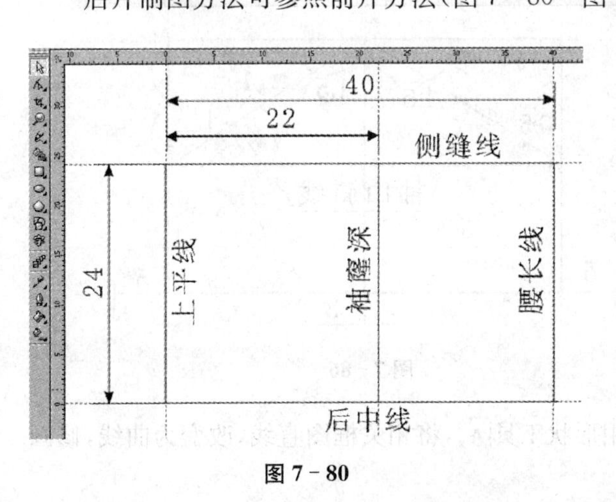

图 7－80

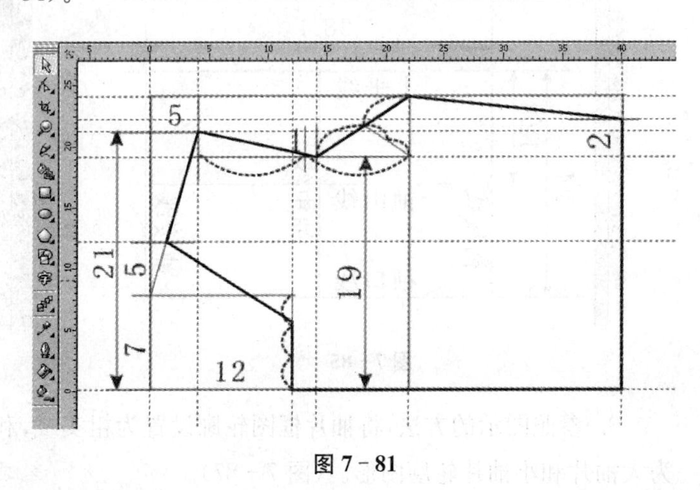

图 7－81

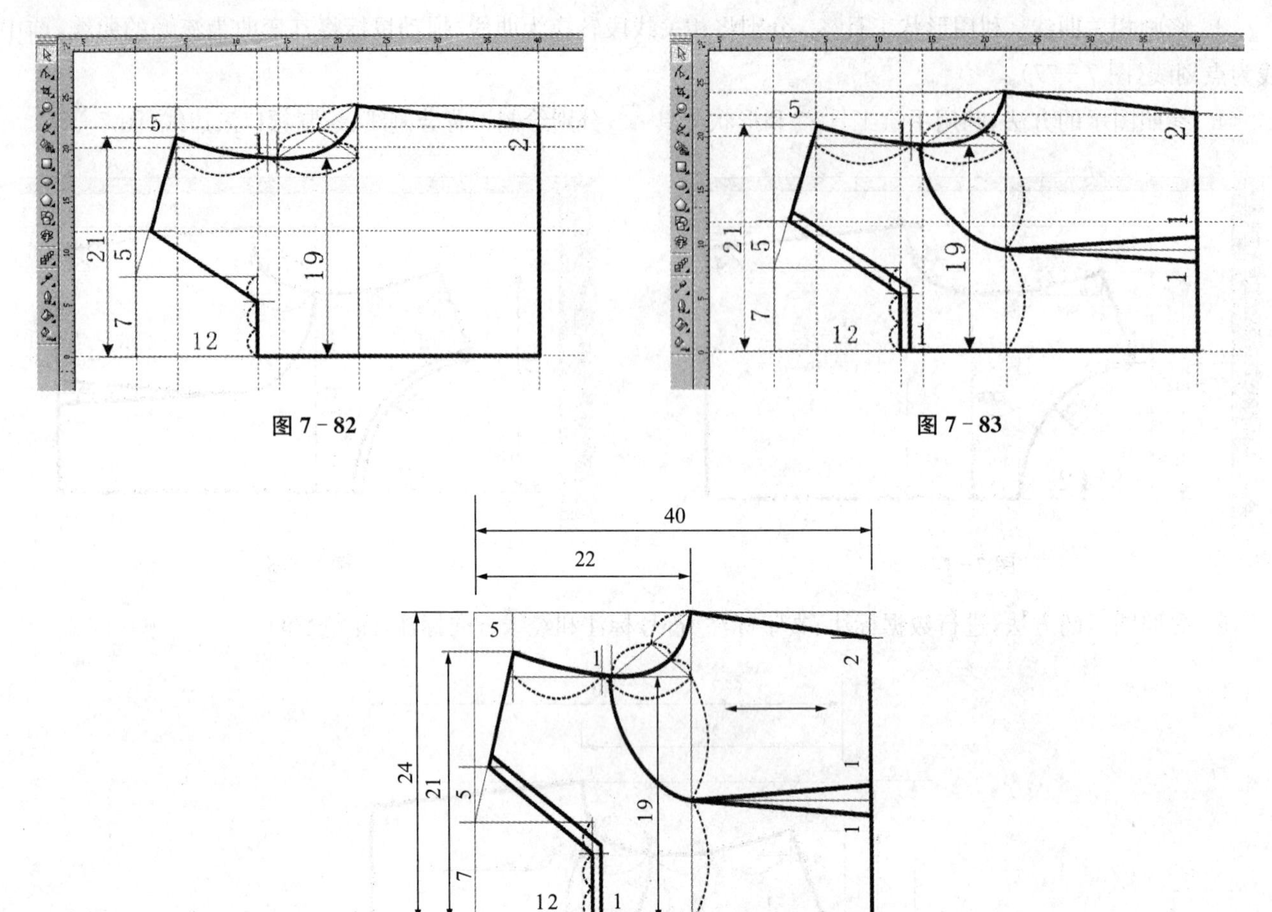

图 7－82

图 7－83

图 7－84

七、袖子的制图方法

1. 参照图示的方法，分别绘制上平线、袖接线、袖中线、袖山线和袖口线(图 7－85)。

2. 参照图示的方法，绘制袖山斜线，确定袖山曲线参考点、袖口放大参考点、袖口曲线参考点。利用手绘工具，绘制袖片框图(图 7－86)。

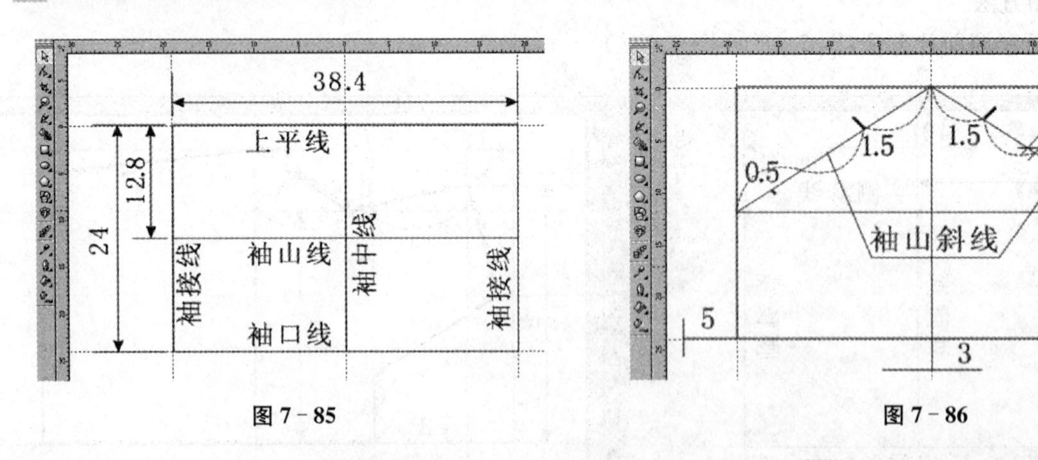

图 7－85

图 7－86

3. 参照图示的方法，将袖片框图轮廓设置为粗实线，利用形状工具，将相关框图直线，改变为曲线，修画为大袖片和小袖片轮廓图形。(图 7－87)。

4. 参照图示的方法，进行数据、符号、文字和经线方向标注(图 7－88)。

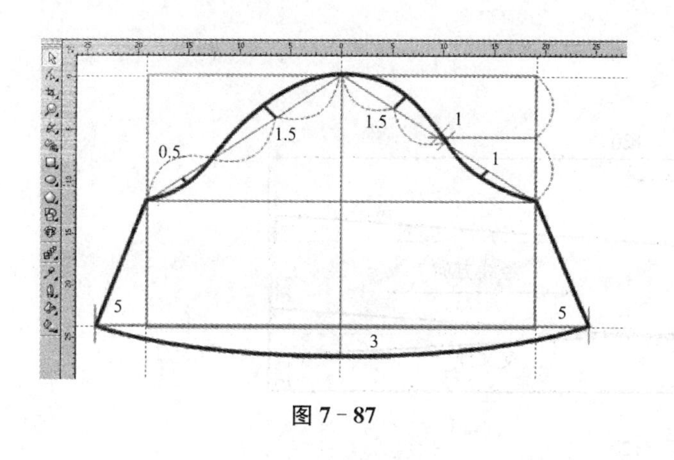

图 7-87

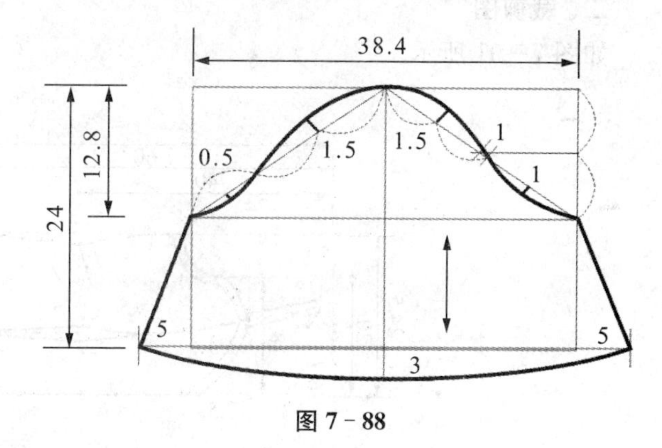

图 7-88

八、裙摆的制图方法

连衣裙腰下部分按照半圆裙的制图方法：裙腰半径＝腰围长/3.14＝80/3.14＝25.5，裙摆半径＝裙腰半径＋裙长＝25.5＋62＝87.5。分别绘制1/4圆形的前片图形，绘制1/8圆形的后片图形(图7-89)。

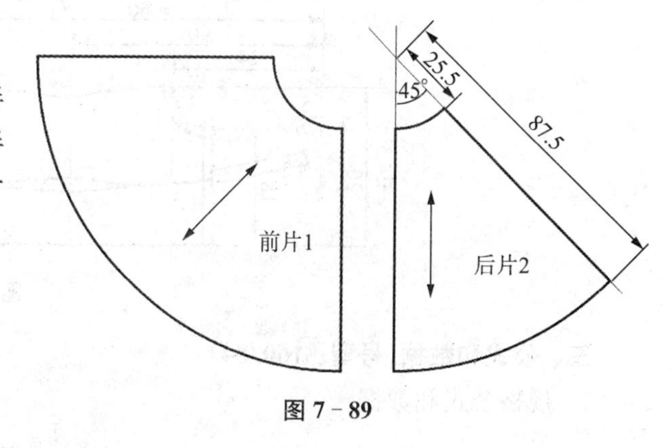

图 7-89

7.6 礼服裙数字化制图

一、款式分析

礼服裙由四个前衣片、四个后衣片构成。为了穿脱需要，在后中线安装拉链。礼服裙款式如图7-90所示。

图 7-90

二、裁剪图

如图 7－91 所示。

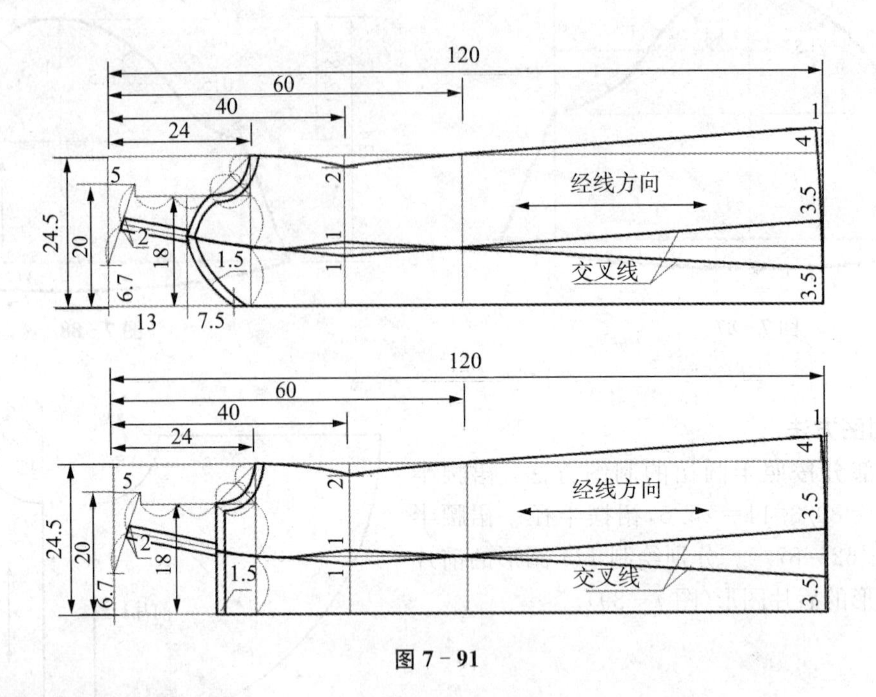

图 7－91

三、公式和数据(号型：160/84)

1. 规格公式和数据

表 7－9

单位：cm

项目	衣长	胸围(X)	肩宽	袖长	领大
计算公式	7/10 号+8	型+12～14	3/10 X+10～11		3/10 X+7
规格数据	120	98	40		36.4

2. 制图公式和数据

表 7－10

单位：cm

项目	前片公式	前片数据	后片公式	后片数据	袖子公式	袖子数据
胸围	胸围/4	24.5	胸围/4	24.5		
袖窿深	号/8+2	22	号/8+2	22		
肩宽	肩宽/2	20	肩宽/2+1	21		
胸、背宽	肩宽－2	18	肩宽－2	19		
落肩	肩宽/10+1	5	肩宽/10+1	5		

四、图纸的设置

根据绘图的要求，我们设置为：A4 图纸、竖向摆放、绘图单位为 cm、绘图比例为 1∶5。

五、前片的制图方法

1. 参照图示的方法，根据相关数据，分别设置上平线、前中线、底边线、侧缝线、袖窿深线、腰长线和臀位线等辅助线(图 7－92)。

2. 参照图示的方法，根据相关数据，确定肩宽、领宽、领深、胸宽和落肩，绘制胸宽线、落肩线；确定收腰位

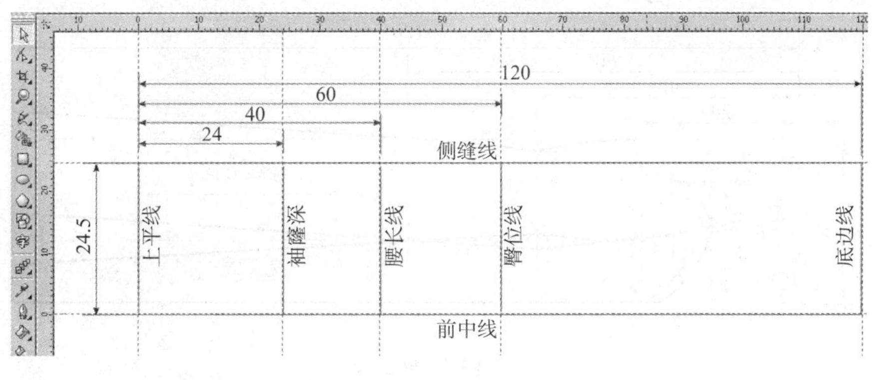

图 7－92

置，确定袖窿曲线参考点和领口曲线参考点；确定并绘制吊带位置和分割线参考线。利用手绘工具，绘制衣片的直线框图（图 7－93）。

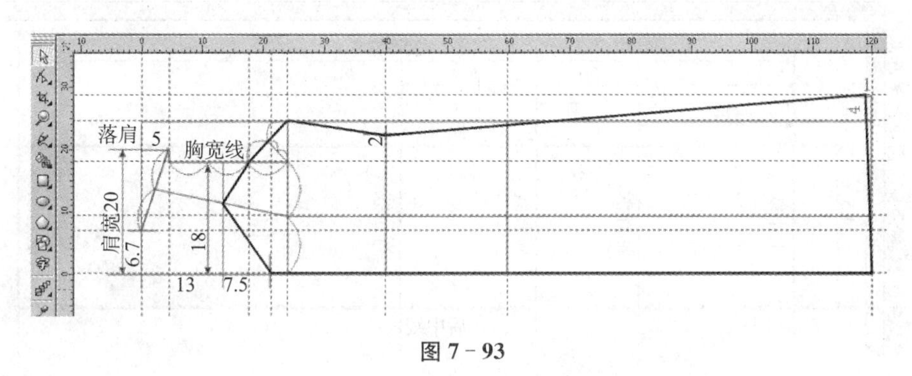

图 7－93

3. 依据上述参考线和参考点，利用形状工具，分别将相关线段转换为曲线，拖动鼠标将其弯曲为流畅的曲线（图 7－94）。

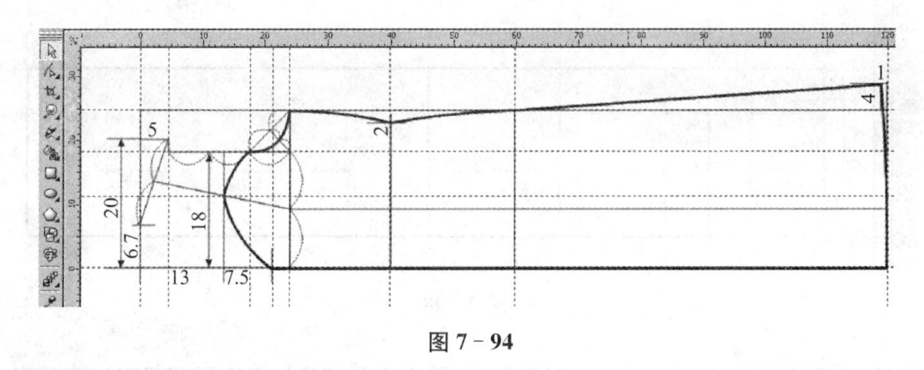

图 7－94

4. 参照图示的方法，利用手绘工具和形状工具，分别绘制吊带、衣片明贴边；绘制分割线（图 7－95）。

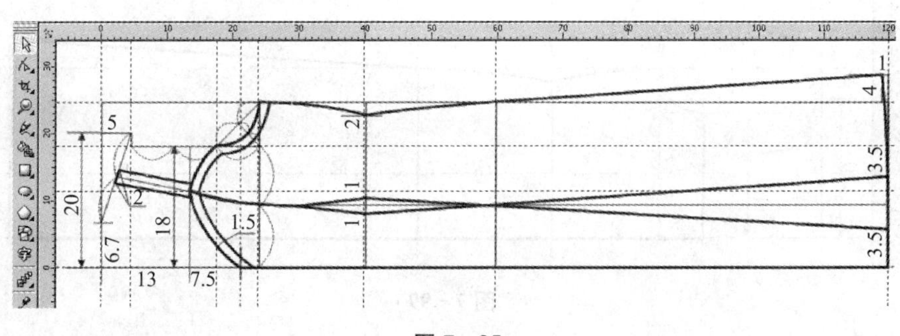

图 7－95

5. 参照图示的方法，进行数据标注、文字标注、符号标注和经线方向标注（图 7－96）。

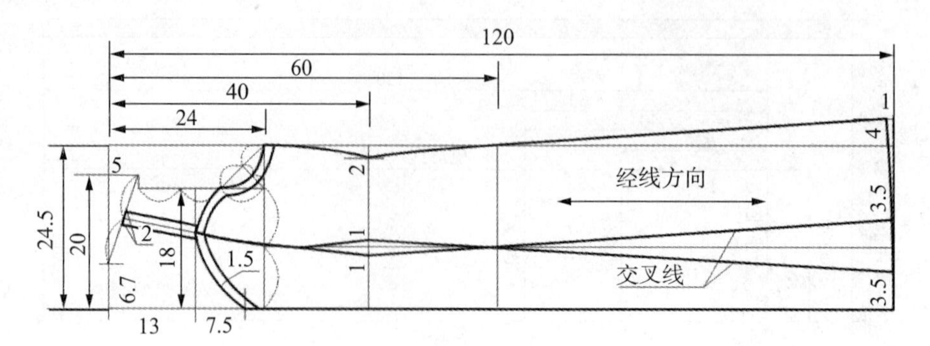

图 7-96

六、后片的制图方法

后片制图方法可参照前片方法(图 7-97～图 7-101)。

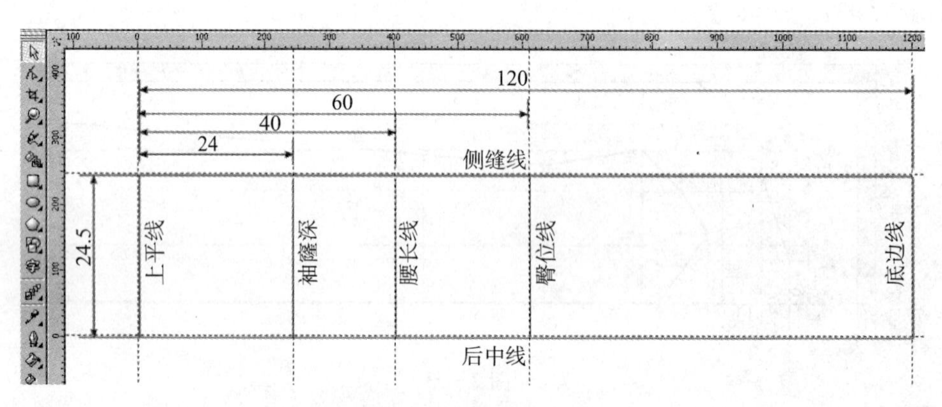

图 7-97

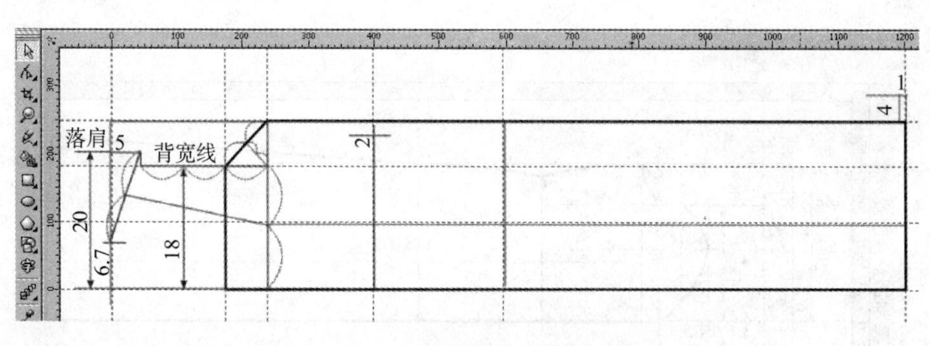

图 7-98

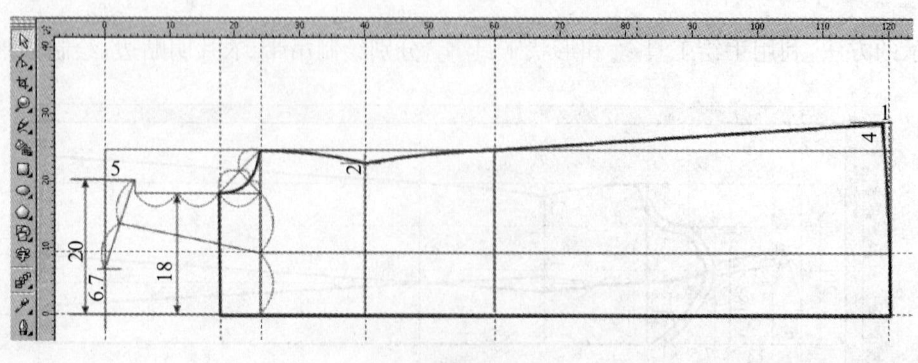

图 7-99

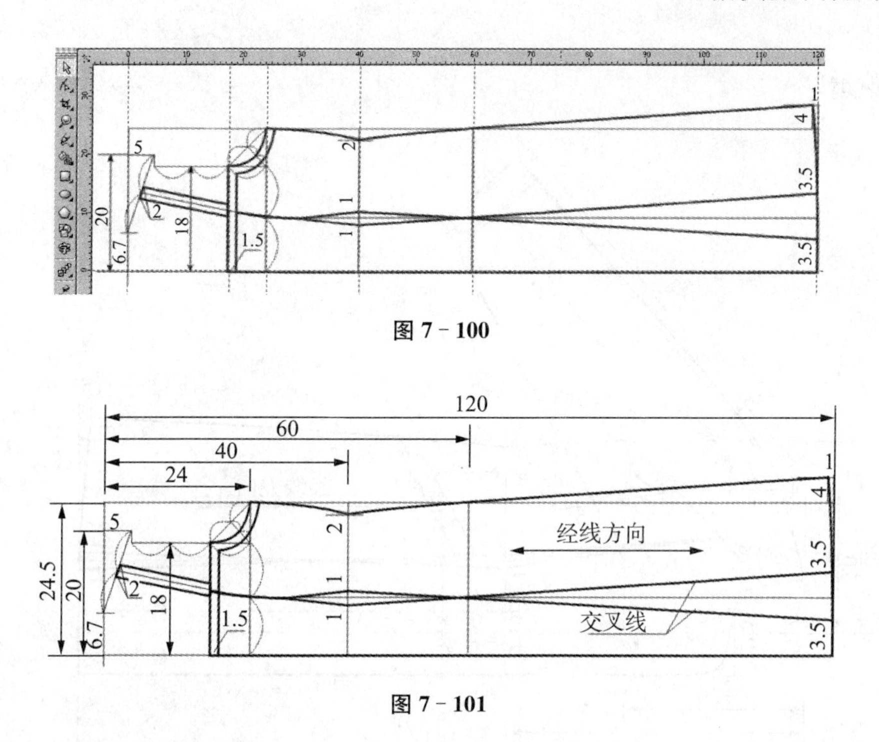

图 7-100

图 7-101

7.7　插肩袖女风衣数字化制图

一、款式分析

插肩袖女风衣由衣身、领子和袖子构成。为了穿脱需要，在前中线开口，形成双排扣搭门门襟，扣子系合。衣身由两个前片、一个后片构成，属于对开身结构。前后片均设置竖向分割，前片还设置斜向大口袋。袖子是插肩袖，袖口有明贴边。领子是西装驳领。需要安装垫肩。插肩袖女风衣款式如图 7-102 所示。

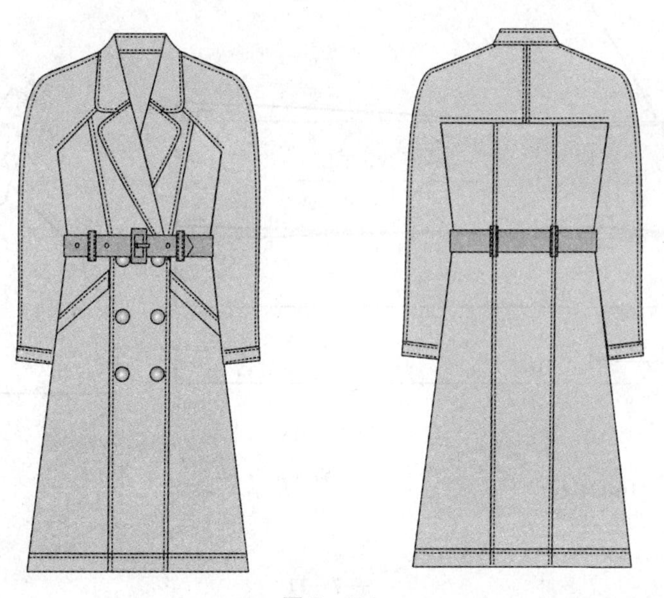

图 7-102

二、裁剪图

如图 7－103 所示。

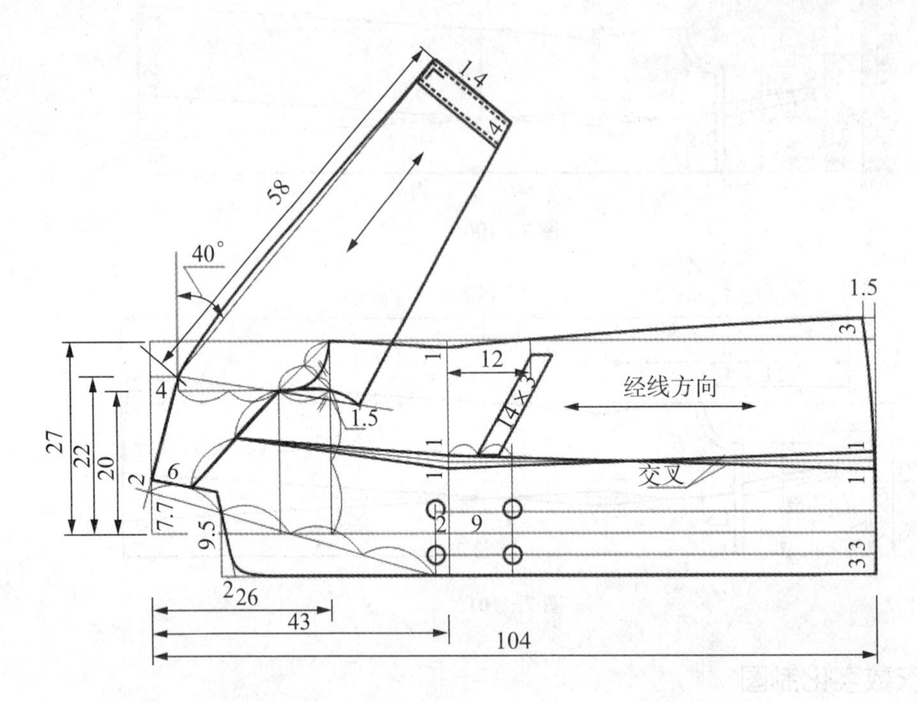

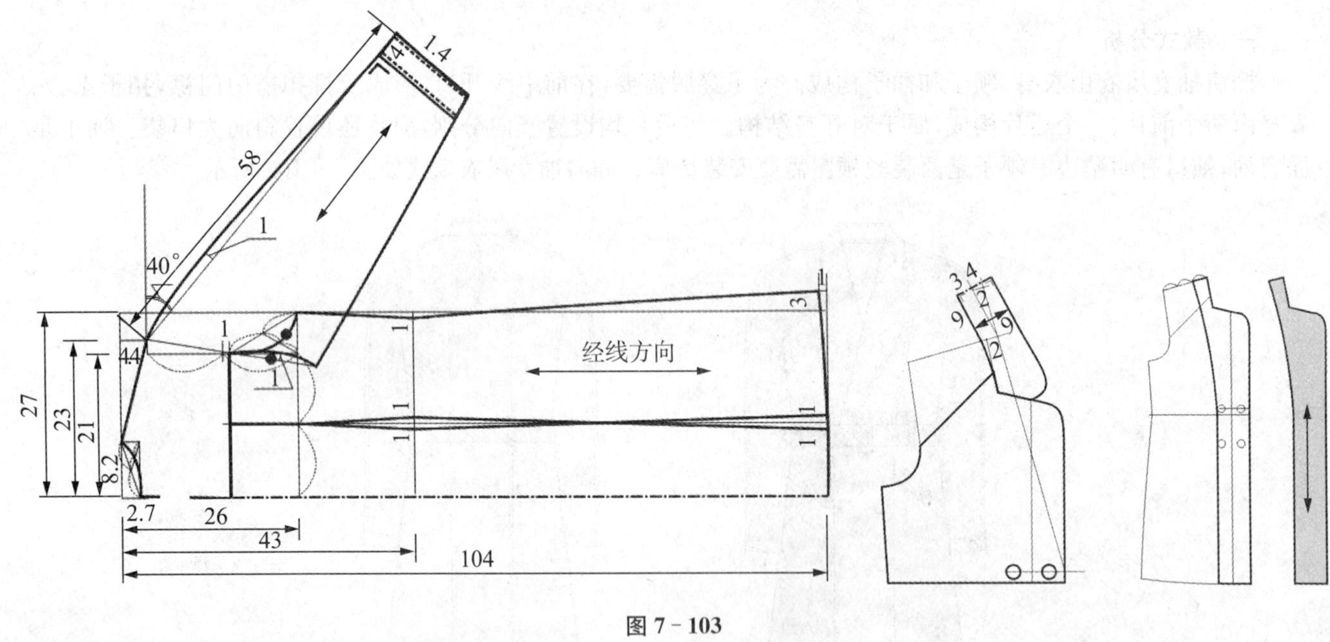

图 7－103

三、公式和数据(号型：160/84)

1. 规格公式和数据

表 7－11

单位：cm

项目	衣长	胸围(X)	肩宽	袖长	领大
计算公式	3/5 号＋8	型＋22～26	3/10 X＋10～11	3/10 号＋7～10	3/10 X＋9
规格数据	104	108	44	58	41

2. 制图公式和数据

表 7-12

单位：cm

项目	前片公式	前片数据	后片公式	后片数据	袖子公式	袖子数据
胸围	胸围/4	27	胸围/4	27		
袖窿深	号/8+6	26	号/8+6	26		
肩宽	肩宽/2	22	肩宽/2+1	23		
胸、背宽	肩宽−2	20	肩宽−2	21		
领宽	领大/5−0.5	7.7	领大/5	8.2		
领深			领宽/3	2.7		
落肩	肩宽/10	4.4	肩宽/10	4.4		
腰长线			号 2/8	43		

四、图纸的设置

根据绘图的要求，我们设置为：A4 图纸、竖向摆放、绘图单位为 cm、绘图比例为 1∶5。

五、前片的制图方法

1. 参照图示的方法，根据相关数据，分别设置上平线、前中线、底边线、侧缝线、袖窿深线和腰长线等辅助线(图 7-104)。

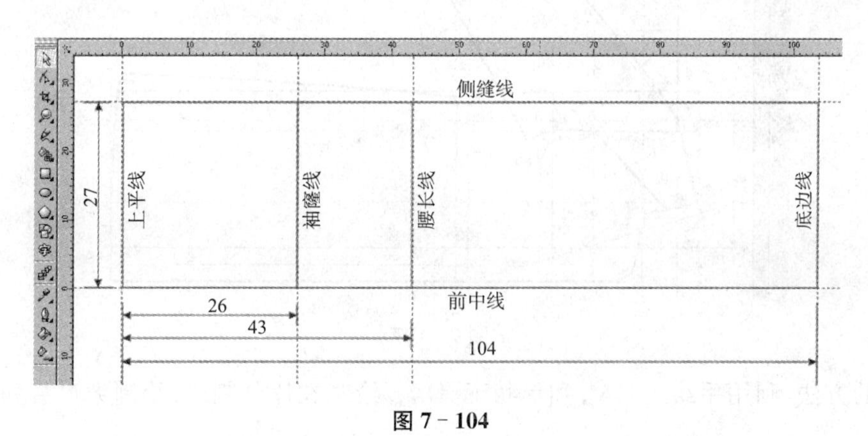

图 7-104

2. 参照图示的方法，根据相关数据，确定肩宽、领宽、胸宽、落肩、开门点、驳口点，绘制胸宽线、落肩线、肩线、驳口线、串口线和门襟线；参照图示的方法，确定收腰位置、下摆放大位置和下摆起翘位置；参照图示的方法，确定袖窿曲线参考点。利用手绘工具，绘制衣片的直线框图(图 7-105)。

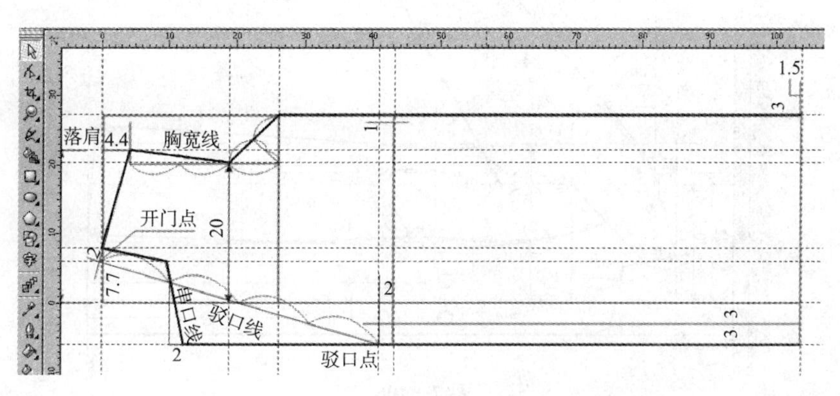

图 7-105

3. 依据上述参考线和参考点，利用形状工具，分别将相关线段转换为曲线，拖动鼠标将其弯曲为流畅的曲线(图 7 - 106)。

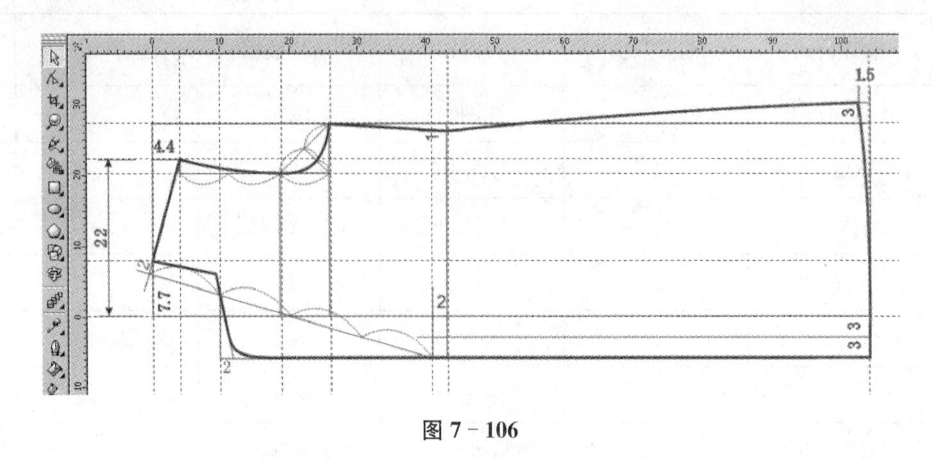

图 7 - 106

4. 参照图示的方法，根据袖子数据，确定插肩线位置、袖子角度、袖子长度、袖口宽度等。利用手绘工具和形状工具，分别绘制衣片插肩线，绘制袖片图形(图 7 - 107)。

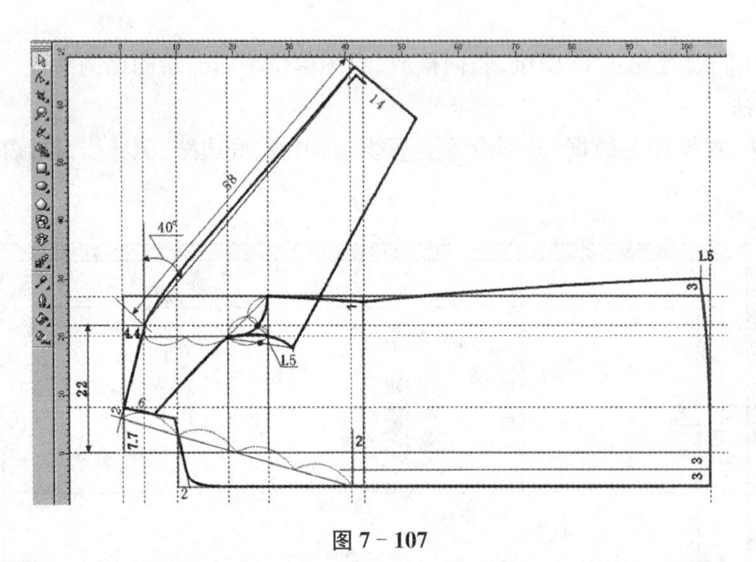

图 7 - 107

5. 参照图示的方法，利用手绘工具和形状工具，绘制衣片分割线，绘制大口袋和双排扣子(图 7 - 108)。

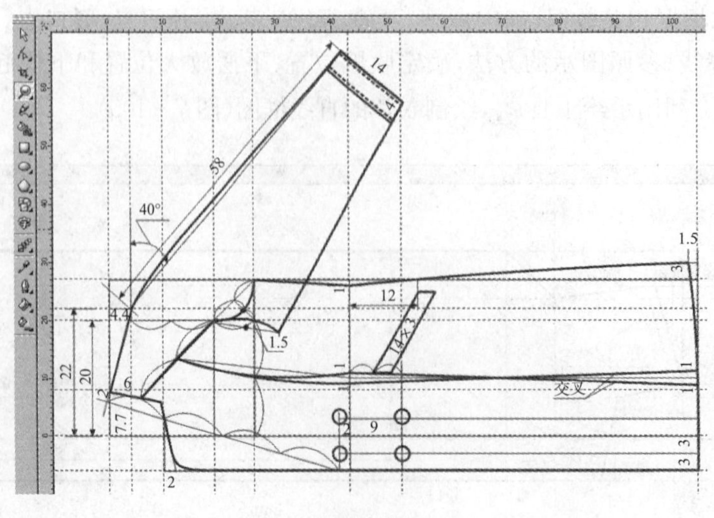

图 7 - 108

6. 参照图示的方法，进行数据标注、文字标注、符号标注和经线方向标注(图 7－109)。

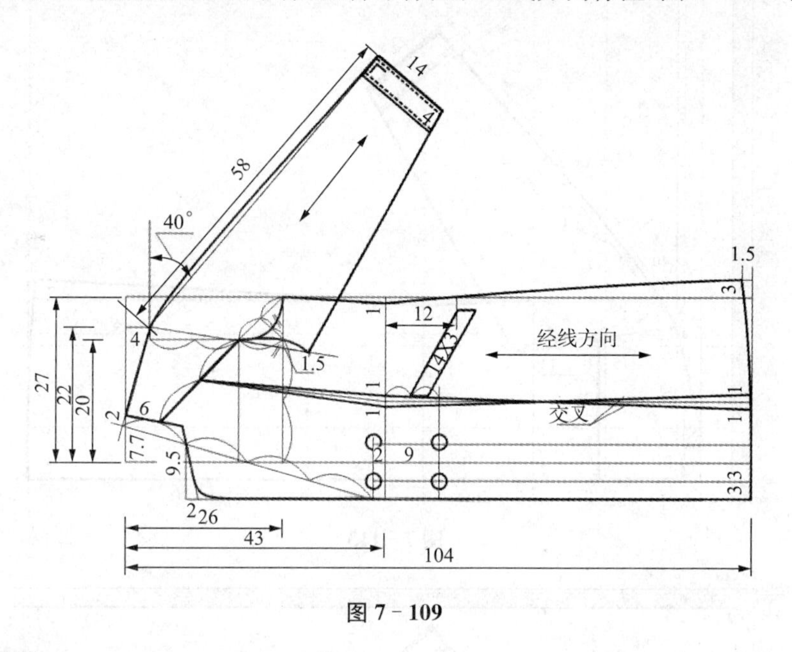

图 7－109

六、后片的制图方法

后片制图方法可参照前片方法(图 7－110～图 7－115)。

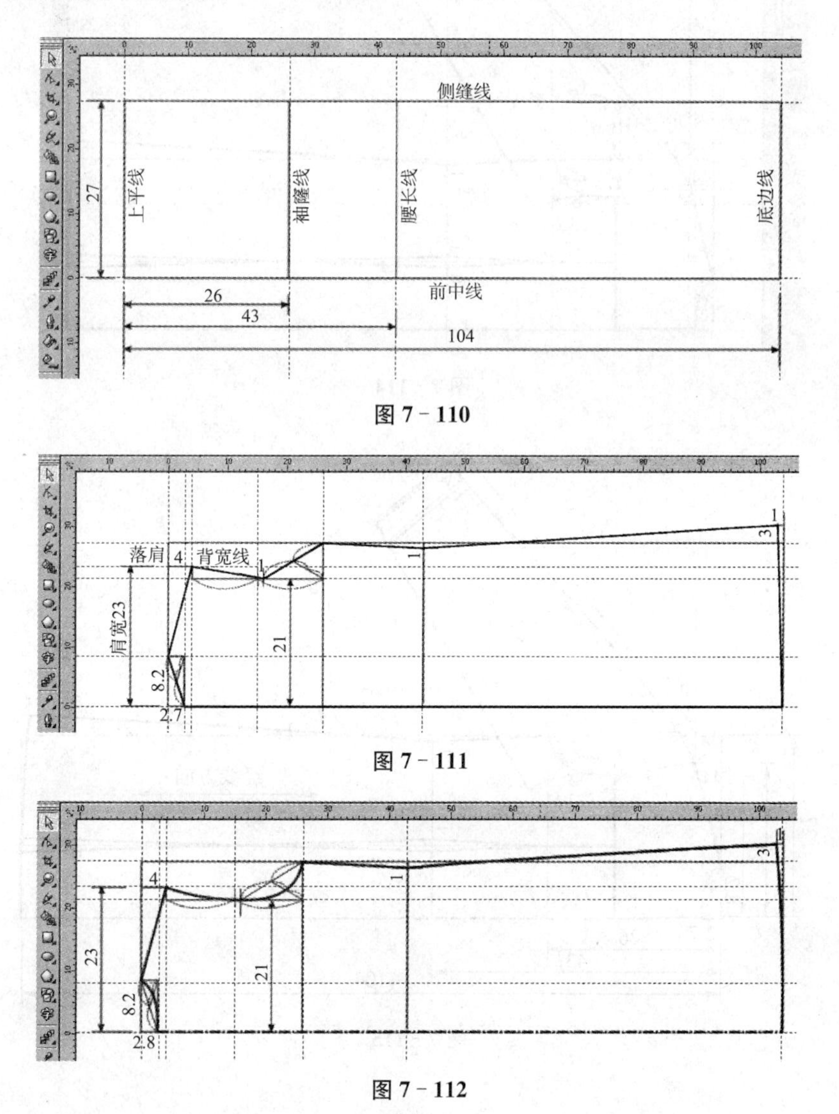

图 7－110

图 7－111

图 7－112

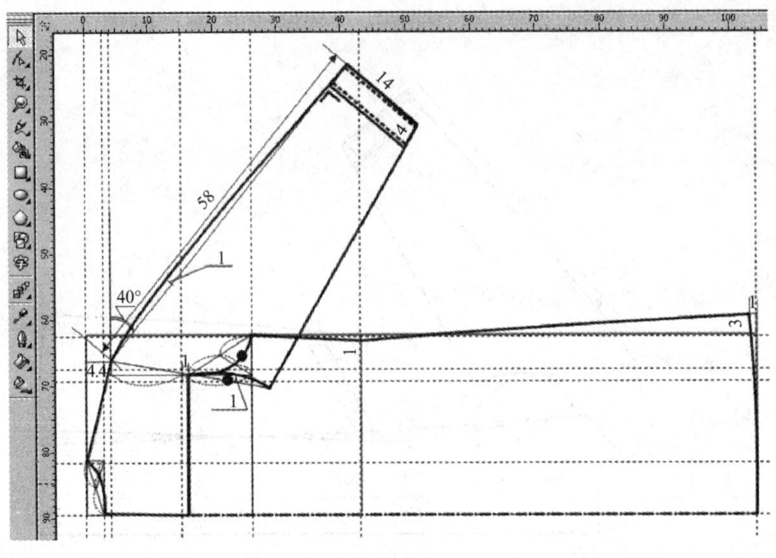

图 7－113

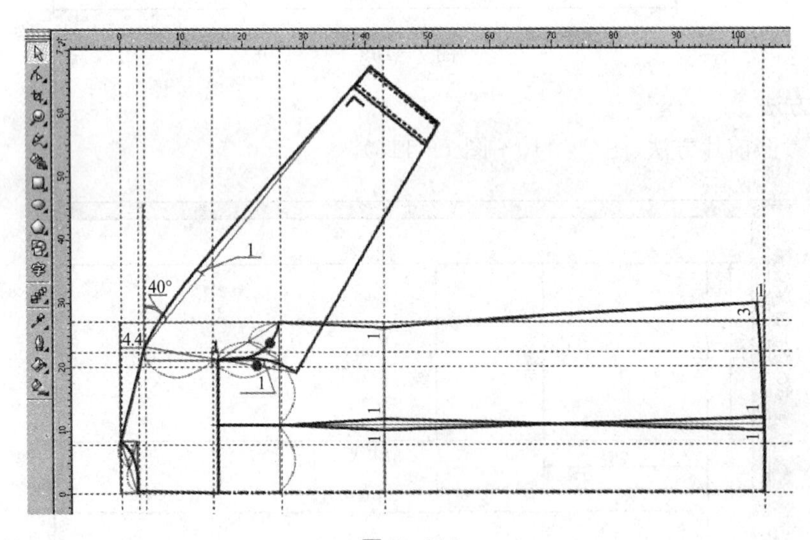

图 7－114

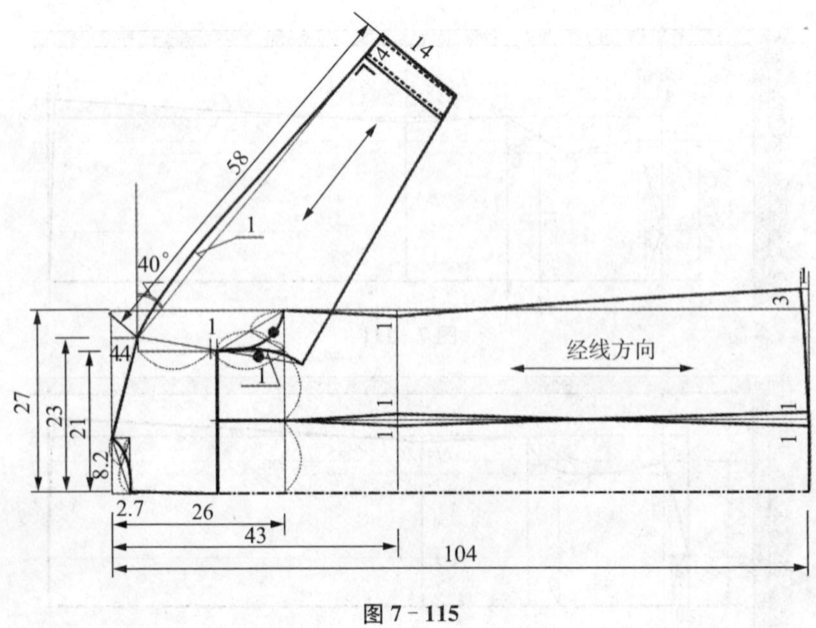

图 7－115

七、领子的制图方法(西装驳领)

1. 根据相关数据,参照图示的方法,分别确定开门点、驳口点,绘制驳口线;确定翻领翘度、绘制开门点以上的驳口线(图7-116)。

2. 参照图示的方法,利用手绘工具和形状工具,绘制驳领参考线(图7-117)。

3. 依据上述参考线和参考点,利用手绘工具和形状工具,绘制驳领轮廓,形成领子图形,领子后中线为点划线(图7-118)。

4. 参照图示的方法,绘制门襟贴边(图7-119)。

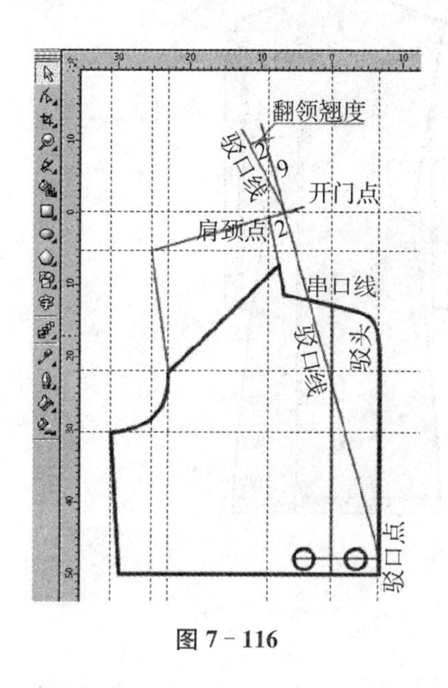

图7-116

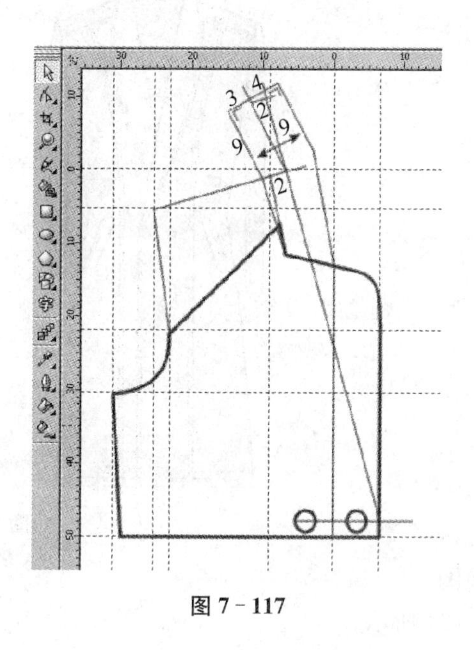

图7-117

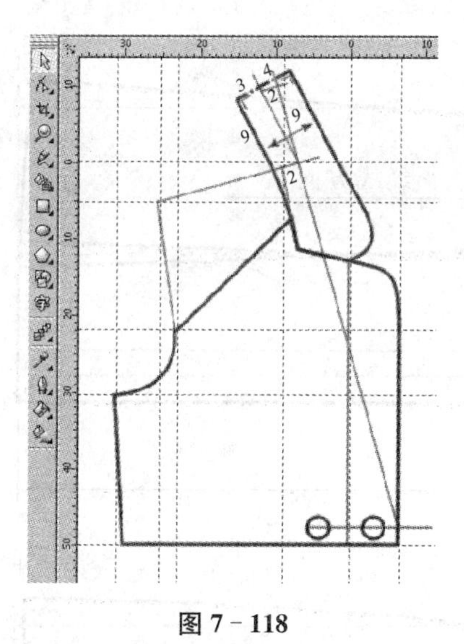

图7-118

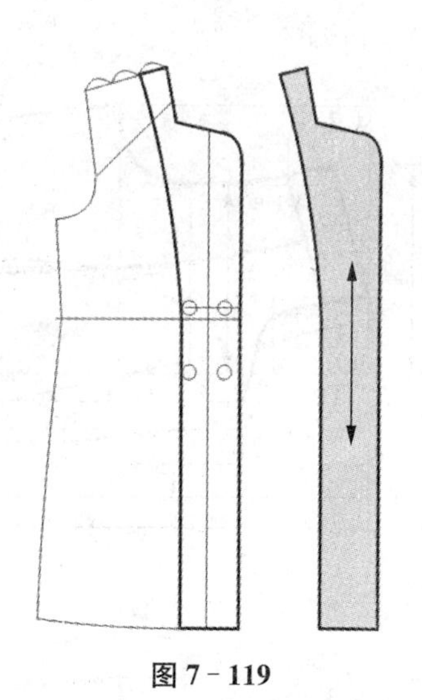

图7-119

7.8 围巾领女大衣数字化制图

一、款式分析

围巾领女大衣由衣身、领子和袖子构成。为了穿脱需要，在前中线开口，形成双排扣搭门门襟，扣子系合。衣身由两个前片、一个后片构成，属于对开身结构。前后片均设置竖向分割、横向过肩分割.前片还设置斜向大口袋。袖子是两片式圆袖，领子是西装围巾驳领。需要安装垫肩。围巾领女大衣款式图如图7-120 所示。

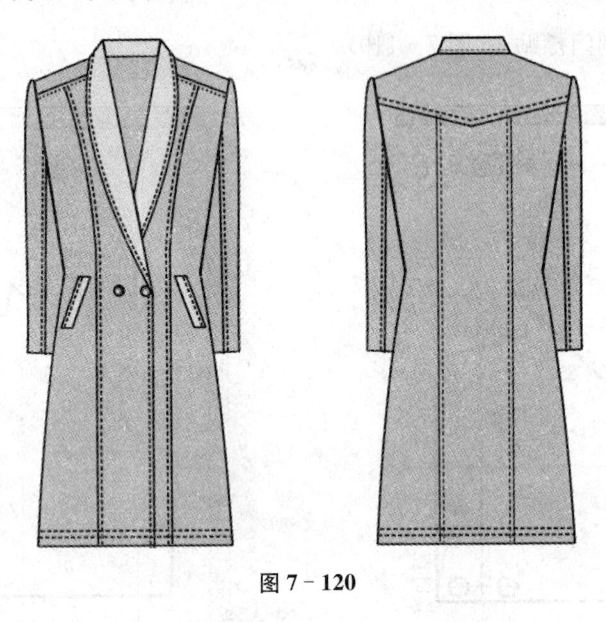

图 7-120

二、裁剪图

如图 7-121 所示。

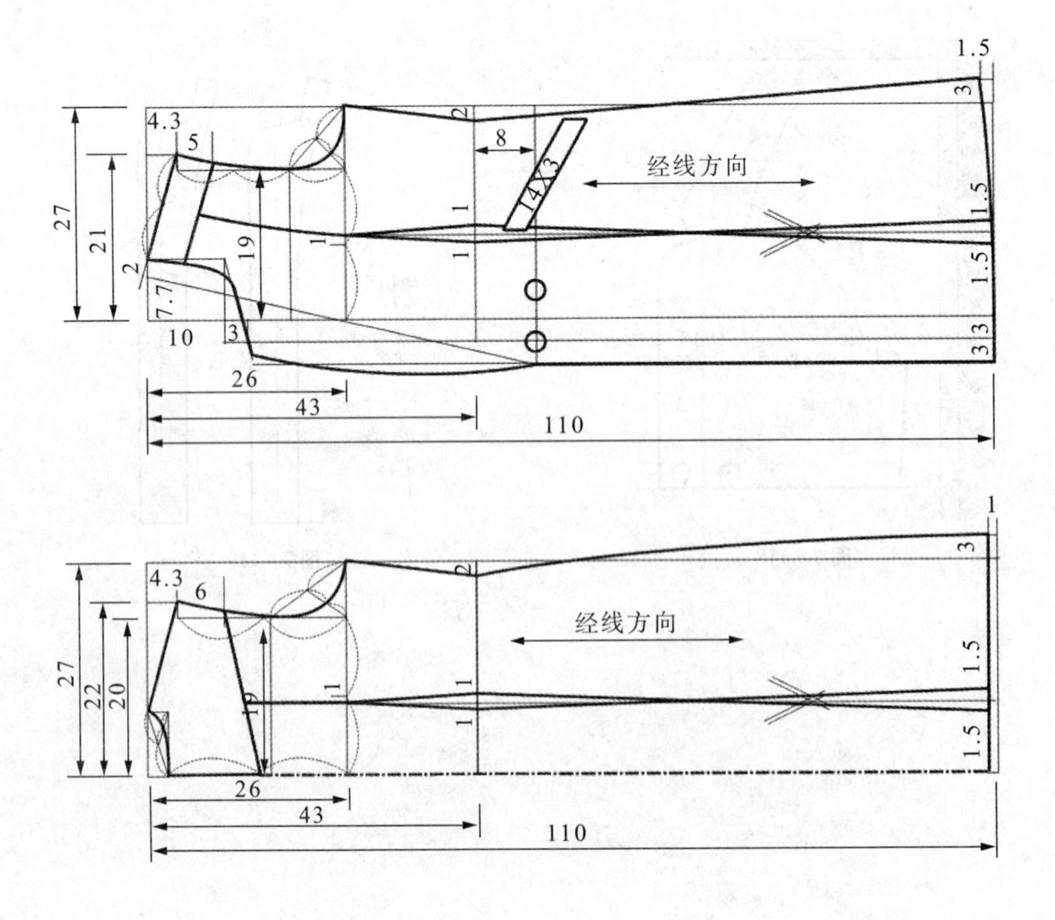

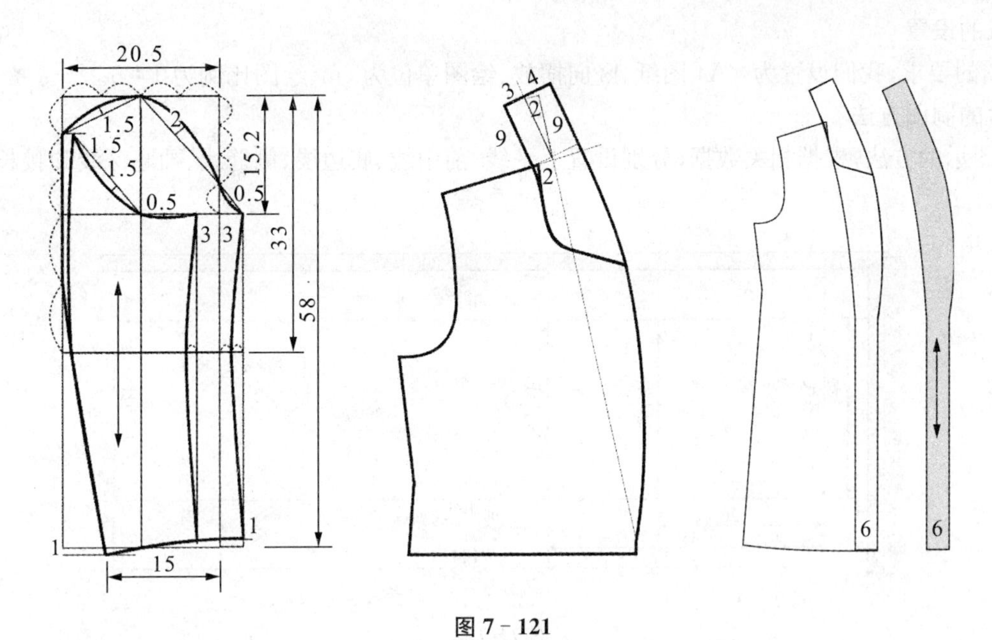

图 7－121

三、公式和数据(号型：160/84)

1. 规格公式和数据

表 7－13

单位：cm

项目	衣长	胸围(X)	肩宽	袖长	领大
计算公式	3/5 号＋8～16	型＋20～26	3/10 X＋10～11	3/10 号＋8～10	3/10 X＋9
规格数据	110	108	43	58	41

2. 制图公式和数据

表 7－14

单位：cm

项目	前片公式	前片数据	后片公式	后片数据	袖子公式	袖子数据
胸围	胸围/4	27	胸围/4	27		
袖窿深	号/8＋6	26	号/8＋6	26		
肩宽	肩宽/2	21.5	肩宽/2＋1	22.5		
胸、背宽	肩宽－2	19.5	肩宽－2	20.5		
领宽	领大/5－0.5	7.7	领大/5	8.2		
领深	领大/5＋0.5	8.7	领宽/3	2.7		
落肩	肩宽/10	4.3	肩宽/10	4.3		
背长线			号 2/8	40		
腰长线	号 2/8＋3	43				
袖肥					胸围/5－1	20.6
袖山高					袖肥/1.35	15

四、图纸的设置

根据绘图的要求，我们设置为：A4 图纸、竖向摆放、绘图单位为 cm、绘图比例为 1∶5。

五、前片的制图方法

1. 参照图示的方法，根据相关数据，分别设置上平线、前中线、底边线、侧缝线、袖窿深线和腰长线等辅助线(图 7－122)。

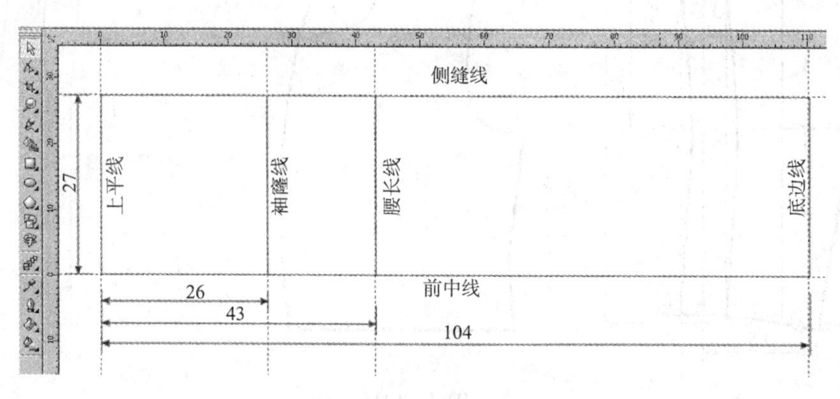

图 7－122

2. 参照图示的方法，根据相关数据，确定肩宽、领宽、领深、胸宽和落肩，绘制胸宽线、落肩线、门襟线；参照图示的方法，确定收腰位置、下摆放大位置和下摆起翘位置；参照图示的方法，确定袖窿曲线参考点；确定驳口点、开门点，绘制驳口线、串口线。利用手绘工具，绘制衣片的直线框图(图 7－123)。

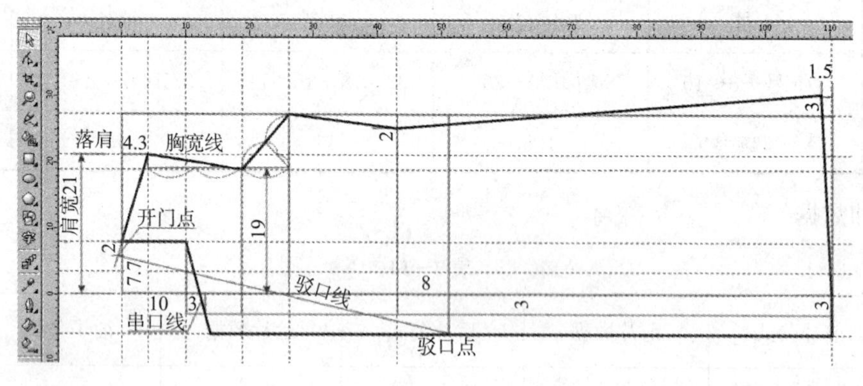

图 7－123

3. 依据上述参考线和参考点，利用形状工具，分别将相关线段转换为曲线，拖动鼠标将其弯曲为流畅的曲线，绘制前衣片轮廓图形(图 7－124)。

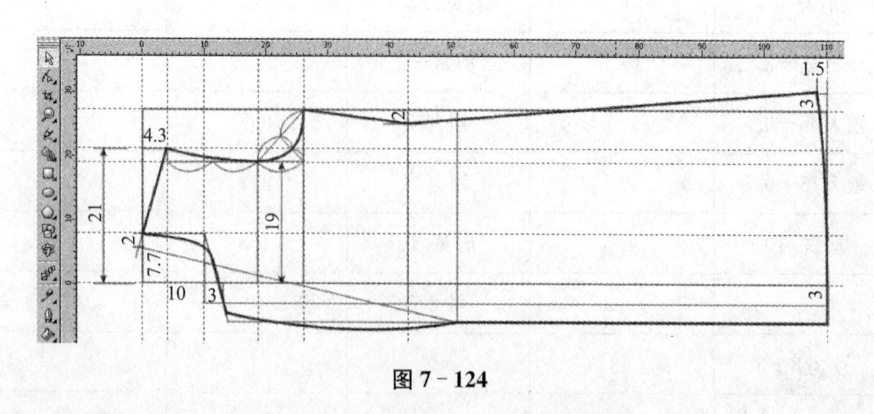

图 7－124

4. 参照图示的方法，利用手绘工具和形状工具，分别绘制前片过肩线、竖向分割线和大口袋，绘制双排扣(图 7－125)。

5. 参照图示的方法，进行数据标注、文字标注、符号标注和经线方向标注(图 7－126)。

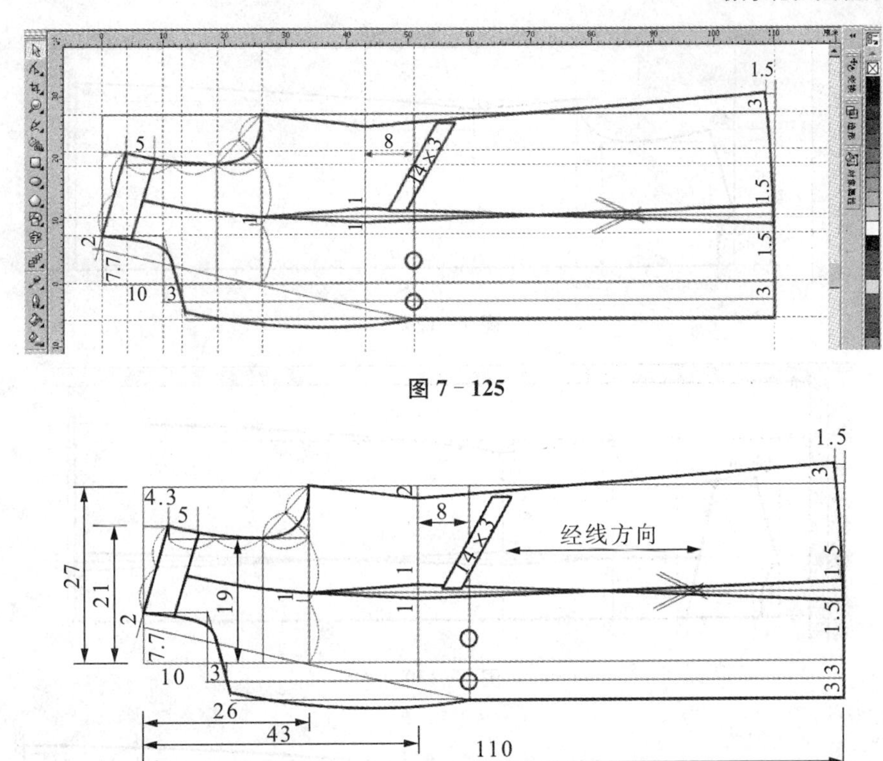

图 7－125

图 7－126

六、后片的制图方法

后片制图方法可参照前片方法(图 7－127～图 7－131)。

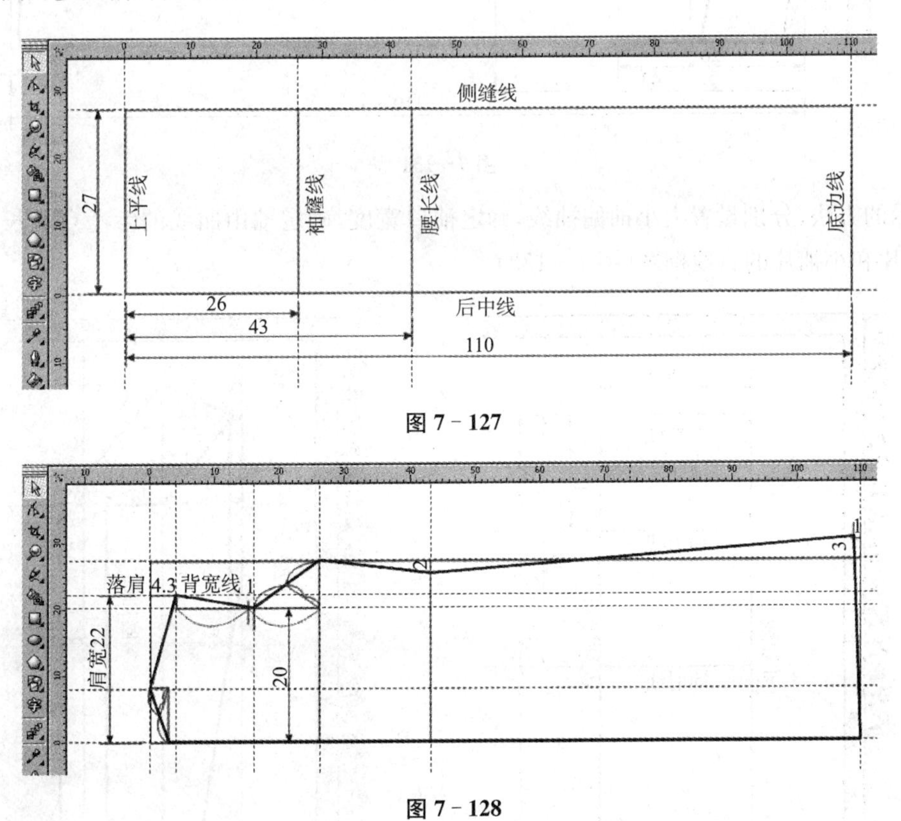

图 7－127

图 7－128

七、袖片的制图方法

1. 参照图示的方法，根据相关数据，分别设置上平线、外袖线、内袖线、袖口线的辅助线(图 7－132)。

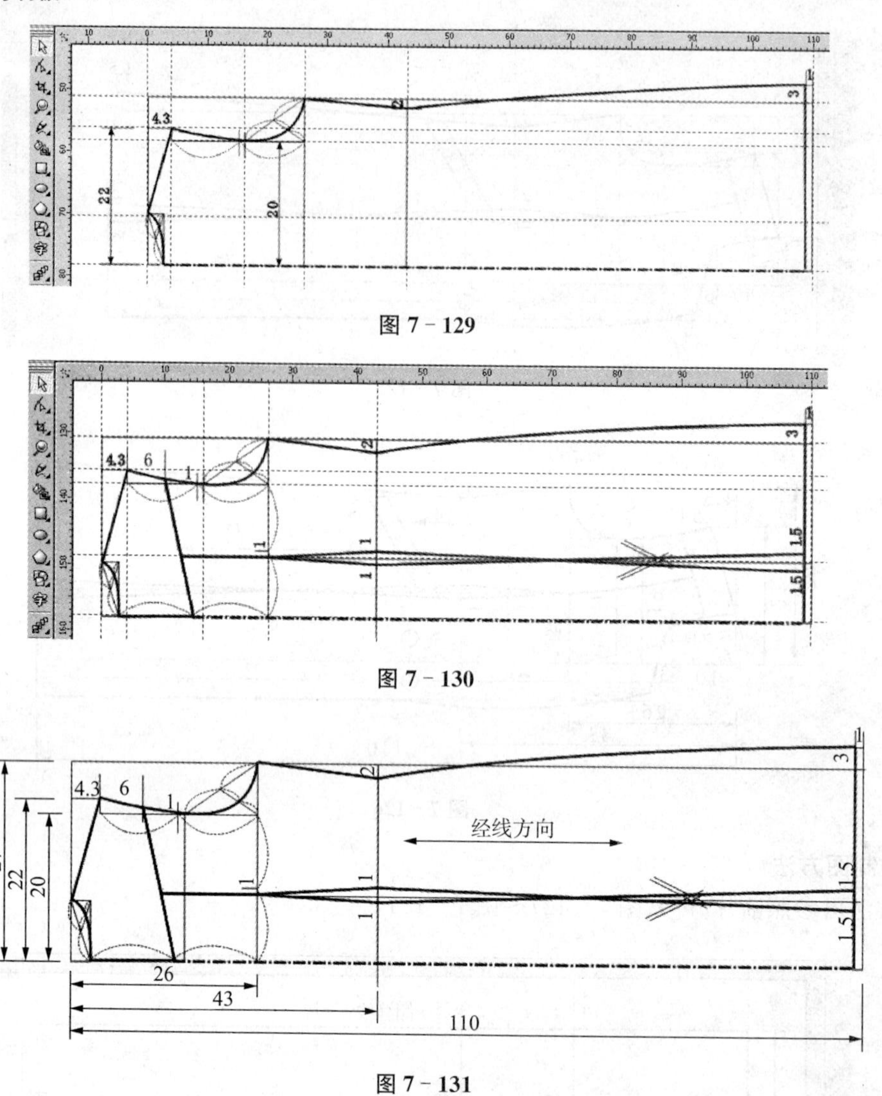

图 7－129

图 7－130

图 7－131

2. 参照图示的方法，分别设置大小袖偏袖线，确定袖口宽度，确定袖山曲线的参考点和长度。利用手绘工具，绘制大袖片和小袖片的直线框图(图 7－133)。

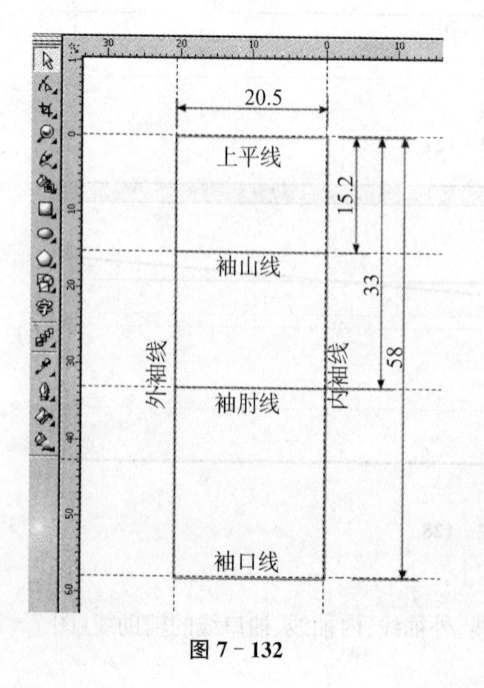

图 7－132

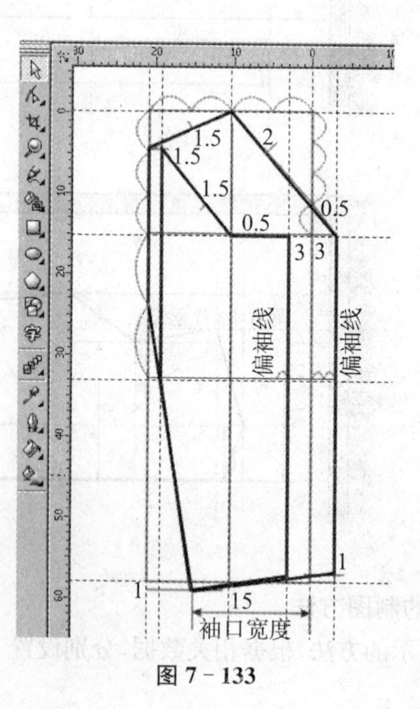

图 7－133

3. 依据上述参考线和参考点，利用形状工具，分别将相关线段转换为曲线，拖动鼠标将其弯曲为流畅的曲线，形成袖片轮廓图形(图 7-134)。

4. 参照图示的方法，进行数据标注、符号标注、文字标注和经线方向标注(图 7-135)。

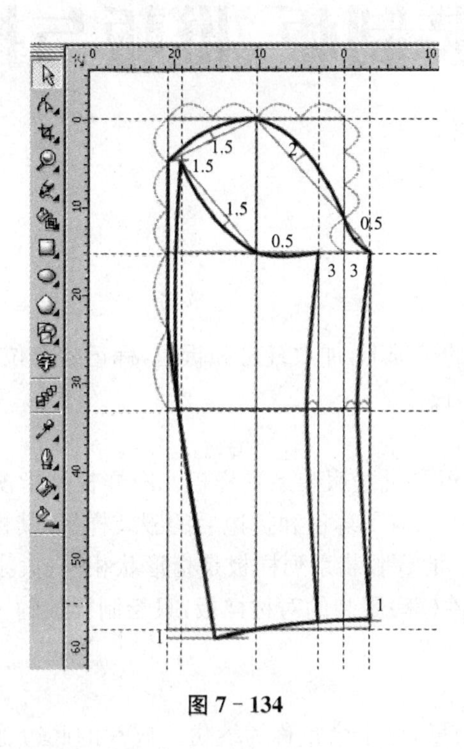

图 7-134

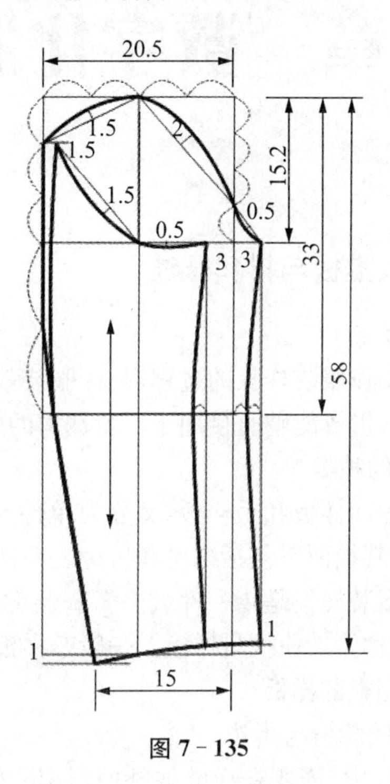

图 7-135

八、领子的制图方法(围巾式西装驳领)

1. 参照图示的方法，根据最上一粒扣子确定驳口点，根据领座宽度的 2/3(2 cm)确定开门点，绘制驳口线；根据后领口曲线长度和翻领宽度的 1/2(2 cm)确定翻领翘度，绘制后领驳口线(图 7-136)。

2. 参照图示的方法，绘制驳领参考线(图 7-137)。

3. 依据上述参考线和参考点，用粗实线分别绘制驳领轮廓，形成领子图形(图 7-138)。

4. 参照图示的方法，绘制门襟贴边。这里门襟贴边和驳领领面是一体式，底领需单独裁剪(图 7-139)。

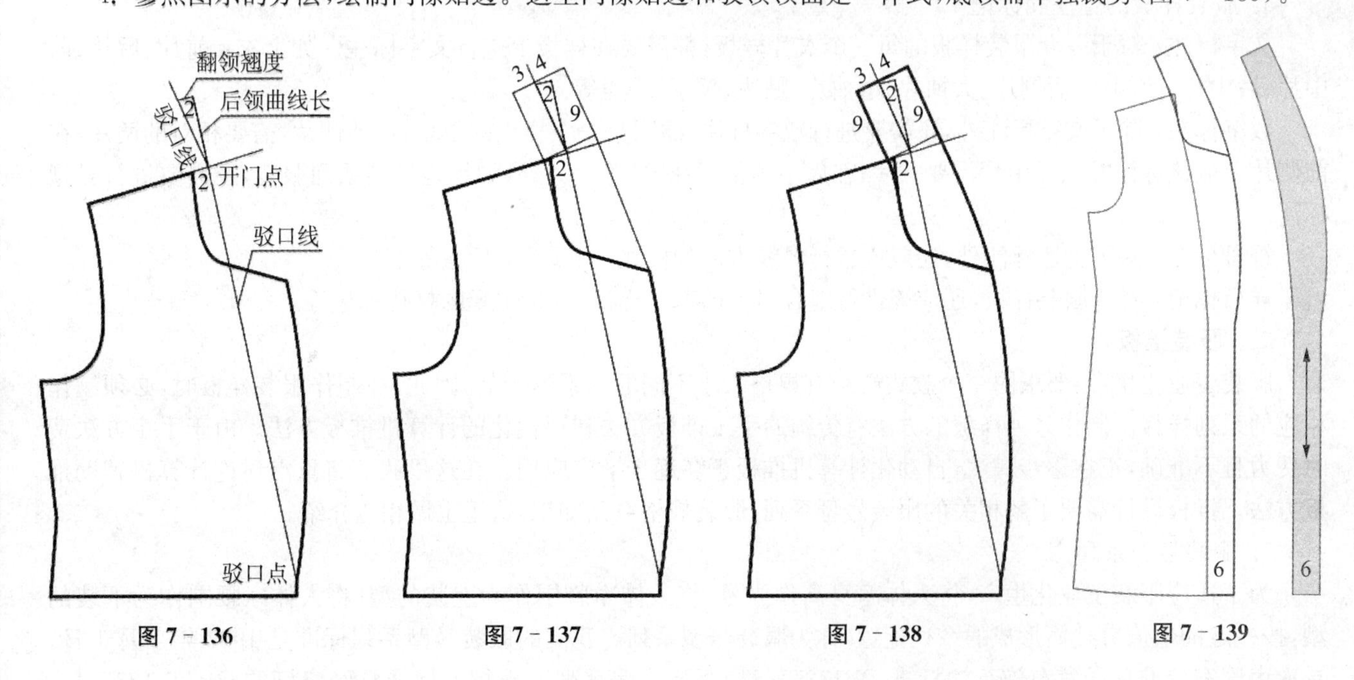

图 7-136　图 7-137　图 7-138　图 7-139

第8章　数字化服装制板、推板与排料

8.1　服装制板、推板与排料概述

一、服装制板

服装制板是制作服装样板的过程，是在服装裁剪图的基础上，加放缝份和折边，标记缝合位置，标注经线方向，标注文字说明，形成能够直接用于面料裁剪的服装样板。

1. 服装样板的种类

服装样板分为净样板和毛样板，又分为单件服装样板和批量服装系列样板。净样板是指没有加放缝份和折边的服装样板，其板面不包括缝份和折边。毛样板是指加放了缝份和折边后的服装样板，其板面包括缝份和折边。单件(套)服装样板是指一件或一套服装的样板。批量服装系列样板是指形状相同、大小不同的系列相似形服装样板，也称为工业批量样板。一般净样板和单件(套)服装的对称样板，只绘制样板的一半。毛样板和批量样板要绘制完整的样板。

2. 服装样板的缝份与折边

衣片缝合过程中，需要在净缝线外面留出一定的余量，这个余量称为缝份。衣片的底边、门襟，有时需要直接折叠处理，直接折叠的部位称为折边。缝份一般为 1 cm 左右，领子、袖笼、领口等曲线部位和细小部件的缝份要少留，直缝、长缝、大部件多留，其范围在 0.8～1.5 cm。准备以后放大的部位要另外预留，如准备以后对裤腰加放，那么后裤片的裆缝上部就要预留 2 cm 以上。其折边的部位是上衣的门襟、下摆、袖口、下衣的裙摆、裤口，折边的宽度一般为 4 cm 左右，高档面料多留，厚面料多留，低档面料少留，薄面料少留，特殊要求另行处理。

3. 服装样板的标注和标记

文字标注：对于一套服装样板的每一个衣片样板，都需要在样板上进行文字标注。如上衣：前片、后片、前中片、后中片、前侧片、后侧片、大袖片、小袖片、贴边、领子、袋盖等。

数字标注：除了文字标注外，还需要进行数字标注，注明每一个样板的数量，如前侧片，需要相对的两片，在前侧片上应该标注“2”、后中片需要一片，在后中片上标注“1”等。另外，如果是号型系列服装，还需要进行号型标注。

符号标注：除了上述标注外，还应该进行经线方向的标注，倒顺毛的标注等。

样板标记：对于服装样板，还应该进行缝合对位的剪口标记，口袋位置的打孔标记等。

二、服装推板

服装工业化生产，要求同一个款式必须有规格大小不同的一系列产品，因此，在制作服装样板时，必须制作相应的系列样板。制作系列样板的方法有传统的手工推板方法和现代化的计算机推板方法。由于手工方法费时费力且不准确，正在逐步淘汰，自动化计算机推板正在逐步推广应用。在这里我们将重点讨论计算机辅助推板方法。推板设计需要了解相关的服装号型系列、服装规格系列知识，这里也做相应介绍。

1. 服装号型系列

为了适应服装工业化生产，将人体净身高作为号，将人体净胸围作为上装的型，将人体净腰围作为下装的型，按一定的数值分档而形成的系列配置，称为服装号型系列。我国的服装号型系列标准是 1982 年 1 月 1 日，首次由国家标准总局发布施行的标准 GB1335—81《服装号型系列》，现行的标准是经修订的 GB/T 1335.1—1997 服装号型标准。详见服装工业常用标准汇编。

根据人体胸围与腰围的差数，同一个号型，又分为不同的体形，“国家标准”规定了4个体形。

女子体形代号分别是：

Y：表示胸围与腰围的差数为19～24 cm之间；

A：表示胸围与腰围的差数为14～18 cm之间；

B：表示胸围与腰围的差数为9～13 cm之间；

C表示胸围与腰围的差数为4～8 cm之间。

2. 服装号型系列的制定

将人体净身高按5 cm一档，成年男子从150 cm开始，可以排出系列号：150、155、160、165、170、175、180等。成年女子从140 cm开始，可以排出系列号：140、145、150、155、160、165、170等。

将人体净胸围按照4 cm一档，成年男子可以排出系列型：76、80、84、88、92、96、100等。成年女子可以排出系列型：72、76、80、84、88、92、96等。

号型测量及控制部位：

“号”代表人体的总体高度，测量方法是自头顶垂直量至脚根底部；上衣“型”代表人体净胸围，测量方法是在人体腋下通过胸部最丰满处水平围量一周；下衣“型”代表人体净腰围，测量方法是在人体腰部最细处水平围量一周。控制部位是指服装的几个主要的，对着装合体与否起制约作用的数据，是制定服装规格的依据。上衣有：上体长、胸围、肩宽、手臂长、颈围；下衣有：下体长、腰围、臀围。根据这些数据，设计不同的放松度，就形成了各种服装规格。

号型标志及应用：

标准规定服装号型的标志为：号＋斜线＋型＋体形代号。

如：男子身高170 cm、胸围88 cm、腰胸差12～16 cm，其标志书写为：170/88A；

如：女子身高170 cm、腰围72 cm、腰胸差19～24 cm，其标志书写为：170/72C。

实际上这些号型与人体状况并不相符，在我们选择服装时可以根据自己的身高和胸围、腰围向上或向下靠拢即可。如身高171 cm、胸围85 cm，可以靠拢到170/84等。将号与型按人体实际状况进行搭配，就形成了号型系列。详细资料参见服装结构设计基础的有关章节。

3. 服装规格系列

我国在发布服装号型系列标准的同时，也发布了服装规格系列参考标准。服装号型为服装设计提供了可靠的人体主要部位的参考依据(当然，人体的数据是变化的，这和其生活水平、审美追求有关)。在此基础上根据不同服装款式的要求和服装面料的特性，设计适当的放松度就形成了该款服装的规格；同理，在服装号型系列基础上设计适当的放松度就形成了服装规格系列。服装规格是包括胸围、肩宽、领大、衣长、袖长等主要控制部位的数据表，其他数据可根据不同的制图方法计算得出。

编制服装规格系列表首先要确定系列种类，设置中心号型(中心号型的设置要依据不同地域、不同人种、不同人群、不同时期的具体情况确定)，然后根据设计的放松度编制出服装规格系列表。

例如要编制男风衣规格系列表，选用5∶4系列，中心号型为170/88，衣长＝3/5号＋8 cm，胸围＝型＋30 cm，肩宽＝3/10胸围＋12.4 cm，袖长＝3/10＋11 cm，领大＝3/10胸围＋9 cm。

服装规格系列表分为完全配置服装规格系列表、简化服装规格系列表、单一配置服装规格系列表三种。完全配置服装规格系列表，它的特点是配置完全、数据直观、一目了然，它不但给出了以中心号型为基础双向扩展的服装规格系列，还给出了一个号对应配置的型或一个型对应配置的号，如155号对应配置了80、84、88三个型，170号对应配置了80、84、88、92、96、100、104七个型，185号对应配置了96、100、104三个型等，同时还将同一型号应配置的领大、肩宽、袖长的大、中、小三个组别数据一并给出，如80型对应的领大、肩宽、袖长都是三组数据可以根据不同地域的差别选用。详细资料参见服装结构设计基础的有关章节。

4. 推板方法介绍

所谓推板，就是将同一款式服装的所有衣片，按要求制作成由小到大的系列相似形的过程。目前服装工艺技术人员经常使用的推板方法有逐档推板法和总图推板法两种。

逐档推板法：

其方法是首先绘制出中间规格的完整准确的整套样板，以此为母板，按不同部位的号型分档数据，推出上下两个规格的两套样板，依次推出更大和更小的样板，从而完成整套样板的推放。这种方法在分档较多时，误差较大，也较难与计算机辅助设计相结合，不作详细介绍，如有需要可以参考有关其他服装工艺设计书目。

总图推板法：

其方法是首先在同一张样板纸上，以相同的参考线为基准，分别绘制出最大号和最小号的两套完整的服装裁剪图（绘图方法可以使用自己最熟悉的裁剪绘图方法），将大小号两图中相对应的点分别相连，按分档号数的要求，对每一条对应点连线进行等分，如5个号则等分四份，如7个号则等分六份等，然后将各个对应等分点依次连接，并且各个不同分档使用不同颜色的线连接，就形成了数个按大小依次排列的系列相似形，以上为系列样板母图制作方法。由于母图是采用大小号分别绘图的方法绘制，所以由此产生的系列样板，理论上是没有误差的；又由于母图包括了所有号的样板，为有选择的制作样板提供了可能；由于是总体缩放，只要将横向或竖向的数据按分档进行控制，在计算机上用矢量图形直接进行放缩即可，这就为电脑技术用于服装工艺技术设计提供了可能。在母图完成后，可以选择任一号型制作样板，其方法是：选择确定的号型（由于不同的号型使用不同颜色的线条，所以很容易区别），在母图下面另附一张样板纸，将该号型母图中的每一个部件图形，分别透画在下面的样板纸上，透画方法可以用锥子扎孔再连线的方法，也可以采用其他方法，每个部件的图形之间要留有一定余量，然后对每一个部件图进行缝份和折边等的加放，就形成了一套毛样板，可以直接用于裁剪排料，同理将所有需要的样板按同样的方法制作完成，那么，就完成了全套系列样板的制作。

上述介绍是传统手工推板的一些内容，计算机辅助推板是利用计算机软件的工具程序，进行自动化或半自动化推板的一种方法。本书介绍的即是其中的一种，参见相关内容。

三、服装排料

服装排料，是指将制作完成的一套或一系列服装样板，在服装面料或样板纸上，按照一定的规则和程序，进行排布。服装排料方法分为手工排料和计算机辅助排料两种。手工排料需要将服装样板逐个排布在面料或样板纸上，手工描画，形成服装排料图，然后进行裁剪。计算机辅助服装排料，只需要将已经绘制完成的推板图，排布在符合面料幅宽的一个矩形内，然后输出服装排料图，或直接驱动自动裁剪设备，进行裁剪。计算机辅助排料一般是自动完成的，只需要我们按照软件程序的要求，设置必需的数据即可，参见相关内容。

1. 排料规则

方向规则：首先是所有衣片的摆放都要使衣片上的经线方向与材料的经线方向相一致；二是没有倒顺方向和倒顺图案的材料可以将衣片掉转方向进行排料、达到提高材料利用率的目的，叫做倒顺排料；对于有方向分别和图案区别的材料就不能倒顺排料；三是对于格子面料，尤其是鸳鸯格面料在排料时一定做到每一层都要对准相应位置，而且正面朝向要一致。

大小主次规则：即从材料的一端开始，按先大片，后小片，先主片，后次片，零星部件见缝插针，达到节省材料的目的。

紧密排料规则：排料时，在满足上述规则的前提下，应该紧密排料，衣片之间尽量不要留有间隙，达到节省材料的目的。

注意每一个衣片样板的标记，一个样板标记2片的，往往是正反相对的两片。

2. 关于批量、段长和层数

服装企业的生产都是批量生产的、面向某一人群的号型服装。它的含义：一是企业生产的服装数量很大，上百件、上千件等，因此排料时不可能单层排料，只能将材料截断为多个合理的长度，重叠放置然后排料，即多层排料；二是大量的服装要分成多个号型，以适应某个人群的要求，并且不同的号型在该批服装中所占的比例也不同，一般是中间号型比例大，两头号型比例小。

号型比例：不同号型在批量服装中所占比例是一个经验数据，这个比例因地域不同而有所变化，在我国南方小号型所占比例偏高，北方大号型所占比例偏高；如按照中间大，两头小的原则，分为小、中、大三个号型，其参考比例为：南方3∶5∶2、北方2∶5∶3；分为5个号型时的参考比例为：南方1∶3∶3∶2∶1、北方1∶2∶

3∶3∶1。这只是理论分析，具体应该按销售反馈信息来确定和及时调整。

段长的确定：由于场地和设备的限制，段长不可能太长，我们可以按一个比例组10件为一个单元，进行电脑制图试排。根据场地和设备情况，一个比例组可以作为一个段长，也可以分成两个段长或更多合理段长，每一个段长不一定相同。排料时采用所有号型混合排料的方式，以便达到节省材料的目的。

层数和用料的确定：通过试排，我们可以确定段长、段数，一个比例组的用料长度和一个比例组的服装数量。实际上一个比例组就是一层，一层容纳的服装数量等于比例组的各个比例数字之和。通过生产计划可以获得生产总量，生产总量除以一层的服装数量等于层数。层数乘以比例组长度等于用料总长度。

四、公式与数据

表8-1　女上衣规格计算公式　　单位：cm

品种/部位	衣长	胸围(X)	肩宽	袖长	领大
西 装	2/5号+2	型+14～16	3/10X+10～11	3/10号+5～7	3/10 X+9
衬 衣	2/5号	型+12～14	3/10 X+10～11	3/10号+4～6	3/10 X+7
中长旗袍	7/10号+8	型+12～14	3/10 X+10～11	3/10号+4～6	3/10 X+7
短袖连衣裙	3/5号+6～8	型+12～14	3/10 X+10～11	1/10号+4～6	3/10 X+9
短大衣	2/5号+6～8	型+18～24	3/10 X+10～11	3/10号+7～10	3/10 X+9
长大衣	3/5号+8～16	型+20～26	3/10 X+10～11	3/10号+8～10	3/10 X+9
春秋便装	2/5号+2	型+18～20	3/10 X+10～11	3/10号+6～7	3/10 X+9
女风衣	3/5号+8	型+22～26	3/10 X+10～11	3/10号+7	3/10 X+9
中西罩衫	2/5号+4	型+20～24	3/10 X+10～11	3/10号+7	3/10 X+9
女背心	3/10号+6～15	型+14	3/10 X+10		

表8-2　女下衣规格计算公式　　单位：cm

品种/部位	裤(裙)长	腰围(W)	臀围
女长裤	3/5号+6～8	型+2～4	4/5W+42～46
裙 裤	2/5号-2～6	型+0～2	4/5W+40～44
裙 子	2/5号+0～10	型+0～2	4/5W+40～44

表8-3　女装上衣5·4系列中间体及分档数据　　单位：cm

体型	系列	中间体		分档数								人体数值		
		上衣	裤子	衣长	胸围	袖长	领围	总肩宽	裤长	腰围	臀围	颈围	总肩宽	胸围
Y	5·4	160/84		2	4	1.5	0.8	1				33.4	40	84
A	5·4	160/84		2	4	1.5	0.8	1				33.6	39.4	84
B	5·4	160/88		2	4	1.5	0.8	1				34.6	39.2	88
C	5·4	160/88		2	4	1.5	0.8	1				34.8	39.2	88

表 8-4 女装下衣 5·2 系列中间体及分档数据 单位：cm

体型	系列	中间体		分档数								人体数值		
		上衣	裤子	衣长	胸围	袖长	领围	总肩宽	裤长	腰围	臀围	裤长	腰围	臀围
Y	5·2		160/64						3	2	1.8	98	64	90
A	5·2		160/68						3	2	1.8	98	68	92
B	5·2		160/78						3	2	1.6	98	78	94
C	5·2		160/82						3	2	1.6	98	82	96

8.2 数字化西式裙制板、推板与排料

一、数字化西式裙制板

西式裙样板制作包括：获取裁剪图、图形完整化、加放缝份和折边、进行相关标注等项内容。

1. 获取西式裙裁剪图：通过程序的复制、粘贴功能，将已经绘制完成的西式裙裁剪图复制到新的文件图纸中；利用挑选工具和 Delete 键，选中并删除各种标注和标记，删除各种辅助线，只保留衣片图形(图 8-1)。

2. 图形完整化：利用挑选工具，选中西式裙半前片，通过变换对话框的大小选项，单击【应用到再制】命令按钮，再制一个西式裙半前片；单击交互式属性栏的水平翻转图标，将其水平翻转；按住 Ctrl 键，将其水平左移并将两片的前中线对齐，删除点划线；同时选中两个半前片，单击交互式属性栏的结合图标，将其结合为一个图形；利用形状工具，分别框选两个半前片上、下结合部的两个节点，单击交互式属性栏的连接两个节点图标，同时删除两个节点(图 8-2)。

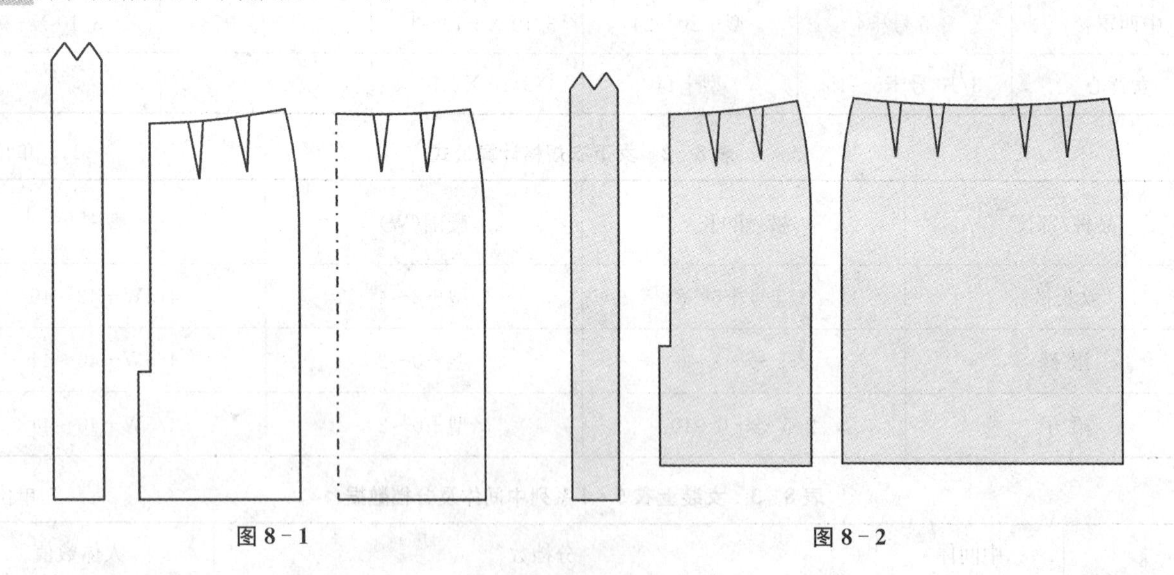

图 8-1　　　　图 8-2

3. 加放缝份和折边：西式裙的缝份一般是 1 cm，底边折边是 4 cm。利用挑选工具，选中裙腰图形，通过单击工具箱的交互式轮廓图工具，对其属性进行适当设置(图 8-3)。

图 8-3

先单击向内图标，再单击向外图标，使图形外面添加距离图形 1 cm 的新轮廓，形成裁剪图的缝份。利用同样的方法对西式裙前、后片添加缝份。利用挑选工具，同时选中所有图形，单击程序界面的【排列】→【拆分选

定对象】,将缝份和裁剪图分离。利用形状工具,将前、后片的底边分别垂直向下移动为4 cm,形成西式裙的底边折边(图8-4)。

4. 相关标注：相关标注包括省位标记、经线方向、裙片名称、裙片数量等。利用手绘工具和交互式属性栏的轮廓样式选项,标注经线方向,双箭头表示面料可以倒顺使用;利用文本工具,标注裙片名称和裙片数量;利用工具箱的多边形工具,将边数设置为3,绘制一个三角形,作为剪切图形;通过造型对话框的修剪选项,在省位边沿剪切三角形剪口,作为缝合标记。即完成了西式裙样板图的制作(图8-5)

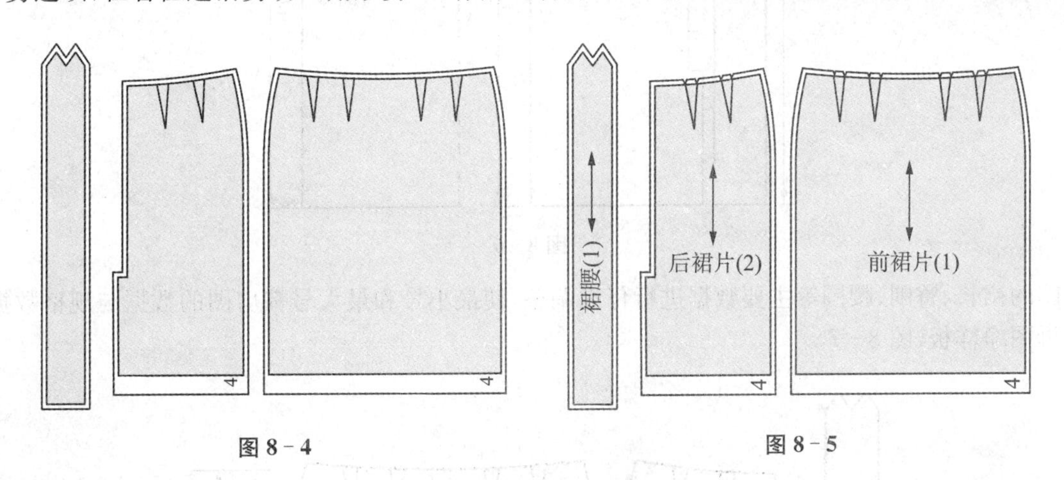

图8-4　　图8-5

二、数字化西式裙推板

西式裙推板包括：号型系列选择,确定中间体和分档数据(表8-5),编制规格系列表(表8-6),获取中间号型裁剪图,制作母图、母板,系列推板等内容。

表8-5　裙子分档数据表

单位：cm

体型	系列	中间体		分档数								人体数值		
		上衣	裤子	衣长	胸围	袖长	领围	总肩宽	裤长	腰围	臀围	裤长	腰围	臀围
A	5·2		160/68						2	2	1.8	98	68	92

表8-6　5·2A 西式裙规格系列表

单位：cm

号型	腰围	臀围	裙长	腰宽
计算公式	型+0～2	4/5W+40～44	2/5号+0～10	3～4
150/64A	64	92.4	60	4
155/66A	66	94.2	62	4
160/68A	68	96	64	4
165/70A	70	97.8	66	4
170/74A	74	99.6	68	4

1. 获取中间号型西式裙裁剪图：通过程序的复制、粘贴功能,将已经绘制完成的西式裙裁剪图复制到新的文件图纸中。利用挑选工具和 Delete 键,选中并删除各种标注和标记,删除各种辅助线,只保留衣片图形(图8-6)。

2. 制作母图：利用挑选工具,选中中间号型裁剪图的所有图形。通过变换对话框的大小选项,再制两组裁剪图,分别放置在不同的位置,同时删除中间号型裁剪图。按照规格数据表的最小号和最大号数据,分别对

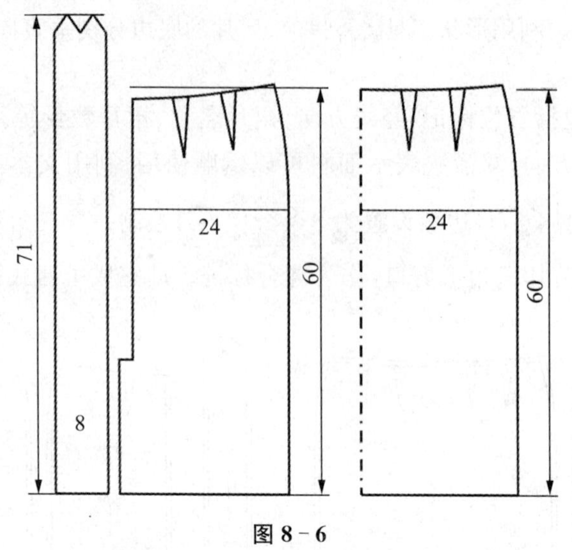

图 8－6

两组裁剪图的裙长、臀围、腰围等主要数据进行仔细调整，使最小号和最大号裁剪图的数据与规格数据表相符，形成推板母图净样板（图 8－7）。

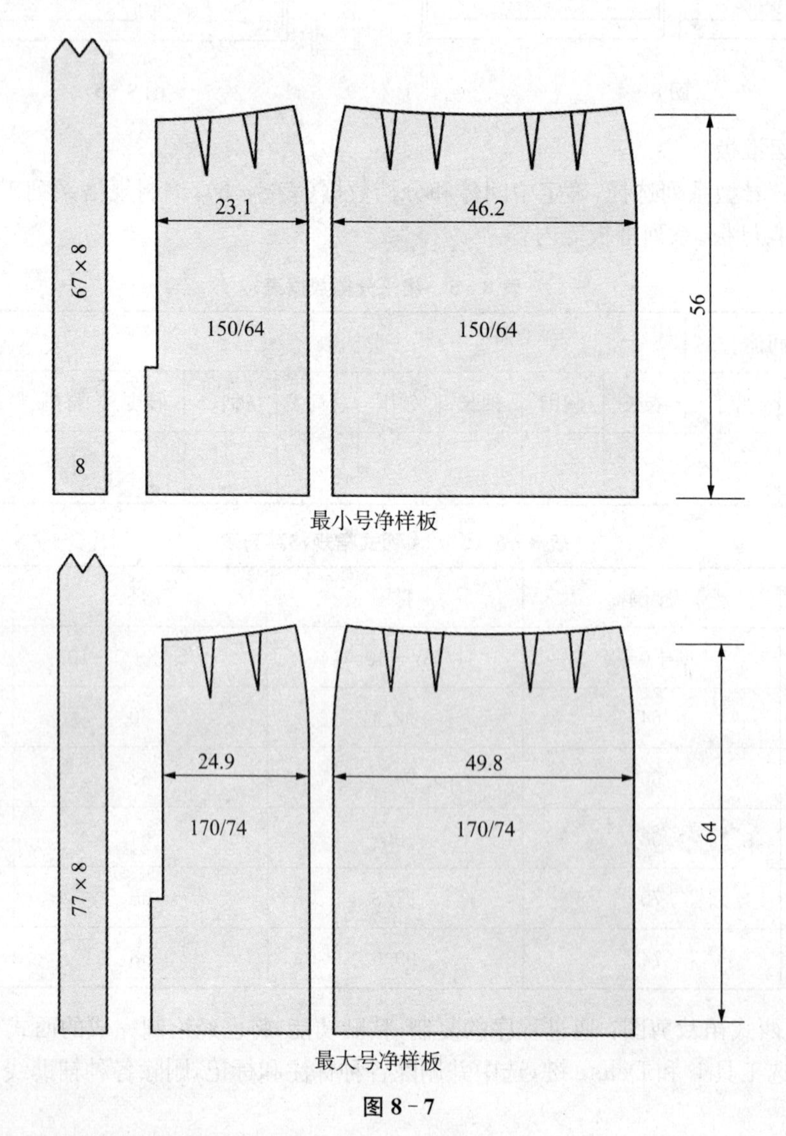

图 8－7

3. 制作母板：按照样板制作的方法，分别制作最小号和最大号的毛样板，并分别将各个样板的内部图形和外部图形群组。将最小号样板填充白色、将最大号样板填充深灰色，并将相同衣片的样板相邻放置。同时将最小号样板放置在最后面,将最大号样板放置在最前面(图 8-8)。

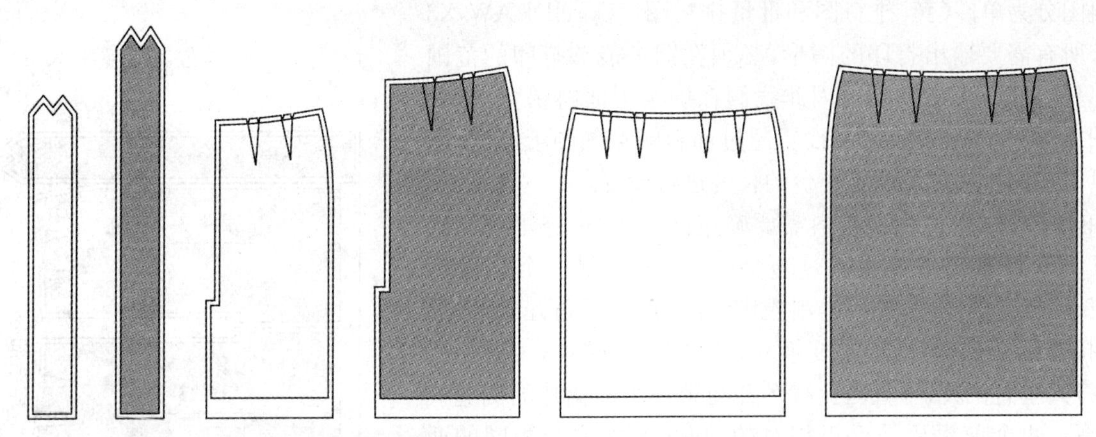

图 8-8　白色为最小号毛样板,灰色为最大号毛样板

4. 推板—制作系列样板:利用工具箱的交互式调和工具,对其属性进行适当设置。我们根据规格数据表,已经确定要制作 5 个号型的系列样板,最小号和最大号之间应该插入 3 个号型,因此我们设置调和步数为 3,其他为默认设置(图 8-9)。

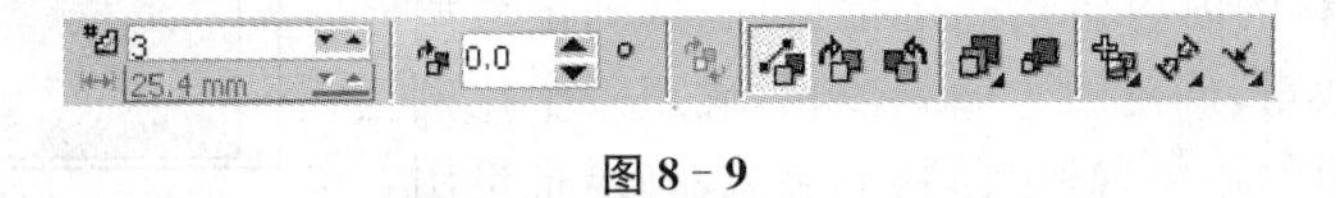

图 8-9

利用挑选工具,单击交互式调和工具,单击最小号裙腰样板,按住鼠标不放,拖动鼠标到最大号裙腰样板上,程序会自动在两个样板之间插入 3 个中间裙腰样板,形成均匀缩放的 5 个系列相似形裙腰样板。按照样板标注的要求,对样板分别进行名称、号数、数量、经线方向的标注,形成完整的裙腰系列样板。按照同样的方法,完成前裙片和后裙片的推板。完成推板之后,框选选中一组推板图,单击【排列】→【拆分选定对象】命令,将其拆分。这时最小号和最大号已经独立,中间插入的样板还是一个群组,选中中间的样板,单击交互式属性栏的取消群组或全部取消群组图标,将中间的样板分离(图 8-10)。

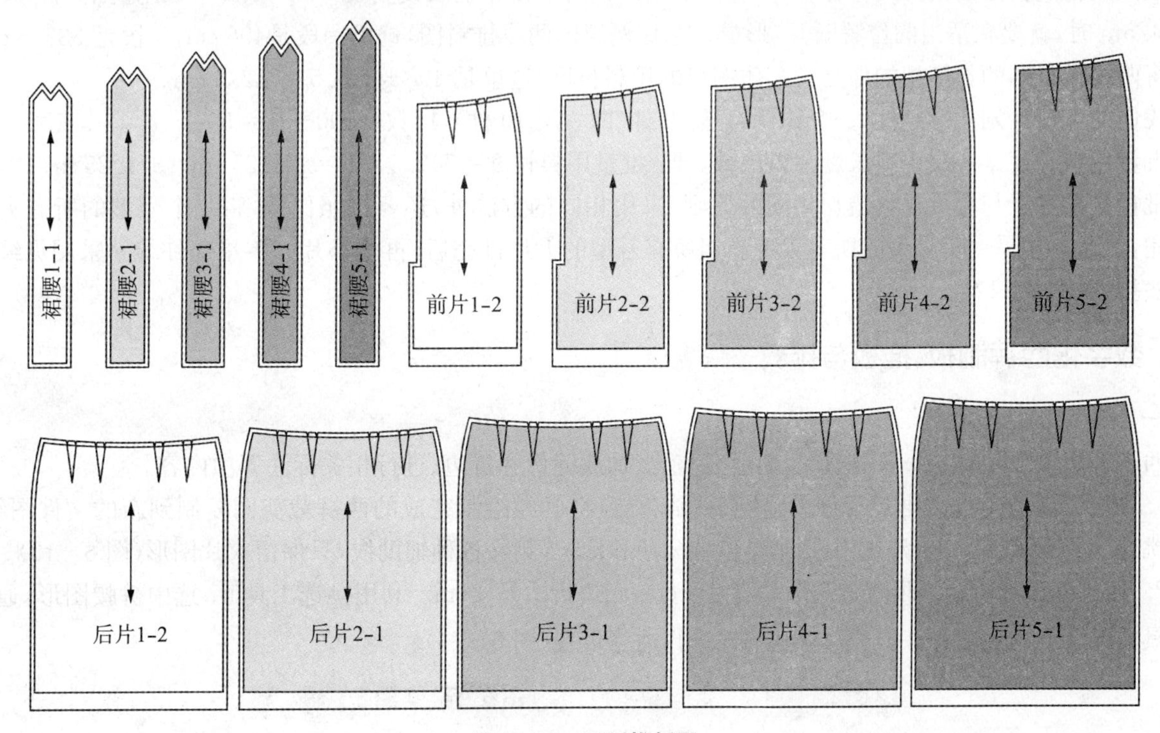

图 8-10　系列推板图

三、数字化西式裙排料

排料图分为单件(套)排料图和批量排料图。CorelDRAW X3程序要求所有需要输出打印的图形,必须在图纸能够打印的范围内,否则只能显示,不能使用。因此我们在确定了面料幅宽后,就要设置图纸的大小,通过自定义设置超过面料幅宽的图纸高度,图纸长度可以按照不超过裁剪工作台的长度进行设置。

1. 单件排料:单件(套)排料需要确定面料幅宽,这里我们确定为145 cm,设置图纸高度为160 cm。首先绘制一个高度为145 cm、长度待定的矩形;按照排料规则,在矩形左下角开始,摆放后裙片;接着摆放前裙片,通过变换对话框的大小选项,再制一个前裙片,将其垂直翻转,垂直向上移动并与第一个前裙片的侧缝线对齐(注意:两个前裙片是反正相对的两片,不能成为相同的两片);再将裙腰样板摆放在应有位置。所有衣片的经线方向要与面料的长度方向一致;利用挑选工具,调整矩形的长度,与最突出的衣片边沿对齐。通过变换对话框的大小选项,可以读取用料长度为72 cm(图8-11)。

2. 批量排料:批量排料的内容包括确定批量数量,确定号型比例,确定一个比例组的数量,确定最大面料段长,确定一个比例组的排料,确定一个比例组的用料,确定面料的层数,确定批量用料长度。

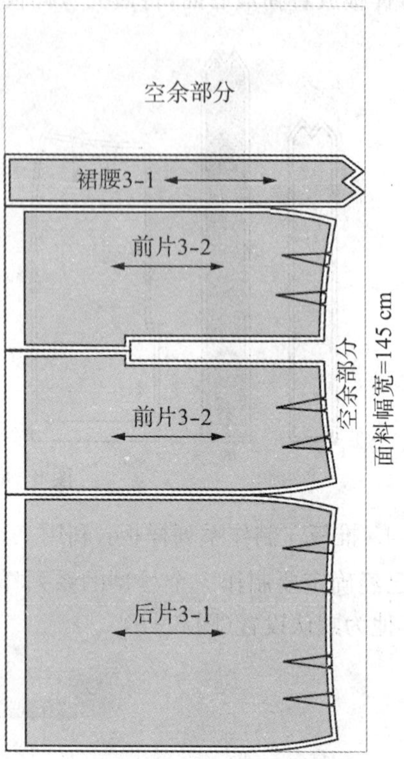

空余部分
裙腰3-1
前片3-2
前片3-2
后片3-1
空余部分
面料幅宽=145 cm
用料长度=72 cm

图8-11 西式裙单件排料图(中号160/68)

批量数量是由生产计划确定的,比如500件。

号型比例是由产品销售地域的实际情况确定的,比如产品销售地域是我国北方地区,由号型覆盖率参考表可知我国平均覆盖率的一般情况,这个覆盖率可以作为一个参考,还要考虑购买该产品的人群情况,因此我们设定5个号型,从小号到大号的数量比例为:1∶2∶4∶2∶1。

根据上述号型比例,一个比例组的数量是10件,排料时,只要按照比例排部一个比例组即可。

最大面料段长是由裁剪工作台确定的,比如该厂裁剪工作台的长度为4.5 m,那么一个比例组的排料长度超过4.5m时,就要在适当的位置断开,形成一个比例组的两段排料图,这里一段是406 cm,一段是336.5 cm。

将两段排料图的长度相加即是一个比例组的用料长度,这里是406+336.5=742.5 cm。

我们的生产计划是500件,一个比例组是10件(即一层10件),层数=500÷10=50。

批量用料长度是一层用料长度乘以层数,即:批量用料长度=742.5×50=37 125 cm=371.25 m。

批量排料除了与单件排料遵循相同的原则,采用相同的方法外,还要按照比例,将一个号型的所有大片一次排完,然后再排另一个号型的所有大片。当所有号型的大片排完后,再排小片。零星部件统一采用见缝插针的方法排部(图8-12)。

8.3 数字化西裤制板、推板与排料

一、数字化西裤制板

西裤样板制作包括:获取裁剪图、图形完整化、加放缝份和折边、进行相关标注等项内容。

1. 获取西裤裁剪图:通过程序的复制、粘贴功能,将已经绘制完成的西裤裁剪图复制到新的文件图纸中。利用挑选工具和Delete键,选中并删除各种标注和标记,删除各种辅助线,只保留衣片图形(图8-13)。

2. 加放缝份和折边:西裤的缝份一般是1 cm,底边折边是4 cm。利用挑选工具,选中裤腰图形,通过单击工具箱的交互式轮廓图工具,对其属性进行适当设置(图8-14)。

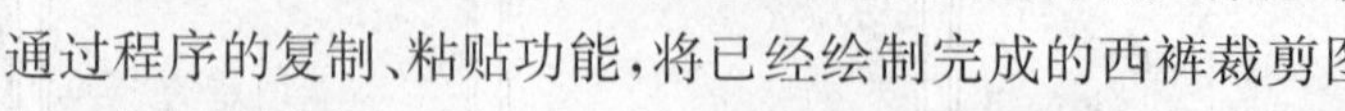

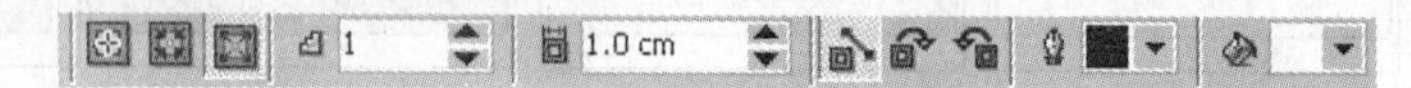

图8-14

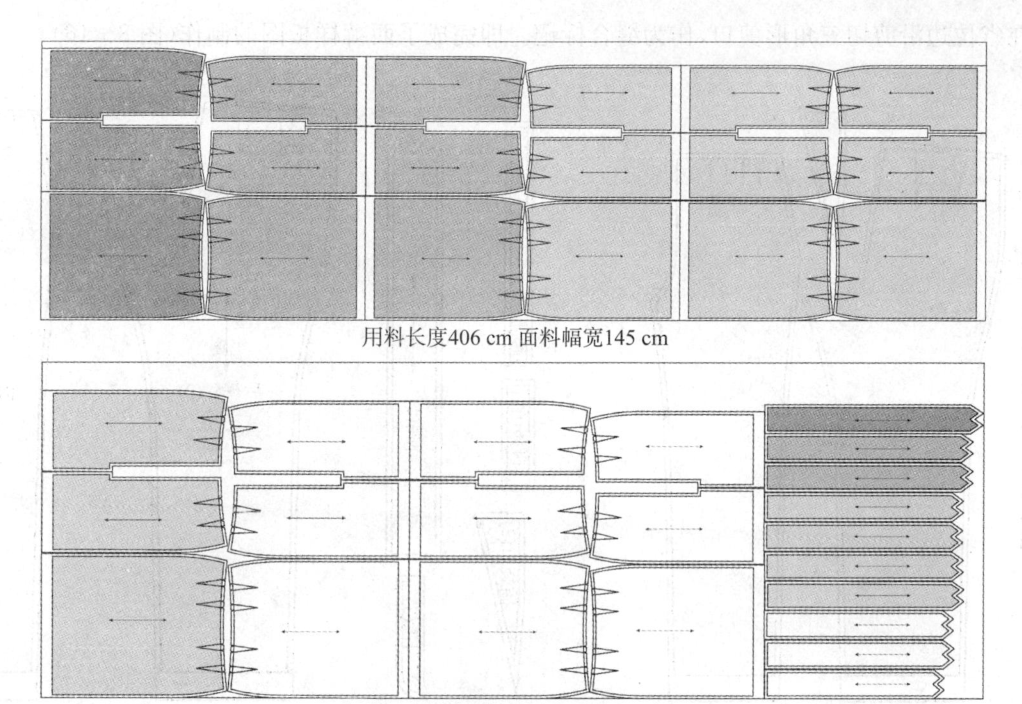
用料长度406 cm 面料幅宽145 cm

用料长度336.5 cm 面料幅宽145 cm

图 8-12 西式裙批量服装排料图

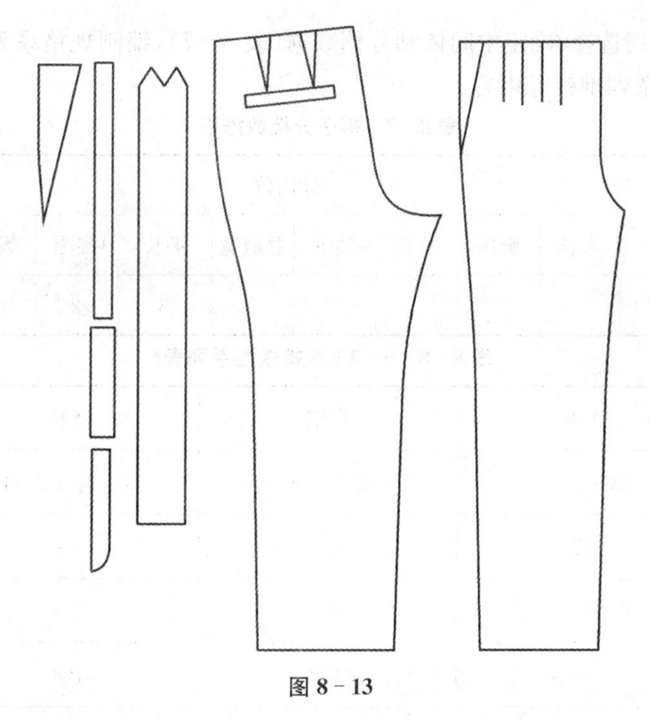

图 8-13

先单击向内图标，再单击向外图标，使图形外面添加距离图形 1 cm 的新轮廓，形成裁剪图的缝份。利用同样的方法对西裤前、后片添加缝份。利用挑选工具，同时选中所有图形，单击程序界面的【排列】→【拆分选定对象】，将缝份和裁剪图分离。利用形状工具，将前、后片的底边分别垂直向下移动为 4 cm，形成西裤的底边折边(图 8-15)。

3. 相关标注：相关标注包括省位标记、经线方向、裤片名称、裤片数量等。利用手绘工具和交互式属性栏的轮廓样式选项，标注经线方向，双箭头表示面料可以倒顺使用。利用文本工具，标注裤片名称和裤片数量。利用工具箱的多边形工具，将边数设置为 3 ，绘制一个三角形，作为剪切图形。通过造型对话框的

修剪选项，在省位边沿剪切三角形剪口，作为缝合标记。即完成了西裤样板图的制作(图 8－16)

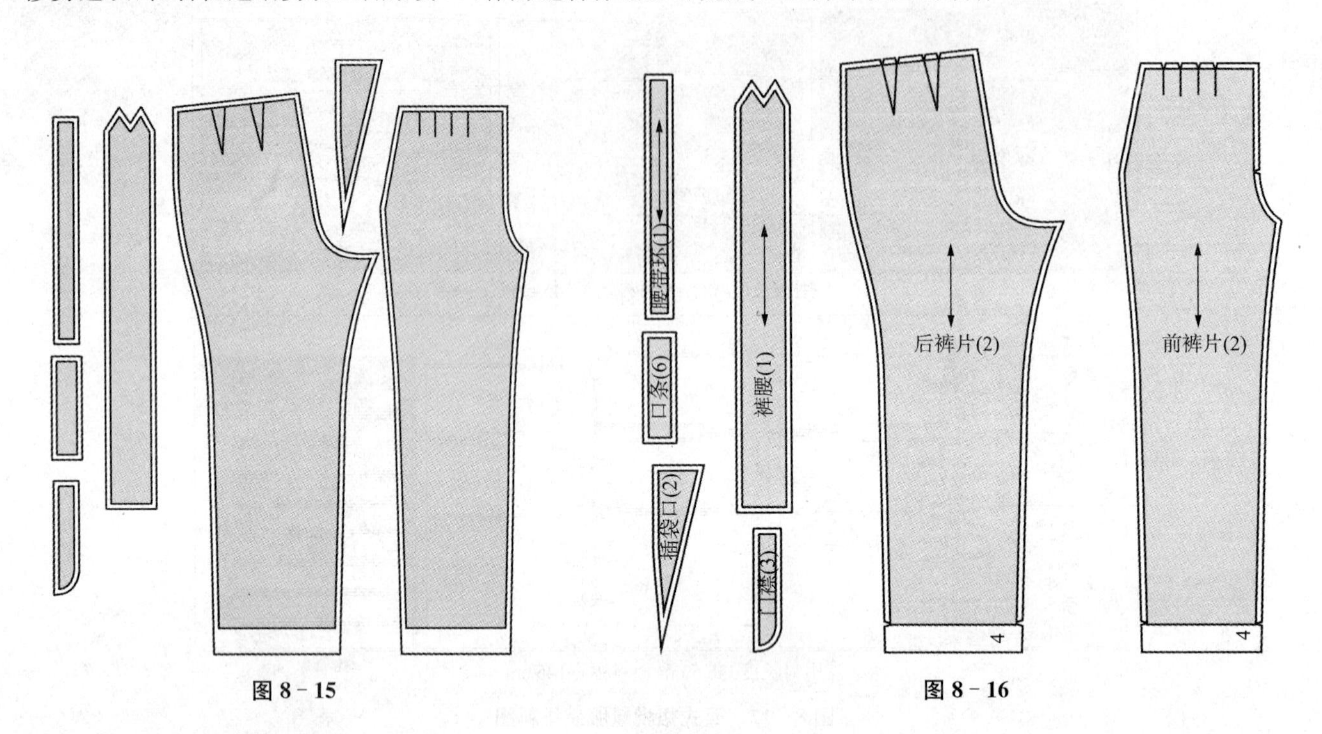

图 8－15　　　　图 8－16

二、数字化西裤推板

西裤推板包括：号型系列选择，确定中间体和分档数据(表 8－7)，编制规格系列表(表 8－8)，获取中间号型裁剪图，制作母图、母板，系列推板等内容。

表 8－7　裤子分档数据表　　单位：cm

体型	系列	中间体		分档数								人体数值		
		上衣	裤子	衣长	胸围	袖长	领围	总肩宽	裤长	腰围	臀围	裤长	腰围	臀围
A	5・2		170/74						3	2	1.6	103	74	90

表 8－8　5・2A 西裤规格系列表　　单位：cm

号型	腰围	臀围	裤长	腰宽
计算公式	型＋2～6	4/5 腰围＋40～44	3/5 号＋2～4	3～4
160/70A	72	96.8	98	4
165/72A	64	98.4	101	4
170/74A	76	100	104	4
175/76A	78	101.6	107	4
180/78A	80	103	110	4

1. 获取中间号型西裤裁剪图：通过程序的复制、粘贴功能，将已经绘制完成的西裤裁剪图复制到新的文件图纸中。利用挑选工具和 Delete 键，选中并删除各种标注和标记，删除各种辅助线，只保留衣片图形(图8－17)。

2. 制作母图：利用挑选工具，选中中间号型裁剪图的所有图形(其中后口袋的袋口口条和腰带环，各个号型都是相同的，因此制作母图和母板时，可以省略)。通过变换对话框的大小选项，再制两组裁剪图，分别放

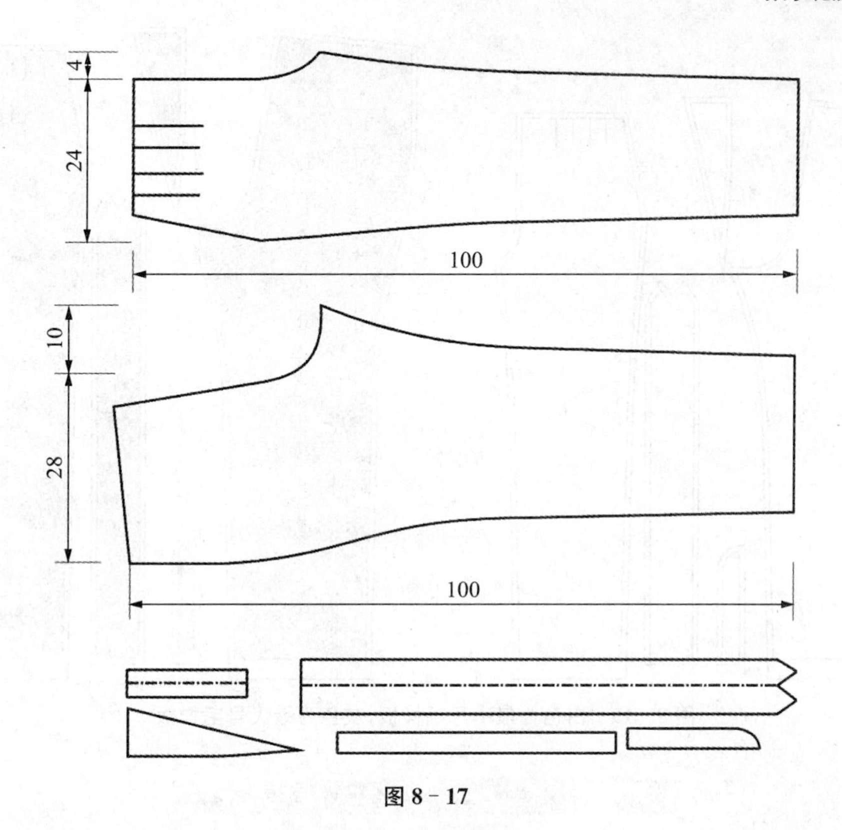

图 8-17

置在不同的位置，同时删除中间号型裁剪图。按照规格数据表的最小号和最大号数据，分别对两组裁剪图的裤长、臀围、腰围等主要数据进行仔细调整，使最小号和最大号裁剪图的数据与规格数据表相符，形成推板母图净样板(图 8-18)。

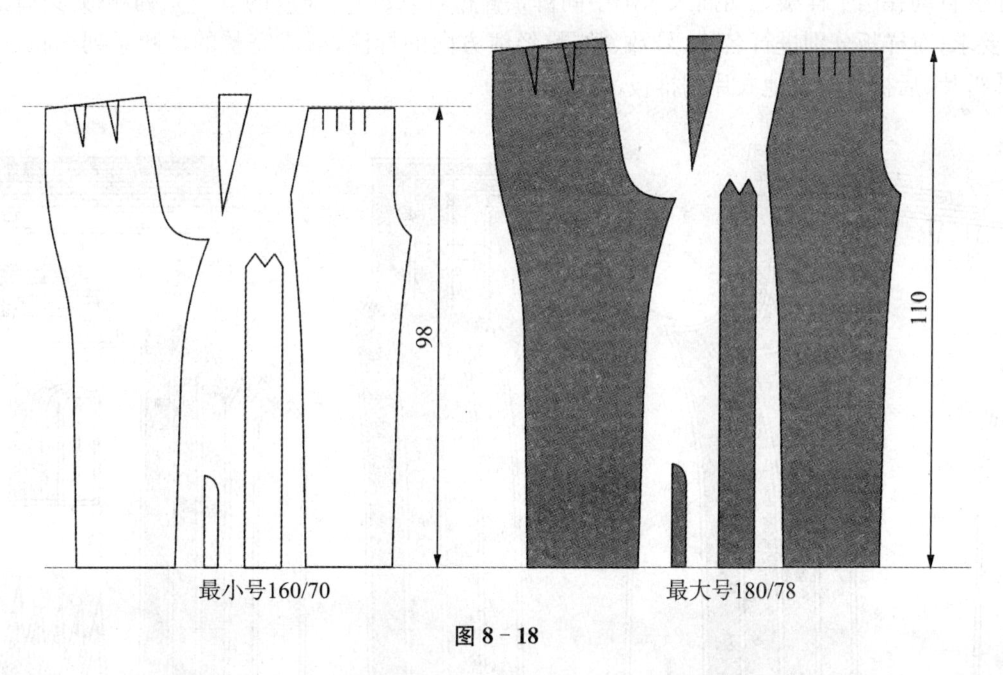

图 8-18

3. 制作母板：按照样板制作的方法，分别制作最小号和最大号的毛样板，并分别将各个样板的内部图形和外部图形群组。将最小号样板填充白色、将最大号样板填充深灰色，并将相同衣片的样板相邻放置。同时将最小号样板放置在最后面，将最大号样板放置在最前面(图 8-19)。

4. 推板—制作系列样板：利用工具箱的交互式调和工具，对其属性进行适当设置。我们根据规格数据表，已经确定要制作 5 个号型的系列样板，最小号和最大号之间应该插入 3 个号型，因此我们设置调和步数为 3，其他为默认设置(图 8-20)。

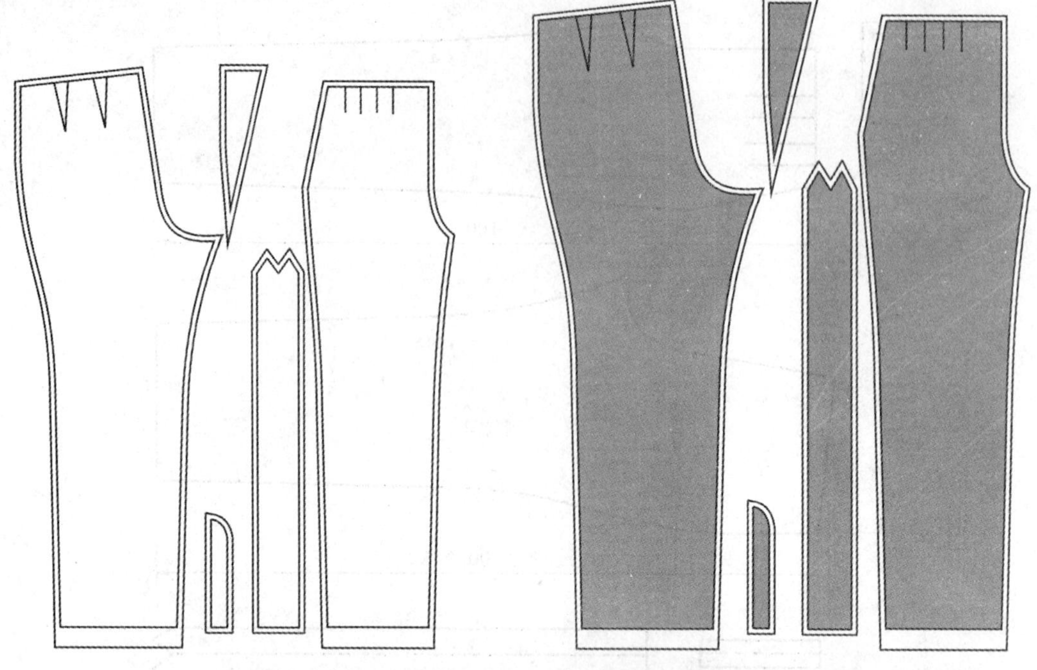

图 8 - 19　白色为最小号毛样板，灰色为最大号毛样板

图 8 - 20

利用挑选工具，单击交互式调和工具，单击最小号裤腰样板，按住鼠标不放，拖动鼠标到最大号裤腰样板上，程序会自动在两个样板之间插入 3 个中间裤腰样板，形成均匀缩放的 5 个系列相似形裤腰样板。按照样板标注的要求，对样板分别进行名称、号数、数量、经线方向的标注，形成完整的裤腰系列样板。按照同样的方法，完成前裤片、后裤片及其他衣片的推板(图 8 - 21)。

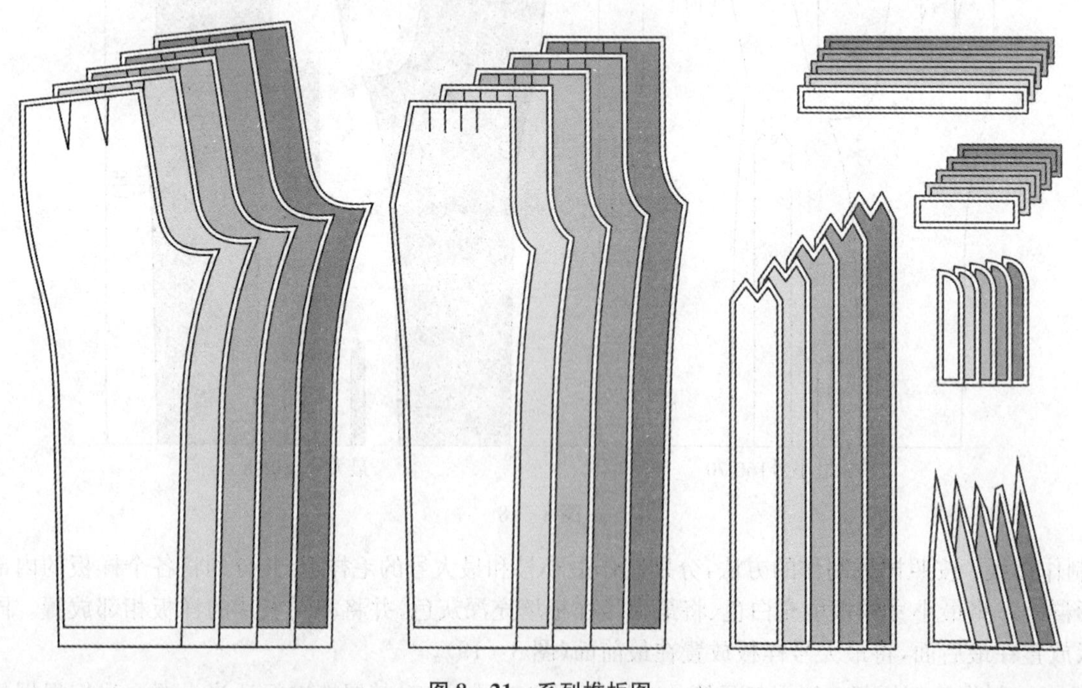

图 8 - 21　系列推板图

为了放置需要，可以将系列样板重叠放置(图 8 - 21)，为了观察和使用方便，也可以将系列样板独立放置。在没有拆分图形之前，通过移动最小号或最大号样板，即可实现独立放置。如果已经拆分和取消群组，则需要

逐个移动(图 8-22)。

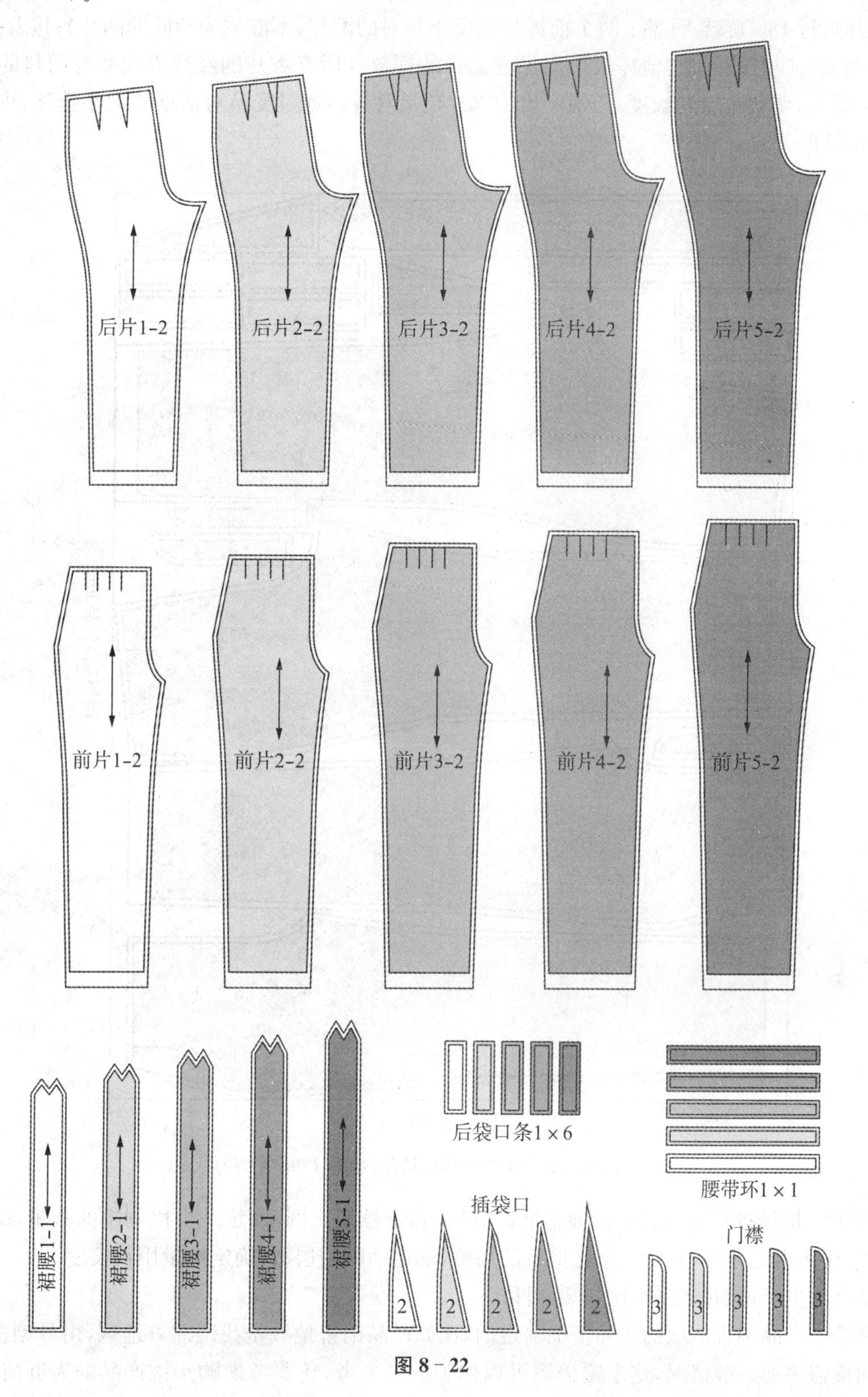

图 8-22

三、数字化西裤排料

排料图分为单件(套)排料图和批量排料图。CorelDRAW X3 程序要求所有需要输出打印的图形,必须在图纸能够打印的范围内,否则只能显示,不能使用。因此我们在确定了面料幅宽后,就要设置图纸的大小,通过自定义设置超过面料幅宽的图纸高度,图纸长度可以按照不超过裁剪工作台的长度进行设置。

1. 单件排料:单件(套)排料需要确定面料幅宽,这里我们确定为 145 cm,设置图纸高度为 160 cm。首先绘制一个高度为 145 cm、长度待定的矩形;按照排料规则,在矩形左下角开始,摆放前裤片,通过变换对话框的大小选项，再制一个前裤片，将其垂直翻转，垂直向上移动并与第一个前裤片的前裆对齐，为了节省面料，可以将第二个前裤片进行180°旋转(注意：两个前裤片是反正相对的两片，不能成为相同的两片)；接着摆放后裤片，再将裤腰样板摆放在应有位置，其他样板可以见缝插针的摆放。所有衣片的经线方向要与面料的长度方向一致；利用挑选工具，调整矩形的长度，与最突出的衣片边沿对齐。通过变换对话框的大小选项，可以读取用料长度为112 cm(图8-23)。

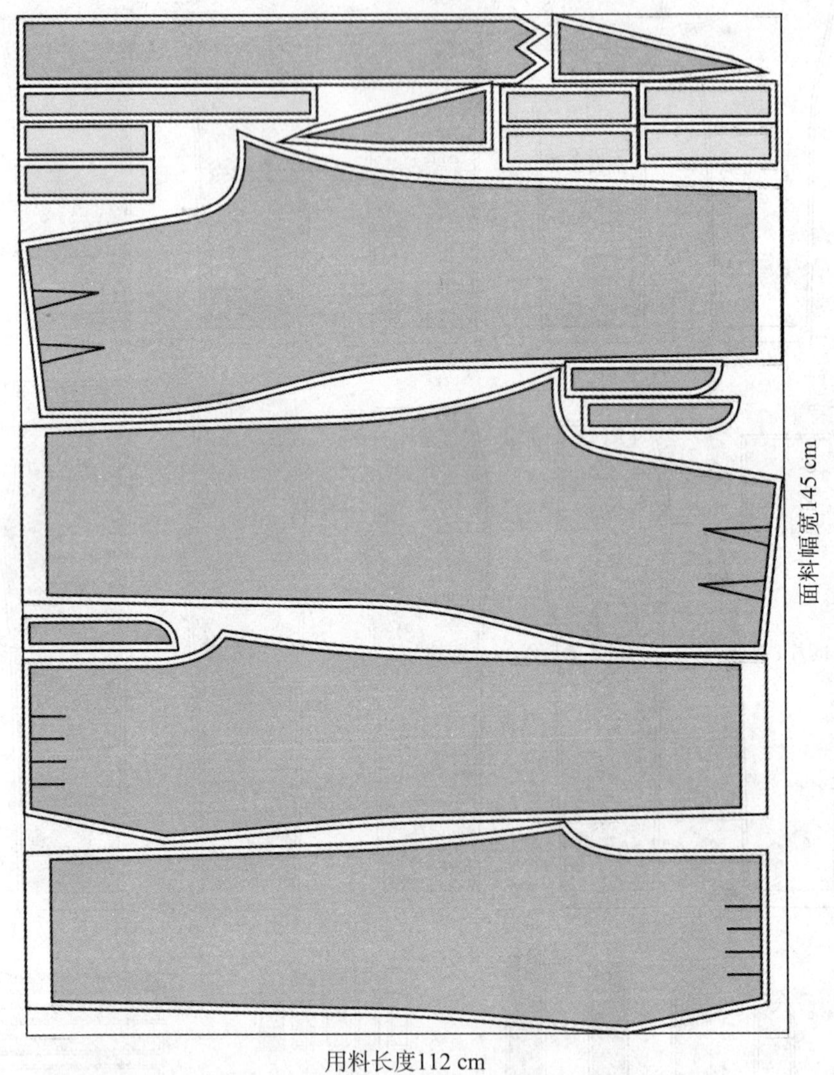

图8-23 西裤单件排料图(中号170/74)

2. 批量排料：批量排料的内容包括确定批量数量，确定号型比例，确定一个比例组的数量，确定最大面料段长，确定一个比例组的排料，确定一个比例组的用料，确定面料的层数，确定批量用料长度。

批量数量是由生产计划确定的，比如500件。

号型比例是由产品销售地域的实际情况确定的，比如产品销售地域是我国北方地区，由号型覆盖率参考表可知我国平均覆盖率的一般情况，这个覆盖率可以作为一个参考，还要考虑购买该产品的人群情况，因此我们设定5个号型，从小号到大号的数量比例为：1∶2∶4∶2∶1。

根据上述号型比例，一个比例组的数量是10件，排料时，只要按照比例排部一个比例组即可。

最大面料段长是由裁剪工作台确定的，比如该厂裁剪工作台的长度为6 m，那么一个比例组的排料长度超过6 m时，就要在适当的位置断开，形成一个比例组的两段排料图，这里一段是567 cm，一段是545 cm。

将两段排料图的长度相加即是一个比例组的用料长度，这里是567+545=1 112 cm。

我们的生产计划是500件，一个比例组是10件(即一层10件)，层数=500÷10=50。

批量用料长度是一层用料长度乘以层数，即：批量用料长度＝1 112×50＝55 600 cm＝556 m。

批量排料除了与单件排料遵循相同的原则，采用相同的方法外，还要按照比例，将一个号型的所有大片一次排完，然后再排另一个号型的所有大片。当所有号型的大片排完后，再排小片。零星部件统一采用见缝插针的方法排部(图 8－24)。

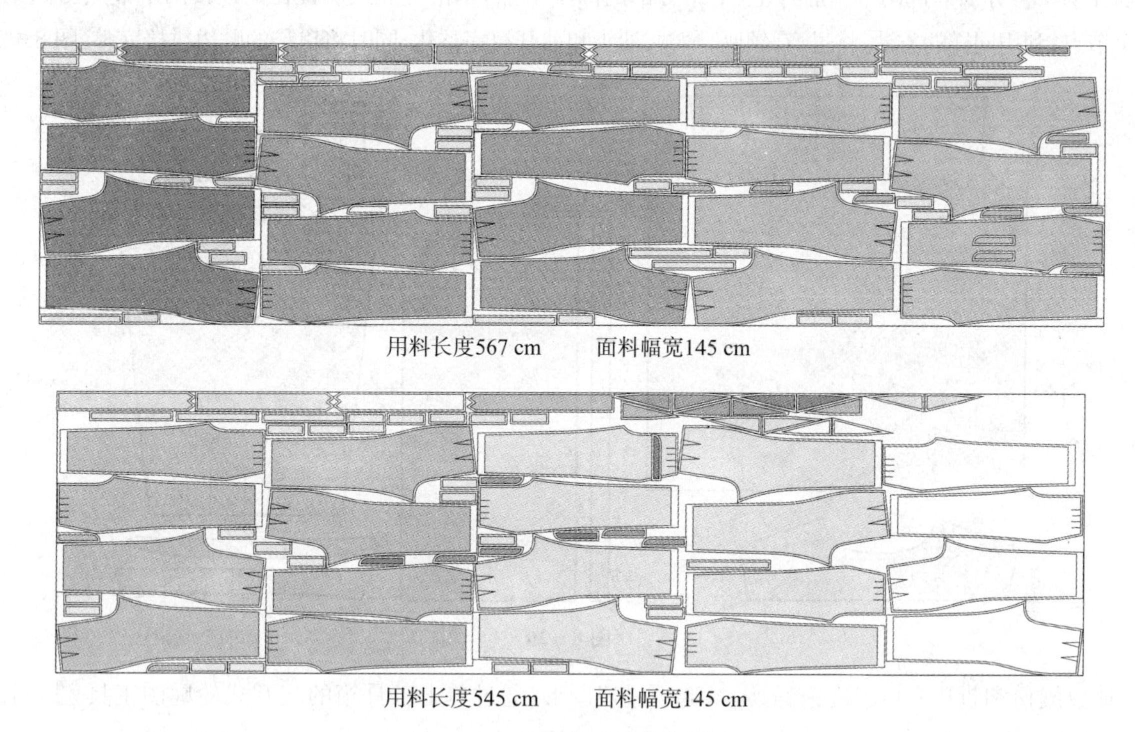

图 8－24　西裤批量服装排料图

8.4　数字化衬衣制板、推板与排料

一、数字化衬衣制板

衬衣样板制作包括：获取裁剪图、图形完整化、加放缝份和折边、进行相关标注等项内容。

1. 获取衬衣裁剪图：通过程序的复制、粘贴功能，将已经绘制完成的衬衣裁剪图复制到新的文件图纸中。利用挑选工具和 Delete 键，选中并删除各种标注和标记，删除各种辅助线，只保留衣片图形(图 8－25)。

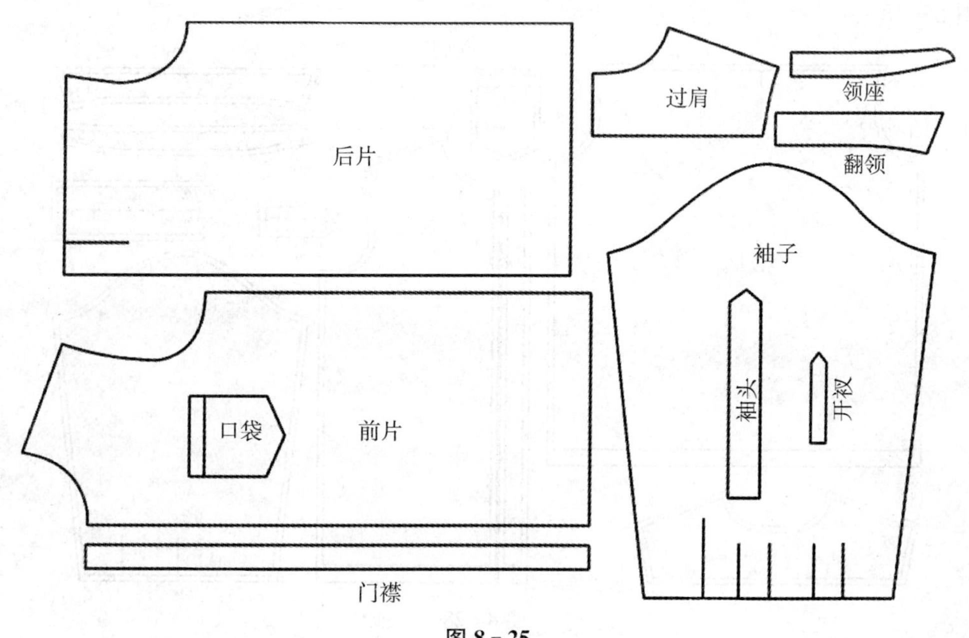

图 8－25

2. 图形完整化：利用挑选工具，选中衬衣半后片，通过变换对话框的大小选项，单击【应用到再制】命令按钮，再制一个衬衣半后片；单击交互式属性栏的水平翻转图标，将其水平翻转；按住 Ctrl 键，将其水平左移并将两片的前中线对齐，删除后中线；同时选中两个半后片，单击交互式属性栏的结合图标，将其结合为一个图形；利用形状工具，分别框选两个半后片上、下结合部的两个节点，单击交互式属性栏的连接两个节点图标，同时删除两个节点；利用同样的方法，将过肩、领座、翻领、袖头和袖开衩完整化，同时将口袋的贴边拼接完整(图 8－26)。

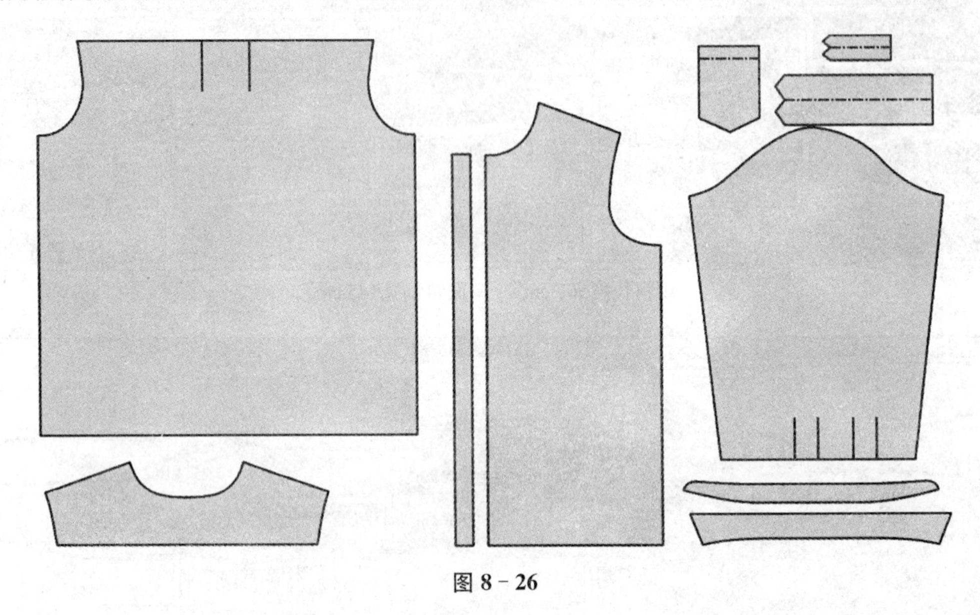

图 8－26

3. 加放缝份和折边：利用挑选工具，选中过肩图形，通过单击工具箱的交互式轮廓图工具，对其属性进行适当设置(图 8－27)。

图 8－27

先单击向内图标，再单击向外图标，使图形外面添加距离图形 1 cm 的新轮廓，形成裁剪图的缝份。利用同样的方法对其他衣片添加缝份；利用挑选工具，同时选中所有图形，单击程序界面的【排列】→【拆分选定对象】，将缝份和裁剪图分离；利用形状工具，将前后片、前片、门襟的底边分别垂直向下移动为 3 cm，形成衬衣的底边折边(图 8－28)。

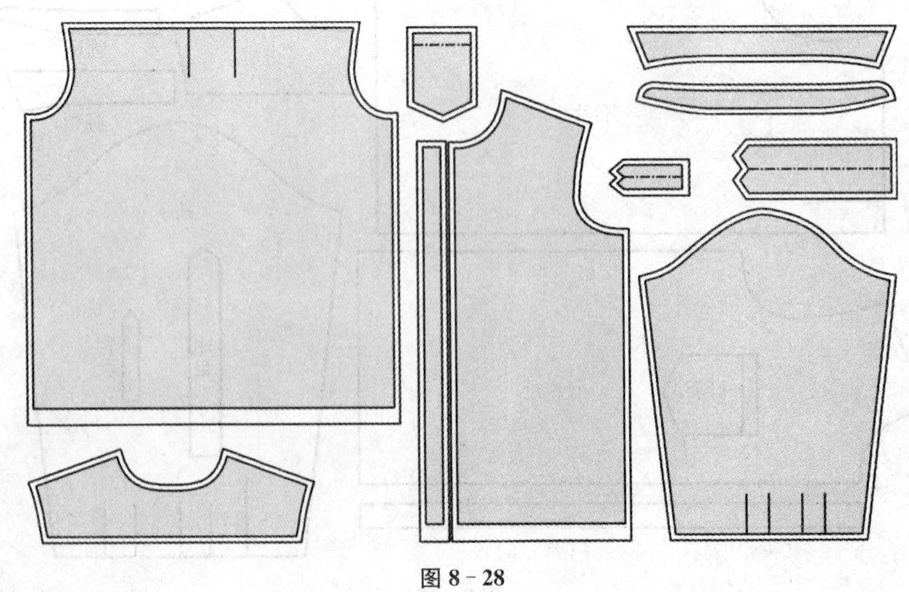

图 8－28

4. 相关标注：相关标注包括省位标记、经线方向、衣片名称、衣片数量等。利用手绘工具和交互式属性栏的轮廓样式选项，标注经线方向，双箭头表示面料可以倒顺使用；利用文本工具，标注衣片名称和衣片数量；利用工具箱的多边形工具，将边数设置为3 ，绘制一个三角形，作为剪切图形；通过造型对话框的修剪选项，在相关部位剪切三角形剪口，作为缝合标记。即完成了衬衣样板图的制作(图8-29)

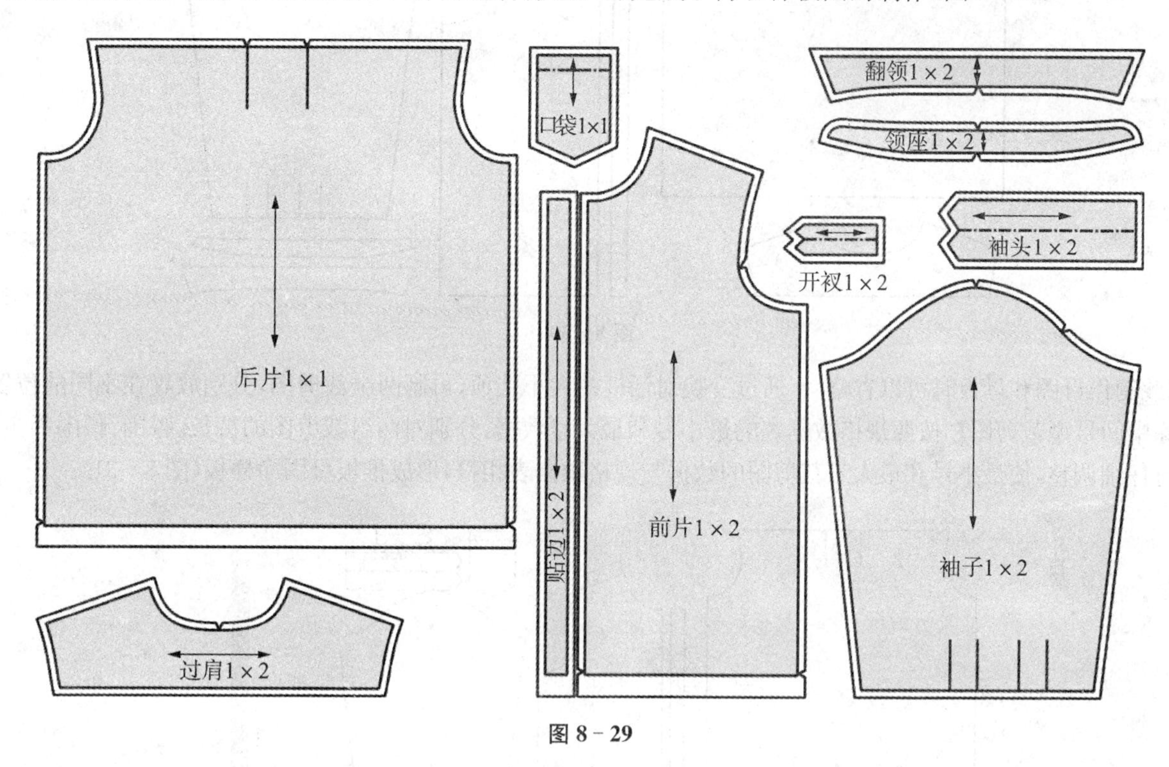

图8-29

二、数字化衬衣推板

衬衣推板包括：号型系列选择，确定中间体和分档数据(表8-9)，编制规格系列表(表8-10)，获取中间号型裁剪图，制作母图、母板，系列推板等内容。

表8-9 分档数据表

单位：cm

体型	系列	中间体		分档数								人体数值		
		上衣	裤子	衣长	胸围	袖长	领围	总肩宽	裤长	腰围	臀围	颈围	总肩宽	胸围
A	5·4	170/88		2	4	1.5	1	1.2				36.8	43.6	88

表8-10 衬衣规格系列表

单位：cm

项目	衣长	胸围(X)	肩宽	袖长	领大
计算公式	2/5号+2～4	型+20～22	3/10 X+10～13	3/10号+7～9	3/10 X+7
170/80A	68	102	41.6	55	38
170/84A	70	106	42.8	56.5	39
170/88A	72	110	44	58	40
170/92A	74	114	45.2	59.5	41
170/96A	76	118	46.4	61	42

1. 获取中间号型衬衣裁剪图：通过程序的复制、粘贴功能，将已经绘制完成的衬衣裁剪图复制到新的文件图纸中。利用挑选工具和Delete键，选中并删除各种标注和标记，删除各种辅助线，只保留衣片图形(图8-30)。

2. 制作母图：利用挑选工具，选中中间号型裁剪图的所有图形(其中口袋和袖开衩的各个号型都是相同

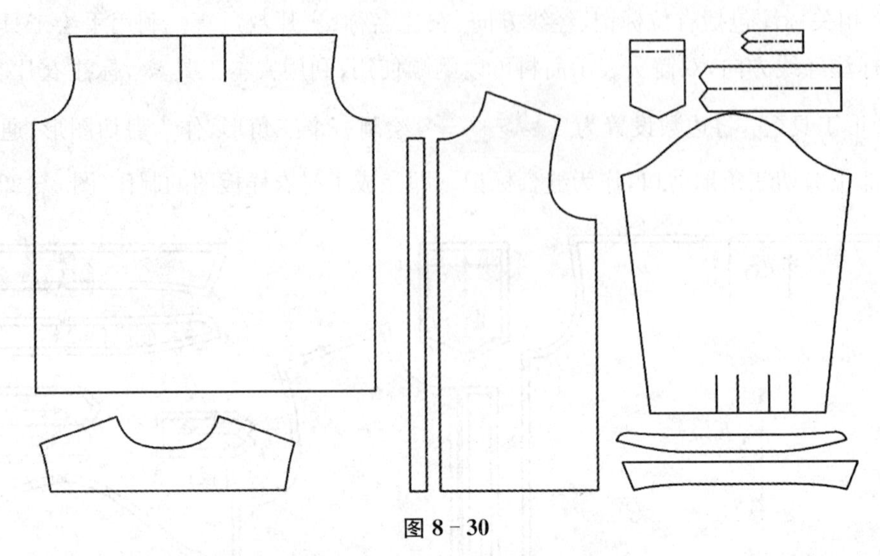

图 8－30

的，因此制作母图和母板时可以省略）。通过变换对话框的大小选项，再制两组裁剪图，分别放置在不同的位置，同时删除中间号型裁剪图。按照规格数据表的最小号和最大号数据，分别对两组裁剪图的裤长、臀围、腰围等主要数据进行仔细调整，使最小号和最大号裁剪图的数据与规格数据表相符，形成推板母图净样板（图 8－31）。

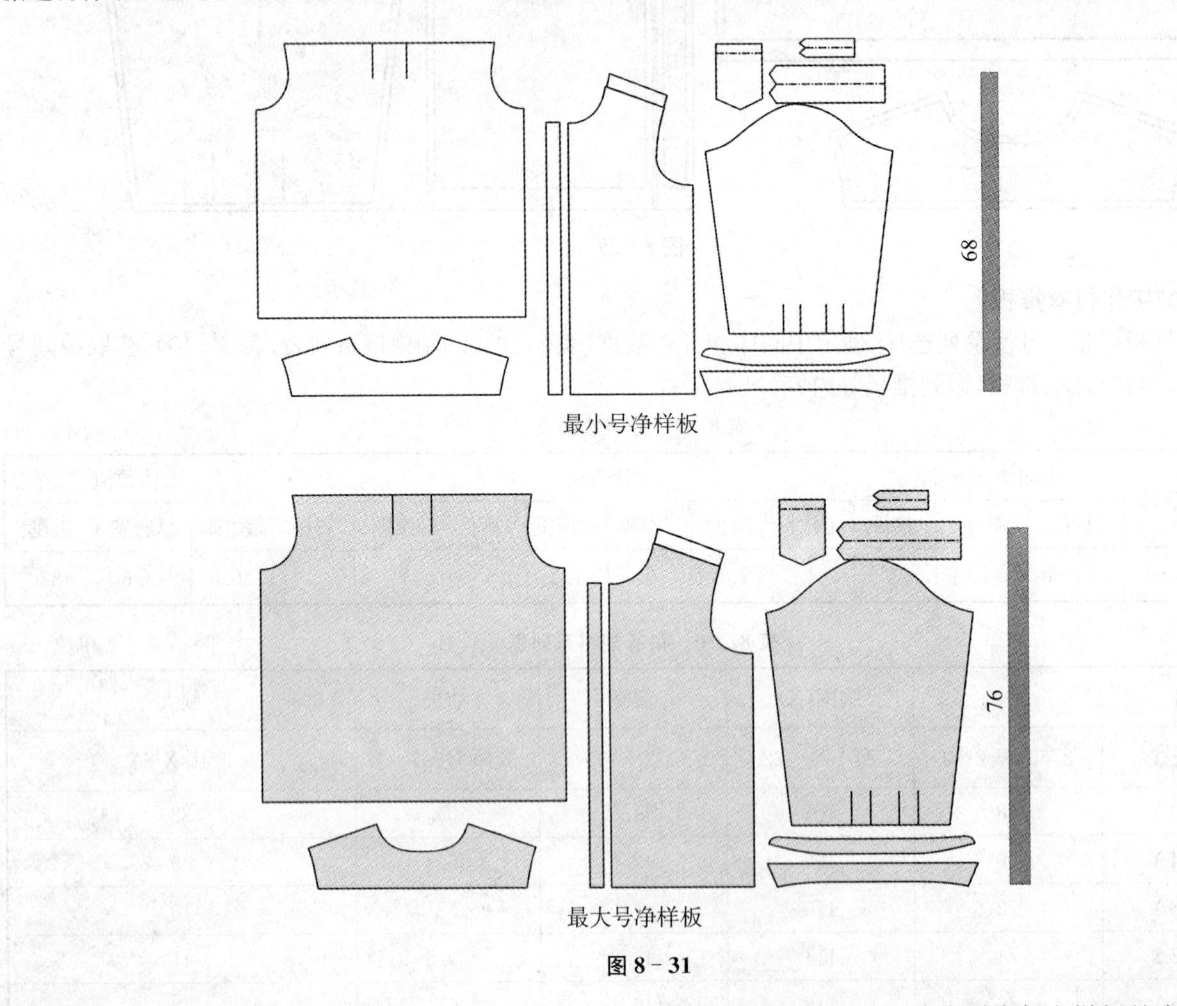

最小号净样板

最大号净样板

图 8－31

3. 制作母板：按照样板制作的方法，分别制作最小号和最大号的毛样板，并分别将各个样板的内部图形和外部图形群组。将最小号样板填充白色、将最大号样板填充深灰色，并将相同衣片的样板相邻放置。同时将最小号样板放置在最后面，将最大号样板放置在最前面（图 8－32、图 8－33）。

4. 推板—制作系列样板：利用工具箱的交互式调和工具，对其属性进行适当设置。我们根据规格数据

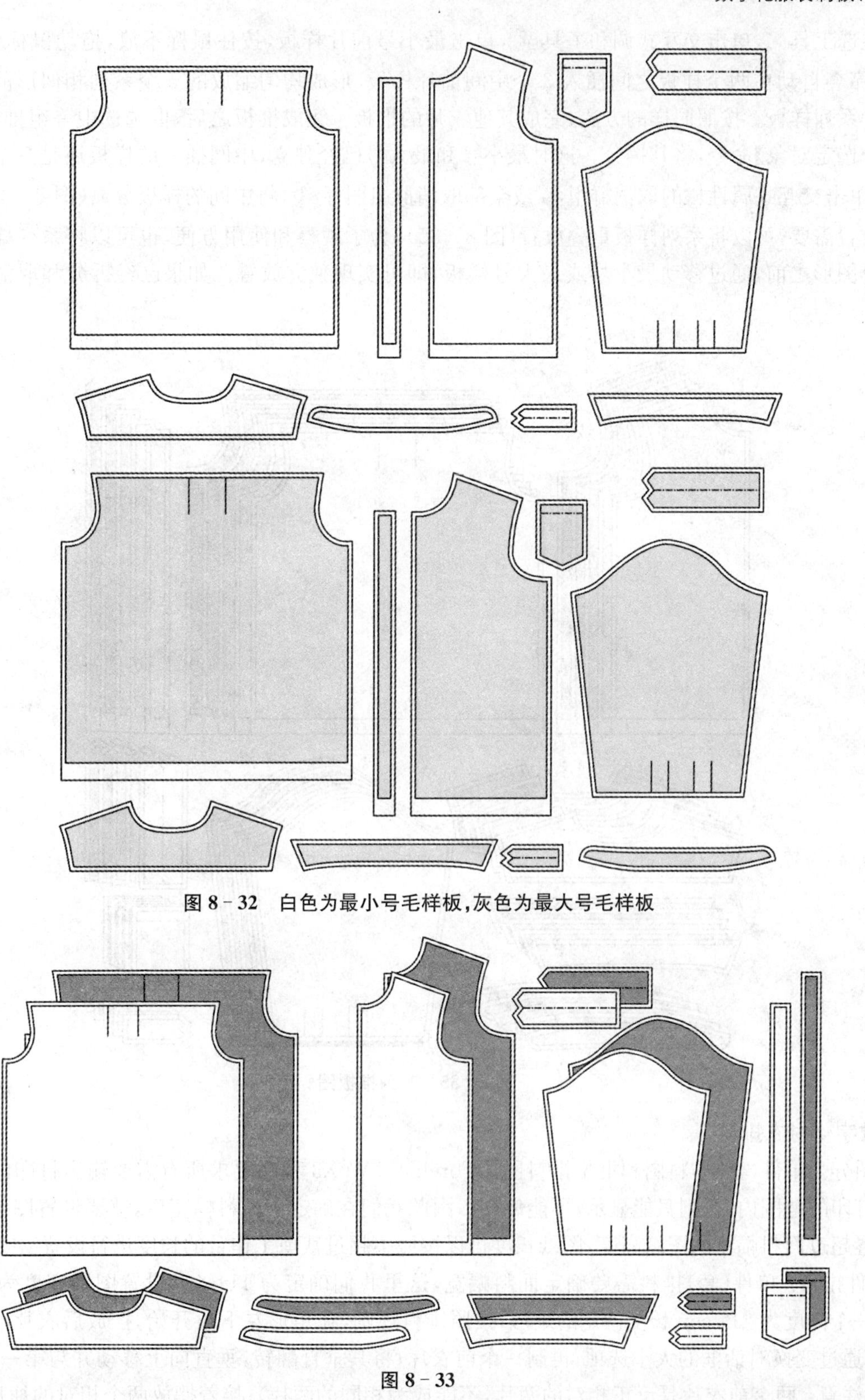

图 8－32　白色为最小号毛样板，灰色为最大号毛样板

图 8－33

表，已经确定要制作 5 个号型的系列样板，最小号和最大号之间应该插入 3 个号型，因此我们设置调和步数为 3，其他为默认设置(图 8－34)。

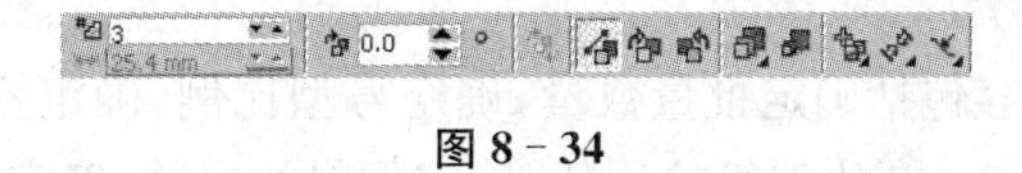

图 8－34

利用挑选工具，单击交互式调和工具，单击最小号前片样板，按住鼠标不放，拖动鼠标到最大号前片样板上，程序会自动在两个样板之间插入 3 个中间前片样板，形成均匀缩放的 5 个系列相似形前片样板，形成完整的前片系列样板。按照同样的方法，完成其他衣片的推板。完成推板之后，框选选中一组推板图，单击【排列】→【拆分选定对象】命令，将其拆分。这时最小号和最大号已经独立，中间插入的样板还是一个群组，选中中间的样板，单击交互式属性栏的取消群组或全部取消群组图标，将中间的样板分离(图 8－35)。

为了放置需要，可以将系列样板重叠放置(图 8－35)，为了观察和使用方便，也可以将系列样板独立放置。在没有拆分图形之前，通过移动最小号或最大号样板，即可实现独立放置。如果已经拆分和取消群组，则需要逐个移动。

图 8－35　系列推板图

三、数字化衬衣排料

排料图分为单件(套)排料图和批量排料图。CorelDRAW X3 程序要求所有需要输出打印的图形，必须在图纸能够打印的范围内，否则只能显示，不能使用。因此我们在确定了面料幅宽后，就要设置图纸的大小，通过自定义设置超过面料幅宽的图纸高度，图纸长度可以按照不超过裁剪工作台的长度进行设置。

1. 单件排料：单件(套)排料需要确定面料幅宽，这里我们确定为 114 cm，设置图纸高度为超过 120 cm。首先绘制一个高度为 114 cm、长度待定的矩形；按照排料规则，在矩形左下角开始，摆放后衣片，然后在右侧摆放前衣片，通过变换对话框的大小选项，再制一个前衣片，将其垂直翻转，垂直向上移动并与第一个前衣片的前中线对齐(注意：两个前衣片是反正相对的两片，不能成为相同的两片)；接着摆放两个相对的袖片、两个相对的过肩、两个相对的领座、两个相对的翻领，其他样板可以见缝插针的摆放。所有衣片的经线方向要与面料的长度方向一致；利用挑选工具，调整矩形的长度，与最突出的衣片边沿对齐。通过变换对话框的大小选项，可以读取用料长度为 168 cm(图 8－36)。

2. 批量排料：批量排料的内容包括确定批量数量，确定号型比例，确定一个比例组的数量，确定最大面料段长，确定一个比例组的排料，确定一个比例组的用料，确定面料的层数，确定批量用料长度。

批量数量是由生产计划确定的，比如 1 000 件。

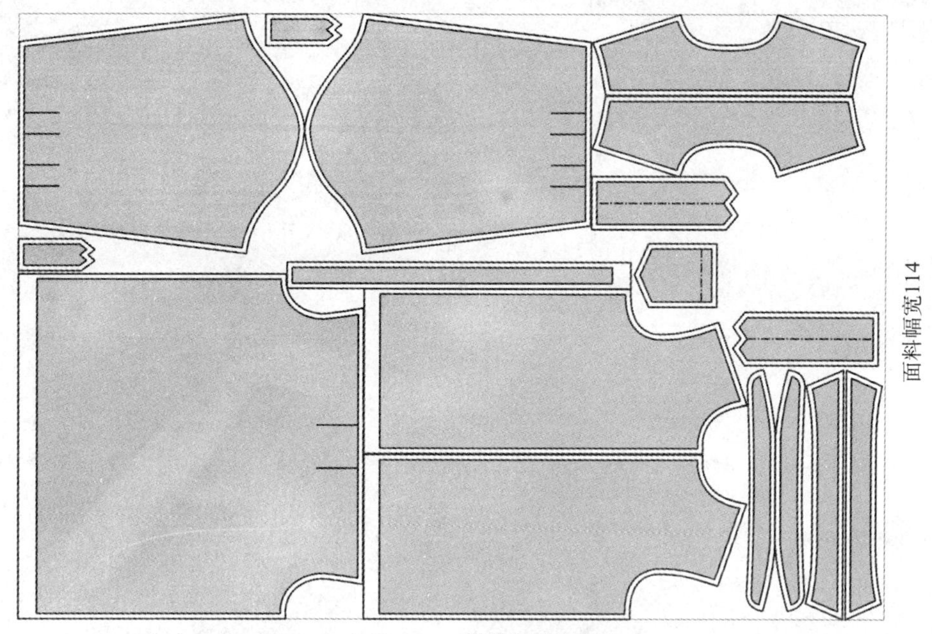

图 8-36　衬衣单件排料图(中号 170/88)

号型比例是由产品销售地域的实际情况确定的,比如产品销售地域是我国北方地区,由号型覆盖率参考表可知我国平均覆盖率的一般情况,这个覆盖率可以作为一个参考,还要考虑购买该产品的人群情况,因此我们设定 5 个号型,从小号到大号的数量比例为:1∶2∶4∶2∶1。

根据上述号型比例,一个比例组的数量是 10 件,排料时,只要按照比例排部一个比例组即可。

最大面料段长是由裁剪工作台确定的,比如该厂裁剪工作台的长度为 10 m,那么一个比例组的排料长度超过 10 m 时,就要在适当的位置断开,形成一个比例组的两段排料图,这里一段是 956 cm,一段是 705 cm。

将两段排料图的长度相加即是一个比例组的用料长度,这里是 956+705=1 661 cm。

我们的生产计划是 1 000 件,一个比例组是 10 件(即一层 10 件),层数=1 000÷10=100。

批量用料长度是一层用料长度乘以层数,即:批量用料长度=1 661×100=166 100 cm=1 661 m。

批量排料除了与单件排料遵循相同的原则,采用相同的方法外,还要按照比例,将一个号型的所有大片一次排完,然后再排另一个号型的所有大片。当所有号型的大片排完后,再排小片。零星部件统一采用见缝插针的方法排部(图 8-37)。

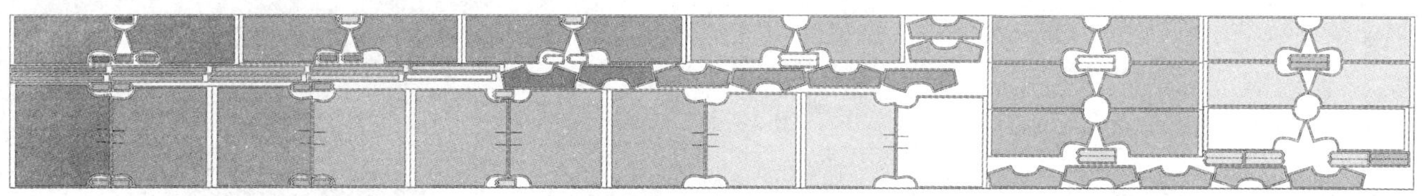

用料长度956　面料幅宽114

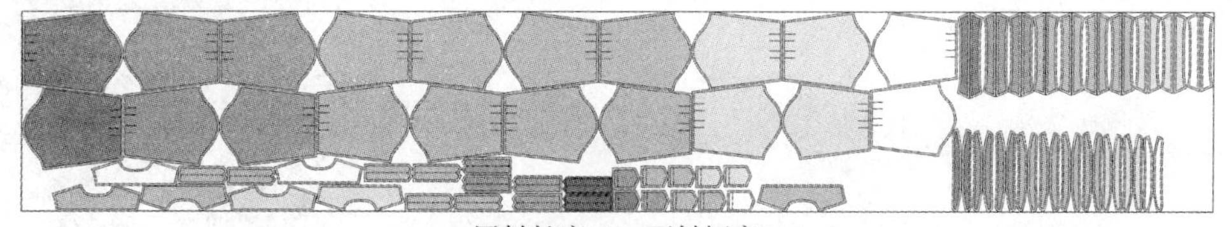

用料长度705　面料幅宽114

图 8-37　衬衣批量服装排料图